普通高等教育案例版系列教材

案例版

供临床、预防、基础、口腔、麻醉、影像、药学、检验、护理、法医等专业使用

基 础 化 学

第3版

主　　编　席晓岚　任群翔

副 主 编　胡春弟　马丽英

编　　委　（按姓氏笔画排序）

马丽英　邓月义　石婷婷　任群翔　刘正猛

孙　莲　李宏岩　李银涛　赵全芹　胡春弟

姚建华　高　静　席晓岚　章小丽　董　丽

科 学 出 版 社

北　京

图书在版编目（CIP）数据

基础化学 / 席晓岚，任群翔主编. —3 版. —北京：科学出版社，2018.1
ISBN 978-7-03-055152-8

Ⅰ. ①基…　Ⅱ. ①席…　②任…　Ⅲ. ①化学–高等学校–教材　Ⅳ. ①O6

中国版本图书馆 CIP 数据核字（2017）第 269489 号

责任编辑：朱　华 / 责任校对：郭瑞芝
责任印制：霍　兵 / 封面设计：范　唯

科学出版社 出版
北京东黄城根北街 16 号
邮政编码: 100717
http://www. sciencep. com
三河市骏杰印刷有限公司印刷
科学出版社发行　各地新华书店经销
*
2007 年 8 月第　一　版　　开本：850×1168　1/16
2018 年 1 月第　三　版　　印张：16 1/4　插页：1
2024 年 8 月第十九次印刷　　字数：381 000

定价：59.80 元

（如有印装质量问题，我社负责调换）

第 3 版前言

《基础化学》第 3 版是根据科学出版社组织编写五年制临床医学专业第三轮规划教材的有关通知进行修订的。

2007 年出了第 1 版，2011 年经修订后再版，经教学单位多年的使用，在教学中积累了许多有益的经验。本教材仍保持第 2 版的章次和顺序及特色，同时也考虑各学校在使用中的意见和建议，对各章节内容进行了不同程度的精简和增补，修订后的教材力求在全书质量和水平有明显提高，更突出“思想性、科学性、先进性、启发性和适用性”的要求，更适应高等医学教育改革和发展。

本书仍采用国家法定计量单位及《中华人民共和国标准 GB3102.93》所规定的符号，选用国际通用数据及规范化学名词术语。

参加本教材编写的有贵州医科大学席晓岚(第一章)，姚建华(第二章)，山东滨州医学院马丽英(第三章)，沈阳医学院任群翔(第四章)，桂林医学院邓月义(第五章)，大连医科大学李宏岩(第六章)，湖北科技学院胡春弟(第七章)，牡丹江医学院高静(第八章)，新疆医科大学孙莲(第九章)，新乡医学院董丽(第十章)，山东大学赵全芹、蚌埠医学院石婷婷(第十一章)，昆明医科大学章小丽(第十二章)，华北理工大学刘正猛(第十三章)，长治医学院李银涛(第十四章)。

在教材的编写过程中得到科学出版社的编辑指导及各参编学校领导的鼓励，同时也得到 2 版教材原编者对本书的支持，在此一并表示衷心感谢。

由于编者学识水平及教学经验有限，缺点和错误之处在所难免，恳切希望专家和读者给予批评指正。

编　者

2016 年 4 月

第1版前言

基础化学是医学院校医学专业学生的一门重要的必修基础课程，它包括了无机化学、分析化学和物理化学的一些基础知识和基本原理，它为后续课程的学习及以后从事医学研究等打下必要的基础。为适应高等医学教育改革，培养21世纪具有创新精神的医学人才，本教材针对医学各专业本科生对化学基本知识、基本技能的要求，定位在医学院校普通五年制医学类各专业，有较强的针对性和适用性。在坚持教材科学性、先进性、系统性的前提下，力图在课程上有所创新，力争做到内容精练、注重基础、突出重点，分散难点，利于自学，同时突出化学与医学、生物学、药学的有机结合，介绍化学在医学中的应用并适当反映相关知识的新成就。

本书在立足“三基”特性的同时，还在每章后附有“知识拓展”，所选内容以本章介绍的知识展开，某一知识点在医学上的应用、重大学科发现的研究、学科最新信息、科学研究的前沿发展动向，目的是使学生了解学科间的联系和交叉，同时开阔学生视野，激发学习兴趣，拓宽知识面，培养创新人才。

教材使用时，可根据各院校具体情况，在保证课程基本要求的前提下进行取舍。本书采用国家法定计量单位及《中华人民共和国标准3102.93》所规定的符号及化学名词。

参加编写工作的有：席晓岚（贵阳医学院，第1章、第5章），姚建华（贵阳医学院，第2章），马丽英（滨州医学院，第3章），任群翔（沈阳医学院，第4章），刘海（新疆医科大学，第5章），胡雪梅（成都医学院，第6章），胡春弟（咸宁学院，第7章），高静（牡丹江医学院，第8章），董丽（新乡医学院，第9章、第10章），冯宇（辽宁医学院，第10章），沈云修（滨州医学院，第11章），章小丽（昆明医学院，第12章），李东辉（辽宁医学院，第13章），龙建君（遵义医学院，第14章），徐科（贵阳医学院，附录及部分章节整理）。

本书在编写过程中，参考了部分已出版的高等院校教材和有关著作，在此向有关作者和有关出版社一并致谢。同时各参编院校也给予支持和大力协助，科学出版社对本书的编写给予了帮助和指导，使本书得以顺利完成。编者对此表示衷心感谢。

由于编者学识、水平有限，教材中难免有错误和不当之处，恳切希望专家和同行及使用本教材的教师和同学提出宝贵意见，以便修正。

编　者

2007年5月

目　录

第一章

绪　论

第一节　基础化学课程在医学中的重要意义

一、化学发展及在医学中地位与作用

化学是在原子、分子层次上研究物质的组成、结构、性质、变化规律及其变化过程中的能量关系的一门科学，是自然科学中的一个重要分支。随着科学的发展，人类从物质的内部结构上认识和改造物质世界，特别是利用化学的方法和原理认识生命现象和生命的过程已成为可能。

化学的历史发展大致可以分为三个时期。

古代和中古代时期，人类在炼金术、炼丹术、医药学的实践中获得了初步的化学知识，此时化学尚未作为一门科学。

17 世纪后半叶到 19 世纪末为近代化学时期，在这一时期，科学元素论和原子-分子论相继提出，元素周期律的发现，碳的四面体结构和苯的六元环结构的建立，原子量(现称为相对原子质量)的测定和物质成分的分析方法的确定，物理学中的热力学理论引入化学后，从宏观的角度解决了有关化学平衡的问题。化学实现了从经验到理论的重大提升，促进了无机化学、有机化学、物理化学和分析化学四大基础学科相继建立，化学真正成为一门独立的学科。

20 世纪开始是现代化学时期，是取得巨大成就的时期，无论在化学的理论、研究方法、实验技术以及应用方面都发生了深刻的变化，化学的进步更加迅速，从而使化学研究的范围不断地扩大，从微观世界到宏观世界，从人类社会到宇宙空间，原有的四大基础学科已容纳不下发展的新事物，从而衍生出许多新的化学分支，如高分子化学、核化学、放射化学、生物化学和药物化学等。化学还与其他学科交叉形成多种边缘学科，如环境化学、农业化学、医学化学、材料化学、地球化学、计算化学等。化学已被公认为是一门**中心科学**(central science)。同时化学与其他学科的联系也愈来愈密切，并促进其他学科如农业学、电子学、生物学、药学、环境科学、计算机科学、工程学、地质学、物理学、冶金学等的发展。

化学与医学的关系是密不可分的。我国明代的李时珍所著的《本草纲目》被西方称为“东方医药学巨典”，书中记载了 266 种无机药物，它不仅是一本药学的巨典，也是一个化学的宝库。利用药物治疗疾病是化学对医学和人类文明的一大贡献。1800 年，英国化学家 H. Davy 发现了 N_2O 的麻醉作用，后来麻醉作用更加有效的乙醚被发现，麻醉剂成功地应用于外科手术和牙科手术。1909 年德国化学家合成了治疗梅毒的特效药物胂凡纳明。1932 年，德国科学 G. Domagk 找到一种偶氮磺胺染料 Prontosil，使一位患细菌性血中毒的孩子得以康复。之后化学家先后制备出了抗菌素、抗病毒药物及抗肿瘤药物数千种，抑制了无数种危害人类健康和生命的疾病，使人们的生存质量得到提高。同时也促进了现代药物业的发展。

现代化学和现代医学的关系更加密切。医学的主要任务是研究人体中生理、心理和病理现象的规律，从而寻求预防、诊断和治疗疾病的有效方法，以保障人类健康。这些都离不开化学。例如，研究生命活动的生物化学就是从无机化学、有机化学和生理学发展起来的，它利用了化学的原理和方法，研究人体各组织的组成、亚细胞结构和功能、物质代谢和能量变化等生命活动。20 世纪开始化学家们对生物小分子如糖、血红蛋白、维生素进行了研究。50 年代后对生物大分子核酸和蛋白质的了解取得了一系列的突破，由此形成了结构生物学和分子生物学。分子生物学的发展使人们对生命的了解深入到分子水平，对医学和其他相关的生物学科产生了重大影响，特别是围绕基因的一系列的研究。化学家和生物学家联手证明了作为生物遗传因子的**基因**(gene)就是脱氧核糖核酸分子(DNA)。现在人们用先进的化学方法来

测定基因的分子结构，并通过改变这些结构以制造不同的基因，这一成就将为人类抵抗遗传疾病及恶性肿瘤等目前无法治愈的疾病提供可靠的方法，对根治人类所有疾病和延长人类寿命展示了光明的前景。另外，化学中发展起来的各种**色谱分离技术**(chromatography)对疾病的诊断提供了强有力的方法，因此，化学的研究对生命科学有着极大的推动作用。

在国内外的高等医学教育中，历来都将化学作为重要的基础课之一，美国化学家 R. Breslow 指出，“考虑到化学在了解生命中的重要性和药物化学对健康的重要性，在医务人员的正规教育中包括不少化学课程一事就不足为奇了。……今天的医生需要为化学在人类健康中起着更大作用的明天做好准备。”

基础化学的内容是根据医学专业的特点选定的，主要从无机化学、分析化学、物理化学的基本内容中选择，包括各种水溶液的性质、有关理论和应用，化学反应的基本原理及其应用，物质结构与性质的关系，滴定分析和分光光度分析等。同时通过实验课的训练，让学生掌握基本操作技能，建立定量概念，培养严谨的科学态度，进而灵活运用，提高综合分析问题、解决问题的能力以及创新精神。通过基础化学的学习使学生掌握与医学相关的现代化学基本概念、基本原理及其应用的知识，为学生学习后续的有机化学、生物化学、生理学等课程打下较广泛和较深入的基础。

二、学习基础化学的方法

大学的教学方法与中学截然不同，大学讲授的特点是重点突出，有精有略，涉及面广，教学的进度也较快，学生必须具备自学的能力，应尽快适应大学的课程内容和教学规律，掌握学习的主动权。在掌握各学科课程的基础知识和基本技能的同时，养成高效率的学习方法，培养较强的自学能力，提高发现问题、分析问题和解决问题的能力。

基础化学是医学专业一年级第一学期开设的一门基础课。根据其课程的特点，可以采取以下方法学习：

(1) 要学好基础化学，必须做好预习。在每一章教学之前、最好通篇浏览一下整章内容，以求对这章全貌有一些认识，对内容的重点和知识的难点有一定了解。老师上课时，特别要注意自己在预习时未理解的问题。听课时还应适当做些笔记，记下讲课中的重点内容，课后整理笔记，以保证每节课的内容都能理解。

(2) 各章节中的一些基本概念及基本原理要认真地理解其含义，同时注意所适用的范围。对于难于理解的基本理论及抽象概念要反复地思考。

复习时用分析对比和联系归纳的方法，将一些同一原理及相似的概念内容列在一起，从不同的侧面加深理解；用对比的方法弄懂相似概念的本质和区别；同时要在理解的基础上，记忆一些基本概念、基本原理和重要公式，努力做到熟练掌握、灵活运用，融会贯通。

(3) 在复习的基础上多做练习有利于深入理解、掌握和巩固课程内容。要重视书本例题和解题过程中的分析方法和技巧，努力培养独立思考和分析问题、解决问题的能力。在解题前，首先了解该题的问题与课文中的哪些内容、哪些基本概念及公式有关，题中提供了哪些已知条件，用已知的条件寻找求解的思路。

另外，多阅读参考资料，以扩大自己的知识面。

(4) 必须重视基础化学实验。实验课是基础化学课程的重要组成部分，是理解和巩固课程内容，学习科学实验方法，培养动手能力的重要环节。在实验前一定要预习实验内容，应做到清楚实验原理，了解实验目的、明确实验步骤。实验中认真观察实验现象并作好记录，实验完毕要认真处理实验的数据、分析实验现象和问题，得出正确结论，最后完成好实验报告。通过实验，应培养严谨求实的科学态度，锻炼科学研究的基本技能。

第二节　法定计量单位

法定计量单位是政府以法令形式，规定在全国采用的计量单位。我国从 1984 年开始全面推行以国际单位制为基础的法定计量单位。我国的法定计量单位是在国际单位制的基础上制定的，它包括了国际单位制单位和国家选定的与国际单位制并用的非国际单位制单位。

1948 年第 9 届国际计量大会(CGPM)责成国际计量委员会(CIPM)创立一种使所有米制公约国都能接

受的科学、简明的实用单位制。1954 年第 10 届 CGPM 决定采用米、千克、秒、安培、开尔文、坎德拉作为新制的基本单位。1960 年第 11 届 CGPM 将以这六个基本单位为基础的单位制命名为“国际单位制”，并用国际符号“SI”表示(SI 是法文 le Systeme International d’ Unités 的缩写)。1971 年第 14 届 CGPM 又决定增加第 7 个基本单位摩尔(mole)。至此，国际单位制基本构成了现在的完整的形式。

国际单位制由 SI 单位和 SI 单位的倍数单位组成。其中 SI 单位分为 SI 基本单位和 SI 导出单位两大部分。SI 单位的倍数单位由 SI 词头加 SI 单位构成。在实际应用中，基本单位、导出单位以及它们的倍数是单独或交叉或混合或组合使用的。因而，构成了可以覆盖整个科学技术领域的计量单位体系。

我国法定计量单位包括 SI 基本单位和 SI 导出单位、SI 单位的倍数单位及国家选定的非国际单位制单位。法定计量单位是适用于当今我国文化教育、经济建设以及科学技术各个领域的简单、科学、实用、先进的计量单位体系。本书附录中收录了国际单位制单位及我国法定计量单位。

为了在各学科中具体地、正确地使用国家法定计量单位，“全国量和单位标准化技术委员会”于 1983 年制定了有关量和单位的 15 项国家标准，即 GB(GB 是汉语拼音 Guojia Biaozhun 的缩写)，经 1986 年和 1993 年两次修订，这套新标准的代号是 GB 3100～3102～1993，于 1994 年 7 月 1 日开始实施。它是我国非常重要的基础性强制标准，全国各行业各学科工程技术人员、大专院校师生等必须贯彻执行。本书所用的量和单位均遵照这套标准编写。

第三节　溶液组成标度的表示方法

一种或多种物质以分子、原子或离子状态分散于另一种物质中形成的均匀而又稳定的混合物称为溶液。习惯上，人们把能够溶解其他物质的物质称为**溶剂**(solvent)，把被溶解的物质称为**溶质**(solute)。

溶液的性质除与溶质、溶剂的本性有关外，还常与溶液中溶质和溶剂的相对含量有关，溶液的组成标度是指溶液中溶质和溶剂的相对含量。

一、物 质 的 量

物质的量(amount of substance)是表示微观物质数量的基本物理量。物质 B 的物质的量用符号 n_B 表示。基本单位是**摩尔**(mole)，单位符号为 mol。

摩尔的定义是：摩尔是一系统的物质的量，该系统中所包含的基本单元(elementary entity)数(即微粒数)与 0.012kg ^{12}C 的原子数目相等。也就是说，只要系统中的基本单元 B 的数目与 0.012kg ^{12}C 的原子数目相等，B 物质的量就是 1mol。

在使用物质的量及其单位摩尔时，应注意的问题：

1. 摩尔是物质的量的单位，不是**质量**(mass)的单位。质量的单位是千克，单位符号 kg。“物质的量”是一个整体的专用名词，文字上不能分开。

2. 0.012kg ^{12}C 的原子数目是 **Avogadro 常数**(Avogadro constant)的数值，**阿伏伽德罗常数** $L=(6.0221367\pm0.0000036)\times10^{23}mol^{-1}$，这个数的精确程度是随测量技术水平提高而提高的。可见，摩尔的定义是绝对定义，不随测量技术而改变。

3. 使用摩尔时，必须用粒子符号、物质的化学式或它们的特定组合来指明基础单元——原子、分子、离子、电子及其他粒子，或这些粒子的特定组合。例如，我们说 H、H_2、H_2O、$\frac{1}{2}H_2O$、$\frac{1}{2}SO_4^{2-}$、$(2H_2+O_2)$等的物质的量都是可以的。但是，如果说硫酸的物质的量，含义就不清了，因为没有用化学式指明基本单元，基本单元可能是 H_2SO_4 或是 $\frac{1}{2}H_2SO_4$。我们说 1mol 的 H_2SO_4 具有质量 98g，1mol 的 $\frac{1}{2}H_2SO_4$ 具有质量 49g，1mol 的$(H_2+\frac{1}{2}O_2)$具有质量 18.015g 都是正确的。

物质 B 的物质的量 n_B 可以通过 B 的质量和**摩尔质量**(molar mass)求算。B 的摩尔质量 M_B 定义为 B 的质量除以 B 的物质的量，即

$$M_B \xlongequal{\text{def}} \frac{m_B}{n_B} \tag{1.1}$$

式中 m_B 为物质 B 的质量，n_B 是物质 B 的物质的量，摩尔质量的单位是千克每摩，符号为 $kg \cdot mol^{-1}$。当以 $g \cdot mol^{-1}$ 为单位时，某原子的摩尔质量的数值等于其相对原子质量 A_r，某分子的摩尔质量的数值等于其相对分子质量 M_r。相对原子质量和相对分子质量的单位是一。式(1.1)中符号 $\xlongequal{\text{def}}$ 意为“按定义等于”，在书写定义式时须以此注明。

例 1-1 0.84g $NaHCO_3$ 的物质的量是多少？

解 $$n(NaHCO_3) = \frac{m(NaHCO_3)}{M(NaHCO_3)} = \frac{0.84g}{84g \cdot mol^{-1}} = 0.010mol$$

二、物质的量浓度

物质的量浓度(amount-of-substance concentration)用符号 c_B 表示，定义为物质 B 的物质的量 n_B 除以混合物的体积 V。对溶液而言，物质的量浓度定义为溶质的物质的量除以溶液的体积，即

$$c_B \xlongequal{\text{def}} \frac{n_B}{V} \tag{1.2}$$

式中 c_B 为 B 的物质的量浓度，n_B 为物质 B 的物质的量，V 是溶液的体积。

物质的量浓度的 SI 单位是摩每立方米，符号为 $mol \cdot m^{-3}$。医学上常使用摩每升、毫摩每升及微摩每升这样一些单位，符号分别为 $mol \cdot L^{-1}$、$mmol \cdot L^{-1}$ 及 $\mu mol \cdot L^{-1}$。

物质的量浓度可简称为**浓度**(concentration)。本书采用 c_B 表示 B 的浓度，而用[B]表示 B 的平衡浓度。

在使用物质的量浓度时，必须指明物质的基本单元。如 $c(Na_2CO_3)=1mol \cdot L^{-1}$，$c\left(\frac{1}{2}Ca^{2+}\right)=4mmol \cdot L^{-1}$ 等。括号中的化学式符号表示物质的基本单元。基本单元系数不同时，以下列关系换算

$$c(xB)=\frac{1}{x}c(B) \tag{1.3}$$

例 1-2 临床上治疗碱中毒时常用 NH_4Cl 针剂，其规格为每支 20.0mL，含氯化铵(NH_4Cl)0.16g，试计算每支针剂中含 NH_4Cl 的物质的量和该针剂的浓度(单位 $mmol \cdot L^{-1}$)。

解 NH_4Cl 摩尔质量为 $53.5g \cdot mol^{-1}$

$$n(NH_4Cl) = \frac{m(NH_4Cl)}{M(NH_4Cl)} = \frac{0.16g}{53.5g \cdot mol^{-1}} = 3.0 \times 10^{-3} mol$$

$$c(NH_4Cl) = \frac{n(NH_4Cl)}{V} = \frac{3.0 \times 10^{-3} mol \times 1000mL \cdot L^{-1} \times 1000}{20.0mL} = 150mmol \cdot L^{-1}$$

三、质量浓度

质量浓度(mass concentration)用 ρ_B 表示。定义为物质 B 的质量 m_B 除以混合物的体积 V。即

$$\rho_B \xlongequal{\text{def}} \frac{m_B}{V} \tag{1.4}$$

式中 m_B 为 B 的质量、V 是溶液的体积。质量浓度常用的单位为千克每升或克每升，符号为 $kg \cdot L^{-1}$ 或 $g \cdot L^{-1}$ 等。

世界卫生组织提议：在医学上表示体液的组成时，凡体液中是相对分子质量 M_r 已知的物质，均用物质的量浓度。例如人体血液葡萄糖含量正常值，过去习惯表示为 70～100mg%，意为每 100mL 血液含葡萄糖 70～100mg，按法定计量单位应表示为 $c(C_6H_{12}O_6)=3.9\sim5.6mmol \cdot L^{-1}$。对于未知其相对分子质量的物质则使用质量浓度 ρ_B。

物质 B 的质量浓度 ρ_B 与 B 的浓度 c_B 之间的关系为：

$$\rho_B=c_B M_B \tag{1.5}$$

例 1-3　500mL 乳酸钠($NaC_3H_5O_3$)注射液中含 56.0g 乳酸钠，计算该注射液的质量浓度和物质的量浓度。

解　乳酸钠($NaC_3H_5O_3$)的摩尔质量为 $112g \cdot mol^{-1}$

乳酸钠($NaC_3H_5O_3$)注射液的质量浓度

$$\rho(C_3H_5O_3Na) = \frac{m(C_3H_5O_3Na)}{V} = \frac{56.0g}{500 \times 10^{-3}L} = 112g \cdot L^{-1}$$

乳酸钠($NaC_3H_5O_3$)注射液的物质的量浓度

$$c(C_3H_5O_3Na) = \frac{\rho(C_3H_5O_3Na)}{M(C_3H_5O_3Na)} = \frac{112g \cdot L^{-1}}{112g \cdot mol^{-1}} = 1.00mol \cdot L^{-1}$$

四、摩 尔 分 数

摩尔分数(mole fraction)又可称为**物质的量分数**(amount-of-substance fraction)。B 的摩尔分数定义为 B 的物质的量与混合物的物质的量之比，用符号 x_B 表示，单位是一。即

$$x_B \overset{\text{def}}{=\!=} \frac{n_B}{\sum_i n_i} \tag{1.6}$$

式中，n_B 为 B 的物质的量，$\sum_i n_i$ 为混合物的物质的量。

若溶液由溶质 B 和溶剂 A 组成，则溶质 B 的摩尔分数为

$$x_B = \frac{n_B}{n_A + n_B}$$

式中 n_B 为溶质 B 的物质的量，n_A 为溶剂 A 的物质的量。同理，溶剂 A 的摩尔分数为：

$$x_A = \frac{n_A}{n_A + n_B}$$

显然　$x_A + x_B = 1$

例 1-4　将 112g 乳酸钠($NaC_3H_5O_3$)溶于 1.00L 纯水中配成溶液，计算该溶液中的摩尔分数。

解　室温下，水的密度约为 $1000g \cdot L^{-1}$，$NaC_3H_5O_3$ 的摩尔质量为 $112g \cdot mol^{-1}$，H_2O 的摩尔质量为 $18g \cdot mol^{-1}$，则溶液中 $NaC_3H_5O_3$ 的摩尔分数为

$$x(NaC_3H_5O_3) = \frac{n(NaC_3H_5O_3)}{n(NaC_3H_5O_3) + n(H_2O)}$$

$$= \frac{\dfrac{112g}{112g \cdot mol^{-1}}}{\dfrac{112g}{112g \cdot mol^{-1}} + \dfrac{1.00L \times 1000g \cdot L^{-1}}{18g \cdot mol^{-1}}} = 0.018$$

五、质量摩尔浓度

溶质 B 的**质量摩尔浓度**(molality)用符号为 b_B 表示，定义为溶质 B 的物质的量 n_B 除以溶剂的质量 m_A(kg)，即

$$b_B \overset{\text{def}}{=\!=} \frac{n_B}{m_A} \tag{1.7}$$

式中 n_B 为溶质 B 的物质的量，n_A 为溶剂 A 的质量。b_B 的单位是 $mol \cdot kg^{-1}$。溶质 B 的质量摩尔浓度也可以使用符号 m_B，为避免与质量符号 m 混淆，本书中使用符号 b_B。

由于摩尔分数和质量摩尔浓度与温度无关，因此在物理化学中广为应用。

例 1-5　将 7.00g 结晶草酸($H_2C_2O_4 \cdot 2H_2O$)溶于 93.0g 水中，求草酸的质量摩尔浓度 $b(H_2C_2O_4)$和摩尔分数 $x(H_2C_2O_4)$。

解 结晶草酸的摩尔质量 $M(H_2C_2O_4 \cdot 2H_2O)=126g \cdot mol^{-1}$，草酸的摩尔质量 $M(H_2C_2O_4)=90.0g \cdot mol^{-1}$

在 7.00g 结晶草酸($H_2C_2O_4 \cdot 2H_2O$)中 $H_2C_2O_4$ 的质量为

$$m(H_2C_2O_4)=\frac{m(H_2C_2O_4 \cdot 2H_2O)\times M(H_2C_2O_4)}{M(H_2C_2O_4 \cdot 2H_2O)}=\frac{7.00g\times 90.0g \cdot mol^{-1}}{126.0g \cdot mol^{-1}}=5.0g$$

溶液中 H_2O 的质量为

$$m(H_2O)= 93.0 +(7.00-5.00)= 95.0(g)$$

草酸的质量摩尔浓度和摩尔分数分别为

$$b\ (H_2C_2O_4)=\frac{n(H_2C_2O_4)}{m(H_2C_2O_4)}=\frac{5.00g/90.0g \cdot mol^{-1}}{95.0g/1000g}=0.585mol \cdot kg^{-1}$$

$$x\ (H_2C_2O_4)=\frac{n(H_2C_2O_4)}{n(H_2C_2O_4)+n(H_2O)}$$

$$=\frac{5.00g/90.0g \cdot mol^{-1}}{(5.00g/90.0g \cdot mol^{-1})+(95.0g/18.0g \cdot mol^{-1})}=0.0104$$

六、质量分数

物质 B 的**质量分数**(mass fraction)，定义为物质 B 的质量 m_B 除以溶液的质量 m，符号为 ω_B，单位是 1。即

$$\omega_B \overset{\text{def}}{=\!=} \frac{m_B}{\sum_i m_i} \tag{1.8}$$

式中 m_B 为溶质 B 的质量，m 为混合物(溶液)的质量。

例 1-6 100.0g 铁矿石中含 Fe_2O_3 50.4g，试计算铁矿石中 Fe_2O_3 和 Fe 的质量分数。

解 三氧化二铁的摩尔质量 $M(Fe_2O_3)=159.7g \cdot mol^{-1}$，铁的摩尔质量 $M(Fe)=55.8g \cdot mol^{-1}$，100.0g 铁矿石中铁的质量为

$$m(Fe)=m(Fe_2O_3)\times\frac{2M(Fe)}{M(Fe_2O_3)}$$

$$=50.4g\times\frac{2\times 55.8g \cdot mol^{-1}}{159.7g \cdot mol^{-1}}=35.2g$$

铁矿石中 Fe_2O_3 的质量分数为

$$\omega(Fe_2O_3)=\frac{m(Fe_2O_3)}{m}=\frac{50.4g}{100.0g}=0.504$$

铁矿石中 Fe 的质量分数为

$$\omega(Fe)=\frac{m(Fe)}{m}=\frac{35.3g}{100.0g}=0.353$$

七、体积分数

物质 B 的**体积分数**(volume fraction)，定义为物质 B 的体积 V_B 除以混合前溶质和溶剂的体积 V，符号为 φ_B，单位是 1，其值可用小数或百分数表示。即

$$\varphi_B \overset{\text{def}}{=\!=} \frac{V_B}{\sum_i V_i} \tag{1.9}$$

式中 V_B 为溶质 B 的体积，V_i 为混合前各组分的体积。

例 1-7 20℃时，将 70mL 乙醇与 30mL 水混合，得到乙醇溶液，计算所得乙醇溶液中乙醇的体积分数。

解 $$\varphi(C_2H_5OH) = \frac{V(C_2H_5OH)}{V(C_2H_5OH) + V(H_2O)} = \frac{70mL}{70mL + 30mL} = 0.70$$

知识拓展

医学化学学派

在历史上，医学化学学派不仅是一个重要的生理学派，也是一个重要的化学流派。T. Paracelsus (1493—1541)是医学化学学派的首倡者，同时，他也是近代化学的主要奠基人之一。

T. Paracelsus 的父亲是位移居瑞士的德国医生。T. Paracelsus 受父亲的影响学习医学，后来漫游欧洲学习炼金术和矿物学，最后在意大利获得医学博士学位成为一位优秀的外科医生。但是，从本质上说他是一位医学的改革者。T. Paracelsus 仍然相信四元素说。他认为四元素在身体内变为三种要素：盐、硫黄和水银。盐是不挥发和不可燃的要素，水银是可熔和挥发的要素，硫黄是可燃的要素。他把这称为“三基”，并把它们分别比作身体、灵魂和精神。他认为这三种要素的增减决定着机体的健康、疾病、生存和死亡。据说他善于用水银制剂治疗所有旧药都不能治好的疾病。T. Paracelsus 雄心很大，但科学成就并不多。他的伟大贡献在于极力主张用化学来推进医学和生理学的发展。虽然他对生理学和化学的具体贡献都微不足道，但他主张从化学的角度研究医学和生理学的思想不久就产生了丰硕的成果，极大地促进了医学生理学和化学的发展。因此成为医学化学学派的奠基人。

另一位杰出人物 J. Van Helmont(1579—1644)在神秘的炼金术向化学转变的过程中起着举足轻重的作用。他仔细地研究了 T. Paracelsus 的化学著作和医学著作，这使他深信生命基本上是一种化学现象。虽然和他老师一样坚信生命本质是一种化学过程，但是他纠正了他老师不少错误观点。他不相信巴氏倡导的三要素说。他断言真正的元素是空气和水。他的论著《论尿结石》(*De Lithiasi*)是在大量的化学实验基础上写成的。他非常精确地描述了酒精中酒石的形成过程。他把尿精(碳酸铵溶液)和酒精混合，观察到有白色沉淀生成。J. Van Helmont 还从尿中离析出两种固体盐，一种是食盐，另一种大概是磷盐。作为一个化学家，他经常使用天平作定量实验并发现金属能在酸中溶解，其复原后质量并不改变，这实质上包含了物质不灭、质量守恒的思想。通过他自己的实验和著作极大地影响了一大批近代化学家。

F. Sylvius(1614—1672)是医学化学派全盛时期的代表人物。他继承了 T. Paracelsus 和 J. Van Helmont 用化学阐释生命现象的传统并有较大发展。他进一步抛弃了医学化学派中的灵气论和神秘主义倾向，大胆提出生命体的生理学过程和非生命体的化学过程是一回事。从理论上说一切生命现象都可以在实验室里得到再现。为此，他在莱顿大学创立了第一个正规的医学化学实验室，从事生命现象的实验研究。同时通过对酸、碱、盐的研究提出了一种理论，认为酸碱的相互作用决定了生命的健康和疾病。

Summary

Chemistry is a science to study the compositions，structures，properties of the molecules and the energy changing of the chemical reaction. The relationship between chemistry and medical science is very close. It is a basic course for higher medical education.

The contents of this *BASIC CHEMISTRY* are suitable for the specialty of medical students including the properties，theories and applications of aqueous solution，the rules and its applications of chemical reactions，the relationships between the structures of the molecules and its properties，the titrimetric analysis and the spectrophotometry. The well studying of the *BASIC CHEMISTRY* and its relative aspect with medical science is the foundation for the later studying.

The legal unit system of measurement in our country is based on the international unit system that consists of basic units，derived units and prefixes. The amount-of-substance concentration，the mass concentration，the mole fraction，the molality，the mass fraction and the volume fraction are legal units used to denote the concentration of aqueous solution in this *BASIC CHEMISTRY*.

习　题

1. SI 单位制由哪几部分组成？请列出 SI 基本单位。

2. 每 100.0mL 血浆中含 K^+ 和 Cl^- 分别为 20mg 和 366mg，试计算它们的物质的量浓度，单位用 $mmol \cdot L^{-1}$ 表示。

[(1)5.1$mmol \cdot L^{-1}$；(2)103$mmol \cdot L^{-1}$]

3. 求 0.01kg NaOH、0.100kg$\left(\frac{1}{2}Ca^{2+}\right)$、0.100kg$\left(\frac{1}{2}Na_2CO_3\right)$的物质的量。

[(1)0.25mol；(2)4.99mol；(3)1.89mol]

4. 静脉注射用 KCl 溶液的极限质量浓度为 2.7$g \cdot L^{-1}$，如果在 250mL 葡萄糖溶液中加入 1 安瓿(10mL) 100$g \cdot L^{-1}$ KCl 溶液，所得混合溶液中 KCl 的质量浓度是否超过了极限值？

[3.85$g \cdot L^{-1}$]

5. 某患者需补充 Na^+ 0.050mol，应补充 NaCl 的质量是多少？若用生理盐水补充[ρ(NaCl)=9.0$g \cdot L^{-1}$]，应需生理盐水的体积是多少？

[(1)2.93g；(2)325mL]

6. 20℃，将 350g $ZnCl_2$ 溶于 650g 水中，溶液的体积为 739.5mL，求此溶液的物质的量浓度和质量摩尔浓度。

[(1)3.48$mol \cdot L^{-1}$；(2)3.95$mol \cdot kg^{-1}$]

7. 正常人血浆中 Ca^{2+} 和 HCO_3^- 浓度分别是 2.5$mmol \cdot L^{-1}$ 和 27$mmol \cdot L^{-1}$，化验测得某病人血浆中 Ca^{2+} 和 HCO_3^- 浓度分别是 300$mg \cdot L^{-1}$ 和 1.0$mg \cdot L^{-1}$，试判断该病人血浆中这两种离子的浓度是否正常。

[(1)7.5$mmol \cdot L^{-1}$；(2)0.016$mmol \cdot L^{-1}$]

8. 溶液中 KI 与 $KMnO_4$ 反应，假如最终有 0.508g I_2 析出，以$\left(KI+\frac{1}{5}KMnO_4\right)$为基本单元，所消耗的反应物的物质的量是多少？

[0.004mol]

9. 将 7.00g 结晶草酸($H_2C_2O_4 \cdot 2H_2O$)溶于 93.0g 水中，求草酸的质量摩尔浓度 $b(H_2C_2O_4)$和摩尔分数 $x(H_2C_2O_4)$。

[(1)0.585$mol \cdot kg^{-1}$；(2)0.0104]

(席晓岚)

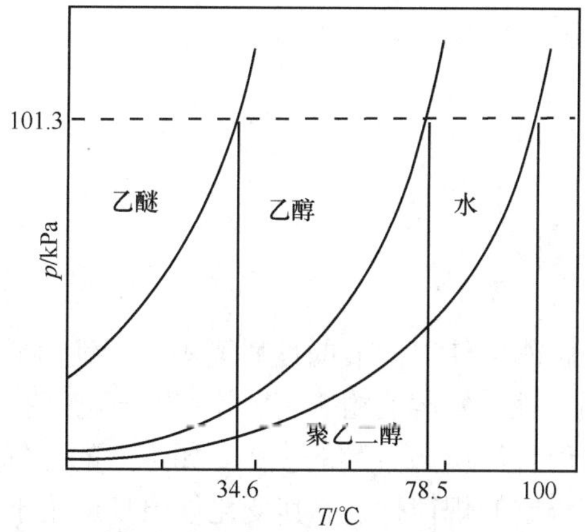

图 2-1　蒸气压与温度的关系图

固体也具有一定的蒸气压，但大多数固体的蒸气压都很小，只有少数固体如冰、碘、樟脑、萘等具有较大的蒸气压。固体的蒸气压也随温度的升高而增大，表 2-3 列出了不同温度下冰的蒸气压。

表 2-3　不同温度下冰的蒸气压

T/K	248	253	258	263	268	273
p^0/kPa	0.0635	0.1035	0.1653	0.2600	0.4013	0.6106

无论固体还是液体，蒸气压大的称为易挥发性物质，蒸气压小的则称为难挥发性物质。

二、溶液的蒸气压下降——Raoult 定律

实验证明，在一定温度下，当难挥发性非电解质溶于溶剂形成稀溶液后，稀溶液的蒸气压比纯溶剂的蒸气压低。这是因为纯溶剂的部分表面被溶质分子所占据，单位时间内从溶液中蒸发出的溶剂分子数比从纯溶剂中蒸发出的分子数少，因此，平衡时溶液的蒸气压必然低于纯溶剂的蒸气压，这种现象称为溶液的**蒸气压下降**(vapor pressure lowering)。由于溶质是难挥发性的，因此这里所说的溶液的蒸气压实际上是指溶液中溶剂的蒸气压。图 2-2 表示纯溶剂和溶液在密闭容器内蒸发-凝聚的情况。显然，溶液的浓度越大，溶液的蒸气压下降就越多。图 2-3 表示纯溶剂与溶液的蒸气压曲线。

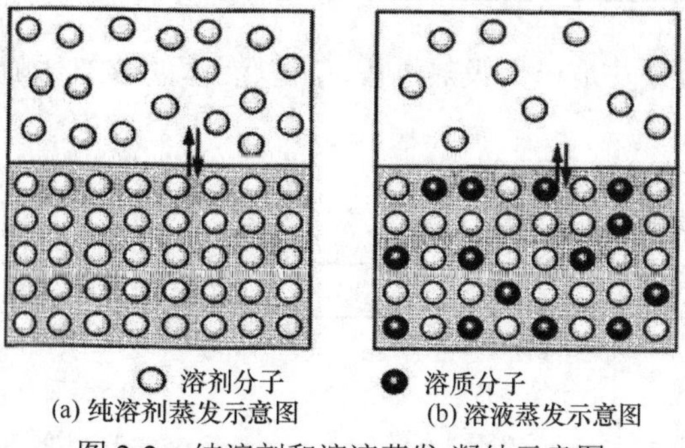

图 2-2　纯溶剂和溶液蒸发-凝结示意图

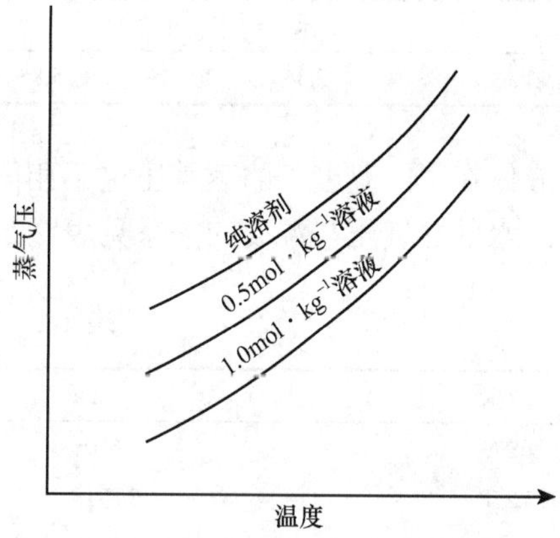

图 2-3　纯溶剂与溶液蒸气压曲线

1887 年，法国化学家 F. M. Raoult 根据大量实验结果，总结出如下规律：在一定温度下，难挥发性非电解质稀溶液的蒸气压等于纯溶剂的蒸气压乘以溶液中溶剂的摩尔分数。以上规律就称为 **Raoult 定律**(Raoult's law)，其数学表达式为

$$p = p^0 x_A \tag{2.1}$$

式中 p^0 为纯溶剂的蒸气压，p 为同温度下溶液的蒸气压，x_A 为溶液中溶剂的摩尔分数。

第二章

稀溶液的依数性

溶质溶于溶剂形成溶液，溶解作用使得溶液的性质既不同于纯溶质，也不同于纯溶剂。溶液的性质可分为两类：一类决定于溶质的本性，如溶液的颜色、体积、导电性和表面张力等；另一类与溶质的本性几乎无关，主要取决于溶液中所含溶质微粒数的多少，如溶液的蒸气压下降、沸点升高、凝固点降低以及渗透压力等，这类性质具有一定的规律性，但其变化规律只适用于稀溶液，所以统称为**稀溶液的依数性**(colligative properties of dilute solution)。

稀溶液的依数性，对细胞内外物质的交换和运输、临床输液、水及电解质的代谢等问题，具有一定的理论指导意义。本章主要介绍难挥发性非电解质稀溶液的依数性。

第一节　溶液的蒸气压下降

一、蒸　气　压

在一定温度下，将纯液体置于一密闭容器中，一部分能量较高的分子将克服液体分子间的引力自液面逸出成为气体，形成气相(系统中物理性质和化学性质都相同的组成部分称为相)，这一过程称为蒸发(evaporation)。同时，气相中的气体分子也会接触到液面并被吸引到液相中，这一过程称为凝结(condensation)。开始时，蒸发过程占优势，但随着气体分子逐渐增多，凝结的速率也随之增大，当液体蒸发的速率与气体凝结的速率相等时，**气相**(gas phase)与**液相**(liquid phase)达到平衡状态。此时，液上方的气体称为饱和蒸气，饱和蒸气所产生的压力称为该温度下液体的饱和蒸气压，简称液体的蒸气(vapor pressure)，用符号 p^0 表示，单位是帕(Pa)或千帕(kPa)。

蒸气压的大小取决于液体的本性和温度。

在同一温度下，不同的液体蒸气压不同。一些液体的蒸气压见表 2-1。

表 2-1　一些液体的蒸气压(20℃)

物质	水	乙醇	苯	乙醚	汞
蒸气压/kPa	2.34	5.85	9.96	57.6	1.6×10^{-4}

同一液体在不同温度下的蒸气压也不相同。因为蒸发是一个吸热过程，所以液体的蒸气压随温高而增大。水的蒸气压与温度的关系见表 2-2。

表 2-2　不同温度下水的蒸气压

T/K	p^0/kPa	T/K	p^0/kPa
273	0.6106	333	19.9183
278	0.8719	343	35.1574
283	1.2279	353	47.3426
293	2.3385	363	70.1001
303	4.2423	373	101.3247
313	7.3754	423	476.0262
323	12.3336		

图 2-1 反映了乙醚、乙醇、水、聚乙二醇等液体的蒸气压随温度升高而增大的情况。

因为 $x_A<1$，$p<p^0$。若溶液由溶质 B 和溶剂 A 组成，设 x_B 为溶质的摩尔分数，由于

$$x_A + x_B = 1$$

因此

$$p = p^0(1 - x_B)$$

$$p^0 - p = p^0 x_B$$

即

$$\Delta p = p^0 x_B \tag{2.2}$$

式中 Δp 为溶液的蒸气压下降。式(2.2)表明，在一定温度下，难挥发性非电解质稀溶液的蒸气压下降与溶液中溶质的摩尔分数成正比，而与溶质的本性无关。这是 Raoult 定律的另一数学表达式。

在稀溶液中，溶质的物质的量 n_B 远远小于溶剂的物质的量 n_A，所以

$$x_B = \frac{n_B}{n_A + n_B} \approx \frac{n_B}{n_A} = \frac{n_B}{m_A / M_A} = b_B M_A \tag{2.3}$$

将式(2.3)代入式(2.2)中，得

$$\Delta p = p^0 M_A b_B = K b_B \tag{2.4}$$

在一定温度下，p^0 为一定值，$p^0 \cdot M_A$ 为一常数，用 K 表示。式(2.4)表明，在一定温度下，难挥发性非电解质稀溶液的蒸气压下降与溶液的质量摩尔浓度成正比，而与溶质的本性无关。这也是 Raoult 定律的一种数学表示式。

例 2-1 已知 20℃时水的饱和蒸气压为 2.338kPa，若将 10.0g 蔗糖($C_{12}H_{22}O_{11}$)溶于 100g 水中，试问该溶液的蒸气压为多少？

解 蔗糖的摩尔质量 $M = 342\text{g} \cdot \text{mol}^{-1}$，溶液中 H_2O 的摩尔分数为

$$x(H_2O) = \frac{\dfrac{100\text{g}}{18\text{g} \cdot \text{mol}^{-1}}}{\dfrac{10.0\text{g}}{342\text{g} \cdot \text{mol}^{-1}} + \dfrac{100\text{g}}{18\text{g} \cdot \text{mol}^{-1}}} = 0.995$$

蔗糖溶液的蒸气压为

$$p = p^0(H_2O) \cdot x(H_2O) = 2.338\text{kPa} \times 0.995 = 2.326\text{kPa}$$

第二节 溶液的沸点升高与凝固点降低

一、溶液的沸点升高

(一) 液体的沸点

液体的**沸点**(boiling point)是液体的蒸气压等于外压时的温度。液体的**正常沸点**(normal boiling point)是指外压为标准大气压即 100kPa 时的沸点。例如水的正常沸点为 373.15K。通常情况下，没有注明压力条件的沸点都是指正常沸点，简称沸点。

液体的沸点，随着外界压力的改变而改变。这种性质，常被应用于实际工作中。例如，采用减压蒸馏或减压浓缩的方法提取和精制物质，尤其是对热不稳定的物质。又如，医学上常见的高压灭菌法，即在密闭的高压消毒器内加热，对热稳定的注射液和对某些医疗器械、敷料消毒灭菌。

(二) 溶液的沸点升高

溶液的沸点高于纯溶剂的沸点，这一现象称为溶液的**沸点升高**(boiling point elevation)。溶液沸点升高的原因是溶液的蒸气压低于纯溶剂的蒸气压。在稀溶液的沸点升高和凝固点下降示意图(图 2-4)中，*AA'*表示纯水的蒸气压曲线，*BB'*表示稀溶液的蒸气压曲线。从图中曲线可以看出，溶液中水的蒸气压在任何温度下都低于同温度下纯水的蒸气压，所以 *BB'*处于 *AA'*的下方。当温度为 373.15K 时，纯水的蒸气压等于 100kPa，纯水开始沸腾，温度 T_b^0=373.15K 是纯水的沸点。因为溶液的蒸气压低于纯溶剂的蒸气压，此时溶液的蒸气压低于 100kPa，溶液并不沸腾，只有将温度升高到 T_b 时，溶液的蒸气压等于外压 100kPa，溶液才沸腾，T_b 为溶液的沸点。此时，溶液的沸点 T_b 高于纯溶剂(水)的沸点。T_b^0，溶液的

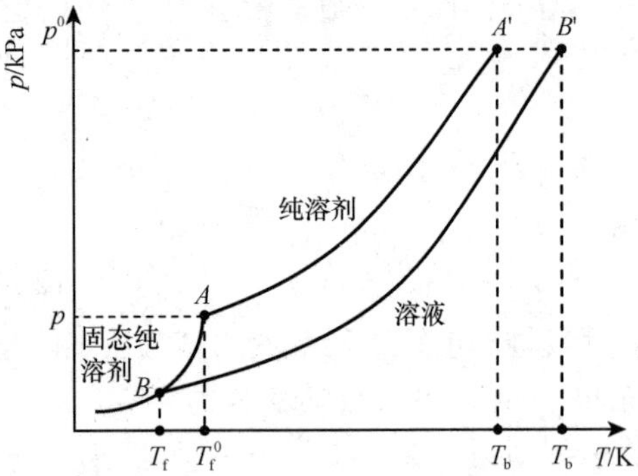

图 2-4　稀溶液的沸点升高和凝固点降低

沸点升高 $\Delta T_b = T_b - T_b^0$。溶液越浓，其蒸气压下降越多，沸点升高就越多，即稀溶液的沸点升高与蒸气压下降成正比

$$\Delta T_b = K'\Delta p$$

根据 Raoult 定律　　$\Delta p = Kb_B$

所以　　$$\Delta T_b = K'Kb_B = K_b b_B \tag{2.5}$$

式中 K_b 称为溶剂的沸点升高常数，它只与溶剂的本性有关，SI 单位是 $K \cdot kg \cdot mol^{-1}$。表 2-4 列出了一部分常见溶剂的沸点及 K_b 值。

从式(2.5)可以看出，在一定条件下，难挥发性非电解质稀溶液的沸点升高只与溶液的质量摩尔浓度成正比，而与溶质的本性无关。

表 2-4　常见溶剂的沸点(T_b^0)及沸点升高常数(K_b)

溶剂	T_b^0/℃	K_b/(K · kg · mol^{-1})
萘	218	5.80
乙酸	118	2.93
水	100	0.512
苯	80	2.53
乙醇	78.4	1.22
四氯化碳	76.7	5.03
氯仿	61.2	3.63
乙醚	34.7	2.02

二、溶液的凝固点降低

(一) 纯液体的凝固点

在一定的外界压力下(一般是指 100kPa)，液体的固、液两相蒸气压相等而共存的温度称为该液体的**凝固点**(freezing point)。水在 100kPa 时的凝固点(273.15K)又称为冰点，在此温度时水和冰的蒸气压相等。

曲线(1)为纯水的理想冷却曲线。从 a 点处无限缓慢地冷却，达到 b 点(273.15K)时，水开始结冰。在结冰过程中温度不再变化，曲线上出现一段平台 bc，此时液体和晶体平衡共存。如果继续冷却，全部水将结成冰，然后温度再下降。在冷却曲线上，这个不随时间而变的平台相对应的温度 T_f^0 称为该液体的凝固点。

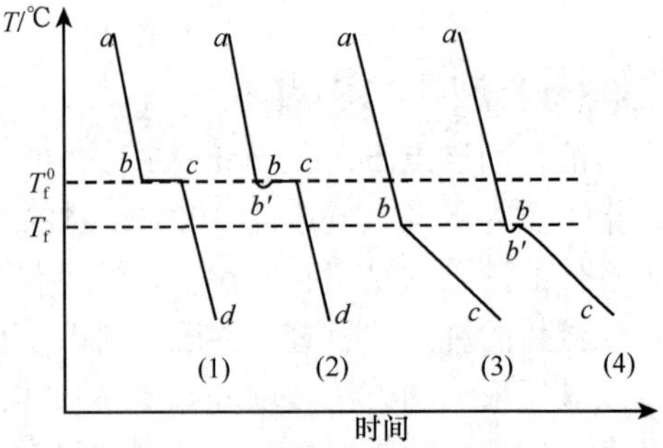

图 2-5　水和溶液的冷却曲线

曲线(2)是实验条件下水的冷却曲线。因为实验做不到无限缓慢地冷却，而是较快速强制冷却，在温度降到 T_f^0 时不凝固，出现过冷现象。一旦固相出现，温度又回升而出现平台。

(二) 溶液的凝固点降低

图 2-5 中的曲线(3)是溶液的理想冷却曲线。与曲线(1)不同，当温度由 a 点处冷却，达到 T_f 时，溶液中才开始结冰，$T_f < T_f^0$。随着冰的结出，溶液浓度不断增大，溶液的凝固点也不断下降，于是 bc 并不是一段平台，而是一段缓慢下降的斜线。因此，溶液的凝固点是指刚有溶剂固体析出(即 b 点)的温度 T_f。

曲线(4)是实验条件下溶液的冷却曲线。可以看出，适当的过冷使溶液凝固点的观察变得容易(温度降到 T_f 以下 b' 点又回升的最高点 b)。

溶液的凝固点总是低于纯溶剂的凝固点，这一现象称为溶液的**凝固点降低**(freezing point

depression)。溶液的凝固点降低也是由溶液的蒸气压下降而引起的。如图 2-4 所示，AB 表示冰的蒸气压曲线，AB 与 AA'相交于 A 点，此时冰和水两相平衡共存，A 对应的温度即纯水的凝固点 T_f^0=273.15K，但在 273.15K 时水溶液的蒸气压低于纯水的蒸气压，这时溶液与冰不能共存，冰将融化，即溶液在 273.15K 时不能结冰。若温度继续下降，由于冰的蒸气压比溶液的蒸气压随温度降低得更快，当温度降至 T_f时，冰和溶液的蒸气压相等，此时，冰和溶液共存，这个平衡温度 T_f就是溶液的凝固点。溶剂的凝固点与溶液的凝固点之差($T_f^0-T_f$)就是溶液的凝固点降低 ΔT_f。

对于稀溶液而言，溶液的凝固点降低 ΔT_f与溶液的蒸气压下降 Δp 成正比

$$\Delta T_f = K''\Delta p$$

而

$$\Delta p = Kb_B$$

所以

$$\Delta T_f = K''Kb_B = K_f b_B \tag{2.6}$$

式中 K_f称为溶剂的凝固点降低常数，它只与溶剂的本性有关，SI 单位是 $K \cdot kg \cdot mol^{-1}$。表 2-5 列出了一些溶剂的凝固点 T_f^0 及 K_f值。

从式(2.6)可以看出，难挥发性非电解质稀溶液的凝固点降低与溶液的质量摩尔浓度成正比，而与溶质的本性无关。

表 2-5 常见溶剂的凝固点(T_f^0)及凝固点降低常数(K_f)

溶剂	T_f^0/℃	K_f/($K \cdot kg \cdot mol^{-1}$)
萘	80	6.90
乙酸	17	3.90
苯	5.5	5.10
水	0.0	1.86
四氯化碳	−22.9	32.0
乙醚	−116.2	1.80

通过测定溶液的沸点升高和凝固点降低都可以推算溶质的摩尔质量(或相对分子质量)。但在实际工作中，多采用凝固点降低法。因为大多数溶剂的 K_f值大于 K_b值，因此同一溶液的凝固点降低值比沸点升高值大，因而灵敏度高且相对误差小。而且溶液的凝固点测定是在低温下进行的，不会引起生物样品的变性或破坏，溶液浓度也不会变化，因此，在医学和生物科学实验中凝固点降低法的应用更为广泛。

由式(2.6)，实验测定溶液的凝固点降低值 ΔT_f，即可计算溶质的摩尔质量

$$\Delta T_f = K_f b_B = K_f \frac{m_B / M_B}{m_A}$$

所以

$$M_B = K_f \frac{m_B}{\Delta T_f \cdot m_A} \tag{2.7}$$

式中 m_B为溶质的质量(单位为 g)，m_A为溶剂的质量(单位为 kg)，M_B为溶质的摩尔质量(单位为 $g \cdot mol^{-1}$)。

例 2-2 将 1.380g 甘油溶于 100g 水中，测得该溶液的凝固点降低值 ΔT_f为 0.279K，试求甘油的相对分子质量。

解 水的 K_f=1.86$K \cdot kg \cdot mol^{-1}$，根据式(2.7)

$$M[\text{甘油}]=1.86K \cdot kg \cdot mol^{-1} \times \frac{1.380g}{0.279K \times 0.100kg} = 92g \cdot mol^{-1}$$

所以，甘油的相对分子质量为 92。

利用凝固点降低原理，可制作防冻剂和冷冻剂。在严寒的冬天，为防止汽车水箱冻裂，常在水箱中加入甘油或乙二醇以降低水的凝固点，防止水因结冰体积膨大而引起水箱胀裂。在实验室中，常用食盐和冰的混合物作致冷剂，可使温度降至−22℃，用氯化钙和冰混合，可使温度降至−55℃。在水产事业和食品贮藏及运输中，广泛使用食盐和冰混合而成的冷却剂。

第三节　溶液的渗透压力

一、渗透现象与渗透压力

若在浓蔗糖溶液的液面上小心地加一层清水，在避免任何机械振动的情况下静置一段时间，由于分子本身的热运动，则蔗糖分子将由溶液层向水层扩散，同时，水分子也将从水层向溶液层扩散，直至浓度均匀为止。这种物质从高浓度区域向低浓度区域的自动迁移过程叫**扩散**(diffusion)。

若用一种**半透膜**(semipermeable membrane)把蔗糖溶液和纯水隔开，如图 2-6(a)所示。半透膜只允许某些物质透过，而不允许另一些物质透过，动物的肠衣、动植物的细胞膜、毛细血管壁、人工制备的羊皮纸、火棉胶等等，都具有半透膜的性质。用一种只允许水分子自由透过而蔗糖分子不能透过的半透膜将蔗糖溶液与纯水隔开，并使其液面在同一水平上。一段时间后，可以看到蔗糖溶液的液面上升，纯水的液面下降，说明水分子不断地通过半透膜从纯水转移到蔗糖溶液中。这种溶剂分子透过半透膜进入溶液的自发过程称为**渗透**(osmosis)。

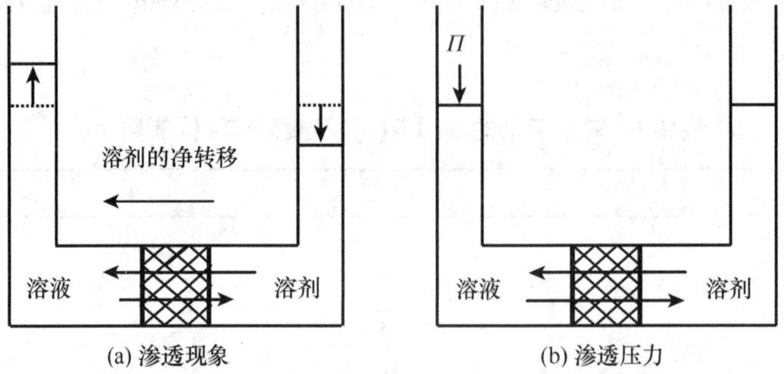

图 2-6　渗透现象与渗透压力

渗透现象的产生，是由于膜两侧单位体积内溶剂分子数不相等，单位时间内由纯溶剂进入溶液的溶剂分子数要比由溶液进入纯溶剂的溶剂分子数多，膜两侧渗透速度不同，其结果是溶液一侧的液面上升。因此，渗透现象的产生必须具备两个条件：一是有半透膜存在；二是膜两侧单位体积内溶剂分子数不相等。由此可道，渗透现象不仅在溶液和纯溶剂之间可以发生，在浓度不同的两种溶液之间也可以发生。渗透的方向总是溶剂分子从纯溶剂向溶液或是从稀溶液向浓溶液进行渗透。

由于渗透作用，蔗糖溶液的液面上升，随着溶液液面的升高，静水压增大，水分子从溶液进入纯水的速度加快。当静水压增大至一定值后，单位时间内从膜两侧透过的溶剂分子数相等，达到渗透平衡。

如图 2-6(b)所示，为了阻止渗透现象的发生，必须在溶液液面上施加一超额压力。国家标准规定：为维持只允许溶剂分子通过的半透膜所隔开的溶液与溶剂之间的渗透平衡而需要在溶液液面上施加的超额压力等于**渗透压力**(osmotic pressure)。渗透压力用符号 Π 表示，单位为帕(Pa)或千帕(kPa)。如果被半透膜隔开的是两种不同浓度的溶液，为阻止渗透现象发生，应在浓溶液液面上施加一超额压力，此压力为浓溶液与稀溶液的渗透压力之差。

若选用一种高强度且耐高压的半透膜将溶液和纯溶剂隔开，此时，若在溶液液面上施加的外压大于渗透压力，则溶液中将有更多的溶剂分子通过半透膜进入溶剂一侧，这种使渗透作用逆向进行的过程称为**反向渗透**(reverse osmosis)。反向渗透常用于从海水中提取淡水及三废治理中处理污水。

二、溶液的渗透压力与浓度及温度的关系

1886 年，荷兰物理学家 van't Hoff 提出：难挥发性非电解质稀溶液的渗透压力可用与理想气体状态方程相似的方程表示。该规律称为 **van't Hoff 定律**(van't Hoff's law)，其数学表达式为

$$\Pi V = n_B RT \tag{2.8}$$

$$\Pi = c_B RT \tag{2.9}$$

式中 Π 为溶液的渗透压力(kPa)；n_B 为溶液中溶质的物质的量(mol)；V 是溶液的体积(L)；c_B 为溶液的浓度($mol \cdot L^{-1}$)；T 为绝对温度(K)；R 为气体常数($8.314 J \cdot K^{-1} \cdot mol^{-1}$)。

van't Hoff 公式的意义：在一定温度下，难挥发性非电解质稀溶液渗透压力的大小与单位体积溶液中溶质微粒数的多少有关，而与溶质的本性无关。因此，渗透压力也是稀溶液的一种依数性。

对于稀水溶液来说，其浓度与质量摩尔浓度近似相等，即 $c_B \approx b_B$，因此，式(2.9)可改写为

$$\Pi \approx b_B RT \tag{2.10}$$

例 2-3 将 3.42g 蔗糖($C_{12}H_{22}O_{11}$)溶于水，配制成 100.0mL 溶液，求该溶液在 37℃时的渗透压力。

解 $M(C_{12}H_{22}O_{11})=342g \cdot mol^{-1}$

$$c(C_{12}H_{22}O_{11})=\frac{3.42g}{342g \cdot mol^{-1} \times 0.10L}=0.100mol \cdot L^{-1}$$

$$\Pi=c_B RT=0.100mol \cdot L^{-1} \times 8.314kPa \cdot L \cdot K^{-1}mol^{-1} \times 310.15K=258kPa$$

通过实验测定难挥发性非电解质稀溶液的渗透压力，可以推算溶质的摩尔质量(或相对分子质量)。

$$\Pi V = n_B RT = \frac{m_B}{M_B} RT$$

所以

$$M_B = \frac{m_B}{\Pi V} RT \tag{2.11}$$

式中 m_B 为溶质的质量(g)，M_B 为溶质的摩尔质量($g \cdot mol^{-1}$)。

例 2-4 将 35.0g 血红蛋白溶于水配制成 1L 溶液，在 298.15K 时，测得该溶液的渗透压力为 1.33kPa，试计算血红蛋白的相对分子质量。

解 根据 van't Hoff 公式

$$M_B = \frac{m_B}{\Pi V} RT$$

$$M(\text{血红蛋白}) = \frac{35.0g \times 8.314kPa \cdot L \cdot K^{-1} \cdot mol^{-1} \times 298.15K}{1.33kPa \times 1.00L}=6.52 \times 10^4 g \cdot mol^{-1}$$

由计算结果可知，该血红蛋白的相对分子质量为 6.52×10^4。

从理论上讲，凝固点降低法和渗透压力法两种方法均可测算溶质的相对分子质量，但在实际工作中，由于溶液的渗透压力越高，对半透膜的耐压性要求就越高，也就越难直接测定，故测定小分子溶质的相对分子质量多用凝固点降低法；而大分子溶质的稀溶液中，溶质的质点数很少，其凝固点降低值很小，很难准确测定，但其渗透压力足以准确测定，因此，常用渗透压力法测定大分子溶质的相对分子质量。

三、稀溶液的依数性

难挥发性非电解质稀溶液的蒸气压降低、沸点升高、凝固点降低和渗透压力都与一定量的溶剂中所含溶质的物质的量成正比，即与溶质的微粒数成正比，而与溶质的本性无关，这些性质统称为稀溶液的依数性。

稀溶液的依数性之间有着内在联系，可以相互换算。由于是稀溶液，可以认为质量摩尔浓度 b_B 与浓度 c_B 近似相等，因此

$$\frac{\Delta p}{K} = \frac{\Delta T_b}{K_b} = \frac{\Delta T_f}{K_f} = \frac{\Pi}{RT} = b_B \tag{2.12}$$

$$\Pi = \frac{\Delta T_f}{K_f} RT \tag{2.13}$$

稀溶液的依数性只适用于难挥发性非电解质的稀溶液。对于非电解质稀溶液来说，只要各溶液浓度相同，则单位体积内溶质的微粒数相同，其渗透压力等依数性质的变化也相同，完全符合稀溶液定律。但是，电解质溶液则不一样，由于电解质在溶液中发生解离，单位体积溶液中溶质的微粒(分子和离子)数比相同浓度的非电解质溶液多，电解质稀溶液依数性的实验测定值与理论计算值之间存在着较大的偏差。因此，在计算电解质稀溶液的依数性时，其公式中应引入一个校正因子 i。沸点升高、凝固点降低和渗透压力的公式应改写为

$$\Delta T_b = iK_b b_B \tag{2.14}$$

$$\Delta T_f = iK_f b_B \tag{2.15}$$

$$\Pi = ic_B RT \approx ib_B RT \tag{2.16}$$

这样计算才能比较符合实验结果。校正因子 i 的数值，严格说来应由实验测得，但由于强电解质在溶液中完全解离，对于强电解质的稀溶液来说，可忽略阴、阳离子间的相互影响，则 i 值就近似等于一“分子”电解质解离出的粒子个数。例如，AB 型强电解质(KCl、$CaSO_4$、$NaHCO_3$ 等)及 AB_2 或 A_2B 型强电解质($MgCl_2$、Na_2SO_4 等)的校正因子 i 分别为 2 和 3。

例 2-5 临床上常用的生理盐水是 $9.0g \cdot L^{-1}$ 的 NaCl 溶液，求该溶液在 310.15K 时的渗透压力。

解 NaCl 在稀溶液中完全解离，i=2，M(NaCl)=$58.5g \cdot mol^{-1}$，则

$$\Pi = ic_B RT = \frac{2 \times 9.0g \cdot L^{-1} \times 8.314kPa \cdot L \cdot K^{-1} \cdot mol^{-1} \times 310.15K}{58.5g \cdot mol^{-1}} = 7.9 \times 10^2\ kPa$$

四、渗透压力在医学上的意义

(一) 渗透浓度

稀溶液的渗透压力是一种依数性，它仅与溶液中溶质粒子的浓度有关，而与溶质的本性无关。我们把溶液中能产生渗透效应的溶质粒子(分子、离子等)统称为渗透活性物质。渗透活性物质的物质的量除以溶液的体积称为溶液的**渗透浓度**(osmolarity)，用符号 c_{os} 表示，单位为 $mol \cdot L^{-1}$ 或 $mmol \cdot L^{-1}$。根据 van't Hoff 定律，在一定温度下，对于任一稀溶液，其渗透压力与溶液的渗透浓度成正比。因此，医学上常用渗透浓度来比较溶液渗透压力的大小。

例 2-6 计算 $50.0g \cdot L^{-1}$ 葡萄糖溶液、生理盐水和 $12.5g \cdot L^{-1}$ $NaHCO_3$ 溶液的渗透浓度(用 $mmol \cdot L^{-1}$ 表示)。

解 $M(C_6H_{12}O_6)$=$180g \cdot mol^{-1}$，$50.0g \cdot L^{-1}$ 葡萄糖溶液的渗透浓度为

$$c_{os} = \frac{50.0g \cdot L^{-1} \times 1000mmol \cdot mol^{-1}}{180g \cdot mol^{-1}} = 278mmol \cdot L^{-1}$$

M(NaCl)=$58.5g \cdot mol^{-1}$，生理盐水的渗透浓度为

$$c_{os} = 2 \times \frac{9.0g \cdot L^{-1} \times 1000mmol \cdot mol^{-1}}{58.5g \cdot mol^{-1}} = 308mmol \cdot L^{-1}$$

$M(NaHCO_3)$=$84g \cdot mol^{-1}$，$12.5g \cdot L^{-1}$ $NaHCO_3$ 溶液的渗透浓度为

$$c_{os} = 2 \times \frac{12.5g \cdot L^{-1} \times 1000mmol \cdot mol^{-1}}{84g \cdot mol^{-1}} = 298mmol \cdot L^{-1}$$

表 2-6 列出了正常人血浆、组织间液和细胞内液中各种渗透活性物质的渗透浓度。

表 2-6 正常人血浆、组织间液和细胞内液中各种渗透活性物质的渗透浓度

渗透活性物质	血浆中浓度/($mmol \cdot L^{-1}$)	组织间液中浓度/($mmol \cdot L^{-1}$)	细胞内液中浓度/($mmol \cdot L^{-1}$)
Na^+	144	137	10
K^+	5.0	4.7	141
Ca^{2+}	2.5	2.4	
Mg^{2+}	1.5	1.4	31
Cl^-	107	112.7	4.0
HCO_3^-	27	28.3	10
HPO_4^{2-}、$H_2PO_4^-$	2.0	2.0	11
SO_4^{2-}	0.5	0.5	1.0
磷酸肌酸			45
肌肽			14

续表

渗透活性物质	血浆中浓度/(mmol · L^{-1})	组织间液中浓度/(mmol · L^{-1})	细胞内液中浓度/(mmol · L^{-1})
氨基酸	2.0	2.0	8.0
肌酸	0.2	0.2	9.0
乳酸盐	1.2	1.2	1.5
三磷酸腺苷			5.0
一磷酸己糖			3.7
葡萄糖	5.6	5.6	
蛋白质	1.2	0.2	4.0
尿素	4.0	4.0	4.0
c_{os}/(mmol · L^{-1})	303.7	302.2	302.2

(二) 等渗、低渗和高渗溶液

渗透压力相等的溶液称为**等渗溶液**(isotonic solution)。渗透压力不相等的溶液，相对而言，渗透压力高的称为**高渗溶液**(hypertonic solution)，渗透压力低的则称为**低渗溶液**(hypotonic solution)。

在临床医学上，溶液的等渗、低渗和高渗是以血浆的渗透压力为标准来衡量的。从表 2-6 可知，正常人血浆的渗透浓度为 303.7mmol · L^{-1}，所以临床上规定，凡渗透浓度在 280～320mmol · L^{-1} 范围内的溶液称为等渗溶液；渗透浓度低于 280mmol · L^{-1} 的溶液称为低渗溶液；渗透浓度高于 320mmol · L^{-1} 的溶液称为高渗溶液。生理盐水(9.0g · L^{-1} 的 NaCl 溶液)和 12.5g · L^{-1} 的 $NaHCO_3$ 溶液是临床上常用的等渗溶液。但是，在实际应用时，个别略低于或略高于此范围的溶液，在临床上也看作是等渗溶液，如 50.0g · L^{-1} 的葡萄糖溶液和 18.7g · L^{-1} 的乳酸钠溶液。

体液渗透压力的高低对人体的生理功能起着重要作用，现以红细胞在低渗、高渗和等渗溶液中的形态变化为例加以说明。

若将红细胞置于稀 NaCl 溶液(如 5.0g · L^{-1})中，在显微镜下观察，可以看到红细胞逐渐膨胀，最后破裂，释放出红细胞内的血红蛋白将溶液染成红色，这种现象医学上称之为**溶血**(hemolysis)[图 2-7(b)]。产生这种现象的原因是细胞内溶液的渗透压力高于细胞外液，细胞外液的水向细胞内渗透所致。

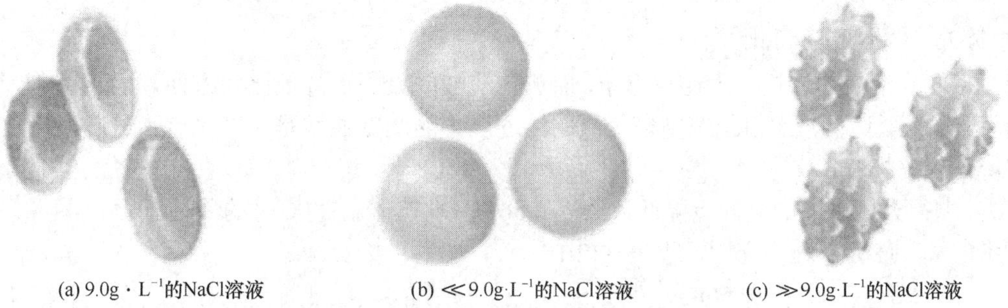

(a) 9.0g · L^{-1}的NaCl溶液　(b) ≪9.0g·L^{-1}的NaCl溶液　(c) ≫9.0g·L^{-1}的NaCl溶液

图 2-7　红细胞在不同浓度 NaCl 溶液中的形态变化

若将红细胞置于较浓的 NaCl 溶液(如 15g · L^{-1})中，在显微镜下观察可见红细胞逐渐皱缩[图 2-7(c)]，皱缩的红细胞互相聚结成团，若此现象发生于血管中，将产生“栓塞”。产生这种现象的原因是细胞内溶液的渗透压力低于细胞外液，红细胞内的水向细胞外渗透所致。

若将红细胞置于生理盐水(9.0g · L^{-1} 的 NaCl 溶液)中，从显微镜下观察，红细胞既不会膨胀，也不会皱缩，维持原来的形态不变[图 2-7(a)]，这是由于生理盐水和红细胞内液的渗透压力相等，细胞内外液处于渗透平衡状态。

从以上实例可知，溶液渗透压力的高低直接影响着置于其中的红细胞的存在形态，溶液渗透压力过高或过低都会使细胞活性遭到破坏，只有等渗溶液才能维持细胞的正常活性，保持正常的生理功能。所以在临床上，当病人需要大剂量补液时，一般要用等渗溶液。但是，也有使用高渗溶液的情况，如 500g · L^{-1} 的葡萄糖溶液，就是常用的高渗溶液之一，只是在使用时，应采用小剂量、慢速度的注射，这样浓溶液会被体液逐渐稀释和吸收，不致引起局部高渗，否则将会产生不良后果。

(三) 晶体渗透压力和胶体渗透压力

在血浆等生物体液中含有电解质(如 NaCl、KCl、$NaHCO_3$ 等)、小分子物质(如葡萄糖、尿素、氨基酸等)以及高分子物质(如蛋白质、核酸等)等。在医学上，习惯把电解质和小分子物质统称为晶体物质，它们所产生的渗透压力称为**晶体渗透压力**(crystalloid osmotic pressure)；把高分子物质称为胶体物质，它们所产生的渗透压力称为**胶体渗透压力**(colloidal osmotic pressure)。血浆中胶体物质的含量(约为 $70g\cdot L^{-1}$)虽高于晶体物质的含量(约为 $7.5g\cdot L^{-1}$)，但是晶体物质的分子量小，而且其中的电解质可以解离，单位体积血浆中的微粒数较多，而胶体物质的分子量很大，单位体积血浆中的微粒数少，因此，人体血浆的渗透压力主要是由晶体物质产生的。如 310.15K 时，血浆的总渗透压力约为 7.7×10^2kPa，其中胶体渗透压力仅为 2.9～4.0kPa。

由于人体内各种半透膜(如毛细血管壁和细胞膜)的通透性不同，晶体渗透压力和胶体渗透压力在维持体内水、盐平衡功能上也各不相同。

细胞膜将细胞内液和细胞外液隔开，并且只让水分子自由通过，而 K^+、Na^+等离子却不易通过。因此，晶体渗透压力对维持细胞内、外的水盐平衡起主要作用。如果由于某种原因引起人体内缺水，则细胞外液中盐的浓度将相对升高，晶体渗透压力增大，于是细胞内液的水分子透过细胞膜向细胞外液渗透，造成细胞内失水。若大量饮水或输入过多葡萄糖溶液，则使细胞外液中盐的浓度降低，晶体渗透压力减小，细胞外液中的水分子就向细胞内液中渗透，严重时可产生水中毒。向高温作业者供给盐汽水，就是为了维持细胞外液晶体渗透压力的恒定。

毛细血管壁与细胞膜不同，它可以允许水分子和各种小离子自由透过，而不允许蛋白质等高分子物质透过。因此，胶体渗透压力虽然很小，却对维持毛细血管内外的水盐平衡起主要作用。如果由于某种疾病造成血浆蛋白质减少时，则血浆的胶体渗透压力降低，血浆中的水和盐等小分子物质就会透过毛细血管壁进入组织间液，造成血容量降低而组织间液增多，这是形成水肿的原因之一。因此，临床上对大面积烧伤或失血的病人，除补给电解质溶液外，还要输给血浆或右旋糖酐等代血浆，以恢复血浆的胶体渗透压力并增加血容量。

一般说来，人体血液的渗透压力值较为恒定，而尿液渗透压力值的变化较大。临床检验时，测定尿液的渗透压力值对于评价肾脏功能和作为一些疾病的诊断指标有重要意义。

(四) 体液渗透压力的测定

由于直接测定溶液的渗透压力比较困难，而测定溶液的凝固点降低比较方便，因此，临床上对血液、胃液、唾液、尿液、透析液、组织细胞培养液的渗透压力的测定通常是用“冰点渗透压力计”测定溶液的凝固点降低值来推算。

例 2-7 测得人体血液的凝固点降低值 ΔT_f=0.56K，求在体温 37℃时的渗透压力。

解 水的 $K_f=1.86K\cdot kg\cdot mol^{-1}$，根据式(2.15)有

$$\Pi=\frac{\Delta T_f}{K_f}RT=\frac{0.56K}{1.86K\cdot kg\cdot mol^{-1}}\times8.314kPa\cdot L\cdot K^{-1}\cdot mol^{-1}\times310.15K=7.8\times10^2kPa$$

所以人体血液在体温 37℃时的渗透压力为 7.8×10^2kPa。

知识拓展

透析疗法——肾衰竭的一种治疗方法

透析是指溶质通过半透膜，从高浓度溶液向低浓度方向运动的过程。任何天然的(如腹膜)或人造的半透膜，只要该膜含有使一定大小的溶质通过的孔径，那么这些溶质就可以通过扩散和对流从膜的一侧移动到膜的另一侧。人体内的“毒物”包括代谢产物、药物、外源性毒物，只要其相对分子质量大小适当，就能够通过透析清除出体外。

透析疗法包括血液透析、血液滤过、血液灌流和腹膜透析，分别应用血液透析机、血滤机、血液灌流器和腹膜透析管对病人进行治疗。

血液透析对清除因肾衰竭所产生的有害物质和纠正水电解质酸碱失衡有较好的效果。血液透析常用于治疗急性肾衰竭、慢性肾衰竭和药物中毒，配合肾移植治疗。目前全世界每年有数十万肾衰病在依赖透析维持生活，血透的长期存活率不断提高。人工肾透析治疗急慢性肾衰不失为一种好的方法。

血液滤过是用血滤机对人体血液进行滤过，从而净化血液，治疗急、慢性肾衰和全身水肿、急性肺水肿、脑水肿、糖尿病性尿毒症及不能承受血液透析的尿毒症患者。

血液灌流，开始只用于治疗尿毒症，后经改进，可用于治疗某些酶缺乏症和免疫性疾病。

腹膜透析与血液透析一样，也可用于治疗急、慢性肾衰、电解质平衡紊乱和药物中毒症。

人工肾是一种透析治疗设备。原理是使透析液与病人血液用半透膜隔开，按浓度差相互渗透，使病人的电解质和酸碱度恢复正常，并排出代谢产物，维持病人生命。在透析治疗过程中，患者的血液在中空纤维中向一侧流动，一种称为透析液的水溶液在中空纤维外向相反方向流动。血液中的小分子废物通过血液透析膜(中空纤维壁)进入到透析液中。为了防止某些盐类等有用的物质随着废物离开血液，透析液中的酸碱度和渗透压应与血液中的基本相同。血液从患者臂部或腿部的血管通路流入人工肾，经过人工肾得到净化后，又流回静脉。患者的血液要流经人工肾许多次之后，才能除去大部分的小分子废物。

影响肾脏功能的疾病很多，例如肾炎、肾盂肾炎、肾结核和急、慢性肾功能衰竭等。这些疾病如果得不到及时诊治，就可能危及生命。人工肾是和肾功能严重衰竭等疾病做斗争的重要武器。

Summary

The colligative properties of dilute solution with nonvolatility and nonelectrolyte concerns only the ratio of the number of particles of solute and solvent，but not the inherent quality of solute. They are vapor pressure lowering，boiling point elevation，freezing point depression and osmotic pressure.

The law of Raoult is an important law about the vapor pressure of solution.

The vapor pressure lowering of the solution leads to its boiling point elevation and its freezing point depression.

Osmotic pressure，inherent characteristic of solution，is equivelent to "excessive pressure". The phenomenon of osmosis produces with two conditions：firstly，the existence of semipermeable membrane; secondly，the difference of osmolarity at the two flanks of membrane. The osmotic direction is solvent molecules come into solution from pure solvent via membrane，or solvent molecules come into concentrated solution from dilute one.

The van't Hoff formula has pointed out the relation of the osmotic pressure and the concentration and temperature.

In the formulas of colligative properties of electrolyte solution，"*i*" was called the corrected factor. "*i*" is equal to the number of particles cleaved from one electrolyte molecule.

Medically，solution whose range of osmolarity being from 280mmol · L^{-1} to 320mmol · L^{-1} is called isotonic solution.

The relations of the four colligative properties of dilute solution with nonvolatility and nonelectrolyte connects closely each other.

习　　题

1. 什么叫稀溶液的依数性？难挥发性非电解质稀溶液的四种依数性之间有什么联系？

2. 已知 293.15K 时水的饱和蒸气压为 2.338kPa，若将 5.00g 尿素[$CO(NH_2)_2$]溶于 100g 水中，试问该溶液的蒸气压为多少？

[2.303kPa]

3. 将 19.0g 某生物碱溶于 100g 水中，测得此溶液的凝固点降低值 ΔT_f 为 0.220K，试求该生物碱的相对分子质量。

[1.61×10^3]

4. 什么叫渗透？渗透压力的定义是什么？渗透现象产生的条件是什么？

5. 298.15K 时海水的渗透压约为 3.00×10^6Pa，计算一份与海水等渗的葡萄糖($C_6H_{12}O_6$)溶液的浓度？

[$1.21mol\cdot L^{-1}$]

6. 将质量均为 10.0g 的 KNO_3 和 Na_2SO_4 分别溶于 1000g 水中配制成溶液，试通过计算回答，凝固点降低较多的是 KNO_3 溶液还是 Na_2SO_4 溶液？

[Na_2SO_4 溶液]

7. 试通过计算回答，在相同温度下，下列溶液中谁的渗透压力最小？

(1) $9.0g\cdot L^{-1}$NaCl 溶液

(2) $0.20mol\cdot L^{-1}CaCl_2$ 溶液

(3) $20.0g\cdot L^{-1}$ 葡萄糖($C_6H_{12}O_6$)溶液

[葡萄糖溶液]

8. 将生理盐水与 $50.0g\cdot L^{-1}$ 葡萄糖溶液各 500mL 混合均匀，试通过计算回答：该混合溶液是等渗溶液、低渗溶液还是高渗溶液？若将红细胞置于此混合溶液中，试问红细胞形态如何？

[等渗溶液；正常]

9. 100kPa 时测得某非电解质溶液的沸点为 100.47℃，试求该溶液的凝固点。

[271.44K]

10. 将 2.00g 白蛋白溶于适量水配制成 100mL 溶液，在 298.15K 时，测得溶液的渗透压力为 717Pa，试求白蛋白的相对分子质量。

[6.91×10^4]

11. 计试算 $12.5g\cdot L^{-1}$ 乳酸钠($NaC_3H_5O_3$)溶液的渗透浓度。若将红细胞置于此溶液中，试问红细胞形态如何？

[$223mmol\cdot L^{-1}$]

12. 已知 298.15K 时水的饱和蒸气压为 3.168kPa，水的 K_f=$1.86K\cdot kg\cdot mol^{-1}$。该温度下，将 2.00g 某非电解质化合物溶于 1.00kg 水中的渗透压与将 0.800g 葡萄糖($C_6H_{12}O_6$)和 1.20g 蔗糖($C_{12}H_{22}O_{11}$)同时溶于 1.00kg 水中的渗透压相同。

(1) 求此化合物的摩尔质量；

(2) 此化合物溶液的蒸气压降低多少？

(3) 此化合物溶液的凝固点是多少？

[$253g\cdot mol^{-1}$；4.5×10^{-4}kPa；−0.0147℃]

(姚建华)

第三章

电解质溶液

电解质(electrolyte)是在水中或在熔融状态下能够导电的化合物。生物体液中，电解质多以离子形式存在，如 Na^+、K^+、Ca^{2+}、Mg^{2+}、Cl^-、HCO_3^-、CO_3^{2-}、HPO_4^{2-}、$H_2PO_4^-$、SO_4^{2-}等，它们的存在状态及其含量，直接关系到体液的渗透平衡和酸碱度，并对神经、肌肉等组织的生理、生化功能有着重要的作用。掌握电解质溶液的基本理论，对医学科学的学习是十分重要的。

第一节　强电解质溶液理论

一、电解质的分类

受溶剂分子的作用，电解质在溶液中不同程度地解离为阴、阳离子。根据解离程度的差异，一般将电解质分为强电解质和弱电解质。电解质的强弱与溶剂有关，强电解质和弱电解质的划分通常是以水作为溶剂的。

能够完全解离成离子的化合物称为**强电解质**(strong electrolyte)。从结构上看，强电解质包括离子型化合物(如 KCl、Na_2SO_4)和强极性共价化合物(如 HCl)。在水溶液中，强电解质完全解离，不存在解离平衡。例如

$$KCl \longrightarrow K^+ + Cl^- \text{(离子型化合物)}$$

$$HCl \longrightarrow H^+ + Cl^- \text{(强极性共价化合物)}$$

只能部分解离的化合物称为**弱电解质**(weak electrolyte)。弱电解质通常为极性共价化合物，如 HAc、$NH_3 \cdot H_2O$ 等。在水溶液中，弱电解质的分子部分解离成阴离子和阳离子，阴离子和阳离子互相吸引又可以重新结合成分子，因而弱电解质的解离过程是可逆的，在溶液中存在一个动态的解离平衡。例如醋酸的解离

$$HAc \rightleftharpoons H^+ + Ac^-$$

电解质的解离程度可以定量地用解离度来表示。**解离度** α(degree of dissociation)是指在一定温度下，电解质达到解离平衡时，已解离的分子数和原有的分子总数之比。

$$\alpha = \frac{\text{已解离的分子数}}{\text{原有分子总数}} \times 100\% \tag{3.1}$$

通过实验测定电解质溶液的依数性如 ΔT_b、ΔT_f 或 Π 等，可求得解离度。

例 3-1　某电解质 HA 溶液的质量摩尔浓度 b(HA)为 $0.1 mol \cdot kg^{-1}$，测得此溶液的 ΔT_f 为 0.19K，求该物质的解离度。

解　设 HA 的解离度为 α，有

	HA ⇌	H^+	+ A^-
初始浓度	0.1	0	0
平衡浓度	$0.1-0.1\alpha$	0.1α	0.1α

解离平衡时，溶液中所含溶质微粒的总浓度为

$$[HA] + [H^+] + [A^-] = [(0.1-0.1\alpha) + 0.1\alpha + 0.1\alpha]\ mol \cdot kg^{-1} = 0.1(1+\alpha) mol \cdot kg^{-1}$$

根据凝固点降低值与溶液质量摩尔浓度的关系：$\Delta T_f = K_f b$，代入数据，有

$$0.19K = 1.86K \cdot kg \cdot mol^{-1} \times 0.1(1+\alpha) mol \cdot kg^{-1}$$

解方程得：　$\alpha = 0.022 = 2.2\%$

在相同条件下，不同电解质的解离度不同。对于 $0.1 mol \cdot kg^{-1}$ 的电解质溶液，通常把解离度大于 30%的称为强电解质，解离度小于 5%的称为弱电解质，解离度为 5%～30%的称为中强电解质。

在理论上，强电解质在水中完全解离，它们的解离度应为 100%，然而根据溶液的依数性和导电性实验测得的解离度却小于 100%，见表 3-1 所示。

表 3-1　几种强电解质的表观解离度(298K，$0.1\text{mol}\cdot\text{L}^{-1}$)

电解质	HCl	HNO_3	H_2SO_4	NaOH	KCl	$ZnSO_4$
表观电离度(%)	92	92	61	91	86	40

是什么原因造成强电解质在溶液中不完全解离的假象？1923 年 P. Debye(荷兰)和 E. Hückel(德国)提出了强电解质溶液的离子互吸理论来解释这个问题。

二、强电解质溶液理论

(一) 离子互吸理论

离子互吸理论(ion interaction theory)认为，强电解质在溶液中是全部解离的，离子之间通过静电力相互作用。不同电荷之间的相互吸引和相同电荷之间的相互排斥，使得离子在溶液中不均匀分布，形成所谓**离子氛**(ion atmosphere)，如图 3-1 所示。每个阳离子周围有一个带负电荷的离子氛，每个阴离子周围又有一个带正电荷的离子氛。同时，一个离子氛的中心离子又是其他离子氛的组成部分。离子不断运动，所以离子氛不断形成，又不断受到破坏。离子氛的存在，使得溶液中离子的行动受到限制，倘若给电解质溶液通电，阳离子向负极移动，但它的离子氛却向正极移动，离子氛的牵制使得离子的迁移速率降低，这相当于溶液中自由移动的离子数目减少。

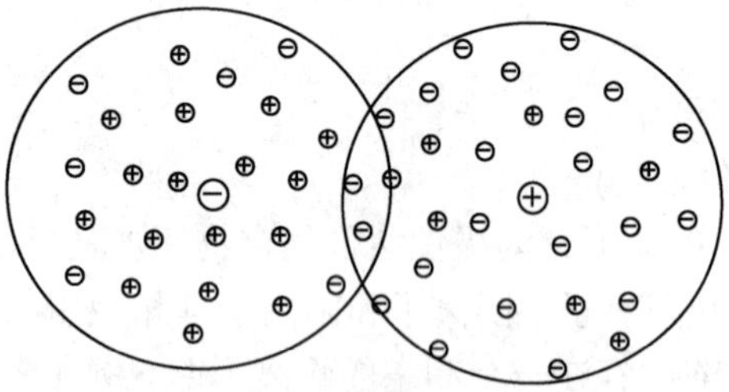

图 3-1　离子氛示意图

当离子浓度较高时，部分阴、阳离子之间还可以缔合形成离子对，离子对的产生会进一步降低自由离子的数目。由于离子氛和离子对的存在，电解质溶液中的离子不再是自由移动的独立离子，因此，强电解溶液的导电性比理论上要低，用依数性或导电性实验所测得的解离度比理论上要小。鉴于此，实验测得的解离度并不能代表强电解质的实际解离度，常称之为表观解离度。

(二) 活度和活度因子

由于离子之间的相互牵制，强电解质溶液中离子的活动能力降低，能够起作用的离子浓度即离子的有效浓度较小。美国化学家 Lewis 将离子的有效浓度称为**活度**(activity)，用 a_B 表示，单位为 1。活度 a_B 与质量摩尔浓度 b_B 的关系为

$$a_B = \gamma_B \frac{b_B}{b^{\ominus}} \tag{3.2}$$

式中 γ_B 称为溶质 B 的**活度因子**(activity factor)，$b^{\ominus}$ 为标准质量摩尔浓度($1\text{mol}\cdot\text{kg}^{-1}$)。由于 $a_B < b_B$，故 $\gamma_B < 1$。

在电解质溶液中，由于阴、阳离子同时存在，单种离子的活度因子不能由实验测定，但可用实验方法测出离子的平均活度因子。对于任一强电解质 $M_{\upsilon_+}A_{\upsilon_-}$，在溶液中按下式解离

$$M_{\nu_+}A_{\nu_-} \longrightarrow \nu_+M^{Z_+} + \nu_-A^{Z_-}$$

式中，z_+、z_-表示阳离子和阴离子的荷电数，ν_+、ν_-表示相应离子的化学计量数。电解质 $M_{\nu_+}A_{\nu_-}$ 的离子平均活度因子 $\gamma_\pm$ 为其离子活度因子的几何平均值，离子的平均活度等于其离子活度的几何平均值。

$$\gamma_\pm = \sqrt[\nu_+ + \nu_-]{\gamma_+^{\nu_+} \cdot \gamma_-^{\nu_-}} \qquad a_\pm = \sqrt[\nu_+ + \nu_-]{a_+^{\nu_+} \cdot a_-^{\nu_-}}$$

对于 1∶1 的电解质

$$\gamma_\pm = \sqrt{\gamma_+ \cdot \gamma_-} \qquad a_\pm = \sqrt{a_+ \cdot a_-}$$

表 3-2 列出了一些强电解质的离子平均活度因子。

表 3-2 一些强电解质的离子平均活度因子(298K)

$b/(\text{mol}\cdot\text{kg}^{-1})$	0.001	0.005	0.01	0.05	0.1	0.5	1.0
HCl	0.966	0.928	0.904	0.803	0.796	0.753	0.809
KOH	0.960	0.930	0.900	0.820	0.800	0.730	0.760
KCl	0.965	0.927	0.901	0.815	0.769	0.651	0.606
H_2SO_4	0.830	0.637	0.544	0.340	0.265	0.154	0.130
$Ca(NO_3)_2$	0.880	0.770	0.710	0.540	0.480	0.380	0.350
$CuSO_4$	0.740	0.530	0.410	0.210	0.160	0.068	0.047

(三) 离子强度

实验证明，在稀的电解质溶液中，影响活度因子的主要因素是离子的浓度和离子所带的电荷。离子浓度越大，离子所带电荷越多，活度因子就愈小。Lewis 根据这些事实提出了**离子强度**(ionic strength)的概念，其定义为*

$$I \overset{\text{def}}{=\!=} \frac{1}{2}\sum_i b_i z_i^2 \tag{3.3}$$

式中，b_i 和 z_i 分别为溶液中离子 i 的质量摩尔浓度和该离子的电荷数。对于稀的水溶液，近似计算时，可以用 c_i 代替 b_i。

例 3-2 计算下列溶液的离子强度：

(1) $0.10\text{mol}\cdot\text{kg}^{-1}$ $NaNO_3$ 溶液；

(2) $0.10\text{mol}\cdot\text{kg}^{-1}$ Na_2SO_4 溶液；

(3) $0.020\text{mol}\cdot\text{kg}^{-1}\text{KBr} + 0.030\text{mol}\cdot\text{kg}^{-1}\text{ZnSO}_4$ 溶液。

解 (1) $I=\frac{1}{2}[b(\text{Na}^+)z^2(\text{Na}^+)+b(\text{NO}_3^-)z^2(\text{NO}_3^-)]$

$=\frac{1}{2}[(0.10\text{mol}\cdot\text{kg}^{-1})(+1)^2+(0.10\text{mol}\cdot\text{kg}^{-1})(-1)^2]$

$=0.10\text{mol}\cdot\text{kg}^{-1}$

(2) $I=\frac{1}{2}[b(\text{Na}^+)z^2(\text{Na}^+)+b(\text{SO}_4^{2-})z^2(\text{SO}_4^{2-})]$

$=\frac{1}{2}[(0.20\text{mol}\cdot\text{kg}^{-1})(+1)^2+(0.10\text{mol}\cdot\text{kg}^{-1})(-2)^2]$

$=0.30\text{mol}\cdot\text{kg}^{-1}$

(3) $I=\frac{1}{2}[b(\text{K}^+)z^2(\text{K}^+)+b(\text{Br}^-)z^2(\text{Br}^-)+b(\text{Zn}^{2+})z^2(\text{Zn}^{2+})+b(\text{SO}_4^{2-})z^2(\text{SO}_4^{2-})]$

$=\frac{1}{2}[(0.020\text{mol}\cdot\text{kg}^{-1})(+1)^2+(0.020\text{mol}\cdot\text{kg}^{-1})(-1)^2+(0.030\text{mol}\cdot\text{kg}^{-1})(+2)^2$

$+(0.030\text{mol}\cdot\text{kg}^{-1})(-2)^2]$

$=0.14\text{mol}\cdot\text{kg}^{-1}$

离子强度反映了离子间作用力的强弱。离子强度越大，离子间的牵制作用愈强，活度因子就愈小。Debye-Hückel 从电学和分子运动论出发导出了某离子的活度因子与溶液离子强度的关系为

$$\lg\gamma_i = \frac{-Az_i^2\sqrt{I}}{1+\sqrt{I}} \tag{3.4}$$

* 根据我国国家标准 GB3102.8-93 的规定，离子强度的定义如式（3.3）。以前也有用物质的量浓度 c 代替质量摩尔浓度者。在计算活度因子时，使用质量摩尔浓度和物质的量浓度，差别不大

式中 z_i 为离子 i 的电荷数，I 是以 $mol \cdot kg^{-1}$ 为单位时的离子强度，A 为常数，在 298.15K 的水溶液中，A 值约等于 0.509。若求电解质离子的平均活度因子，式(3.4)可改为下列形式

$$\lg \gamma_{\pm} = \frac{-A|z_{+} \cdot z_{-}|\sqrt{I}}{1+\sqrt{I}} \tag{3.5}$$

如果溶液的离子强度小于 $0.01mol \cdot kg^{-1}$，式(3.4)和式(3.5)可以近似为

$$\lg \gamma_i = -Az_i^2\sqrt{I} \qquad \lg \gamma_{\pm} = -A|z_{+} \cdot z_{-}|\sqrt{I}$$

由离子强度和活度因子的计算公式可知，溶液浓度越小，活度与浓度之间的差别越小。在弱电解质的稀溶液中，离子浓度很小，一般把弱电解质的活度因子视为 1。中性分子也有活度和浓度的区别，不过不像离子的区别那么大，通常把中性分子的活度因子也视为 1。因此，除特别指明外，对于稀溶液特别是弱电解质的稀溶液，可以用浓度代替活度。但在生物体内，离子强度对酶、激素和维生素的功能影响有时不能忽视。

例 3-3 计算 $0.010mol \cdot kg^{-1}$NaC1 溶液在 25℃时的离子强度、活度因子、活度和渗透压。

解 $I = \frac{1}{2}\sum_i b_i z_i^2$

$= \frac{1}{2}[0.010\ mol \cdot kg^{-1} \times (+1)^2 + 0.010mol \cdot kg^{-1} \times (-1)^2]$

$= 0.010mol \cdot kg^{-1}$

$$\lg \gamma_{\pm} = -0.509|z_{+} \cdot z_{-}|\sqrt{I} = -0.509 \times |(+1)\times(-1)| \times \sqrt{0.010} = -0.051$$

$$\gamma_{\pm} = 0.89$$

$$a_{\pm} = \gamma_{\pm} \cdot \frac{b_{\pm}}{b^{\theta}} = 0.89 \times 0.010 = 0.0089$$

根据 $\Pi = iaRT$，$i = 2$

$$\Pi = 2 \times 0.0089 \times 8.314 \times 298.15(kPa) = 44.1(kPa)$$

实验测得该溶液的实际渗透压为 43.1kPa，与上面计算的结果一致。若不考虑活度影响，Π 的计算值为 49.6kPa，与实验值相差较大。

第二节 酸碱理论

酸和碱是两类重要的电解质。人们对酸碱的认识是逐步深入的，在化学发展史上，出现过各种不同的酸碱理论，其中比较重要的有电离理论、质子理论和电子理论。1887 年，瑞典化学家 S. A. Arrhenius 根据电解质在水中的解离情况提出了酸碱电离理论。酸碱电离理论认为，在水中能电离出 H^+的物质叫作酸，能电离出 OH^-的物质叫作碱，酸碱反应的实质是 H^+与 OH^-反应生成 H_2O。电离理论成功地揭示了一部分含有 H^+和 OH^-的物质在水溶液中的酸碱性，但它把酸碱限制为能解离出 H^+或 OH^-的物质，将酸碱反应局限于水溶液中，因而无法解释氨水的碱性，也不能说明非水溶剂中酸碱反应的本质。1923 年，丹麦的 J. N. Brønsted 与英国的 T. M. Lowry 根据物质与质子的关系提出了酸碱质子理论，同年美国化学家 G. N. Lewis 根据分子的电子结构又提出了酸碱电子理论。酸碱质子理论和电子理论克服了电离理论的局限性，为化学的发展做出了积极的贡献。本节主要介绍酸碱质子理论。

一、酸碱质子理论

(一) 酸碱的定义

酸碱质子理论(proton theory of acid and base)认为：凡能给出质子(H^+)的物质都是**酸**(acid)，凡能接受质子的物质都是**碱**(base)。酸是质子的给予体，常称为质子酸；碱是质子的接受体，常称为质子碱。例如

$$HCl \rightleftharpoons H^+ + Cl^-$$
$$HAc \rightleftharpoons H^+ + Ac^-$$

$$H_2CO_3 \rightleftharpoons H^+ + HCO_3^-$$
$$HCO_3^- \rightleftharpoons H^+ + CO_3^{2-}$$
$$NH_4^+ \rightleftharpoons H^+ + NH_3$$
$$H_3O^+ \rightleftharpoons H^+ + H_2O$$
$$H_2O \rightleftharpoons H^+ + OH^-$$

关系式左侧的物质都能够给出质子，属于酸；关系式右边的物质都能够接受质子，属于碱。酸给出质子变成碱，碱接受质子即为酸，酸碱通过一个质子相互转换，这种转换关系可用下面通式表示

$$\underset{\text{共轭酸}}{HA} \rightleftharpoons H^+ + \underset{\text{共轭碱}}{A^-}$$

通过一个质子即可相互转化的酸和碱称为一对**共轭酸碱对**(conjugated pair of acid-base)。表示酸碱之间转化关系的式子称为**酸碱半反应**(half reaction of acid-base)。在一个酸碱半反应中，酸释放一个质子形成其**共轭碱**(conjugate base)，碱结合一个质子形成其**共轭酸**(conjugate acid)。由此可见，酸和碱相互依存，又可以互相转化。

(1) 从质子酸碱的概念可以看出：质子酸碱既可以是中性分子(如 H_2CO_3、NH_3)，又可以是阴、阳离子(如 CO_3^{2-}、NH_4^+)。相对于酸碱电离理论，质子理论大大扩大了酸碱的范围。

(2) 如 HCO_3^-、H_2O 等，既能给出质子做酸，在另一个酸碱半反应中，又能接受质子做碱的物质称为**两性物质**(amphoteric substance)。H_2O 对于 OH^-是酸，但对于 H_3O^+却是碱；HCO_3^-对于 CO_3^{2-}是酸，但对于 H_2CO_3 却是碱。再如，$H_2PO_4^-$、HPO_4^{2-}、氨基酸等都属于两性物质。

(3) 酸碱质子理论中没有"盐"的概念。如 Na_2CO_3，在电离理论中称为盐，而在质子理论中，CO_3^{2-}为质子碱，Na^+为非酸非碱，因而 Na_2CO_3 属于质子碱，它的水溶液显碱性。

(二) 酸碱反应的实质

酸碱半反应仅仅表示共轭酸碱之间相互转化的关系，并不代表一个真正的化学反应。例如，HAc 分子不可能自发地解离为 Ac^-和氢质子(H^+)，但在醋酸水溶液中确实存在 Ac^-，那么，Ac^-是怎样得到的呢？酸若表现出酸性，成为质子的给予体，必须借助另外一种物质来接受质子。接受质子的物质为碱，当酸将质子转移给碱以后，酸转化为其自身的共轭碱，而碱则转化为其自身的共轭酸，酸碱之间即发生了化学反应。例如

$$HAc + H_2O \xrightleftharpoons{} Ac^- + H_3O^+ \quad (H^+: HAc \rightarrow H_2O)$$

HAc 将质子转移给 H_2O，HAc 转化成 Ac^-，H_2O 转变成 H_3O^+。如果没有 HAc 与 H_2O 之间的质子转移，则 HAc 就不能发生解离反应。因此，**酸碱反应的实质是酸碱之间质子的转移**。质子在两种物质之间的转移既可以发生在水中，也可以发生在非水溶剂或气相中，因此酸碱反应并不局限在水溶液中。

根据质子理论对酸碱反应的认识，电离理论中水的解离，酸碱的解离，中和反应，盐类的水解等都可以归结为质子转移的酸碱反应。例如

$$H_2O + H_2O \rightleftharpoons OH^- + H_3O^+ \quad (H^+: H_2O \rightarrow H_2O)$$

$$HCN + H_2O \rightleftharpoons CN^- + H_3O^+ \quad (H^+: HCN \rightarrow H_2O)$$

$$H_2O + NH_3 \rightleftharpoons OH^- + NH_4^+ \quad (H^+: H_2O \rightarrow NH_3)$$

$$H_2O + Ac^- \rightleftharpoons OH^- + HAc \quad (H^+: H_2O \rightarrow Ac^-)$$

$$NH_4^+ + H_2O \overset{H^+}{\rightleftharpoons} NH_3 + H_3O^+$$

$$HCl(g) + NH_3(g) \overset{H^+}{\rightleftharpoons} NH_4Cl(g)$$

上述反应中，一种酸和一种碱反应，总是导致一种新酸和一种新碱的生成，因此酸碱之间的质子转移反应可用下列通式表示

$$HA + B^- \rightleftharpoons A^- + HB$$

在酸碱反应中，存在着争夺质子的过程，其结果必然是强碱夺取强酸中的质子，强碱转化为它的共轭酸(弱酸)，强酸转化为它的共轭碱(弱碱)。也就是说，酸碱反应总是由较强的酸和较强的碱作用，向着生成较弱的酸和较弱的碱的方向进行。相互作用的酸和碱愈强，反应就进行得愈完全。

(三) 酸碱的强度

酸碱质子理论中，酸碱强度是指它们给出质子或接受质子能力的大小。酸释放质子的能力越强，则酸越强；碱接受质子的能力越强，则碱越强。在共轭酸碱对中，酸越容易释放质子，则其共轭碱越不容易接受质子，因此，酸越强则其共轭碱越弱。例如，HCl 的酸性比 HAc 强，则 Cl^-的碱性比 Ac^-弱。NaCl 的水溶液显中性，而 NaAc 的水溶液显碱性。

酸碱强度主要取决于酸碱的本性。例如，在水中，$HClO_4$、HCl、HNO_3 都是强酸，而 HAc、HCN 均为弱酸。在强酸中，与质子相连的原子或原子团电负性较大，使得质子所带正电荷密度较高，与溶剂水分子的作用力较大，因而易被拉入水中。在水溶液中，强酸几乎全部解离，如

$$HClO_4 + H_2O \longrightarrow H_3O^+ + ClO_4^-$$

$$HCl + H_2O \longrightarrow H_3O^+ + Cl^-$$

反应的完成程度很高，可以认为是不可逆反应。而对于弱酸，与质子相连的原子或原子团电负性较小，质子所带正电荷密度较低，溶剂水分子对其吸引力不大，只能将部分质子拉入水中。弱酸的解离存在解离平衡，如

$$HAc + H_2O \rightleftharpoons H_3O^+ + Ac^-$$

$$HCN + H_2O \rightleftharpoons H_3O^+ + CN^-$$

在水溶液中，H_2O 分子几乎将 $HClO_4$ 或 HCl 中的质子全部夺取过来，使其统一调整到 H_3O^+的强度水平，结果使它们在水溶液中的酸强度相同，这种现象称为**拉平效应**(leveling effect)。具有拉平效应的溶剂称为拉平溶剂。水分子是 $HClO_4$、HCl 的拉平溶剂。强酸都可以被水分子拉平到 H_3O^+的强度水平。同样的，强碱也可以被水分子拉平到 OH^-的强度水平。因此，水中最强的酸是 H_3O^+，最强的碱是 OH^-。而对于 HAc、HCN 来说，由于它们释放质子的能力较差，水分子不能将其拉平到 H_3O^+的水平，因而它们在水中属于弱酸，只能发生部分解离。

酸碱强度不仅取决于酸碱本性，同时也取决于溶剂释放质子或接受质子的能力。若将 $HClO_4$、HCl 溶于 HAc 中，酸碱反应的平衡常数为

$$HClO_4 + HAc \rightleftharpoons H_2Ac^+ + ClO_4^- \qquad K=1.3\times10^{-5}$$

$$HCl + HAc \rightleftharpoons H_2Ac^+ + Cl^- \qquad K=2.8\times10^{-9}$$

由此可见，在 HAc 中，$HClO_4$ 是比 HCl 更强的酸。这是由于 HAc 接受质子的能力比水弱，$HClO_4$、HCl 不能被 HAc 拉平到相同的强度，这种区分酸碱强弱的现象称为**区分效应**(differentiating effect)。具有区分效应的溶剂称为区分溶剂。HAc 是 $HClO_4$、HCl 的区分溶剂。同样，H_2O 是 HNO_3 和 HAc 的区分溶剂。

酸碱强度与溶剂的性质有关，溶剂分子接受质子的能力越强，酸在其中表现的酸性就越强，溶剂分子给出质子的能力越强，则碱在其中表现的碱性就越强。例如 HAc 在水中是弱酸，而在液氨中却是强酸；HNO_3 在水中是强酸，而在醋酸中却是弱酸。因此，在比较酸碱的强度时，必须注明溶剂的种类。通常情况下，所谓酸碱的强度是相对于水溶剂而言的。

通过上面的讨论可知，相对于酸碱电离理论，酸碱质子理论扩大了酸碱及酸碱反应的范围，能说明一些无溶剂或非水溶剂中的酸碱反应，它建立了酸碱强度与质子转移反应之间的关系，并能把酸或碱的强度与溶剂的性质联系起来，直到今天，质子理论仍然是应用最广泛的酸碱理论。

二、酸碱电子理论

(一) 酸碱的定义

质子理论优点很多，但也有一定的局限性，它的突出缺陷是把酸局限于能够给出质子的物质，将早已为实验证实的酸性物质如 SO_3、BF_3 等排除在酸的行列之外。1923 年，美国化学家 G. N. Lewis 提出了**酸碱的电子理论**(electron theory of acid and base)，按照这个理论定义的酸碱称为 Lewis 酸碱。电子理论认为，酸是能够接受电子对的物质，是电子对的接受体；碱是能够给出电子对的物质，是电子对的给予体。例如在下列反应中，H^+、Cu^{2+}、BF_3 等是缺电子试剂，可以接受电子对，属于 Lewis 酸；NH_3、F^-等能够给出电子对，属于 Lewis 碱。

$$H^+ + :NH_3 \rightleftharpoons NH_4^+$$

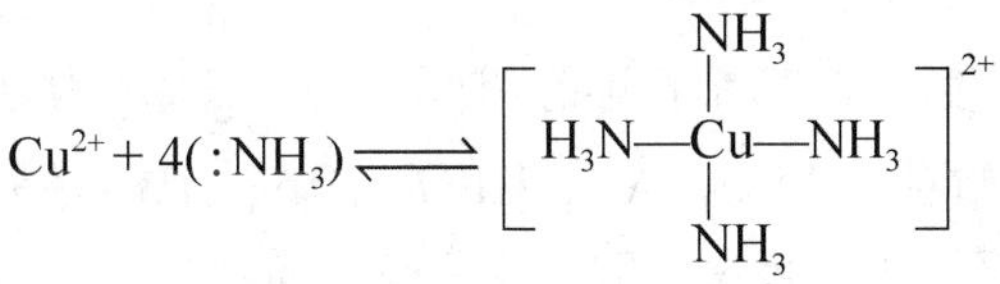

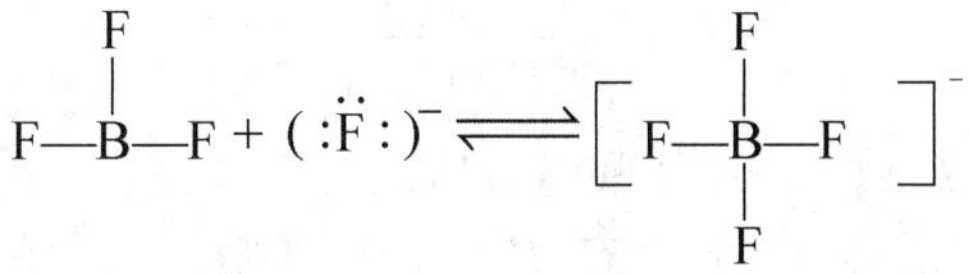

Lewis 酸碱可以是分子、离子或原子团。Lewis 碱与质子碱是一致的，但 Lewis 酸却比质子酸更为广泛。按照电子理论，金属离子都是 Lewis 酸，与金属离子结合的阴离子或中性分子都是 Lewis 碱。Lewis 酸和 Lewis 碱又称广义酸和广义碱。

(二) 酸碱反应的实质

Lewis 酸碱反应的实质是形成配位键，生成酸碱配合物。以 A 代表酸，:B 代表碱，A:B 表示酸碱配合物，酸碱反应可用下列通式表示。

$$\underset{\text{酸}}{A} + \underset{\text{碱}}{:B} \rightleftharpoons \underset{\text{酸碱配合物}}{A:B}$$

含有配位键的物质普遍存在，所以酸碱配合物包罗的范围非常广泛。按照 Lewis 酸碱理论，Arrhenius 理论所谓的盐类、金属氧化物和各种配合物等大多数无机化合物都是酸碱配合物。除此之外，许多有机化合物也可看作是酸碱配合物。例如，乙醇可看作是由 $C_2H_5^+$(酸)和 OH^-(碱)组成的酸碱配合物，乙酸乙酯可认为是由 CH_3CO^+(酸)和 $C_2H_5O^-$(碱)组成的酸碱配合物，烷烃也可以认为是 H^+和烃阴离子(R^-)所形成的酸碱配合物。根据酸碱电子理论，酸碱反应可分为以下四种类型：

酸碱加合反应：如，$Ag^+ + 2NH_3 \rightleftharpoons [H_3N \rightarrow Ag \leftarrow NH_3]^+$

碱取代反应：如，$[Cu(NH_3)_4]^{2+} + 2OH^- \rightleftharpoons Cu(OH)_2 + 4NH_3$

酸取代反应：如，$[Cu(NH_3)_4]^{2+} + 4H^+ \rightleftharpoons Cu^{2+} + 4NH_4^+$

双取代反应：如，$HCl + NaOH \rightleftharpoons NaCl + H_2O$

电子理论对酸碱的定义立足于物质的普遍组成——电子，以电子对的授受说明酸碱的属性和酸碱反应的本质，它摆脱了酸必须含有氢元素的限制，也不受溶剂的束缚，相对于电离理论和质子理论，电子理论扩大了酸碱的范围，并可把酸碱概念用于许多有机反应和无溶剂系统，这是它的优点，其缺点是酸碱概念过于笼统，同时，对酸碱的强弱也不能给出定量的标度。

酸碱的电离理论、质子理论和电子理论各有其优缺点，目前应用最广泛的是质子理论。

第三节 水溶液中酸碱质子转移平衡和平衡常数

根据酸碱质子理论，酸碱反应可以用下式表示

$$HA + B^- \rightleftharpoons A^- + HB$$

酸 HA 将质子转移给碱 B^-，生成 HA 的共轭碱 A^-和碱 B^-的共轭酸 HB。HB 和 A^-也是质子酸碱，两者之间也可以发生质子转移，所以说，酸碱反应都是可逆的。可逆反应达到平衡后，各物质浓度之间存在定量的限定关系。根据热力学规定，酸碱质子转移反应的标准平衡常数为

$$K^{\ominus} = \frac{a_{A^-} \cdot a_{HB}}{a_{HA} \cdot a_{B^-}}$$

其中，a_{A^-}、a_{HB}、a_{HA}、a_{B^-} 分别表示平衡时溶液中相应物质的活度。在稀溶液中，用浓度代替活度，上式可改写为

$$K^{\ominus} = \frac{c_{eq}(A^-)/c^{\ominus} \cdot c_{eq}(HB)/c^{\ominus}}{c_{eq}(HA)/c^{\ominus} \cdot c_{eq}(B^-)/c^{\ominus}}$$

其中，c_{eq} 表示各物质的平衡浓度，$c^{\ominus}$ 表示标准态浓度($1 mol \cdot L^{-1}$)。为方便起见，后面在涉及平衡常数的计算时，$K^{\ominus}$ 用 K 表示。用相对平衡浓度[A^-]、[HB]、[HA]、[B^-]分别代替 $c_{eq}(A^-)/c^{\ominus}$、$c_{eq}(HB)/c^{\ominus}$、$c_{eq}(HA)/c^{\ominus}$、$c_{eq}(B^-)/c^{\ominus}$，则酸碱质子转移反应的平衡常数可简写为

$$K = \frac{[A^-][HB]}{[HA][B^-]}$$

K 为酸碱反应的平衡常数。K 越大，说明酸碱反应进行得越完全。K 与反应的本性及温度有关，在一定温度下，对于给定的反应来说其值一定。在 K 的表达式中，每一种物质的浓度是指平衡体系中该物质的总浓度，而不仅仅是某一个反应单独提供的。

一、水的质子自递平衡

(一) 水的质子自递平衡和水的离子积

水为两性物质，水分子之间可以发生质子转移反应

$$H_2O + H_2O \rightleftharpoons OH^- + H_3O^+ \quad (H^+ \text{ 由第一个 } H_2O \text{ 转移至第二个 } H_2O)$$

这种发生在同种分子之间的质子转移反应称为**质子自递反应**(proton self-transfer reaction)。水的质子自递反应的平衡常数为

$$K = \frac{[H_3O^+][OH^-]}{[H_2O][H_2O]}$$

水是极弱的电解质，在整个反应的过程中，水分子浓度基本不变，可以看成是一常数，将它与 K 合并，得

$$K_w = [H_3O^+][OH^-] \tag{3.6}$$

K_w 称为水的**质子自递平衡常数**(proton self-transfer constant)，又称**水的离子积**(ion product of water)。表 3-3 列出了不同温度下水的 K_w 数值。

表 3-3 K_w 与温度 T 的关系

T/K	273	283	293	298	313	323	333
K_w	1.1×10^{-15}	2.9×10^{-15}	6.8×10^{-15}	1.0×10^{-14}	2.9×10^{-14}	5.5×10^{-14}	9.6×10^{-14}

从表中可以看出，在一定范围内，温度变化对 K_w 影响不大，常温下可认为 K_w=1.0×10^{-14}。水的离

子积是平衡常数的一种，不仅适用于纯水，也适用于所有稀水溶液。

(二) 水溶液的 pH

水溶液中同时存在 H_3O^+和 OH^-，H_3O^+和 OH^-的相对含量不同，则溶液表现的酸碱性不同。在一定温度下，水溶液中的 H_3O^+浓度和 OH^-浓度的乘积是一个常数，因此，可以利用$[H_3O^+]$或 pH 表示溶液的酸碱性。常温下

中性溶液中，$[H_3O^+] = [OH^-] = 1.0\times10^{-7}mol\cdot L^{-1}$

酸性溶液中，$[H_3O^+]>1.0\times10^{-7}mol\cdot L^{-1}>[OH^-]$

碱性溶液中，$[H_3O^+]<1.0\times10^{-7}mol\cdot L^{-1}<[OH^-]$

在生产和科学研究中，经常使用一些 H_3O^+浓度很小的溶液，如$[H_3O^+]=3.98\times10^{-8}mol\cdot L^{-1}$。为了书写方便，常用 pH 表示该类溶液的酸碱性。pH 为氢离子活度的负对数，即

$$pH = -\lg a_{H^+} \tag{3.7}$$

在稀溶液中，浓度和活度的数值十分接近，用相对浓度代替活度。则有

$$pH = -\lg[H_3O^+] \tag{3.8}$$

溶液的酸碱性也可用 pOH 表示，pOH 是 OH^-离子活度的负对数值

$$pOH = -\lg a_{OH^-} \quad 或 \quad pOH = -\lg[OH^-] \tag{3.9}$$

在 298.15K 时，水溶液中$[H_3O^+][OH^-] = 1.0\times10^{-14}$，故有 pH + pOH=14。

当 H_3O^+浓度为 10^{-14}～$1mol\cdot L^{-1}$时，pH 范围在 0～14。如果 H_3O^+浓度或 OH^-浓度大于 $1mol\cdot L^{-1}$时，可直接用 H_3O^+或 OH^-的浓度表示溶液的酸度。

pH 在医学上具有非常重要的作用。各种生物催化剂——酶只有在一定 pH 范围内才有活性，生物体中的许多化学变化，只能发生在相对固定的 pH 范围之内。人体的各种体液都有各自的 pH 范围，表 3-4 列出了正常人各种体液的 pH 范围。

表 3-4 人体各种体液的 pH

体液	pH	体液	pH
血浆	7.35～7.45	大肠液	8.40 左右
成人胃液	0.9～1.5	乳汁	6.60～6.69
婴儿胃液	5.0 左右	泪水	7.40 左右
唾液	6.30～7.10	尿液	4.80～7.50
胰液	7.50～7.80	脑脊液	7.35～7.45
小肠液	7.60 左右	细胞液	7.20～7.45

二、酸碱在水溶液中的质子转移平衡

(一) 一元弱酸、弱碱的质子转移平衡

在水溶液中，一元弱酸 HA 与 H_2O 的质子转移反应为

$$HA + H_2O \rightleftharpoons A^- + H_3O^+$$

反应的完成程度越高，表示酸释放质子的能力越强，酸性越强，因此，可以利用酸与水反应的平衡常数表示酸的强度。

$$K_a(HA) = \frac{[H_3O^+][A^-]}{[HA]} \tag{3.10}$$

K_a 叫作**酸的解离平衡常数**(dissociation constant of acid)，又称酸常数。K_a 愈大，酸性愈强。例如 HAc、NH_4^+和 HCN 的 K_a 分别为 1.75×10^{-5}、5.6×10^{-10} 和 6.2×10^{-10}，这三种酸的强弱顺序为 HAc>HCN>NH_4^+。

一元弱碱 A^-在水溶液中发生下列反应

$$A^- + H_2O \rightleftharpoons HA + OH^-$$

类似地，可以利用碱与水反应的平衡常数定量地表示碱的强度。

$$K_b(A^-)=\frac{[HA][OH^-]}{[A^-]} \tag{3.11}$$

K_b 称为**碱的解离平衡常数**(dissociation constant of base)，又叫作碱常数。K_b 愈大，碱性愈强。

一些弱酸、弱碱的 K_a、K_b 值非常小，为使用方便，也常用 pK_a 或 pK_b 表示酸碱的强弱。pK_a、pK_b 分别是质子酸、碱解离平衡常数的负对数，即

$$pK_a=-\lg K_a\text{；}\quad pK_b=-\lg K_b \tag{3.12}$$

pK_a 或 pK_b 越大，则对应的酸或碱越弱。例如，H_2SO_3、HCOOH、H_2S 的 pK_a 分别为 1.99、3.75、7.05，说明其酸性强弱为 H_2SO_3＞HCOOH＞H_2S。

(二) 多元弱酸、弱碱的质子转移平衡

多元弱酸弱碱在水中的质子转移反应是分步进行的。例如，H_3PO_4 为三元弱酸，其质子转移分三步进行，每一步都有相应的质子转移平衡常数。

第一步 $H_3PO_4+H_2O \rightleftharpoons H_2PO_4^-+H_3O^+$ $\quad K_{a1}=\frac{[H_2PO_4^-][H_3O^+]}{[H_3PO_4]}=6.9\times10^{-3}$

第二步 $H_2PO_4^-+H_2O \rightleftharpoons HPO_4^{2-}+H_3O^+$ $\quad K_{a2}=\frac{[HPO_4^{2-}][H_3O^+]}{[H_2PO_4^-]}=6.1\times10^{-8}$

第三步 $HPO_4^{2-}+H_2O \rightleftharpoons PO_4^{3-}+H_3O^+$ $\quad K_{a3}=\frac{[PO_4^{3-}][H_3O^+]}{[HPO_4^{2-}]}=4.8\times10^{-13}$

在以上各步反应中，方程式左侧的 H_3PO_4、$H_2PO_4^-$、HPO_4^{2-}都是质子酸，它们的解离平衡常数或酸常数分别为 K_{a1}、K_{a2}、K_{a3}。多元弱酸的解离平衡常数逐级减小，这是因为从一个带负电荷的离子中解离出一个带正电荷的质子要比从中性分子中解离质子要困难得多。

PO_4^{3-}为三元弱碱，它与水的反应也分三步进行。

第一步 $PO_4^{3-}+H_2O \rightleftharpoons HPO_4^{2-}+OH^-$ $\quad K_{b1}=\frac{[HPO_4^{2-}][OH^-]}{[PO_4^{3-}]}=2.1\times10^{-2}$

第二步 $HPO_4^{2-}+H_2O \rightleftharpoons H_2PO_4^-+OH^-$ $\quad K_{b2}=\frac{[H_2PO_4^-][OH^-]}{[HPO_4^{2-}]}=1.6\times10^{-7}$

第三步 $H_2PO_4^-+H_2O \rightleftharpoons H_3PO_4+OH^-$ $\quad K_{b3}=\frac{[H_3PO_4][OH^-]}{[H_2PO_4^-]}=1.4\times10^{-12}$

在这些反应中，方程式左侧的 PO_4^{3-}、HPO_4^{2-}、$H_2PO_4^-$作为质子碱，其解离平衡常数或碱常数分别是三个反应的平衡常数 K_{b1}、K_{b2}、K_{b3}。多元弱碱的解离平衡常数逐级减小，这是因为离子所带负电荷越少，接受质子的能力越弱。

(三) 共轭酸碱的解离平衡常数的关系

在一个共轭酸碱对中，酸越强则其共轭碱越弱。酸的解离平衡常数 K_a 与其共轭碱的解离平衡常数 K_b 之间存在确定的对应关系。例如，在 HA 和 A^-共存的水溶液中，存在如下质子转移反应

$$HA+H_2O \rightleftharpoons A^-+H_3O^+$$

$$A^-+H_2O \rightleftharpoons HA+OH^-$$

$$H_2O+H_2O \rightleftharpoons OH^-+H_3O^+$$

体系平衡后，溶液中各种物质平衡浓度之间存在下列关系

$$K_a(HA)=\frac{[H_3O^+][A^-]}{[HA]}$$

$$K_b(A^-)=\frac{[HA][OH^-]}{[A^-]}$$

$$K_w = [H_3O^+][OH^-]$$

三个关系式中[HA]、[A^-]、[H_3O^+]、[OH^-]均相同，将$K_a(HA)$、$K_b(A^-)$相乘，得：

$$K_a(HA) \cdot K_b(A^-) = K_w \tag{3.13}$$

由式(3.13)可知，酸的酸常数与其共轭碱的碱常数之积等于水的离子积。利用式(3.13)，已知酸的K_a，就可求得其共轭碱的K_b，反之亦然。

例 3-4　已知 NH_3 的 K_b 为 1.8×10^{-5}，试求 NH_4^+的 K_a。

解　NH_4^+是 NH_3 的共轭酸，故

$$K_a(NH_4^+) = \frac{K_w}{K_b(NH_3)} = \frac{10^{-14}}{1.8\times10^{-5}} = 5.6\times10^{-10}$$

例 3-5　写出 H_3PO_4 各级解离平衡常数(K_{a1}、K_{a2}、K_{a3}、K_{b1}、K_{b2}、K_{b3})之间的关系。

解　K_{a1}、K_{a2}、K_{a3} 分别是 H_3PO_4、$H_2PO_4^-$、HPO_4^{2-}的酸常数，K_{b1}、K_{b2}、K_{b3} 分别是 PO_4^{3-}、HPO_4^{2-}、$H_2PO_4^-$的碱常数。

H_3PO_4 与 $H_2PO_4^-$是共轭酸碱，故 H_3PO_4 的酸常数 K_{a1} 与 HPO_4^{2-}的碱常数 K_{b3} 的乘积等于水的离子积。即

$$K_{a1} \cdot K_{b3} = K_w$$

同理，$H_2PO_4^-$与 HPO_4^{2-}是共轭酸碱，HPO_4^{2-}与 PO_4^{3-}是共轭酸碱，所以

$$K_{a2} \cdot K_{b2} = K_w$$

$$K_{a3} \cdot K_{b1} = K_w$$

例 3-6　已知 H_2CO_3 的 K_{a1}=4.5×10^{-7}，K_{a2}=4.7×10^{-11}，求 CO_3^{2-}的 K_{b1} 和 K_{b2}。

解　K_{a1}、K_{a2} 分别是 H_2CO_3、HCO_3^-的酸常数，K_{b1}、K_{b2} 分别是 CO_3^{2-}、HCO_3^-的碱常数。CO_3^{2-}与 HCO_3^-为共轭酸碱，HCO_3^-与 H_2CO_3 为共轭酸碱，故

$$K_{b1} = \frac{K_w}{K_{a2}} = \frac{1.0\times10^{-14}}{4.7\times10^{-11}} = 2.1\times10^{-4}$$

$$K_{b2} = \frac{K_w}{K_{a1}} = \frac{1.0\times10^{-14}}{4.5\times10^{-7}} = 2.2\times10^{-8}$$

(四) 酸碱质子转移平衡的影响因素

质子转移平衡是一个动态平衡，它会受到外界因素的影响而发生移动，这些因素包括浓度、同离子效应和盐效应等。

1. 浓度对酸碱质子转移平衡的影响

弱酸 HA 溶于水，与水发生如下反应

$$HA + H_2O \rightleftharpoons H_3O^+ + A^-$$

平衡建立后，增加溶液中 HA 的浓度，则平衡向 HA 解离的方向移动。弱电解质 HA 的解离度与其浓度及解离平衡常数有关，设弱酸 HA 的相对初始浓度为 c，解离度为α，则

$$HA + H_2O \rightleftharpoons H_3O^+ + A^-$$

	HA		H_3O^+	A^-
相对初始浓度	c		≈ 0	0
相对平衡浓度	$c-c\alpha$		$c\alpha$	$c\alpha$

$$K_a = \frac{[H_3O^+][A^-]}{[HA]} = \frac{c\alpha \cdot c\alpha}{c - c\alpha} = \frac{c\alpha^2}{1-\alpha}$$

当 K_a 很小时，反应的完成程度很低，HA 的解离程度很小，$1-\alpha\approx1$。

所以

$$K_a = c\alpha^2$$

或

$$\alpha = \sqrt{\frac{K_a}{c}} \tag{3.14}$$

式(3.14)表示了弱电解质的解离度与浓度之间的关系。由式(3.14)可知，一定温度下，弱电解质溶液的

浓度越小，其解离度越大，也就是说，稀释有利于弱电解质解离度的提高，该规律称为**稀释定律**(diluting law)。需要注意的是，弱酸解离度的提高，并不一定意味着溶液酸度的增加，因为酸度还与弱酸浓度有关。

例 3-7 室温下丙酸(CH_3CH_2COOH)的 K_a=1.3×10^{-5}，分别计算 0.10mol · L^{-1} 和 0.010mol · L^{-1} 丙酸溶液的解离度及溶液中的[H_3O^+]。

解 0.10mol · L^{-1} 丙酸

$$\alpha_1=\sqrt{\frac{K_a}{c_1}}=\sqrt{\frac{1.3\times10^{-5}}{0.1}}=0.011=1.1\%$$

$$[H_3O^+]_1=c\alpha_1=0.10\text{mol}\cdot L^{-1}\times0.011=1.1\times10^{-3}\text{mol}\cdot L^{-1}$$

0.010mol · L^{-1} 丙酸

$$\alpha_2=\sqrt{\frac{K_a}{c_2}}=\sqrt{\frac{1.3\times10^{-5}}{0.010}}=0.036=3.6\%$$

$$[H_3O^+]=c\alpha_2=0.010\text{mol}\cdot L^{-1}\times0.036=3.6\times10^{-4}\text{mol}\cdot L^{-1}$$

2. 同离子效应 在弱电解质溶液中，加入与其具有相同离子的强电解质，则弱电解质的解离度显著降低，这种现象称为**同离子效应**(common ion effect)。例如，在 HAc 溶液中，加入少量固体 NaAc，NaAc 全部解离，溶液中 Ac^-浓度显著增加，从而引起 HAc 解离平衡左移，HAc 的解离度降低，溶液中 H_3O^+浓度也相应减少。

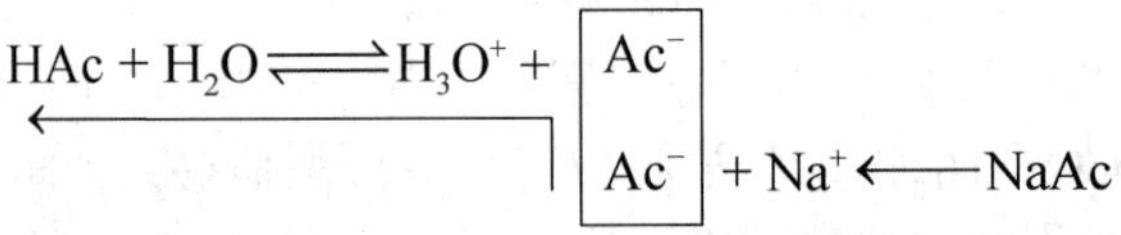

同理，在氨水溶液中，加入少量固体 NH_4Cl，NH_4Cl 完全解离，溶液中 NH_4^+浓度增加，致使氨水的解离平衡左移，从而降低氨水的解离度，溶液中 OH^-浓度也相应减少。

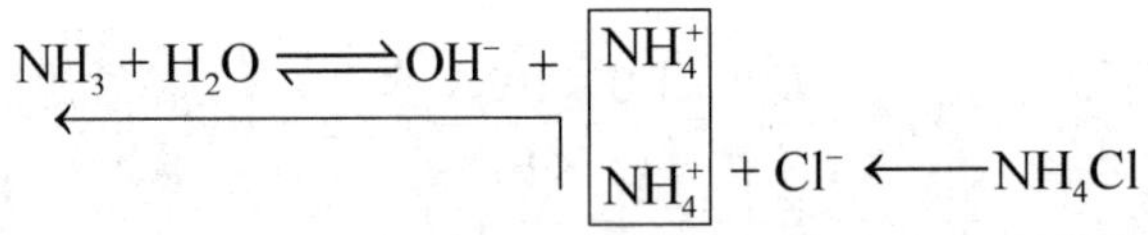

例 3-8 室温下醋酸的 K_a = 1.75×10^{-5}，计算 0.100mol · L^{-1} HAc 溶液的解离度。若向其中加入固体 NaAc，使溶液中 c(NaAc)为 0.100mol · L^{-1}，问其解离度有何变化？

解 设 HAc 的解离度为α。

(1) 加入 NaAc 以前

	$HAc + H_2O \rightleftharpoons$	H_3O^+	+ Ac^-
相对初始浓度	c	≈0	0
相对平衡浓度	0.100−0.100α	0.100α	0.100α

$$K_a=\frac{[H_3O^+][Ac^-]}{[HAc]}=\frac{0.100\alpha^2}{1-\alpha}\approx0.100\alpha^2$$

$$\alpha=\sqrt{\frac{K_a}{0.100}}=\sqrt{\frac{1.75\times10^{-5}}{0.100}}=0.0132=1.32\%$$

(2) 加入 NaAc 以后

	$HAc + H_2O \rightleftharpoons$	H_3O^+	+ Ac^-
相对初始浓度	0.100	≈0	0.100
相对平衡浓度	0.100−0.1000α	0.100α	0.100α + 0.100

$$K_a=\frac{[H_3O^+][Ac^-]}{[HAc]}=\frac{0.100\alpha\cdot(0.100\alpha+0.100)}{0.100(1-\alpha)}\approx0.100\alpha$$

$$\alpha = \frac{K_a}{0.100} = \frac{1.75 \times 10^{-5}}{0.100} = 0.000175 = 0.0175\%$$

3. 盐效应　在弱电解质的溶液中，加入不含共同离子的强电解质时，则弱电解质的解离度将会增加，这种现象称为**盐效应**(salt effect)。例如在 $0.100\text{mol} \cdot \text{L}^{-1}$ HAc 溶液中加入固体 NaCl，使溶液中 c(NaCl)为 $0.100\text{mol} \cdot \text{L}^{-1}$ 时，醋酸的解离度由 1.32%增至 1.68%。其原因是，强电解质的加入使溶液离子强度增加，离子活度减小，根据平衡移动原理，弱电解质的解离平衡向右移动，从而使弱电解质的解离度增加。

发生同离子效应时，必然伴随盐效应的发生，但同离子效应远比盐效应要大得多，当两者共存时，通常可忽略盐效应的影响。

第四节　酸碱溶液 pH 的计算

电解质中的酸和碱溶于水，可以改变水溶液的酸碱性，借助于质子转移反应的平衡关系式可以计算溶液中的 pH。计算过程允许有 5%的相对误差，可根据 20 倍原则进行合理地近似。所谓 20 倍原则是指当两个数相加减时，若其中的较大数为较小数的 20 倍及以上时，可以将较小数忽略，这样处理的结果，其相对误差不超过 5%。

一、一元弱酸、弱碱溶液

设一元弱酸 HA 的初始浓度为 c_a，在其水溶液中存在两种质子转移平衡：

$$HA + H_2O \rightleftharpoons H_3O^+ + A^- \qquad K_a = \frac{[H_3O^+][A^-]}{[HA]}$$

$$H_2O + H_2O \rightleftharpoons H_3O^+ + OH^- \quad K_w = [H_3O^+][OH^-]$$

H_3O^+、A^-、OH^-和 HA 四种物质的浓度都是未知的，要精确求得$[H_3O^+]$，计算相当麻烦，可根据 20 倍原则进行合理近似。

HA 溶液中的 H_3O^+来源于 HA 和 H_2O 的解离。HA 的酸性比水强，由 HA 提供的 H_3O^+比 H_2O 提供的多。若 HA 的强度和浓度足够大，即当 $K_a \cdot c_a \geqslant 20K_w$ 时，溶液中的$[H_3O^+]$将主要来源于 HA 的解离。忽略水的质子自递，只考虑弱酸解离平衡，则$[H_3O^+] \approx [A^-]$，$[HA] \approx c_a - [H_3O^+]$。

	$HA + H_2O \rightleftharpoons$	H_3O^+	$+ A^-$
初始浓度	c_a	0	0
平衡浓度	$c_a - [H_3O^+]$	$[H_3O^+]$	$[H_3O^+]$

$$K_a = \frac{[H_3O^+][A^-]}{[HA]} = \frac{[H_3O^+]^2}{c - [H_3O^+]}$$

整理得

$$[H_3O^+] = \frac{-K_a + \sqrt{K_a^2 + 4K_a c_a}}{2} \tag{3.15}$$

式(3.15)为一元弱酸溶液中计算$[H_3O^+]$的近似式，其适用条件为 $K_a \cdot c_a \geqslant 20K_w$。

当 $K_a \cdot c_a \geqslant 20K_w$，且 $c_a/K_a \geqslant 500$ 时，根据稀释定律，溶液中弱酸 HA 的解离度极小，$\alpha \leqslant 0.05$，$[HA] = c_a - [H_3O^+] = c_a(1-\alpha) \approx c_a$。由解离平衡常数知

$$K_a = \frac{[H_3O^+][A^-]}{[HA]} = \frac{[H_3O^+]^2}{c_a - [H_3O^+]} \approx \frac{[H_3O^+]^2}{c_a}$$

$$[H_3O^+] = \sqrt{K_a c_a} \tag{3.16}$$

式(3.16)是计算一元弱酸溶液中$[H_3O^+]$的最简式，其适用条件是 $K_a \cdot c_a \geqslant 20K_w$，且 $c_a/K_a \geqslant 500$。

同理可导出一元弱碱溶液酸度的计算公式，即

当 $K_b \cdot c_b \geqslant 20K_w$ 时

$$[OH^-]=\frac{-K_b+\sqrt{K_b^2+4K_bc_b}}{2} \tag{3.17}$$

当 $K_b \cdot c_b \geqslant 20K_w$，且 $c_b/K_b \geqslant 500$ 时

$$[OH^-]=\sqrt{K_bc_b} \tag{3.18}$$

式(3.17)、式(3.18)分别是计算一元弱碱溶液中$[OH^-]$的近似式和最简式。

例 3-9 计算 $0.100mol \cdot L^{-1}$ HCN 溶液的 pH。

解 HCN 为一元弱酸，$c_a = 0.100mol \cdot L^{-1}$，查表知 $K_a = 6.2\times10^{-10}$

$K_ac_a= 6.2\times10^{-11}>20K_w$，$c_a/K_a = 0.100/(6.2\times10^{-10})>500$，可用最简式(3.16)进行计算

$$[H_3O^+]=\sqrt{K_ac_a}=\sqrt{6.2\times10^{-10}\times0.100}\ mol\cdot L^{-1}=7.9\times10^{-6}mol\cdot L^{-1}$$

$$pH=5.10$$

必须注意，只有当弱酸(或弱碱)的 K_ac_a(或 K_bc_b)$\geqslant 20K_w$，且同时满足 c_a/K_a(或 c_b/K_b)$\geqslant 500$，才能用最简式进行计算，否则将造成较大的误差。

例 3-10 计算 $0.100mol \cdot L^{-1}$ $CH_2ClCOOH$(一氯乙酸)溶液的 pH。($CH_2ClCOOH$ 的 $K_a=1.4\times10^{-3}$)。

解 $CH_2ClCOOH$ 为一元弱酸

$$K_ac_a=1.4\times10^{-3}\times0.100 = 1.4\times10^{-4}>20K_w$$

$$c_a/K_a=0.100/(1.4\times10^{-3})<500，应采用近似式(3.15)计算[H_3O^+]$$

$$[H_3O^+]=\frac{-1.4\times10^{-3}+\sqrt{(1.4\times10^{-3})^2+4\times1.4\times10^{-3}\times0.100}}{2}=1.1\times10^{-2}\ mol\cdot L^{-1}$$

$$pH=1.95$$

例 3-11 已知 $K_b(NH_3)=1.8\times10^{-5}$，计算 $0.100mol \cdot L^{-1}$ NH_4Cl 溶液的 pH。

解 NH_4Cl 在水溶液中完全解离为 NH_4^+和 Cl^-，NH_4^+为质子酸，Cl^-在水中既不能得质子也不能失质子，属于非酸非碱，故可以认为 NH_4Cl 是一元弱酸。NH_3 与 NH_4^+为共轭酸碱对，则

$$K_a(NH_4^+)=\frac{K_w}{K_b(NH_3)}=\frac{1.0\times10^{-14}}{1.8\times10^{-5}}=5.6\times10^{-10}$$

$$K_ac_a>20K_w，c_a/K_a=0.100/(5.6\times10^{-10})>500，用最简式(3.16)计算[H_3O^+]$$

$$[H_3O^+]=\sqrt{K_ac_a}=\sqrt{5.6\times10^{-10}\times0.100}mol\cdot L^{-1}=7.5\times10^{-6}\ mol\cdot L^{-1}，pH=5.13$$

例 3-12 已知 $K_a(HAc)=1.75\times10^{-5}$，计算 $0.100mol \cdot L^{-1}$ NaAc 溶液的 pH。

解 NaAc 在水溶液中完全解离为 Na^+和 Ac^-，Na^+属于非酸非碱，Ac^-为一元弱碱，故可以认为 NaAc 是一元弱碱，已知 $K_a(HAc)=1.75\times10^{-5}$，HAc 与 Ac^-为共轭酸碱对，则

$$K_b(Ac^-)=\frac{K_w}{K_a(HAc)}=\frac{1.0\times10^{-14}}{1.75\times10^{-5}}=5.7\times10^{-10}$$

$$K_bc_b>20K_w，c_b/K_b=0.100/(5.8\times10^{-10})>500，用式(3.18)计算[OH^-]$$

$$[OH^-]=\sqrt{K_bc_b}=\sqrt{5.7\times10^{-10}\times0.100}mol\cdot L^{-1}=7.5\times10^{-6}\ mol\cdot L^{-1}$$

$$pOH = 5.12，pH=14-5.11=8.88$$

二、多元弱酸弱碱溶液

多元弱酸的水溶液是一种复杂的酸碱平衡体系，其质子转移反应是分步进行的。例如，在相对浓度为 c_a 的二元弱酸 H_2A 水溶液中，存在下述解离平衡

$$H_2A + H_2O \rightleftharpoons HA^- + H_3O^+ \qquad K_{a1}=\frac{[H_3O^+][HA^-]}{[H_2A]}$$

$$HA^- + H_2O \rightleftharpoons A^{2-} + H_3O^+ \qquad K_{a2}=\frac{[H_3O^+][A^{2-}]}{[HA^-]}$$

$$H_2O + H_2O \rightleftharpoons H_3O^+ + OH^- \qquad K_w = [H_3O^+][OH^-]$$

溶液中的$[H_3O^+]$等于上述三个反应所得H_3O^+浓度的总和。因为$K_{a1}>K_{a2}>K_w$，在相同浓度下，H_2A比HA^-及H_2O提供的$[H_3O^+]$多。而HA^-是由弱酸H_2A解离出来的，浓度很小，同时在同离子效应的影响下，受第一步解离出的H_3O^+的抑制，HA^-及H_2O解离出的H_3O^+极少。因此可以认为，溶液中的H_3O^+主要是由第一个反应解离出来的。其他多元弱酸情况类似。

多元弱酸溶液$[H_3O^+]$的计算可进行如下近似处理：$K_{a1}c_a \geqslant 20K_w$时，可忽略水的质子自递平衡；$K_{a1}/K_{a2}>100$时，溶液中$H_3O^+$主要来源于第一步反应，可忽略第二步质子转移反应所产生的H_3O^+，作一元弱酸处理，此时$[H_2A]\approx c(H_2A)$，$[H_3O^+]\approx[HA^-]$；若$c_a/K_{a1}\geqslant 500$，$[H_3O^+]$可按一元弱酸的最简式计算，否则按近似式计算。

综上所述，对于多元弱酸如H_2CO_3、$H_2C_2O_4$、H_3PO_4等的水溶液，当$K_{a1}/K_{a2}>100$，$K_{a1}c_a \geqslant 20K_w$时

$$[H_3O^+] = \frac{-K_{a1} + \sqrt{K_{a1}^2 + 4K_{a1}c_a}}{2} \tag{3.19}$$

当$K_{a1}c_a \geqslant 20K_w$，$K_{a1}/K_{a2}>100$且$c_a/K_{a1}\geqslant 500$时

$$[H_3O^+] = \sqrt{K_{a1}c_a} \tag{3.20}$$

多元弱碱如Na_2CO_3、$Na_2C_2O_4$、Na_3PO_4的水溶液，情况与多元弱酸类似，即

当$K_{b1}c_b \geqslant 20K_w$，$\sqrt{K_{b1}c_b} \geqslant 100K_{b2}$时

$$[OH^-] = \frac{-K_{b1} + \sqrt{K_{b1}^2 + 4K_{b1}c_b}}{2} \tag{3.21}$$

当$K_{b1}c_b \geqslant 20K_w$，$\sqrt{K_{b1}c_b} \geqslant 100K_{b2}$且$c_b/K_{b1}\geqslant 500$时

$$[OH^-] = \sqrt{K_{b1}c_b} \tag{3.22}$$

多元弱酸或弱碱溶液中其他物质的浓度，可以根据$[H_3O^+]$或$[OH^-]$及各种解离平衡常数进行计算。

例 3-13 计算 0.10mol · L^{-1}草酸($H_2C_2O_4$)溶液的 pH，并求$HC_2O_4^-$、$C_2O_4^{2-}$和OH^-的浓度。

解 草酸($H_2C_2O_4$)为二元弱酸，$K_{a1} = 5.6\times10^{-2}$，$K_{a2} = 1.5\times10^{-4}$，$c_a = 0.10\text{mol}\cdot L^{-1}$

$$H_2C_2O_4 + H_2O \rightleftharpoons HC_2O_4^- + H_3O^+ \qquad K_{a1}$$

$$HC_2O_4^- + H_2O \rightleftharpoons C_2O_4^{2-} + H_3O^+ \qquad K_{a2}$$

因$K_{a1}c_a>20K_w$，$K_{a1}/K_{a2}>100$，$c_a/K_{a1}<500$，按多元弱酸的近似式(3.19)计算$[H_3O^+]$。

$$[H_3O^+] = \frac{-K_{a1} + \sqrt{K_{a1}^2 + 4K_{a1}c_a}}{2} = \frac{-5.6\times10^{-2} + \sqrt{(5.6\times10^{-2})^2 + 4\times5.6\times10^{-2}\times0.10}}{2} = 5.2\times10^{-2}\ \text{mol}\cdot L^{-1}$$

$$pH=1.28$$

因为$K_{a1}/K_{a2}>100$，相对于第一步来说，第二步解离很弱，所以

$$[HC_2O_4^-]\approx[H_3O^+]=5.2\times10^{-2}$$

$$K_{a2} = \frac{[H_3O^+][C_2O_4^{2-}]}{[HC_2O_4^-]} = [C_2O_4^{2-}]，\ [C_2O_4^{2-}]=K_{a2}=1.5\times10^{-4}\text{mol}\cdot L^{-1}$$

$$[OH^-]=K_w/[H_3O^+]=1.92\times10^{-13}\text{mol}\cdot L^{-1}$$

例 3-14 计算 0.100mol · L^{-1} Na_2CO_3溶液的 pH，并求HCO_3^-、H_2CO_3和H_3O^+的浓度。

解 Na_2CO_3在水中完全解离为Na^+和CO_3^{2-}，Na^+属于非酸非碱，CO_3^{2-}为二元弱碱，故可认为Na_2CO_3为二元弱碱。查表知H_2CO_3的$K_{a1}=4.5\times10^{-7}$，$K_{a2}=4.7\times10^{-11}$，HCO_3^-与CO_3^{2-}、H_2CO_3与HCO_3^-为共轭酸碱。

$$CO_3^{2-} + H_2O \rightleftharpoons HCO_3^- + OH^- \qquad K_{b1}$$

$$HCO_3^- + H_2O \rightleftharpoons H_2CO_3 + OH^- \qquad K_{b2}$$

$$K_{b1} = \frac{K_w}{K_{a2}} = \frac{1.0\times10^{-14}}{4.7\times10^{-11}} = 2.1\times10^{-4}，\quad K_{b2} = \frac{K_w}{K_{a1}} = \frac{1.0\times10^{-14}}{4.5\times10^{-7}} = 2.2\times10^{-8}$$

由于 $K_{b1}c_b > 20K_w$，$K_{b1}/K_{b2} > 100$，$c_b/K_{b1} > 500$，按最简式(3.22)计算$[OH^-]$

$$[OH^-] = \sqrt{K_{b1}c_b} = \sqrt{2.1\times10^{-4}\times0.100} = 4.6\times10^{-3}\ mol\cdot L^{-1}$$

$$pOH=2.33$$

$$pH=14.00-2.33=11.67$$

因为 $K_{b1}/K_{b2} > 100$，相对于第一步来说，第二步解离很弱，所以

$$[HCO_3^-]\approx[OH^-]=4.6\times10^{-3}mol\cdot L^{-1}$$

由第二步质子传递反应的平衡常数可以计算$[H_2CO_3]$

$$K_{b2} = \frac{[OH^-][H_2CO_3]}{[HCO_3^-]} = [H_2CO_3] = 2.2\times10^{-8}$$

由以上计算可知：在多元弱酸的水溶液中，多元弱酸第一步解离所得共轭碱的浓度约等于$[H_3O^+]$，第二步解离所得共轭碱的浓度约等于 K_{a2}；在多元弱碱的水溶液中，多元弱碱第一步解离所得共轭酸的浓度约等于$[OH^-]$，第二步解离所得共轭酸的浓度约等于 K_{b2}。如 H_3PO_4 溶液中，$[H_3O^+]\approx[H_2PO_4^-]$，$[HPO_4^{2-}]\approx K_{a2}$；$Na_3PO_4$ 溶液中，$[HPO_4^{2-}]\approx[OH^-]$，$[H_2PO_4^-]\approx K_{b2}$。

须指出的是，上述有关计算方法是指弱酸或弱碱自身的水溶液而言的，如果有外来酸碱的影响，则不能用上述公式进行计算。

三、两性物质溶液

两性物质有 HCO_3^-、$H_2PO_4^-$、HPO_4^{2-}、NH_4Ac 和氨基酸等，它们在溶液中既能给出质子又能接受质子，其质子转移平衡较为复杂。下面以 NaHA 为例说明两性物质溶液酸度的计算。

假设 NaHA 溶液的浓度为 c，在 NaHA 溶液中存在下列平衡

(1) HA^-作酸　$HA^- + H_2O \rightleftharpoons H_3O^+ + A^{2-}$　　$K_a = \dfrac{[A^{2-}][H_3O^+]}{[HA^-]}$

(2) HA^-作碱　$HA^- + H_2O \rightleftharpoons OH^- + H_2A$　　$K_b = \dfrac{[H_2A][OH^-]}{[HA^-]}$

(3) $H_2O + H_2O \rightleftharpoons H_3O^+ + OH^-$　　$K_w = [H_3O^+][OH^-]$

其中，K_a、K_b 为两性物质 HA^-本身的酸常数和碱常数，注意 $K_a\cdot K_b \neq K_w$，这是因为 HA^-与其自身并不是共轭酸碱对。

由以上三个反应可知：HA^-失去一个质子可得一个 A^{2-}，得到一个质子可得一个 H_2A；H_2O 失去一个质子可得一个 OH^-，得到一个质子可得一个 H_3O^+。反应中得失质子总数相同，因此，溶液中各物质浓度存在下述关系

$$[H_3O^+] + [H_2A] = [A^{2-}] + [OH^-]$$

根据 HA^-及 H_2O 的解离平衡关系，得

$$[H_3O^+] + \frac{K_b[HA^-]}{[OH^-]} = \frac{K_a[HA^-]}{[H_3O^+]} + \frac{K_w}{[H_3O^+]}$$

其中，$K_b[HA^-]/[OH^-] = K_a[H_3O^+][HA^-]/K_w$，令 $K_a' = K_w/K_b$，上式转换为

$$[H_3O^+] + \frac{[H_3O^+][HA^-]}{K_a'} = \frac{K_a[HA^-]}{[H_3O^+]} + \frac{K_w}{[H_3O^+]}$$

整理得

$$[H_3O^+] = \sqrt{\frac{K_a'(K_a[HA^-] + K_w)}{K_a' + [HA^-]}}$$

一般情况下，HA^-的酸式解离和碱式解离的倾向都很小。因此，溶液中 HA^-消耗很少，HA^-的平衡浓度近似等于其初始浓度，即$[HA^-]\approx c$，代入上式，得到

$$[H_3O^+]=\sqrt{\frac{K_a'(K_ac+K_w)}{K_a'+c}} \tag{3.23}$$

式(3.23)是计算两性物质酸度的近似式。当 $K_a c>20K_w$，且 $c>20K_a'$时，式(3.23)中，$K_w c+K_w\approx K_w$，$K_a'+c\approx c$，式(3.24)转化为

$$[H_3O^+]=\sqrt{K_a'\cdot K_a}\ \text{或}\ pH=\frac{1}{2}(pK_a'+pK_a) \tag{3.24}$$

式(3.24)是计算两性物质溶液酸度的最简式，式中 K_a 是两性物质的酸常数，K_a'是两性物质共轭酸的酸常数。

应该注意，最简式只有在两性物质的浓度不是很小，且水的解离可以忽略的情况下才能应用。其他两性物质水溶液的酸度也可以据此原则进行计算，关键是选取正确的酸常数。

例如，对于 $H_2PO_4^-$溶液，$K_a'=K_{a1}$，$K_a=K_{a2}$

$$[H_3O^+]=\sqrt{K_{a1}\cdot K_{a2}},\quad pH=\frac{1}{2}(pK_{a1}+pK_{a2})$$

这里的 K_{a1}、K_{a2} 分别是 H_3PO_4 的第一级和第二级解离平衡常数。

再如，HPO_4^{2-}溶液，$K_a'=K_{a2}$，$K_a=K_{a3}$

$$[H_3O^+]=\sqrt{K_{a2}\cdot K_{a3}},\quad pH=\frac{1}{2}(pK_{a2}+pK_{a3})$$

这里的 K_{a2}、K_{a3} 分别是 H_3PO_4 的第二级和第三级解离平衡常数。

例 3-15　计算 $0.10mol\cdot L^{-1}NaHCO_3$ 溶液的 pH。已知 H_2CO_3 的 pK_{a1}=6.35，pK_{a2}=10.33。

解　$NaHCO_3$ 在水中完全解离为 Na^+和 HCO_3^-，Na^+为非酸非碱，HCO_3^-为两性物质，故可认为 $NaHCO_3$ 为两性物质，其共轭酸为 H_2CO_3，$K_a'=K_{a1}$，$K_a=K_{a2}$，因 $cK_a>20K_w$，且 $c>20K_a'$，符合最简式(3.24)的计算条件，所以

$$[H_3O^+]=\sqrt{K_{a1}\cdot K_{a2}}$$

$$pH=\frac{1}{2}(pK_{a1}+pK_{a2})=\frac{1}{2}(6.35+10.33)=8.34$$

例 3-16　已知 NH_3 的 K_b 为 1.8×10^{-5}，HAc 的 K_a 为 1.75×10^{-5}。计算 $0.10mol\cdot L^{-1}NH_4Ac$ 溶液的 pH。

解　NH_4Ac 在水中完全解离为 NH_4^+和 Ac^-，NH_4^+为一元弱酸，Ac^-为一元弱碱，故可认为 NH_4Ac 为两性物质，其共轭酸为 HAc。

$$K_a'=K_a(HAc)$$

$$K_a=K_a(NH_4^+)=K_w/K_b(NH_3)=1.0\times10^{-14}/1.8\times10^{-5}=5.6\times10^{-10}mol\cdot L^{-1}$$

由于 $cK_a>20K_w$，且 $c>20K_a'$，采用式(3.24)计算

$$[H_3O^+]=\sqrt{K_a(HAc)\cdot K_a(NH_4^+)}=\sqrt{1.75\times10^{-5}\times5.6\times10^{-10}}=1.0\times10^{-7}\ mol\cdot L^{-1}$$

$$pH=7.0$$

例 3-17　计算 $0.10mol\cdot L^{-1}$ 氨基乙酸(NH_2CH_2COOH)溶液的 pH。

解　氨基乙酸(NH_2CH_2COOH)在水中既可以释放质子作酸，质子转移平衡为

$$NH_2CH_2COOH+H_2O \overset{H^+}{\rightleftharpoons} NH_2CH_2COO^-+H_3O^+\quad K_b=1.6\times10^{-10}$$

氨基乙酸又能够接受质子作碱，质子转移平衡为

$$NH_2CH_2COOH+H_2O \overset{H^+}{\rightleftharpoons} NH_3^+CH_2COOH+OH^-\quad K_b=2.2\times10^{-12}$$

由此可见，NH_2CH_2COOH 是两性物质，它的共轭酸为 $NH_3^+CH_2COOH$。

$$K_a=1.6\times10^{-10},\ K_a'=K_w/K_b=1.0\times10^{-14}/(2.2\times10^{-12})=4.5\times10^{-3}$$

由于 $cK_a>20K_w$，且 $c>20K_a'$，可采用式(3.24)计算。

$$[H_3O^+]=\sqrt{K_a'\cdot K_a}=\sqrt{4.5\times10^{-3}\times1.6\times10^{-10}}=8.5\times10^{-7}mol\cdot L^{-1},\ pH=6.1$$

知识拓展

体液酸度与药物利用率

大部分药物为弱酸或弱碱，体液酸度对药物的存在状态和利用率具有很大的影响。药物须通过细胞膜才能被吸收，细胞膜由磷脂层构成，药物的脂溶性越大则越易经膜吸收。中性分子的脂溶性大于带电荷的正负离子，所以酸性环境有利于弱酸性药物的吸收，碱性环境有利于弱碱性药物的吸收。人体体液各有不同的 pH，例如，胃液酸度很大(正常成人胃液 pH 为 0.9～1.5)；而肠道内位置不同，pH 不同(由上而下从 pH 2.0 到 pH 7.6)；血液略显碱性(pH 7.4 左右)。当口服弱酸性药物如乙酰水杨酸(pK_a=3.5)时，它能够迅速被胃及小肠上段吸收，这是因为它在胃液及小肠上段解离程度很小，绝大部分以分子的形式存在。体液 pH 越小，酸性药物被吸收的程度越大。实验表明，乙酰水杨酸在 pH 3.6～4.3、4.7～5.0、5.2～6.0、6.0～7.6 的四段不同 pH 范围小肠内的吸收率分别约为 62%，36%，35%，5%。弱碱性有机药物，在胃液中高度质子化，不易被细胞膜吸收，然而在肠道内解离程度减少，能较好地透过细胞膜被吸收。体液 pH 越大，碱性药物被吸收的程度越大。例如奎宁(pK_b=5.6)在上述四段不同 pH 范围小肠内的吸收率分别约为 9%，11%，41%，54%。由于碱性药物在到达肠道被吸收之前，须与胃酸接触较长时间而易被破坏，这就是碱性药物口服药效较低而常用注射给药的原因之一。

Summary

Substances that dissociate or ionize in water to produce cations and anions are electrolytes. The strong electrolytes completely dissociate in aqueous solution，but their apparent dissociation degree is not 100%. The interionic attractions in an aqueous solution prevent the ions from behaving as totally independent particles and ion atmosphere is formed.

An acid is a proton donor，and a base is a proton acceptor in the Brønsted-Lowry theory. The equilibrium constant for the proton-transfer reaction between two H_2O molecules is called the ion product of water，denoted by K_w，$K_w=[H_3O^+][OH^-]$，which equals 1.0×10^{-14} at 25℃. The equilibrium constant between a weak acid and water is called an acidity constant，denoted by K_a，and that between a weak base and water is called a basidity constant，denoted by K_b. We can use K_a or K_b to demonstrate the strength of acid and base. Polyprotic acids contain more than one ionizable hydrogen atom. Such acids dissociate in steps，with a separate dissociation constant for each step.

The degree of dissociation weak electrolyte is related to solution concentration. When solution is diluted，the degree of dissociation increase，this is called the law of dilution. The degree of dissociation can be reduced by adding a strong electrolyte that provides an ion common to the equilibrium. This phenomenon is called the common-ion effect. The addition of a strong electrolyte slightly increases the degree of ionization of a weak acid. This effect is called the salt effect.

A conjugate base is everything that remains of the acid molecule after a proton is lost. A conjugate acid is formed when a proton is transferred to the base. Two substances related in this way，by the expression，Base + $H^+ \rightleftharpoons$ Acid，are called a conjugate acid-base pair. For any such pair，the relation of K_a and K_b is: $K_a\cdot K_b=K_w$. Strong acid form weak conjugate base，and weak acid form strong conjugate base.

The formula of the calculation of $[H_3O^+]$ in a monoprotic weak acid solution is：$[H_3O^+]=\sqrt{K_a\cdot c_a}$ when $K_a\cdot c_a\geqslant20K_w$ and $c_a/K_a\geqslant500$. If $c_a/K_a<500$，that is：$[H_3O^+]=\dfrac{-K_a+\sqrt{K_a^2+4K_ac_a}}{2}$. About weak base solution，the formula of the calculation of $[OH^-]$ is similar with that. When $K_{a(b)1}$ ∶ $c_{a(b)}\geqslant20K_w$，

$\sqrt{K_{a(b)1}c_{a(b)}} \geqslant 100K_{a(b)2}$，we can treat polyprotic weak acid or base solution as monoprotic weak acid and base.

Amphoteric substances can act both as an acid and as a base. The $[H_3O^+]$ calculation is given by the common formula：$[H_3O^+]=\sqrt{K_a \cdot K_a'}$.

习　题

1. 计算 $9g \cdot L^{-1}$ 生理盐水的离子强度，并计算溶液在 37℃时的渗透压：①用浓度计算；②用活度计算。

[(1)$0.154mol \cdot L^{-1}$；(2)①794kPa，②571kPa]

2. 正常人血浆中主要电解质离子的浓度如下，计算血浆的离子强度和 Na^+ 的活度因子。

离子	Na^+	K^+	Ca^{2+}	Mg^{2+}	Cl^-	HCO_3^-	HPO_4^{2-}	SO_4^{2-}
$c/(mmol \cdot L^{-1})$	142	5	2.5	1.5	108	27	1	0.5

[$I = 0.152mol \cdot L^{-1}$；(2)$\gamma(Na^+)$=0.72]

3. 按照 BrØnsted-Lowry 酸碱质子理论，何为酸碱？酸碱反应的实质是什么？如何定量表达酸碱的强弱？

4. 根据酸碱质子理论，下列物质哪些是酸？哪些是碱？哪些是两性物质？写出各酸的共轭碱和各碱的共轭酸。NH_4^+、H_2S、S^{2-}、HSO_4^-、$[Al(H_2O)_5(OH)]^{2+}$、CO_3^{2-}、$H_2PO_4^-$、PO_4^{3-}、HCOOH、H_2NCH_2COOH。

5. 水中加酸或加碱将抑制水的解离，水的离子积是否发生变化？

6. 健康人血液的 pH 为 7.35～7.45，若某病人的血液 pH 暂时降到 6.10，其血液中 H_3O^+浓度为正常状态的多少倍?

[17.8～22.4]

7. 已知 HClO 的 $K_a=3.9\times10^{-8}$，计算 $0.1mol \cdot L^{-1}$ HClO 溶液的解离度。将溶液稀释一倍，其解离度有何变化？若向 $0.1mol \cdot L^{-1}$ HClO 中加入固体 NaClO，使溶液中 $c(ClO^-)$为 $0.1mol \cdot L^{-1}$，问其解离度又有什么变化?

[0.062%，0.088%，3.9×10^{-5}%]

8. 乳酸($CH_3CH(OH)COOH$)是糖代谢的最终产物，在体内积蓄会引起机体疲劳或酸中毒，已知乳酸的 $K_a=1.4\times10^{-4}$，试计算浓度为 $1.0\times10^{-3}mol \cdot L^{-1}$ 乳酸溶液的 pH。

[3.51]

9. 复方阿司匹林为解热镇疼药，其主要成分乙酰水杨酸($C_9H_8O_4$)为一元弱酸，以未解离的中性分子形式在胃中吸收，服用 0.65g 阿司匹林后胃液的 pH 为 2.96，问能被胃直接吸收的阿司匹林有多少克？已知 $K_a=3.2\times10^{-4}$。

[0.50g]

10. 麻黄碱($C_{10}H_{15}ON$)又名麻黄素，为一元弱碱，常用于预防及治疗支气管哮喘及鼻黏膜肿胀、低血压症等。实验测得其水溶液的 pH 为 10.86，已知麻黄素的 $K_b=2.33\times10^{-5}$，求麻黄碱的浓度。

[$2.3\times10^{-2}mol \cdot L^{-1}$]

11. 苯甲酸(C_6H_5COOH)又称安息香酸，常用作药物或食品的防腐剂，也可外用治疗皮肤的真菌感染，如头癣、脚癣等。但由于苯甲酸在水中的溶解度较低，实际上常用其钠盐。2.0 克苯甲酸钠溶于水制成 100.0mL 溶液，求溶液的 pH，已知苯甲酸的 $K_a=6.25\times10^{-5}$。

[8.67]

12. 水杨酸(邻羟基苯甲酸，$C_7H_4O_3H_2$)为二元酸，有时可用它作为止疼药代替阿司匹林，但它有较强的酸性，能引起胃出血。已知 $K_{a1}=1.1\times10^{-3}$，$K_{a2}=3.6\times10^{-14}$，3.2g 水杨酸加水配制 500mL 溶液，计算该溶液的 pH。

[2.18]

13. 毒扁豆碱为二元碱，试计算 $0.01mol \cdot L^{-1}$ 毒扁豆碱溶液的 pH。已知 $K_{b1}=7.6\times10^{-7}$，

K_{b2}=5.8×10^{-13}。

[9.94]

14. 计算 0.10mol · $L^{-1}$$NH_4CN$ 溶液的 pH。

[9.23]

15. 计算下列混合溶液的 pH。

(1) 20mL 0.1mol · L^{-1} HCl 与 20mL 0.1mol · L^{-1} NaOH

(2) 20mL 0.10mol · L^{-1} HCl 与 20mL 0.10mol · L^{-1} $NH_3 \cdot H_2O$

(3) 20mL 0.10mol · L^{-1} HAc 与 20mL 0.10mol · L^{-1} NaOH

(4) 20mL 0.10mol · L^{-1} HNO_2 与 20mL 0.10mol · L^{-1} $NH_3 \cdot H_2O$

[(1)7.0；(2)5.28；(3)8.72；(4)6.25]

16. 在 1L 0.1mol · L^{-1} H_3PO_4 溶液中，加入 4g NaOH 固体，完全溶解后，设溶液体积不变，求(1)溶液的 pH；(2)37℃时溶液的渗透压；(3)在溶液中加入 18 克葡萄糖，其溶液的渗透浓度为多少？是否与血液等渗？

[(1)4.68；(2)515.5kPa；(3)300mmol · L^{-1}]

(马丽英)

第四章

难溶强电解质的沉淀溶解平衡

难溶并非不溶，没有绝对不溶的物质，难溶电解质在水中的溶解度虽小，但溶解的部分完全解离，溶液中不存在未解离的分子，所以也称为难溶强电解质。例如 AgCl、$CaCO_3$和 PbS 等。难溶的强电解质在水溶液中存在一种沉淀溶解平衡，该平衡属多相平衡，即未溶解的固相与溶解的离子之间的平衡。

第一节 溶 度 积

在水溶液中，Ag^+和 Cl^-作用产生白色的 AgCl 沉淀，但固态的 AgCl 并非绝对不溶于水，它仍能微量地溶解为 Ag^+和 Cl^-，这个过程称为**溶解**(dissolution)；另一方面 Ag^+和 Cl^-又不断地从溶液回到晶体表面而析出，这个过程称为**沉淀**(precipitation)。在一定条件下，当沉淀与溶解的速率相等时，便达到固体难溶电解质与溶液中离子间的平衡，这种平衡称为多相离子平衡。AgCl 沉淀与溶液中的 Ag^+和 Cl^-之间的平衡表示为

$$AgCl(s) \rightleftharpoons Ag^+(aq) + Cl^-(aq)$$

平衡常数为

$$K = \frac{[Ag^+][Cl^-]}{[AgCl(s)]}$$

$$K[AgCl(s)] = [Ag^+][Cl^-]$$

由于［AgCl(s)］是固体，它的浓度可视为常数，可并入常数项得

$$K_{sp}=[Ag^+][Cl^-]$$

K_{sp}称为**溶度积常数**(solubility product constant)，简称**溶度积**(solubility product)。它反映了难溶强电解质在水中的溶解能力。对于 A_aB_b型的难溶电解质

$$A_aB_b(s) \rightleftharpoons aA^{n+} + bB^{m-}$$

$$K_{sp}=[A^{n+}]^a[B^{m-}]^b \tag{4.1}$$

上式表明：在一定温度下，难溶强电解质的饱和溶液中离子浓度幂之乘积为一常数。严格地说，溶度积应以离子活度幂之乘积来表示，但在稀溶液中，离子强度很小，活度因子趋近于 1，故 $c \approx a$，通常就可用浓度代替活度。一些常见的难溶电解质的溶度积常数列于附录Ⅲ表 3 中。

第二节 溶度积常数与溶解度的关系

溶度积 K_{sp}从平衡角度表示难溶电解质的溶解能力，溶解度 S 指的是难溶电解质饱和溶液的浓度，它们的大小都反映了难溶电解质溶解能力的大小。两者之间有内在联系，在一定条件下，可以进行换算。可以从 S 求 K_{sp}，也可以从 K_{sp} 求 S。A_aB_b 型难溶电解质的溶解度 S 和溶度积 K_{sp} 的关系：

$$A_aB_b(s) \rightleftharpoons aA^{n+} + bB^{m-}$$

$$aS \qquad bS$$

$$K_{sp}=[A^{n+}]^a[B^{m-}]^b = (aS)^a(bS)^b$$

$$S = \sqrt[(a+b)]{\frac{K_{sp}}{a^a b^b}}$$

式中溶解度的单位是 $mol \cdot L^{-1}$。

例 4-1 AgCl 在 298.15K 时的溶解度为 $1.91 \times 10^{-3} g \cdot L^{-1}$，求其溶度积。

解 已知 AgCl 的摩尔质量 $M(AgCl)$为 $143.4 g \cdot mol^{-1}$，以 $mol \cdot L^{-1}$ 表示的 AgCl 的溶解度 S 为

$$S=\frac{1.91\times10^{-3}\,g\cdot L^{-1}}{143.4g\cdot mol^{-1}}=1.33\times10^{-5}\,mol\cdot L^{-1}$$

所以
$$[Ag^+]=[Cl^-]=S=1.33\times10^{-5}\,mol\cdot L^{-1}$$
$$AgCl(s) \rightleftharpoons Ag^+(aq)+Cl^-(aq)$$
$$K_{sp}(AgCl)=[Ag^+][Cl^-]=S^2=(1.33\times10^{-5})^2=1.77\times10^{-10}$$

例 4-2 Ag_2CrO_4 在 298.15K 时的溶解度为 $6.54\times10^{-5}mol\cdot L^{-1}$，计算其溶度积。

解
$$Ag_2CrO_4(s) \rightleftharpoons 2Ag^+(aq)+CrO_4^{2-}(aq)$$
在 Ag_2CrO_4 饱和溶液中，每生成 1molCrO_4^{2-}，同时生成 2molAg^+，即
$$[Ag^+]=2S=2\times6.54\times10^{-5}mol\cdot L^{-1}，[CrO_4^{2-}]=S=6.54\times10^{-5}mol\cdot L^{-1}$$
$$K_{sp}(Ag_2CrO_4)=[Ag^+]^2[CrO_4^{2-}]=(2\times6.54\times10^{-5})^2(6.54\times10^{-5})=1.12\times10^{-12}$$

例 4-3 $Mg(OH)_2$ 在 298.15K 时的 K_{sp} 值为 5.61×10^{-12}，求该温度时 $Mg(OH)_2$ 的溶解度。

解 根据 $Mg(OH)_2(s) \rightleftharpoons Mg^{2+}+2OH^-$，设 $Mg(OH)_2$ 的溶解度为 S，在饱和溶液中［Mg^{2+}］$=S$，［OH^-］$=2S$，则有
$$K_{sp}(Mg(OH)_2)=[Mg^{2+}][OH^-]^2=S(2S)^2=4S^3=5.61\times10^{-12}$$
$$S=\sqrt[3]{\frac{5.61\times10^{-12}}{4}}=1.12\times10^{-4}\,mol\cdot L^{-1}$$

对于同类型的难溶电解质，溶解度愈大，溶度积也愈大，对于不同类型的难溶电解质，不能直接根据溶度积来比较溶解度的大小。例如 AgCl 的溶度积比 Ag_2CrO_4 的大，但 AgCl 的溶解度反而比 Ag_2CrO_4 的小。这是由于 Ag_2CrO_4 的溶度积的表示式与 AgCl 的不同。

由于影响难溶电解质溶解度的因素很多，因此运用溶度积 K_{sp} 与溶解度 S 之间的相互关系直接换算应注意：

(1) 适用于离子强度很小，浓度可以代替活度的溶液。对于溶解度较大的难溶电解质(如 $CaSO_4$、$CaCrO_4$ 等)，由于饱和溶液中离子强度较大，因此用浓度代替活度计算将会产生较大误差，因而用溶度积计算溶解度也会产生较大的误差。

(2) 适用于难溶电解质的离子在水溶液中不发生水解等副反应或者副反应程度很小的物质，对于难溶的硫化物、碳酸盐、磷酸盐等，由于 S^{2-}、CO_3^{2-}、PO_4^{3-} 的水解(阳离子 Fe^{3+} 等也易水解)，就不能用上述方法换算。

(3) 适用于难溶电解质溶解于水的部分必须完全解离的物质。对于 Hg_2Cl_2、Hg_2I_2 等共价性较强的化合物，溶液中还存在溶解了的分子与水合离子之间的解离平衡，用上述方法换算也会产生较大误差。

第三节 溶度积规则

离子积 IP(ion product) 任一条件下离子浓度幂的乘积。IP 和 K_{sp} 的表达形式类似，但是其含义不同。K_{sp} 表示难溶电解质的饱和溶液中离子浓度幂的乘积，仅是 IP 的一个特例。对某一溶液：

1. IP=K_{sp}，表示溶液是饱和的。这时溶液中的沉淀与溶解达到动态平衡，既无沉淀析出又无沉淀溶解。
2. IP＜K_{sp}，表示溶液是不饱和的。溶液无沉淀析出，若加入难溶电解质，则会继续溶解。
3. IP＞K_{sp}，表示溶液为过饱和。溶液会有沉淀析出。

上述三点结论称为溶度积规则。它是难溶电解质沉淀溶解平衡移动规律的总结，也是判断沉淀生成和溶解的依据。

第四节 多相平衡的移动

一、沉淀的生成

根据溶度积规则，当溶液中 IP＞K_{sp}，将会有沉淀生成，这是产生沉淀的必要条件。

例 4-4 判断下列条件下是否有沉淀生成(均忽略体积的变化)：(1)将 0.020mol · L^{-1} $CaCl_2$ 溶液 10mL 与等体积同浓度的 $Na_2C_2O_4$ 溶液相混合；(2)在 1.0mol · L^{-1} $CaCl_2$ 溶液中通入 CO_2 气体至饱和。

解 (1) 溶液等体积混合后

$$[Ca^{2+}]=0.010mol\cdot L^{-1}，[C_2O_4^{2-}]=0.010mol\cdot L^{-1}，此时$$

$$IP(CaC_2O_4)=[Ca^{2+}][C_2O_4^{2-}]=(1.0\times10^{-2})\times(1.0\times10^{-2})=1.0\times10^{-4}$$

所以

$$IP>K_{sp}(CaC_2O_4)=2.32\times10^{-9}$$

因此溶液中有 CaC_2O_4 沉淀析出。

(2) 饱和 CO_2 水溶液中，$[CO_3^{2-}]=K_{a2}=4.68\times10^{-11}mol\cdot L^{-1}$，则

$$IP(CaCO_3)=[Ca^{2+}][CO_3^{2-}]=1.0\times(4.68\times10^{-11})$$

$$=4.68\times10^{-11}<K_{sp}(CaCO_3)=3.36\times10^{-9}$$

因此 $CaCO_3$ 沉淀不会析出。

二、分级沉淀和沉淀的转化

(一) 分级沉淀

分级沉淀(fractional precipitate) 溶液中有两种以上的离子可与同一试剂反应产生沉淀，首先析出的是离子积最先达到溶度积的化合物，按先后顺序沉淀的现象。例如在含有同浓度的 I^-和 Cl^-的溶液中，逐滴加入 $AgNO_3$ 溶液，最先看到淡黄色 AgI 沉淀，至加到一定量 $AgNO_3$ 溶液后，才生成白色 AgCl 沉淀，这是因为 AgI 的溶度积比 AgCl 小得多，离子积最先达到溶度积而首先沉淀。利用分级沉淀可进行离子间的相互分离。

例 4-5 在 0.010mol · L^{-1} K_2CrO_4 和 0.010mol · L^{-1} KCl 的混合溶液中，滴加 $AgNO_3$ 溶液，CrO_4^{2-}和 Cl^-哪个离子先沉淀？当第二种离子开始沉淀时，第一种离子的浓度是多少？

解 生成 Ag_2CrO_4、AgCl 沉淀所需 Ag^+离子最低浓度分别为

$$[Ag^+]=\sqrt{\frac{K_{SP}(Ag_2CrO_4)}{[CrO_4^{2-}]}}=\sqrt{\frac{1.11\times10^{-12}}{0.0100}}=1.05\times10^{-5}mol\cdot L^{-1}$$

$$[Ag^+]=\frac{K_{SP}(AgCl)}{[Cl^-]}=\frac{1.77\times10^{-10}}{0.0100}=1.77\times10^{-8}mol\cdot L^{-1}$$

AgCl 沉淀所需 Ag^+离子浓度小，所以 AgCl 先沉淀。当 Ag_2CrO_4 开始沉淀时，溶液中残留的 Cl^-浓度为

$$[Cl^-]=\frac{K_{SP}(AgCl)}{[Ag^+]}=\frac{1.77\times10^{-10}}{1.05\times10^{-5}}=1.68\times10^{-5}mol\cdot L^{-1}$$

利用沉淀反应来检验离子、分离离子及除去杂质是化学上常用的方法。关于这方面用得最多的是难溶的硫化物、氢氧化物及碳酸盐等。对同一种金属离子来说，硫化物具有最小的溶解度，用硫化物沉淀金属离子可将溶液中残留离子的浓度控制到很低的程度。不同的难溶金属硫化物具有不同的溶度积，因此可以分步沉淀而得到分离。当析出沉淀后，总有一部分残留在溶液中，当溶液中这种物质的离子浓度小于 10^{-5}mol · L^{-1} 时，认为该离子已经沉淀完全。

例 4-6 某溶液中含有 0.10mol · L^{-1} Pb^{2+}和 0.10mol · L^{-1} Fe^{2+}。为了使 Pb^{2+}形成 PbS 沉淀与 Fe^{2+}分离，S^{2-}浓度应控制在什么范围？能否利用分级沉淀的方法将两者分离？

解 查表得 $K_{sp}(PbS)=8.0\times10^{-28}$，$K_{sp}(FeS)=6.3\times10^{-18}$

则沉淀 Pb^{2+}时所需 S^{2-}的最低浓度为

$$[S^{2-}]=\frac{K_{sp}(PbS)}{[Pb^{2+}]}=\frac{8.0\times10^{-28}}{0.10}=8.0\times10^{-27}mol\cdot L^{-1}$$

不使 FeS 沉淀，溶液中 S^{2-}的最高浓度为

$$[S^{2-}]=\frac{K_{sp}(FeS)}{[Fe^{2+}]}=\frac{6.3\times10^{-18}}{0.10}=6.3\times10^{-17}mol\cdot L^{-1}$$

所以，为使 Pb^{2+}形成 PbS 沉淀，而 Fe^{2+}仍留在溶液中，应控制$[S^{2-}]$在 $8.0\times10^{-27}\sim6.3\times10^{-17}mol\cdot L^{-1}$之间。当 FeS 开始沉淀时，溶液中残留的 Pb^{2+}为

$$[Pb^{2+}]=\frac{K_{sp}(PbS)}{[S^{2-}]}=\frac{8.0\times10^{-28}}{6.3\times10^{-17}}=1.3\times10^{-11}mol\cdot L^{-1}$$

此时 Pb^{2+}已经沉淀完全。可以利用分级沉淀的方法将 Pb^{2+}和 Fe^{2+}分离完全。

(二) 沉淀的转化

将一种难溶化合物转化为另一种难溶化合物，这种过程称为沉淀的转化。例如，锅炉中的水垢，其中含有 $CaSO_4$，可以用 Na_2CO_3 溶液处理，使 $CaSO_4$ 转化为疏松的且易溶于酸的 $CaCO_3$，才能把锅垢清除掉，其反应式为

$$CaSO_4(s)+Na_2CO_3 \rightleftharpoons CaCO_3(s)+Na_2SO_4$$

反应平衡常数 K 为

$$K=\frac{[SO_4^{2-}]}{[CO_3^{2-}]}$$

在上式的分子分母中分别乘以$[Ca^{2+}]$，则

$$K=\frac{[SO_4^{2-}][Ca^{2+}]}{[CO_3^{2-}][Ca^{2+}]}=\frac{K_{sp}(CaSO_4)}{K_{sp}(CaCO_3)}=\frac{7.10\times10^{-5}}{4.96\times10^{-9}}=1.4\times10^{4}$$

以上转化能进行的原因是 $CaCO_3$ 的 K_{sp} 小于 $CaSO_4$ 的 K_{sp}，因此，向 $CaSO_4$ 的饱和溶液中加入 Na_2CO_3 溶液时，CO_3^{2-}就会与 Ca^{2+}生成 K_{sp} 更小的 $CaCO_3$ 沉淀，而减小了与 $CaSO_4$ 形成平衡时的 Ca^{2+}离子浓度，使 $CaSO_4$ 的沉淀溶解平衡向溶解方向移动，从而实现了沉淀的转化。

三、同离子效应和盐效应

(一) 同离子效应

加入含有共同离子的易溶性强电解质，使难溶电解质的溶解度降低的效应叫难溶电解质**同离子效应**(common ion effect)。

例 4-7 分别计算 Ag_2CrO_4：(1)在 $0.10mol\cdot L^{-1}AgNO_3$ 溶液中的溶解度；(2)在 $0.10mol\cdot L^{-1}$ Na_2CrO_4 溶液中的溶解度。[已知 $K_{sp}(Ag_2CrO_4)=1.12\times10^{-12}$]。

解 (1) 因溶液中［Ag^+］增大，产生同离子效应，达到平衡时，设 Ag_2CrO_4 的溶解度为 S，则

$$Ag_2CrO_4(s) \rightleftharpoons 2Ag^+ + CrO_4^{2-}$$

平衡时　　$2S+0.10\approx0.10$　　S

$$S=[CrO_4^{2-}]=K_{sp}(Ag_2CrO_4)/[Ag^+]^2$$
$$=(1.12\times10^{-12}/0.10^2)mol\cdot L^{-1}=1.12\times10^{-10}mol\cdot L^{-1}$$

(2) 在有 CrO_4^{2-}存在的溶液中，沉淀溶解达到平衡时，设 Ag_2CrO_4 的溶解度为 S，则

$$Ag_2CrO_4(s) \rightleftharpoons 2Ag^+ + CrO_4^{2-}$$

平衡时　　$2S$　　$0.10+S\approx0.10$

$$K_{sp}(Ag_2CrO_4)=[Ag^+]^2[CrO_4^{2-}]=(2S)^2(0.10)=0.40S^2$$

$$S=\sqrt{\frac{K_{sp}}{0.4}}=\sqrt{\frac{1.12\times10^{-12}}{0.4}}mol\cdot L^{-1}=1.7\times10^{-6}mol\cdot L^{-1}$$

上述例题中要使溶液中 Ag^+完全沉淀，通常加入适当过量的沉淀剂(Na_2CrO_4)，利用同离子效应，可使 Ag^+沉淀得更加完全。但是，沉淀剂的用量不是愈多愈好，因为加入过多，反而会使溶解度增大，例如 AgCl 沉淀可因与过量的 Cl^-离子发生以下反应而溶解。

$$AgCl(s)+Cl^- \rightleftharpoons AgCl_2^-(\text{或 }AgCl_3^{2-})$$

(二) 盐效应

过量沉淀剂还因增大溶液的离子强度而使沉淀的溶解度增大。例如在 $BaSO_4$ 或 AgCl 的饱和溶液中，

若加入一定量的强电解质 KNO_3 时，这两种沉淀物的溶解度都比在纯水中的溶解度要大。这种因加入不含与难溶电解质相同离子的易溶电解质，从而使难溶电解质的溶解度略微增大的效应称为**盐效应**(salt effect)。在难溶电解质的饱和溶液中，当产生同离子效应的同时，还会产生盐效应，而且同离子效应与盐效应两者的结果正好相反。当两种效应同时存在时，可忽略盐效应的影响。

四、沉淀的溶解

根据溶度积规则，要使处于沉淀平衡状态的难溶电解质向着溶解方向转化，就必须降低该难溶电解质饱和溶液中某一离子的浓度，以使其 IP＜K_{sp}。

(一) 生成难解离的物质使沉淀溶解

1. 金属氢氧化物沉淀的溶解

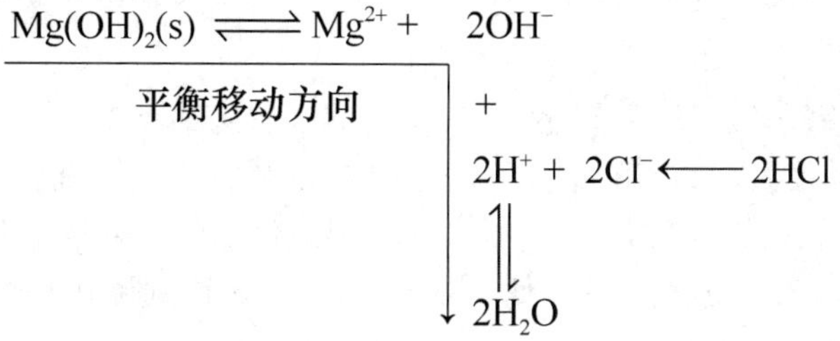

$Mg(OH)_2$ 中加入 HCl 后，H^+与溶液中的 OH^-反应生成弱电解质 H_2O，［OH^-］降低，IP($Mg(OH)_2$)＜K_{sp}($Mg(OH)_2$)，于是沉淀溶解。

2. 碳酸盐沉淀的溶解

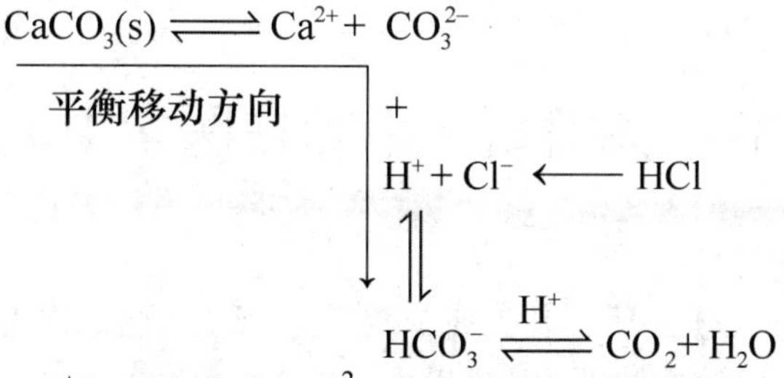

在 $CaCO_3$ 中加入 HCl 后，H^+与溶液中的 CO_3^{2-}反应生成难解离的 HCO_3^-或 CO_2 气体和水，使溶液中[CO_3^{2-}]降低，导致 IP($CaCO_3$)＜K_{sp}($CaCO_3$)，故沉淀溶解。

3. 金属硫化物沉淀的溶解

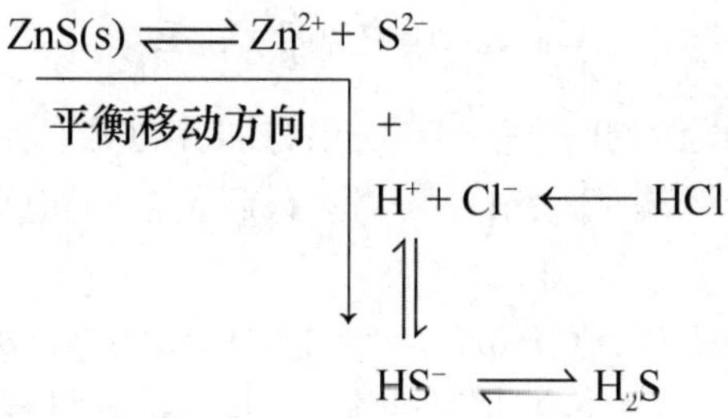

在 ZnS 沉淀中加入 HCl，由于 H^+与 S^{2-}结合生成 HS^-，再与 H^+结合生成 H_2S 气体，使 ZnS 的 IP(ZnS)＜K_{sp}(ZnS)，沉淀溶解。

4. $PbSO_4$ 沉淀的溶解

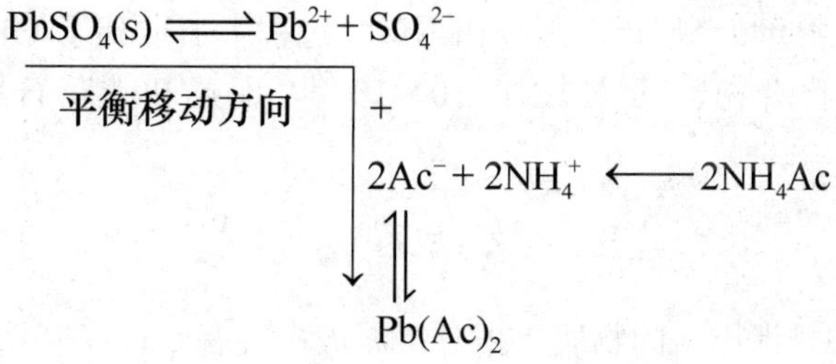

在$PbSO_4$沉淀中加入NH_4Ac，能形成难解离的$Pb(Ac)_2$，使溶液中$[Pb^{2+}]$降低，导致$PbSO_4$的$IP(PbSO_4)<K_{sp}(PbSO_4)$，沉淀溶解。

5. 形成难解离的配离子

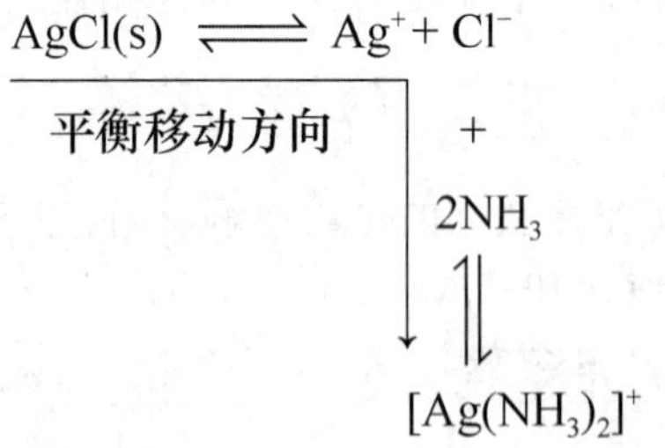

在AgCl沉淀加入氨水，由于Ag^+可以和氨水中的NH_3结合成难解离的配离子$[Ag(NH_3)_2]^+$，使溶液中［Ag^+］降低，导致AgCl沉淀溶解。

(二) 利用氧化还原反应使沉淀溶解

金属硫化物的K_{sp}相差很大，其在酸中的溶解情况差异也很大。像ZnS、PbS、FeS等K_{sp}较大的金属硫化物都能溶于盐酸；而Ag_2S、CuS等K_{sp}很小的金属硫化物就不能溶于盐酸，只能通过加入氧化剂如HNO_3，将溶液中的S^{2-}氧化为游离的S，使S^{2-}浓度降低，因而使硫化物溶解，其氧化还原反应式为

$$3CuS + 8HNO_3 = 3Cu(NO_3)_2 + 3S\downarrow + 2NO\uparrow + 4H_2O$$

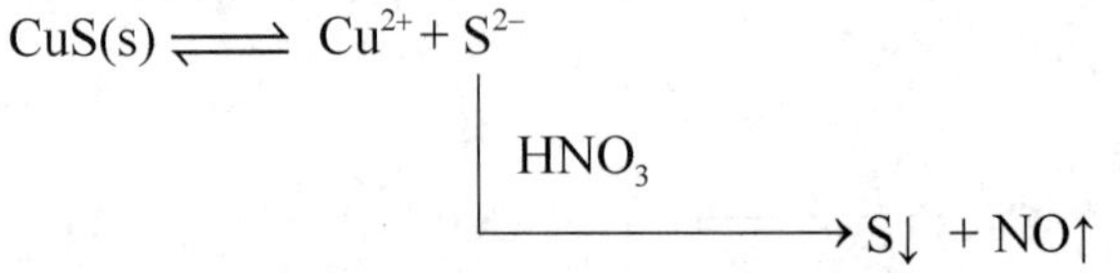

第五节　多相离子平衡在医学中的应用

一、钡　　餐

在医疗诊断中，难溶$BaSO_4$被用于消化系统的X光透视中，通常称为钡餐透视。在进行透视之前，患者要吃进$BaSO_4$在Na_2SO_4溶液中的糊状物，以便$BaSO_4$能到达消化系统。因为$BaSO_4$是不能透过X射线的，这样在屏幕上或照片上就能很清楚地将消化系统显现出来。虽然Ba^{2+}是有毒的，但是，由于同离子效应，$BaSO_4$在$Na_2SO_4(aq)$中的溶解非常之小，对患者没有任何危险。

二、龋齿的产生

在医学中，蛀牙是一个很难医治的医学病。在防治方面就利用了沉淀反应。牙齿表面有一层薄层珐琅质层保护着，釉质是由难溶的羟基磷酸钙(羟基磷灰石)$[Ca_{10}(OH)_2(PO_4)_6]$组成。当它溶解时，相关离子进入了唾液：

$$Ca_{10}(OH)_2(PO_4)_6(s)+8H^+ \rightleftharpoons 10Ca^+(aq)+6HPO_4^{2-}+2H_2O$$

在正常情况下，此反应向右进行的程度是很小的。该反应的逆过程叫再矿化作用，是人体自身的防蛀过程。当人进餐后，口腔中的细菌分解食物产生有机酸，特别是像糖果，冰淇淋和含糖高的物质，产生的酸最多，而导致pH减小，促进了牙齿脱化作用。当保护性的釉质层被削弱时，蛀牙就开始了，怎样防止蛀牙呢？防止蛀牙的最好方法是吃低糖的食物和坚持饭后立即刷牙，大多数牙膏含有氟化物，如NaF或SnF_2这些氟化物能帮助减少蛀牙。因为在再矿化过程中F^-取代了OH^-生成氟磷灰石。氟磷灰石$Ca_{10}(PO_4)_6F_2(s)$是更难溶的化合物，其K_{sp}为1.0×10^{-60}，而羟基磷灰石$Ca_{10}(OH)_2(PO_4)_6$其K_{sp}为6.8×10^{-37}。

三、尿结石的形成

尿是人体体液通过肾脏排泄出来的物质。据分析尿液中含有Ca^{2+}、Mg^{2+}、NH_4^+、$C_2O_4^{2-}$、PO_4^{3-}、H^+

和 OH^-等离子，这些物质可以形成尿结石。

在人体内，尿形成的第一步是进入肾脏的血在肾小球的组织内过滤，把蛋白质、细胞等大分子和“有形物质”滤掉，出来的滤液就是原始的尿，这些尿经过肾小管进入膀胱。来自肾小球的滤液通常对草酸钙是过饱和的，即 $c(Ca^{2+})\cdot c(C_2O_4^{2-}) > K_{sp}(CaC_2O_4)$。在血液中有蛋白质这样的结晶抑制剂，黏度也比较大，所以草酸钙难以形成沉淀。经过肾小球过滤后，蛋白质等大分子被去掉，黏度也大大降低，因此在进入肾小管之前或在管内会有 CaC_2O_4 结晶形成。这种现象在许多没有尿结石病的人的尿中也会发生，不过不能形成大的结石堵塞通道，这种 CaC_2O_4 小结石在肾小管中停留时间短，容易随尿液排出，不会形成结石。有些人之所以形成结石，是因为尿中成石抑制物浓度太低，或肾功能不好，滤液流动速率太慢，在肾小管内停留时间较长，在这一段细小管道中就会形成结石。因此，医学上常用加快排尿速率(即降低滤液停留时间)、加大尿量(减小 Ca^{2+}、$C_2O_4^{2-}$的浓度)等方法防治尿结石。多饮水，也是防治尿结石的一种方法。

知识拓展

氟与牙齿健康

在人体中氟主要分布在骨髓和牙齿中，主要的生理功能是预防龋齿。我国 6 岁儿童乳牙龋齿率常在 80%以上，每人平均龋齿数也很高。龋齿已经成了幼儿最突出的疾病，而且在不断增加中。

龋齿产生的主要原因是由于细菌作用于碳水化合物而产生酸，酸使牙齿的釉质脱钙，随后使有机物破坏而发生龋洞。小儿吃大量糖果，有利于乳酸杆菌的繁殖，可促成龋齿。

氟防龋齿的机制是它能取代珐琅质中一部分羟磷灰石的羟基，形成不易溶于酸的结晶，因而可增强对口腔微生物形成酸的抵抗力，不易被腐蚀而造成龋齿。有人分层分析了珐琅质中含氟量，发现最外层的 5μm 部分含氟最高，可达 $10000mg\cdot kg^{-1}$，向内侧急剧下降，说明珐琅质的特殊性质与氟确有关系。一般正常人牙齿的氟含量为 $11mg\cdot(100g)^{-1}$，龋齿氟含量则仅为 $6mg\cdot(100g)^{-1}$。在水中氟含量大于 1ppm 时，龋齿发生率可降低 50%～60%。如在婴儿时期服用含氟的水，防龋齿的效果则更好。

近数十年国内外经验证明，氟化物是最卓越的防龋剂。通过低氟区的自来水加氟，饮水含氟量以 $0.7\sim1.0mg\cdot L^{-1}$ 最为适宜，最高不得超过 $1.5mg\cdot L^{-1}$。另外食盐加氟，使用含漱氟溶液，加氟牙膏、加氟凝胶等办法，明显降低了小儿龋齿的患病率，保护了小儿牙齿健康。

人类摄入了氟量过多，可引起中毒，形成氟斑牙症及氟骨症。饮水中氟达到 $6mg\cdot L^{-1}$ 时，全体居民都会患氟斑牙症。若在 $2.5mg\cdot L^{-1}$ 时，会有 75%～80%的人患氟斑牙症。

所以牙齿健康与氟极为密切，少则产生龋齿，多则会中毒，保证氟摄入量是以有利于牙齿健康。

Summary

In the saturated solution of a sparingly soluble salt，an equilibrium exists between the solid phase and the solution. For A_aB_b:

$$A_aB_b(s) \rightleftharpoons aA^{n+} + bB^{m-}$$

$$K_{sp}=[A^{n+}]^a[B^{m-}]^b$$

in which K_{sp} is the solubility product constant. At a given temperature，the solubility product in a saturated solution of a sparingly soluble salt is a constant. S is the solubility of a sparingly soluble salt(A_aB_b) which is the concentration of solid that dissolves per liter of solution($mol\cdot L^{-1}$).

Solubility and solubility product all express the dissolving ability of a compound. S can be used to calculate K_{sp}, and K_{sp} can be used to calculate S. For the same types(a+b), the value for S of a sparingly soluble electrolyte can be directly compared with K_{sp}, the larger the value of K_{sp}, the greater must be S of the substance. For the different types(a+b)，the value for S of a sparingly so1uble electrolyte cannot be directly compared with K_{sp}.

Ion product(IP) is the product of the concentrations of ions in any solution of a sparingly soluble electrolyte，which is not a constant. If IP=K_{sp}，the solution of a sparingly soluble electrolyte is saturated，no precipitation will occur; If IP $<K_{sp}$, the solution of a sparingly soluble electrolyte is unsaturated, no precipitation will occur; if IP $>K_{sp}$, the solution is supersaturated, and precipitation will occur until the solution is saturated.

When the aqueous solution contains a soluble electrolyte having an ion in common with a sparingly soluble solid, the solubility of a sparingly soluble solid is decreased by a significant amount. This is known as the common ion effect. When the aqueous solution contains a soluble electrolyte having no ion in common with a sparingly soluble solid, the solubility of a sparingly soluble solid is increased by a little amount. This is salt effect. When there are two effects, the common ion effect is much more pronounced than the salt effect. For most applications, the salt effect is small enough to be ignored.

习　题

1. 试述离子积和溶度积的异同点与它们之间的联系。

2. 同离子效应和盐效应对难溶强电解质的溶解度有什么影响？

3. 对于两个难溶强电解质，溶度积越大，其溶解度也越大吗？为什么？

4. 解释为什么 $BaSO_4$ 在生理盐水中的溶解度大于在纯水中的溶解度，而 AgCl 的溶解度在生理盐水中却小于在纯水的溶解度。

5. 解释下列反应中沉淀的生成或溶解的原因：

(1) $Mg(OH)_2$ 能溶于盐酸也能溶于氯化铵溶液；

(2) MnS 在盐酸和醋酸中都能溶解；

(3) AgCl 能溶于氨水，加硝酸沉淀又重新出现。

6. (1)在 10mL $1.5\times10^{-3}mol\cdot L^{-1}$ $MnSO_4$ 溶液中，加入 5.0mL $0.15mol\cdot L^{-1}$ 氨水溶液，能否生成 $Mn(OH)_2$ 沉淀？(2)若在上述 10mL $1.5\times10^{-3}mol\cdot L^{-1}$ $MnSO_4$ 溶液中，先加入 0.495g 固体$(NH_4)_2SO_4$，然后再加入 5.0mL $0.15mol\cdot L^{-1}$ 氨水溶液，能否生成 $Mn(OH)_2$ 沉淀(设加入$(NH_4)_2SO_4$ 固体后，溶液的体积不变)？

[(1)IP=9.0×10^{-10}；(2)IP=3.2×10^{-15}]

7. 假设溶于水中的 $Mn(OH)_2$ 完全解离，试计算：

(1)$Mn(OH)_2$ 在水中的溶解度($mol\cdot L^{-1}$)；(2)$Mn(OH)_2$ 饱和溶液中的$[Mn^{2+}]$和$[OH^-]$；(3)$Mn(OH)_2$ 在 $0.10mol\cdot L^{-1}$ NaOH 溶液中的溶解度(假如 $Mn(OH)_2$ 在 NaOH 溶液中不发生其他变化)；(4)$Mn(OH)_2$ 在 $0.20mol\cdot L^{-1}$ $MnCl_2$ 溶液中的溶解度。

[(1)$3.72\times10^{-5}mol\cdot L^{-1}$；(2)$3.72\times10^{-5}mol\cdot L^{-1}$，$7.44\times10^{-5}mol\cdot L^{-1}$；(3)$2.06\times10^{-11}mol\cdot L^{-1}$；(4)$5.07\times10^{-7}mol\cdot L^{-1}$]

8. 在某酸性溶液中含有 Fe^{3+}和 Fe^{2+}，它们的浓度均为 $1.00mol\cdot L^{-1}$ 向溶液中加碱(忽略体积变化)，使其 pH=3.00，该溶液中残存的 Fe^{3+}和 Fe^{2+}离子浓度各为多少？

{$[Fe^{2+}]=1.00mol\cdot L^{-1}$；$[Fe^{3+}]=2.79\times10^{-6}mol\cdot L^{-1}$}

9. 据研究调查，有相当一部分的肾结石是由 CaC_2O_4 组成的。正常人每天尿量约为 1.4L，其中约含 0.1g Ca^{2+}。为了不使尿中形成 CaC_2O_4 沉淀，其中 $C_2O_4^{2-}$离子的最高浓度为多少？对肾结石患者来说，医生总让其多次饮水，试简单加以解释(已知 $K_{sp}=2.3\times10^{-9}$)。

[$1.3\times10^{-6}mol\cdot L^{-1}$]

10. 在含有 $0.01mol\cdot L^{-1}$ $[I^-]$和 $0.01mol\cdot L^{-1}$ $[Cl^-]$的溶液中，滴加 $AgNO_3$ 溶液时，哪种离子最先沉淀？当第二种离子刚开始沉淀时，溶液中的第一种离子浓度为多少(忽略溶液体积的变化)？

{$[I^-]=4.81\times10^{-9}mol\cdot L^{-1}$}

(任群翔)

第五章

缓冲溶液

1900 年费恩巴赫(Fernbach)和胡伯特(Hubert)两位微生物学家通过实验发现，向微生物培养液(肉汁)加入 1mL 0.01 mol · L^{-1} 的盐酸，溶液的 pH 几乎没有变化；而将相同量的盐酸加入纯水里，水的 pH 从 7.0 变为 5.0。如果用强碱或水代替盐酸，也出现了类似的情况，这些实验表明培养液能够对抗强酸、强碱或稀释的作用而保持 pH 几乎不变。

许多化学反应，特别是生物体内进行的化学反应，往往需要在一定 pH 的溶液中才能正常进行。例如某些酶需要在一定的 pH 范围内才能发挥其活性作用；正常人体血液 pH 在 7.35～7.45 范围内，如果 pH＜7.35 或 pH＞7.45，机体的生理功能就会失调而导致疾病的发生。在正常生理条件下，虽然组织细胞在代谢过程中不断产生酸性物质或碱性物质，同时进入体内的某些食物或药物成分也呈酸性或碱性，但血液 pH 仍能稳定地保持在上述狭窄范围内。显然，血液中一定含有完备的调节 pH 的体系。

这些在一定条件下能保持其 pH 不发生明显改变的溶液即为缓冲溶液。学习缓冲溶液的基本原理、性质及配制方法等基本知识，对于生物学和医学的研究都有着极其重要的作用。

第一节　缓冲溶液的组成及其缓冲作用原理

一、缓 冲 作 用

纯水和一般的溶液不易保持较稳定的 pH。纯水在 25℃时 pH 为 7，在纯水中加入少量的强酸或强碱，pH 就会发生明显的改变。例如在 1L 纯水中加入 1mol · L^{-1} HCl 溶液 1mL，[H^+]就由 10^{-7}mol · L^{-1} 增加到 10^{-3}mol · L^{-1}，pH 由 7 下降到 3，减少了四个单位。若在 1L 纯水中加入 1mol · L^{-1} NaOH 溶液 1mL，[OH^-]就由 10^{-7}mol · L^{-1} 增加到 10^{-3}mol · L^{-1}，pH 由 7 上升至 11，增加了四个单位。然而，在 1.0L 含 HAc 和 NaAc 均为 0.10mol 的混合溶液中，加入 10mL 1mol · L^{-1} HCl 后，溶液的 pH 从 4.75 下降到 4.66，只下降了 0.09 个单位。若在上述溶液中加入 10mL 1mol · L^{-1} NaOH，则 pH 由 4.75 变到 4.84，只上升了 0.09 个单位。由此可见这样的混合溶液在加入少量的强酸或强碱后，pH 改变幅度是很小的。这种能抵抗少量外加强酸、强碱或稍加稀释，而仍能保持溶液的 pH 基本不变的作用称为缓冲作用(buffer action)，具有缓冲作用的溶液称为缓冲溶液(buffer solution)。

二、缓冲溶液的组成

缓冲溶液一般是由一种酸和它的共轭碱组成的溶液。组成缓冲溶液的共轭酸碱对叫**缓冲系**(buffer system)或**缓冲对**(buffer pair)。常见的缓冲系主要有三种类型：弱酸及其共轭碱；弱碱及其共轭酸；两性物质及其对应的共轭酸(碱)。表 5 1 列出了一些常用的缓冲系。

表 5-1　常见的缓冲系

缓冲系	弱酸	共轭碱	质子转移平衡	pK_a(25℃)
HAc-NaAc	HAc	Ac^-	$HAc+H_2O \rightleftharpoons Ac^-+H_3O^+$	4.76
H_2CO_3-$NaHCO_3$	H_2CO_3	HCO_3^-	$H_2CO_3+H_2O \rightleftharpoons HCO_3^-+H_3O^+$	6.35
H_3PO_4-NaH_2PO_4	H_3PO_4	$H_2PO_4^-$	$H_3PO_4+H_2O \rightleftharpoons H_2PO_4^-+H_3O^+$	2.16
Tris·HCl-Tris	Tris·H^+	Tris	$Tris\cdot H^++H_2O \rightleftharpoons Tris+H_3O^+$	7.85
$H_2C_8H_4O_4$- $KHC_8H_4O_4$	$H_2C_8H_4O_4$	$HC_8H_4O_4^-$	$H_2C_8H_4O_4+H_2O \rightleftharpoons HC_8H_4O_4^-+H_3O^+$	2.89
NH_4Cl-NH_3	NH_4^+	NH_3	$NH_4^++H_2O \rightleftharpoons NH_3+H_3O^+$	9.25

续表

缓冲系	弱酸	共轭碱	质子转移平衡	pK_a(25℃)
$CH_3NH_3^+Cl^-$- CH_3NH_2	$CH_3NH_3^+$	CH_3NH_2	$CH_3NH_3^+ + H_2O \rightleftharpoons CH_3NH_2 + H_3O^+$	10.63
NaH_2PO_4-Na_2HPO_4	$H_2PO_4^-$	HPO_4^{2-}	$H_2PO_4^- + H_2O \rightleftharpoons HPO_4^{2-} + H_3O^+$	7.21
Na_2HPO_4-Na_3PO_4	HPO_4^{2-}	PO_4^{3-}	$HPO_4^{2-} + H_2O \rightleftharpoons PO_4^{3-} + H_3O^+$	12.32

在自然界中我们可以发现很多酸碱缓冲系统，如土壤能保持 pH 在 5～8 之间以适宜农作物的生长，主要是由于土壤中含有碳酸-碳酸盐、硅酸、磷酸、腐殖酸等与其共轭碱组成的缓冲系统。动植物体内也有维持其体液 pH 不变的缓冲系统，如植物体中含有酒石酸、柠檬酸、草酸等与其共轭碱组成的缓冲系统。我们人的体液 pH 随身体部位不同而不同，其 pH 的维持也是依靠相应的缓冲系统。

三、缓冲作用原理

缓冲溶液为什么具有缓冲作用呢？现以 HAc-NaAc 缓冲溶液为例来说明。

在 HAc-NaAc 混合溶液中，HAc 是弱电解质，在水溶液中存在解离平衡；NaAc 是强电解质，在溶液中完全解离，以 Na^+、Ac^-存在。由于 Ac^-的同离子效应，使得 HAc 几乎完全以分子状态存在。当达到新的平衡时，系统中存在着足量的 HAc(共轭酸)分子和 Ac^-(共轭碱)。

$$HAc(\text{大量}) + H_2O \rightleftharpoons H_3O^+ + Ac^-(\text{大量})$$

$$NaAc \longrightarrow Na^+ + Ac^-$$

当向此溶液中加少量强酸时，溶液中的共轭碱 Ac^-与加入的 H_3O^+结合成难解离的 HAc 和 H_2O 分子，使平衡向左移。达到新平衡时，溶液中$[H_3O^+]$无明显增大，从而保持 pH 基本不变。Ac^-起到抵抗少量外来酸的作用，所以缓冲对中的共轭碱 Ac^-为抗酸成分。

如果在溶液中外加少量强碱，则由强碱产生的 OH^-就会与溶液中的 H_3O^+结合生成 H_2O，引起$[H_3O^+]$减少，促使平衡会向右移动。这样体系中 HAc 分子解离，补充被消耗掉的 H_3O^+。当达到新的平衡时，$[H_3O^+]$浓度无明显下降，即仍保持 pH 基本不变。HAc 分子起到抵抗少量外来碱的作用，故缓冲对中的共轭酸 HAc 为抗碱成分。

缓冲溶液的缓冲作用，实质上是溶液中的足量共轭酸碱在面对外来加入的少量强酸强碱时，通过自身的质子转移平衡来调节溶液的 H_3O^+浓度，使溶液的 pH 基本不发生显著变化。当然，如果向缓冲溶液中加入大量的强酸强碱，缓冲溶液中的抗酸成分及抗碱成分将耗尽，缓冲溶液也就不具有缓冲能力了。

第二节　缓冲溶液 pH 的计算

一、缓冲溶液 pH 的计算公式

弱酸(HB)及其共轭碱(B^-)组成的缓冲溶液中，HB 和 B^-之间存在如下质子转移平衡关系

$$HB + H_2O \rightleftharpoons H_3O^+ + B^-$$

在稀溶液中，H_2O 的浓度可看作常数，达到平衡时

$$K_a = \frac{[H_3O^+][B^-]}{[HB]}$$

$$[H_3O^+] = K_a \times \frac{[HB]}{[B^-]}$$

等式两边取负对数得

$$pH = pK_a + \lg\frac{[B^-]}{[HB]}$$

即

$$pH = pK_a + \lg\frac{[\text{共轭碱}]}{[\text{共轭酸}]} \tag{5.1}$$

式(5.1)就是计算缓冲溶液 pH 的 Henderson-Hassebalch 方程式，也称缓冲公式。式中 pK_a 为弱酸解离常

数的负对数，[HB]和[B^-]均为平衡浓度，[B^-]/[HB]或[HB]/[B^-]称为**缓冲比**(buffer-component ratio)。缓冲溶液中的共轭酸是弱酸，溶液中又有足量的共轭碱存在，同离子效应使 HB 的解离度更小，因此[B^-]和[HB]也可以看作是所配缓冲溶液中共轭碱和共轭酸的初始浓度，用 c(HB)和 c(B^-)来表示，故式(5.1)可也可表示成

$$pH=pK_a+\lg\frac{[B^-]}{[HB]}=pK_a+\lg\frac{c(B^-)}{c(HB)} \tag{5.2}$$

若以 n(HB)和 n(B^-)分别表示体积 V 的缓冲溶液中所含共轭酸碱的物质的量，则有

$$pH=pK_a+\lg\frac{n(B^-)/V}{n(HB)/V}=pK_a+\lg\frac{n(B^-)}{n(HB)} \tag{5.3}$$

由以上各式可知：

(1) 缓冲溶液的 pH 主要取决于缓冲系中弱酸的 pK_a，其次是缓冲比。若缓冲系选定，则 pK_a 一定，缓冲溶液的 pH 随缓冲比的改变而改变。缓冲比等于 1 时，$pH = pK_a$。

(2) 弱酸的解离常数 K_a 与温度有关，所以温度对缓冲溶液的 pH 也有影响，但其影响比较复杂，在此不做讨论。

(3) 缓冲溶液在一定范围内加水稀释时，缓冲比不变，则 pH 不变，即缓冲溶液具有一定的抗稀释能力。但是，大量稀释时会引起溶液离子强度的改变，使 HB 和 B^-的活度因子受到影响，因此缓冲溶液的 pH 也会随之有微小改变。如果过分稀释，共轭酸碱的浓度会大大下降，将不能维持缓冲系物质的足够浓度，从而丧失缓冲能力。

对于弱碱及其共轭酸组成的缓冲系统，利用与上述相似的推导方法，我们可求得其 pOH

$$pOH=pK_b-\lg\frac{c(B^-)}{c(HB)}$$

由于 pOH+pH=14，所以其 pH 为

$$pH=14-pK_b+\lg\frac{c(B^-)}{c(HB)} \tag{5.4}$$

上式为计算弱碱及其共轭酸组成的缓冲溶液 pH 的常用公式。

例 5-1 计算 $0.10mol\cdot L^{-1}NH_3$ 50mL 和 $0.20mol\cdot L^{-1}$ NH_4Cl 30mL 混合溶液的 pH。

解 查表得 $pK_b(NH_3)=4.75$，则 $pK_a(NH_4^+)= 14-4.75 = 9.25$

$$pH=pK_a(NH_4^+)+\lg\frac{n(NH_3)}{n(NH_4^+)}$$

$$=9.25+\lg\frac{0.10mol\cdot L^{-1}\times 50mL}{0.20mol\cdot L^{-1}\times 30mL}=9.17$$

可以看出，上述计算方法与式(5.4)计算结果一致。

例 5-2 计算 50mL $0.10mol\cdot L^{-1}$ Na_2HPO_4 和 $0.10mol\cdot L^{-1}$ NaH_2PO_4 缓冲溶液的 pH，并分别计算在该溶液中加入 0.05mL $1.0mol\cdot L^{-1}$ HCl 或 $1.0mol\cdot L^{-1}$ NaOH 后的 pH 的变化($H_2PO_4^-$ 的 pK_a=7.21)。

解 (1)[$H_2PO_4^-$]=$0.10mol\cdot L^{-1}$，[HPO_4^{2-}]=$0.10mol\cdot L^{-1}$，代入式(5.1)得

$$pH=pK_a+\lg\frac{0.10mol\cdot L^{-1}}{0.10mol\cdot L^{-1}}=7.21+\lg\frac{0.10mol\cdot L^{-1}}{0.10mol\cdot L^{-1}}=7.21$$

(2)加入 HCl 后，H_3O^+与溶液中的 HPO_4^{2-}结合生成 $H_2PO_4^-$，故

$$[H_2PO_4^-]=\frac{0.1mol\cdot L^{-1}\times 50\times 10^{-3}L}{50.05\times 10^{-3}L}+\frac{1.0mol\cdot L^{-1}\times 0.05\times 10^{-3}L}{50.05\times 10^{-3}L}=0.101mol\cdot L^{-1}$$

$$[HPO_4^{2-}]=\frac{0.1mol\cdot L^{-1}\times 50\times 10^{-3}L}{50.05\times 10^{-3}L}-\frac{1.0mol\cdot L^{-1}\times 0.05\times 10^{-3}L}{50.05\times 10^{-3}L}=0.099mol\cdot L^{-1}$$

$$pH=K_a+\frac{[HPO_4^{2-}]}{[H_2PO_4^-]}=7.21+\lg\frac{0.099mol\cdot L^{-1}}{0.101mol\cdot L^{-1}}=7.21-0.0088=7.20$$

溶液的 pH 比原来降低约 0.01 单位。

(3)加入 NaOH 后，OH^-与溶液中的$H_2PO_4^-$结合生成HPO_4^{2-}，故

$$[H_2PO_4^-]=\frac{0.1mol\cdot L^{-1}\times 50\times 10^{-3}L}{50.05\times 10^{-3}L}-\frac{1.0mol\cdot L^{-1}\times 0.05\times 10^{-3}L}{50.05\times 10^{-3}L}=0.099mol\cdot L^{-1}$$

$$[HPO_4^{2-}]=\frac{0.1mol\cdot L^{-1}\times 50\times 10^{-3}L}{50.05\times 10^{-3}L}+\frac{1.0mol\cdot L^{-1}\times 0.05\times 10^{-3}L}{50.05\times 10^{-3}L}=0.101mol\cdot L^{-1}$$

$$pH=K_a+\frac{[HPO_4^{2-}]}{[H_2PO_4^-]}=7.21+\lg\frac{0.101mol\cdot L^{-1}}{0.099mol\cdot L^{-1}}=7.21+0.0086=7.22$$

溶液的 pH 比原来升高了约 0.01 单位。

例 5-3 向 1.00 L 0.100 $mol\cdot L^{-1}$ HCl 溶液中，加入多少克 NaAc 方能使溶液的 pH 变为 4.46(HAc 的 pK_a=4.76)？

解 在 pH=4.46 时，根据式(5.2)

$$4.46 = 4.76 + \lg\frac{c(B^-)}{c(HB)}$$

$$c(B^-)/c(HB)= c(Ac^-)/c(HAc)= 0.50$$

为中和 HCl 生成 HAc 需加入 NaAc 物质的量：

$$n_1(NaAc)= n(HAc)= n(HCl)=c(HCl)V(HCl)$$
$$=0.100\ mol\cdot L^{-1}\times 1.00\ L=0.100\ mol$$

设为得到缓冲溶液需另外加入 n_2 mol NaAc，所以

$$c(Ac^-)/c(HAc)= n_2(NaAc)/n(HAc)= n_2(NaAc)/0.100 = 0.500$$
$$n_2(NaAc)=0.05mol$$

总的应加入 NaAc 物质的量：

$$n(NaAc)= n_1(NaAc)+ n_2(NaAc)= 0.100\ mol +0.0500\ mol = 0.150\ mol$$
$$m(NaAc)= n(NaAc)M(NaAc)=0.150\ mol\times 82.03\ g\cdot mol^{-1} = 12.3\ g$$

二、缓冲溶液 pH 计算公式的校正

用 Henderson-Hassebalch 方程计算所得缓冲溶液的 pH 是一个近似值，与实测值有一定的差距。原因是缓冲溶液具有较大的浓度偏离了理想溶液的性质，因此方程式的浓度项应该考虑离子强度 I 对其的影响，即浓度要以活度 a 表示。为了从理论上计算得到较准确的 pH，式(5-1)变为

$$pH=pK_a+\lg\frac{a[B^-]}{a[HB]}=pK_a+\lg\frac{[B^-]\gamma(B^-)}{[HB]\gamma(HB)}$$

$$=pK_a+\lg\frac{[B^-]}{[HB]}+\lg\frac{\gamma(B^-)}{\gamma(HB)} \tag{5.5}$$

式中，$\gamma(HB)$ 和 $\gamma(B^-)$ 分别为溶液中 HB 和 B^-的活度因子，$\lg\frac{\gamma(B^-)}{\gamma(HB)}$ 为校正因数。活度因子与弱酸的电荷数和溶液的离子强度有关，故校正因数也与弱酸的电荷数和溶液的离子强度有关。表 5-2 列出弱酸以电荷数 z 不同的缓冲系在 20℃时的校正因数，以便查阅，0～30℃之间的校正因数与表中的基本相同。

表 5-2 不同 I 和 z 时缓冲溶液的校正因数(20℃)

I	$z=+1$	$z=0$	$z=-1$	$z=-2$
0.01	+0.04	−0.04	−0.13	−0.22

续表

I	$z=+1$	$z=0$	$z=-1$	$z=-2$
0.05	+0.08	−0.08	−0.25	−0.42
0.10	+0.11	−0.11	−0.32	−0.53

例 5-4 试用近似公式和校正公式分别计算 0.025mol · L^{-1} KH_2PO_4和 0.025mol · L^{-1} Na_2HPO_4缓冲溶液的 pH，并与测定的标准值 6.86 比较($H_2PO_4^-$的 pK_a=7.21)。

解 (1) 按近似公式计算

$$[H_2PO_4^-]=0.025\text{mol}\cdot\text{L}^{-1}，[HPO_4^{2-}]=0.025\text{mol}\cdot\text{L}^{-1}，代入式(5.1)得$$

$$\text{pH}=\text{p}K_a+\lg\frac{[HPO_4^{2-}]}{[H_2PO_4^-]}=7.21+\lg\frac{0.025\text{mol}\cdot\text{L}^{-1}}{0.025\text{mol}\cdot\text{L}^{-1}}=7.21$$

(2) 按校正公式计算

$$I=\frac{1}{2}\sum c_i z_i^2=\frac{1}{2}(c_{K^+}\times1^2+c_{H_2PO_4^-}\times1^2+c_{Na^+}\times2\times1^2+c_{HPO_4^{2-}}\times2^2)=0.1$$

从表 5-2 查得校正因数为−0.32，代入(5.4)得

$$\text{pH}=7.21-0.32+\lg\frac{0.025\text{mol}\cdot\text{L}^{-1}}{0.025\text{mol}\cdot\text{L}^{-1}}=6.89$$

显然，校正后的 pH 6.89 与测定值 6.86 接近，而近似值 7.21 与测定值相差较大。

第三节 缓冲容量和缓冲范围

一、缓冲容量

缓冲溶液具有抵抗少量外加强酸、强碱或稍加稀释而仍能保持溶液 pH 基本不变的作用。如果在缓冲溶液中加入强酸或强碱超过某一定量时，缓冲溶液中的抗酸成分及抗碱成分将耗尽，溶液就会失去缓冲能力，从而使缓冲溶液的 pH 发生较大的变化。因此，任何缓冲溶液的缓冲能力都是有一定的限度。为此，1922 年 V. Slyke 提出用**缓冲容量**(buffer capacity) β 来作为衡量缓冲溶液缓冲能力大小的尺度。缓冲容量定义为：单位体积(L 或 1mL)缓冲溶液的 pH 改变 1 个单位所需加入一元强酸或一元强碱的物质的量(1mol 或 1mmol)，其表示式为

$$\beta\overset{\text{def}}{=\!=}\frac{\text{d}n}{V|\text{dpH}|} \tag{5.6}$$

式中：V 是缓冲溶液的体积，dn 是缓冲溶液中加入微量一元强酸的物质的量(dn_a)或一元强碱(dn_b)的物质的量，|dpH|是缓冲溶液 pH 的微小改变量。由式(5.6)可知，β 为正值，单位是“mol · L^{-1}·pH^{-1}”。在 dn 和 V 一定的条件下，pH 的改变|dpH|愈小，β 愈大，缓冲溶液的缓冲能力愈强。

二、影响缓冲容量的因素

对于共轭酸碱对组成的溶液，

$$K_a=\frac{[H_3O^+][B^-]}{[HB]}$$

$$[H_3O^+]=K_a\times\frac{[HB]}{[B^-]}$$

上式两边取负对数，得

$$\text{pH}=\text{p}K_a+\lg[B^-]-\lg[HB]$$

设在共轭酸碱混合溶液加入强碱[OH^-]，加碱前的酸度为 pH$_0$，加碱后的酸度为 pH$_1$，则

$$pH_0 = pK_a + \lg[B^-] - \lg[HB] \qquad pH_1 = pK_a + \lg([B^-]+[OH]) - \lg([HB]-[OH])$$

两式相减得

$$\Delta pH = pH_0 - pH_1$$
$$=\lg[B^-] - \lg[HB] - \lg([B^-]+[OH]) + \lg([HB]-[OH])$$
$$=\lg\frac{[B^-]}{[HB]} + \lg\frac{([HB]-[OH])}{([B^-]+[OH])}$$

由上式可以看出,加入OH^-后缓冲溶液的pH变化值ΔpH取决于$\lg\frac{[B^-]}{[HB]}$和$\lg\frac{([HB]-[OH])}{([B^-]+[OH])}$。$\lg\frac{[B^-]}{[HB]}$的值大小与缓冲比$\frac{[B^-]}{[HB]}$有关，显然当$\frac{[B^-]}{[HB]}=1$即共轭酸碱对中酸和碱的浓度相等时，ΔpH有最小值。$\lg\frac{([HB]-[OH])}{([B^-]+[OH])}$的大小与总浓度($[B^-]+[HB]$)有关，当总浓度比较大时，即[HB]和$[B^-]$比较大，这时加入的碱[OH]可忽略不计，$\lg\frac{([HB]-[OH])}{([B^-]+[OH])}\to 0$，ΔpH具有最小值，缓冲容量最大。因而我们得出结论，缓冲容量的大小主要取决于缓冲溶液的总浓度($c_{总}=[HB]+[B^-]$)和缓冲比。

也可以从表5-3获得相似的结论。向50.0mL总浓度为$0.2mol\cdot L^{-1}$的$HAc\text{-}Ac^-$缓冲溶液中加入0.05mL $1.0mol\cdot L^{-1}$的NaOH溶液时，可根据不同缓冲比和溶液pH的变化情况，算出相应的β，见表5-3。

表5-3　$HAc\text{-}Ac^-$的缓冲容量与总浓度和缓冲比的关系

编号	$c_{总}$ /($mol\cdot L^{-1}$)	$[Ac^-]/[HAc]$	pH 未加NaOH	pH 加NaOH后	ΔpH	β /($mol\cdot L^{-1}\cdot pH^{-1}$)
1	0.2	1∶1	4.75	4.76	0.01	0.1
2	0.02	1∶1	4.75	4.83	0.08	0.013
3	0.2	1∶9	3.80	3.83	0.03	0.034
4	0.2	9∶1	5.70	5.72	0.02	0.05

从表5-3的可以看出：

(1) 对于同一缓冲系，缓冲比相同时，$c_{总}$越大的，β越大，反之则小。一般情况下，缓冲溶液的总浓度以0.01～$0.2mol\cdot L^{-1}$为宜。

(2) 对于总浓度相等的缓冲溶液，缓冲比等于1(此时$pH=pK_a$)时，β最大。

从式(5.6)可导出(从略)β与缓冲溶液总浓度$c_{总}$的关系

$$\beta=2.303\times[HB][B^-]/c_{总} \tag{5.7}$$

将式(5.7)中分子、分母同乘($[HB]+[B^-]$)得

$$\beta = 2.303\times\frac{[HB]}{([HB]+[B^-])}\times\frac{[B^-]}{([HB]+[B^-])}\times([HB]+[B^-]) \tag{5.8}$$

由于$c_{总}=[HB]+[B^-]$，式(5.8)中各因子可表示为$[HB]/c_{总}$、$[B^-]/c_{总}$和$c_{总}$，表明β与缓冲比$[B^-]/[HB]$和总浓度$c_{总}$有关。由之前的分析可知，当缓冲比为1时，缓冲容量达极大值$\beta_{极大}$。将$c(HB)=c(B^-)=c_{总}/2$代入式(5.8)，则可得计算最大缓冲容量的公式

$$\beta_{极大} = 2.303\times\frac{1}{1+1}\times\frac{1}{1+1}\times c_{总} = 0.576c_{总} \tag{5.9}$$

例5-5　试计算总浓度为$0.100mol\cdot L^{-1}$的巴比妥缓冲溶液的最大缓冲容量和pH为8.00时的缓冲容量(已知：巴比妥酸$pK_{a1}=7.40$)。

解 $\beta_{最大}=0.576\times c_{总}=0.576\times 0.100=0.576(\text{mol}\cdot \text{L}^{-1}\cdot \text{pH}^{-1})$

根据 $\text{pH}=\text{p}K_a+\lg\dfrac{[\text{B}^-]}{[\text{HB}]}$，有：

$$8.00=7.40+\lg\frac{[\text{B}^-]}{[\text{HB}]}，解得 \frac{[\text{B}^-]}{[\text{HB}]}=3.98$$

$$又\because [\text{B}^-]+[\text{HB}]=0.100$$

$$\therefore [\text{B}^-]=0.08\text{mol}\cdot \text{L}^{-1}$$

$$[\text{HB}]=0.02\text{mol}\cdot \text{L}^{-1}$$

$$\beta=2.303\times\frac{0.080\times 0.020}{0.100}=0.037(\text{mmol}\cdot \text{ml}^{-1}\cdot \text{pH}^{-1})$$

由 Henderson-Hassebalch 公式可知，当缓冲比改变时，缓冲溶液的 pH 也随之改变，因此，缓冲溶液的缓冲容量也与 pH 有关。为了更直观地说明这种关系，人们根据大量实验总结，把一些缓冲溶液的缓冲容量与 pH 的关系绘制成图 5-1。

图 5-1 表明：①各缓冲溶液的缓冲容量都随 pH 的改变而改变；②各缓冲溶液的缓冲容量都有一个极大值，$\beta_{极大}$对应的 pH 等于各共轭酸的 pK_a；③总浓度相同的缓冲溶液，具有相同的$\beta_{极大}$，同一缓冲系，总浓度越大的$\beta_{极大}$越大，如图中的 2 与 3 所示；④各缓冲系在一定的 pH 范围(曲线两端间)才具有缓冲能力，超过这个范围，缓冲溶液就会失去缓冲作用；⑤强酸(pH 在 1～2)和强碱(pH 在 12～13)也有较大的缓冲作用，它们虽无缓冲对，但含有较多的 H_3O^+和 OH^-，加入少量强酸或强碱，不会引起溶液 pH 较大的变化。

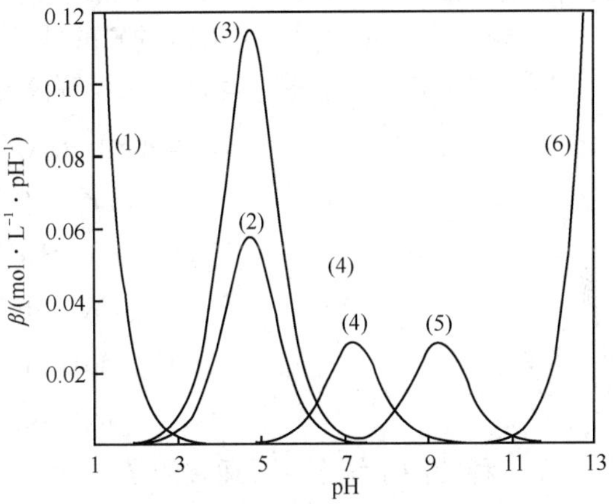

图 5-1 缓冲容量与 pH 的关系

(1)HCl；(2)0.1mol · L^{-1} HAc+NaOH；(3)0.2mol · L^{-1} HAc+NaOH；(4)0.05mol · L^{-1} KH_2PO_4+NaOH；(5)0.05mol · L^{-1} H_2BO_3+NaOH；(6)NaOH

三、缓 冲 范 围

由以上讨论可知，当缓冲溶液的总浓度一定时，缓冲比越接近 1，缓冲容量越大；缓冲比越远离 1，缓冲容量越小。实践表明，当缓冲比在 1∶10～10∶1 之间时，缓冲溶液具有一定的缓冲作用，即缓冲溶液的 pH 在(pK_a−1)～(pK_a+1)的范围内，缓冲溶液才有缓冲作用。因此，将 pH=(pK_a−1)～(pK_a+1)的有效区间称为缓冲溶液的缓冲范围(buffer effective range)。不同缓冲系，因各自弱酸的 pK_a 不同，其缓冲范围也各不相同；而且实际缓冲范围与理论缓冲范围不一定完全相同。

第四节 缓冲溶液的配制

一、缓冲溶液的配制方法

配制缓冲溶液的原则和步骤如下：

1. 选择合适的缓冲系 选择缓冲系时应考虑两个因素：一是使所需配制的缓冲溶液的 pH 应在所选缓冲系的缓冲范围(pK_a±1)之内，并尽量接近于弱酸的 pK_a，以使所配缓冲溶液具有最大的缓冲容量。例如，配制 pH 为 3.9 的缓冲溶液时，由于 HCOOH 的 pK_a=3.74，与 3.9 接近，因此可选择 $HCOOH\text{-}HCOO^-$缓冲系。二是所选缓冲系的物质必须对主反应无干扰、不会产生沉淀和不发生配合反应等。对医用缓冲系，还应无毒并具有一定的热稳定性，对酶稳定，能透过生物膜等。例如，硼酸-硼酸盐缓冲系有毒，不能作为培养细菌或用作注射液、口服液等的缓冲溶液；碳酸-碳酸氢盐缓冲系因碳酸容易分解，通常不宜采用。

2. 配制的缓冲溶液的总浓度要适当 总浓度太低，缓冲容量过小；总浓度太高，一方面离子强度太大或渗透压力过高而不适用，另一方面造成试剂的浪费。因此，实际工作中一般应将总浓度控制在0.01～0.2mol · L^{-1}范围内为宜。

3. 计算所需缓冲系的量 选择好缓冲系之后，就可根据 Henderson-Hasselbalch 方程式计算所需弱酸及其共轭碱的量或体积。缓冲溶液的缓冲比最好为 1，为配制所需的 pH 缓冲溶液改变缓冲比是可以的，但是缓冲比位于 0.1～10 之间比较合适，这时溶液的 pH 处于 $pK_a \pm 1$，具有较好的缓冲能力。为使配制方便，常常使用相同浓度的弱酸和共轭碱来配制。此时，缓冲比也等于共轭碱与共轭酸的体积比。即

$$pH=pK_a+\lg\frac{V_{B^-}}{V_{HB}} \tag{5.10}$$

4. 校正 按照 Henderson-Hasselbalch 方程的计算值来配制缓冲溶液，由于未考虑离子强度等因素的影响，计算结果与实测值有差别。因此，某些对 pH 要求严格的实验，还需在 pH 计监控下，用加入酸或碱的方法对所配缓冲溶液的 pH 加以校正。

例 5-6 怎样配制 pH 为 7.40 的磷酸盐缓冲溶液。

解 磷酸是三元弱酸，写出其三步解离方程式，并从附录III表III-2 中查出相应的 K_a 值。

$$H_3PO_4(aq)+H_2O \rightleftharpoons H_3O^+(aq)+H_2PO_4^-(aq)$$

$$K_{a1}=6.7\times10^{-3},\ pK_{a1}=2.17$$

$$H_2PO_4^-(aq)+H_2O \rightleftharpoons H_3O^+(aq)+HPO_4^{2-}(aq)$$

$$K_{a2}=6.2\times10^{-8},\ pK_{a2}=7.21$$

$$HPO_4^{2-}(aq)+H_2O \rightleftharpoons H_3O^+(aq)+PO_4^{3-}(aq)$$

$$K_{a3}=4.5\times10^{-13},\ pK_{a3}=12.35$$

在三种缓冲系统中，最适宜的是 $H_2PO_4^-$-HPO_4^{2-}，因为 pK_{a2} 与要求的 pH 最接近。根据 Henderson-Hasselbalch 方程，可写出：

$$pH=pK_{a2}+\lg\frac{c(HPO_4^{2-})}{c(H_2PO_4^-)}$$

$$7.40=7.21+\lg\frac{c(HPO_4^{2-})}{c(H_2PO_4^-)}$$

$$\lg\frac{c(HPO_4^{2-})}{c(H_2PO_4^-)}=0.19,\quad \frac{c(HPO_4^{2-})}{c(H_2PO_4^-)}=1.5$$

因此，按 $n(HPO_4^{2-})$∶$n(H_2PO_4^-)$= 1.5∶1，将 Na_2HPO_4 和 NaH_2PO_4 溶解在水中。如将 1.5 mol Na_2HPO_4 和 1.0mol NaH_2PO_4 溶解在足量的水中配制成 1.0L 溶液。

例 5-7 欲配制 pH = 5.00 的缓冲溶液，需在 50 mL 0.10 mol · L^{-1} 的 HAc 的溶液中加入 0.10 mol · L^{-1} 的 NaOH 多少毫升？

解 先用 pK_a(HAc)= 4.75 作出判断，使用醋酸和醋酸钠配制 pH=5.00 的缓冲溶液是恰当的。由于加入 NaOH 发生中和反应生成的共轭碱和剩余的共轭酸在同一个溶液中，由 $c=n/V$，它们的 V 相同，可用以下公式进行计算：

$$pH=pK_a+\lg\frac{n(B^-)}{n(HB)}$$

设加入的 0.1 mol · L^{-1} NaOH 的体积为 x mL，它的物质的量为 n_{NaOH}= 0.10 x mol，中和反应完全使它转化为NaAc，所以 $n(B^-)$= 0.10 x mol；反应剩余的 HAc 的物质的量则为 $n(HB)$=(50 × 0.10 − 0.10x)mol，已知 pK_a = 4.75，代入上式得

$$5.00=4.75+\lg\frac{0.10x}{50\times0.10-0.10x}$$

$$\frac{x}{50-x}=1.78$$

$$x = 32\text{mL}$$

因此为配制 pH=5.00 的缓冲溶液，需在 50mL 0.10mol · L^{-1} 的 HAc 溶液中加入 0.10mol · L^{-1} 的 NaOH 32mL。

例 5-8　欲配制 pH= 9.20 的缓冲溶液 500mL，并要求溶液中 $NH_3 \cdot H_2O$ 的浓度为 1.0mol · L^{-1}，需浓度为 15mol · L^{-1} 的浓氨水和固体 NH_4Cl 各多少？如何配制？

解　pH= 9.20，pOH= pK_w – pH=14.00– 9.21= 4.80，即 $[OH^-]=1.6\times10^{-5}$ mol · L^{-1}

$$[NH_3] = 1.0 \text{ mol} \cdot L^{-1}$$

代入公式：$K_b=\frac{[NH_4^+][OH^-]}{[NH_3]}=\frac{c(NH_4^+)[OH^-]}{c(NH_3)}$

$$[OH^-]=\frac{K_b c(NH_3)}{c(NH_4^+)}=\frac{1.77\times10^{-5}\times1.0}{c(NH_4^+)}=1.6\times10^{-5}$$

$$c(NH_4^+)= 1.1\text{mol} \cdot L^{-1}$$

所需 NH_4Cl 的质量为 53.5g· mol^{-1} ×1.1mol · L^{-1}×0.5L= 29g

浓氨水的浓度为 15mol · L^{-1}，故需浓氨水的体积为：

$$V = 1.0\text{mol} \cdot L^{-1}\times 500\text{mL}/15\text{mol} \cdot L^{-1} = 33\text{mL}$$

因此需称取 29g 固体氯化铵溶于少量蒸馏水(或去离子水)中，加入 33mL 浓氨水，最后加蒸馏水稀释至 500mL。

5. 医学缓冲液配制　为了能准确而又方便地配制所需 pH 的缓冲溶液，科学家们曾对缓冲溶液的配制进行了精密的系统研究，并制订了许多配制具有准确 pH 的缓冲溶液的配方。在医学上，磷酸盐缓冲系(PBS)和三(羟甲基)甲胺及其盐酸盐缓冲系(Tris)应用广泛。表 5-4、表 5-5 列出上述缓冲溶液的配制方案，以供参考。

(1) 0.2mol · L^{-1} PBS 缓冲液的配制：*X*mL 0.2mol · L^{-1} Na_2HPO_4 溶液+*Y*mL 0.2mol · L^{-1} NaH_2PO_4 即可获得所需 pH 的 0.2mol · L^{-1} PB 缓冲溶液。欲配 0.1mol · L^{-1} PB 缓冲液则在 0.2mol · L^{-1} PB 缓冲液基础上稀释 1 倍即得。欲配制 PBS 液时，则在溶液中加 0.85%的 NaCl 即可。

表 5-4　不同 pH 磷酸盐缓冲液的配制

X/mL	*Y*/mL	pH
8.0	92.0	5.8
12.3	87.7	6.0
18.5	81.5	6.2
26.5	73.5	6.4
37.5	62.5	6.6
49.0	51.0	6.8
61.0	39.0	7.0
72.0	28.0	7.2
81.0	19.0	7.4
87.0	13.0	7.6
91.5	8.5	7.8
94.7	5.3	8.0

(2) 0.05 mol · L^{-1} Tris 缓冲液的配制：25mL 0.2mol · L^{-1} Tris + *X*mL 0.1mol · L^{-1}HCl 溶液，加水稀释至 100mL 即可获得不同 pH 的 0.05mol · L^{-1} Tris 缓冲溶液。如在生理实验中应用 Tris 缓冲液，还需配成 150mmol · L^{-1} 的 NaCl 溶液，即在缓冲溶液中加入 NaCl 并使之浓度为 150mmol · L^{-1}。

表 5-5 不同 pH Tris 缓冲液配制

$0.2mol\cdot L^{-1}$ Tris/mL	X /mL	pH	
		23℃	37℃
25	5	9.10	8.96
25	7.5	8.92	8.78
25	10.0	8.74	8.60
25	12.5	8.62	8.48
25	15.0	8.50	8.37
25	17.5	8.40	8.27
25	20.0	8.32	8.18
25	22.5	8.23	8.10
25	25.0	8.14	8.00
25	27.5	8.05	7.90
25	30.0	7.96	7.82
25	32.5	7.87	7.73
25	35.0	7.77	7.63
25	37.5	7.66	7.52
25	40.0	7.54	7.40
25	42.5	7.36	7.22
25	45.0	7.20	7.05

二、标准缓冲溶液

所谓标准缓冲溶液，是准确知其 pH 的缓冲溶液，其 pH 是在一定温度下通过实验准确测定的。标准缓冲溶液用来作为测量溶液 pH 时的参比，如校准 pH 计等。即应用 pH 计测定溶液 pH 时，必须用标准缓冲溶液校正仪器。标准缓冲溶液性质稳定，有一定的缓冲容量和抗稀释能力。通常是由规定浓度的某些标准解离常数较小的单一两性物质或由共轭酸碱对组成。一些常用标准缓冲溶液的 pH 及温度系数列于表 5-6。

表 5-6 标准缓冲溶液(25℃)

溶液	浓度/$(mol\cdot L^{-1})$	pH	温度系数/$(\Delta pH\cdot ℃^{-1})$*
$KHC_4H_4O_6$	饱和	3.557	−0.001
$KHC_8H_4O_4$	0.05	4.008	+0.001
KH_2PO_4-Na_2HPO_4	0.025，0.025	6.865	−0.003
KH_2PO_4-Na_2HPO_4	0.008695，0.03043	7.413	−0.003
$(Na_2B_4O_7\cdot 10H_2O)$	0.01	9.180	−0.008

在表 5-6 中，酒石酸氢钾、邻苯二甲酸氢钾和硼砂标准缓冲溶液，都是由一种化合物配制而成的。这些化合物溶液之所以具有缓冲作用，一种情况是由于化合物溶于水解离出大量的两性离子所致。如酒石酸氢钾溶于水完全解离成 K^+和 $HC_4H_4O_6^-$，而 $HC_4H_4O_6^-$是两性离子，可接受质子生成其共轭酸($H_2C_4H_4O_6$)；也可给出质子生成其共轭碱($C_4H_4O_6^{2-}$)，形成 $H_2C_4H_4O_6$-$HC_4H_4O_6^-$和 $HC_4H_4O_6^-$- $C_4H_4O_6^{2-}$两个缓冲系。在这两个缓冲系中，$H_2C_4H_4O_6$和 $HC_4H_4O_6^-$的 pK_a(分别为 2.98 和 4.30)比较接近，使它们的缓冲范围重叠，增强了缓冲能力。由于酒石酸氢钾饱和溶液中的抗酸、抗碱成分均有足够的浓度，因而用酒石酸氢钾一种化合物就可配成满意的缓冲溶液。邻苯二甲酸氢钾溶液的情况与酒石酸氢钾溶液类似；另一种情况是化合物溶液的组成成分就相当于一对缓冲对，如硼砂溶液中，1mol 的硼砂相当于 2mol 的偏硼酸(HBO_2)和 2mol 的偏硼酸钠($NaBO_2$)。使得硼砂溶液中存在同浓度的弱酸(HBO_2)和共轭碱

* 温度系数>0 $\Delta pH\cdot ℃^{-1}$时，表示缓冲溶液的 pH 随温度的升高而增大；温度系数<0 $\Delta pH\cdot ℃^{-1}$时，则表示缓冲溶液的 pH 随温度的升高而减小

(BO_2^-)。因此，用硼砂一种化合物也可以配制缓冲溶液。

第五节 血液中的缓冲系

人体内各种体液都有一定的 pH 范围，如胃液的 pH 范围为 1.0～3.0，尿液的 pH 范围为 4.7～8.4，相比之下血液的 pH 范围最窄，为 7.35～7.45。若血液的 pH 若小于 7.35，则会发生**酸中毒**(acidosis)；若血液的 pH 大于 7.45，则会发生**碱中毒**(alkalosis)。pH 偏低将引起中枢系统的抑郁症，稍低将导致兴奋。

在人体中，血液通过循环系统提供生命过程所需的新鲜 O_2 和能量，同时排出废物，如 CO_2 等。成年人体内大约有 5L 血液，其组成比较复杂，其中包含了最基本的血浆和红细胞。血浆中含有很多化合物，包括蛋白质、金属离子和无机磷酸盐等。红细胞中含有血红蛋白分子和碳脱水酶，这种酶能催化碳酸的形成与分解：

$$CO_2(aq)+H_2O(l) \rightleftharpoons H_2CO_3(aq)$$

血红细胞内的物质通过细胞膜与血浆隔离开来，只允许某些分子扩散，从而不受血浆的侵害。

血浆的 pH 为 7.40 左右，主要通过几个缓冲系统维持：H_2CO_3 - HCO_3^-、$H_2PO_4^-$ -HPO_4^{2-}、H_nP -$H_{n-1}P^-$(H_nP 代表蛋白质)。其中最重要的缓冲系统为 H_2CO_3 - HCO_3^-。红细胞中的 pH 为 7.25，主要的缓冲系统有：H_2b-Hb^-(H_2b 代表血红蛋白)、H_2bO_2 -$HbO^-{}_2$(H_2bO_2 代表氧合血红蛋白)、H_2CO_3 - HCO_3^-、$H_2PO_4^-$ - HPO_4^{2-}。血红蛋白是复杂的蛋白质分子，具有许多可解离的质子，可近似表示为一元弱酸的形式：

$$H_2b(aq) \rightleftharpoons H^+(aq) + Hb^-(aq)$$

血红蛋白与 O_2 结合形成氧合血红蛋白 H_2bO_2，酸性比 Hb 更强：

$$H_2bO_2(aq) \rightleftharpoons H^+(aq) + HbO_2^-(aq)$$

下面介绍人体利用血液循环通过肺呼出 CO_2 和吸收 O_2 的机制。由新陈代谢作用所产生的 CO_2 扩散进入红细胞，在细胞中通过碳脱水酶的作用 CO_2 很快转化为 H_2CO_3。H_2CO_3 解离产生 H^+和 HCO_3^-，最后 HCO_3^- 扩散出红细胞，再由血浆通过血液循环带到肺部。这是除去 CO_2 的主要途径。H_2CO_3 解离产生的 H^+同 $HbO^-{}_2$ 结合：

$$H^+(aq) + HbO_2^-(aq) \longrightarrow H_2bO_2(aq)$$

H_2bO_2 比它的共轭碱 HbO_2^- 能更快地释放 O_2：

$$H_2bO_2(aq) \longrightarrow H_2b(aq) + O_2(aq)$$

O_2 扩散到红细胞，被其他体组织细胞所吸收，从而完成新陈代谢。

血液能保持如此狭窄的 pH 范围，其主要原因是血液中存在上述可保持 pH 基本恒定的多种缓冲系。在这些缓冲系中，碳酸缓冲系的浓度最高，在维持血液 pH 的正常范围中发挥的作用最重要。二氧化碳是人体在正常新陈代谢过程中产生的酸性物质，溶于体液的二氧化碳以溶解态 CO_2 的形式存在。正常情况下，$[HCO_3^-]$与$[CO_2]_{溶解}$的比率为 24mmol · L^{-1} 比 1.2mmol · L^{-1}，即 20/1。在 37℃时，若 CO_2 溶解于离子强度为 0.16 的血浆中，经校正后的 pK_{a1}'=6.10 ($pK_{a_1}' = pK_a + \lg\dfrac{\gamma(B^-)}{\gamma(HB)}$)，所以血浆中碳酸缓冲系 pH 的计算公式为

$$pH = pK_{a_1}' + \lg\frac{[HCO_3^-]}{[CO_2]_{溶解}} = 6.10 + \lg\frac{0.024}{0.0012} = 6.10 + \lg\frac{20}{1} = 7.40$$

此式说明，只要缓冲比 $HCO_3^-/CO_{2(溶解)}$维持在 20∶1，则血浆的 pH 便可维持在 7.40 不变。

体内 $HCO_3^-/CO_{2(溶解)}$缓冲系来自代谢产物的水合作用：

$$CO_{2(溶解)}+H_2O \rightleftharpoons H_2CO_3 \rightleftharpoons H^+ + HCO_3^-$$

当人体各组织、细胞代谢产生非挥发性酸进入血浆时，HCO_3^-便发挥了抗酸作用，$H^+ + HCO_3^- \rightleftharpoons H_2CO_3 \rightleftharpoons CO_2+H_2O$，生成的$H_2CO_3$可通过加快肺部呼吸以$CO_2$形式呼出，消耗的$HCO_3^-$则由肾脏减少对$HCO_3^-$的排泄而使之得到补偿。若碱性物质进入血液时，则由$H_2CO_3$发挥抗碱作用，$OH^- + H_2CO_3 \rightleftharpoons H_2O + HCO_3^-$，$HCO_3^-$浓度增加，$H_2CO_3$浓度降低，此时通过肺部控制$CO_2$的呼出和肾脏加速对$HCO_3^-$的排泄，以保持血浆的pH维持在7.40±0.5范围内。

人体血浆中$[HCO_3^-]$与$[CO_2]_{溶解}$的比例是20∶1，超出了1∶10～10∶1的范围，但仍具有很强的缓冲能力，这是因为人体是一个开放体系，由于肺呼吸和肾脏的排泄作用的调节，使血液中$[HCO_3^-]$与$[CO_2]_{溶解}$的浓度及比值，始终相对稳定的缘故。肺和肾的功能之一就是通过转移过剩的缓冲成分、或补充被消耗了的缓冲成分，来维持血液pH的恒定。

此外，在组织切片、微生物培养、细菌染色、血液保存、临床化验、药物调剂等方面，都要求溶液维持一定的pH。在研究人体的生理机制和病理变化、体液酸碱平衡和水盐代谢、以及蛋白质分离提纯等工作中，也要在一定的缓冲溶液中，因此学习缓冲溶液的基本原理及掌握配制缓冲溶液的基本方法是十分必要的。

知识拓展

酸血症和碱血症

在医学上将pH小于7.35的症候称为酸血症(引起酸血症的病理过程叫酸中毒)。支气管炎、肺炎和肺气肿引起的换气(空气在肺中的循环称为换气)不足等病理状态下，都会因血液中溶解态CO_2增加，即碳酸含量增加而引起呼吸酸中毒。而摄食过多的酸性食物、低碳水化合物及高脂肪食物，以及糖尿病、腹泻等引起代谢酸的增加，则会引起代谢酸中毒。正常生理状态下，人体具有自身调节能力，首先通过加深、加快呼吸来排除多余的CO_2。其次是肾将HCO_3^-释放到血液中，以补充因$[H_3O^+]$增加而消耗了的HCO_3^-离子，并加速H_3O^+的排泄这种情况可导致酸性尿。由于血液的缓冲系统和机体的补偿调节作用，血液的pH可恢复到正常水平。但在较重的糖尿病、严重腹泻、脱水时，丧失的碳酸氢盐(HCO_3^-)过多，或因肾衰竭引起排泄的H_3O^+减少，缓冲系统和机体的补偿功能都不能有效地阻止血液pH的降低，引起代谢酸中毒。代谢酸中毒更危险，延误治疗会引起昏迷，甚至死亡。

血液pH大于7.45的症候在医学上称为碱血症(引起碱血症的病理过程叫碱中毒)。癔症、发高烧、气喘、换气过速等引起呼吸碱中毒。摄入过多的碱性物质，服用缓解胃灼热的解酸药过量或严重的呕吐等情况下，都会引起血液的碱性增加，可导致代谢碱中毒。机体的补偿机制通过减慢呼吸或浅呼吸来降低肺部CO_2的排除量，并通过肾减少HCO_3^-的吸收，这时尿中因HCO_3^-浓度增高，可产生碱性尿。体内多种缓冲系统相互配合，使pH恢复正常。若通过缓冲系统和补偿机制还不能阻止血液pH的升高，则引起碱中毒。碱中毒会引起肌肉痉挛、惊厥等严重后果。

Summary

A buffer solution exhibits a much smaller change in pH when H_3O^+ or OH^- is added than does an unbuffered solution，therefore，buffers are useful when it is desired to maintain the pH of a solution within narrow limits. A buffer consists of large reservoirs of the components of a conjugate acid-base pair. The buffer-component ratio determines the pH，and they are related by the Henderson-Hasselbalch equation($pH=pK_a+\lg\frac{[B^-]}{[HB]}$).

As H_3O^+ or OH^- is added，one buffer component is converted into another，so their ratio，and thus the pH，changes only slightly. A concentrated buffer undergoes smaller changes in pH than a dilute one. A buffer with a large capacity contains large concentrations of the buffering components . When the buffer pH equals the pK_a of the acid component，the ratio=1 for most effective buffer，the buffer has its highest capacity，hence the pK_a of the weak acid selected for most effective buffer，the buffer has its highest capacity，hence the pK_a of the weak acid selected for the buffer should be as close as possible to the desired pH. A buffer has an effective range of $pK_a \pm 1$. When preparing a buffer，you should ①choose the conjugate pair，②calculate the ratio of buffer components，③determine the buffer concentration and④adjust the final buffer to the desired pH by adding strong acid or strong base，while monitoring the solution with a pH meter.

The H_2CO_3-HCO_3^- system in the blood is especially interesting. Gaseous carbon dioxide is moderately soluble in water，where a small portion of it，about 1%t，combines with water to from carbonic acid，H_2CO_3 cannot be isolated pure，but in solution it acts as weak diprotic acid($pK_a'[H_2CO_3]=6.10$).

The addition of CO_2 to water thus produces an acidic solution，and dissolved CO_2 plus HCO_3^- constitute a buffer system. In human，cells produce CO_2，which dissolves in the venous blood returing to the heart and lungs. In lungs，some of the CO_2 is lost from the blood through exhalation，which causes the pH of blood to rise a little. Actually，if it were not for the presence of other buffer systems in the blood，the pH change would be excessive；as it is，the change is normally slight. Excessive loss of CO_2 from the blood can be caused by hyperventilation，rapid deep breathing. Hyperventilation can raise the pH of human blood by as much as 0.05(ΔpH=0.05)，enough to produce lightheadedness at best，and severe heart attack-mimicking chest pains at worst. The reverse effect，a lowering of the pH of the blood due to excessive CO_2 buildup，sometimes occues in some forms of pneumonia，in which the lungs begin to fail. This condition，called acidosis，causes severe disruption in the function of various tissues and organs.

习　　题

1. 什么是缓冲溶液？以 HAc-NaAc 为例说明缓冲作用原理。
2. 什么是缓冲容量？影响缓冲容量的因素有哪些？
3. 填空

共轭酸	K_a	pK_a	理论缓冲范围
HAc	1.76×10^{-5}	(　)	(　)
NH_4^+	5.68×10^{-10}	(　)	(　)
H_3BO_3	7.3×10^{-10}	(　)	(　)

4. 今需配制 pH 为 7.40 的缓冲液 100mL，问应取 0.067mol·L^{-1} 的 Na_2HPO_4 溶液和 0.067mol·L^{-1} 的 KH_2PO_4 溶液各若干 mL(H_3PO_4 的 $pK_{a_2}=6.80$)？

[80ml，20ml]

5. 求下列溶液的 pH。

(1) 0.10mol·L^{-1} HAc 和 0.20mol·L^{-1} NaAc 等体积混合。

(2) 0.10mol·L^{-1} $NaHCO_3$ 和 0.10mol·L^{-1} Na_2CO_3 等体积混合。

(3) 0.50mol·L^{-1} NH_3 和 0.10mol·L^{-1} HCl 各 100mL 混合。

[(1)5.05；(2)10.25；(3)9.85]

6. 求 300mL 0.50mol·L^{-1} H_3PO_4 和 500mL 0.50mol·L^{-1} NaOH 的混合溶液的 pH。

[7.51]

7. 若在 50.0mL 0.150mol·L^{-1} NH_3(aq)和 0.200mol·L^{-1} NH_4Cl 组成的缓冲溶液中，加入 0.100mL 1.00mol·L^{-1} 的 HCl，求加入 HCl 前后溶液的 pH 各为多少？

[(1)9.14；(2)9.11]

8. 在 500Ml 0.20 mol·L^{-1}C_2H_5COOH 溶液中加入 1.8g NaOH，求所得溶液的近似pH和校正后的pH。

丙酸的 $pK_a = 4.87$，忽略 NaOH 引起的体积变化。

[(1)4.78；(2)4.63]

9. 下列溶液中缓冲容量最大的是哪一份？

(1) 20mL 0.10mol · L^{-1} HAc 和 20mL 0.10mol · L^{-1} NaAc 混合。

(2) 20mL 0.40mol · L^{-1} HAc 和 20mL 0.20mol · L^{-1} NaOH 混合。

(3) 45mL 0.20mol · L^{-1} HAc 和 15mL 0.20mol · L^{-1} NaAc 混合。

[(2)的缓冲容量最大]

10. 今欲配制 37°C 时近似 pH 为 7.40 的生理缓冲溶液，试问在 Tris 和 Tris·HCl 浓度均为 0.0500mol · L^{-1} 100mL 溶液中，需加入 0.0500mol · L^{-1} HCl 溶液多少毫升？已知 Tris·HCl 在 37°C 时的 pK_a=7.85。

[47.6mL]

11. 柠檬酸(缩写 H_3Cit)常用于配制供培养细菌的缓冲溶液。如用 500mL 的 0.200mol · L^{-1} 柠檬酸，须加入 0.400mol · L^{-1} 的 NaOH 溶液多少毫升，才能配成 pH 为 5.00 的缓冲溶液？(已知柠檬酸的 pK_{a1}=3.14，pK_{a2}=4.77，pK_{a3}=6.39)

[407 mL]

12. 今有 500mL 总浓度为 0.200mol · L^{-1}、pH=4.50 的 HAc-NaAc 缓冲溶液，欲将 pH 调整到 4.90，需加 NaOH 多少克？调整后缓冲溶液的缓冲容量是多少？

[(1)0.92g；(2)0.112 mol · L^{-1}·pH^{-1}]

13. 配制 pH=10.00 的缓冲溶液 100mL：

(1) 现有缓冲系 HAc-NaAc、KH_2PO_4-Na_2HPO_4、NH_4Cl-NH_3，问选用何种缓冲系最好？

(2) 如果选用的缓冲系的总浓度为 0.200 mol · L^{-1}，需要固体酸多少克(不考虑体积的变化)和 0.500mol · L^{-1} 的共轭碱溶液多少毫升？

(3) 该缓冲溶液的缓冲容量为多少？

[(1)NH_4Cl-NH_3 缓冲系；(2)0.161g，34mL；(3)0.0589 mol · L^{-1}·pH^{-1}]

(席晓岚　邓月义)

第六章

胶　　体

胶体(colloid)是物质在自然界的一种分散形式，其分散粒子粒径小，比表面大，从而胶体分散系有异于一般溶液的物理化学性质。胶体在医学上有特殊的实际意义，构成机体组织和细胞的基础物质，如糖原、纤维素、蛋白质和核酸等高分子化合物微粒直径均在胶体分散系范围内，在体液中具有胶体的性质。许多的药物也是以胶体的形式进行生产和使用的。要了解生理机能、病理原因和药物疗效等，都要依据胶体的知识，因此学习胶体的基础知识和基本性质十分必要。本章主要阐述溶胶、高分子溶液的组成和性质，以及与胶体有相似特性的乳状液。

第一节　分　散　系

一种或几种物质分散在另一种物质中所形成的体系称为**分散系**(disperse system)，例如水滴分散在空气中形成雾，牛奶分散在水中形成乳状液，氯化钠分散在水中形成盐溶液等。被分散的物质称为**分散相**(dispersed phase)或**分散质**，容纳分散相的连续介质称为**分散介质**(dispersion medium)。例如：消毒用的碘酒就是碘分散在酒精中形成的分散系，其中碘是分散相，酒精是分散介质。

一、分散系的分类

分散系按分散相粒子直径的大小，可将分散系分为分子分散系、胶体分散系和粗分散系三类，见表6-1。

表 6-1　分散系的分类

类型		分散相粒子	粒子大小	性质	举例
分子分散系(溶液)		原子、离子、小分子	＜1nm	均相；热力学稳定体系；分散相粒子扩散快，能透过半透膜及滤纸；形成真溶液	氨水、氢氧化钠溶液
胶体分散系	溶胶	胶粒(原子或分子的聚集体)	1～100nm	非均相；热力学不稳定体系；扩散慢，不能透过半透膜，能透过滤纸	碘化银溶胶、氢氧化铁溶胶
	高分子溶液	高分子		均相；热力学稳定体系；扩散慢，不能透过半透膜，能透过滤纸；形成真溶液	蛋白质、核酸水溶液、明胶水溶液
	缔合胶体	胶束		均相；热力学稳定体系；扩散慢，不能透过半透膜，能透过滤纸，形成胶束溶液	超过一定浓度的十二烷基硫酸钠溶液等
粗分散系(悬浊液、乳状液)		粗颗粒	＞100nm	非均相；热力学不稳定体系，扩散慢或不扩散，不能透过半透膜及滤纸，形成悬浮液或乳状液	泥浆、乳汁

分散系上述的分类是相对的，粗分散系与胶体分散系之间没有严格的界限，一些粗分散系，例如乳状液、泡沫等，它们的许多性质，特别是表面性质，与胶体分散系有密切联系，通常也归在胶体分散体系中加以讨论。

二、胶体分散系

胶体分散系包括溶胶(sol)、高分子溶液(macromolecular solution)、缔合胶体(associated colloid)三类。

溶胶是由小分子、原子或离子的聚集体以固态形式高度分散在液体介质中形成的多相分散体系。对于多相分散体系，常用**比表面** $\boldsymbol{A_0}$(specific surface area)来表示分散相在分散介质中的分散程度。比表面定义为单位体积的物质具有的表面积，即

$$A_0=\frac{A}{V} \tag{6.1}$$

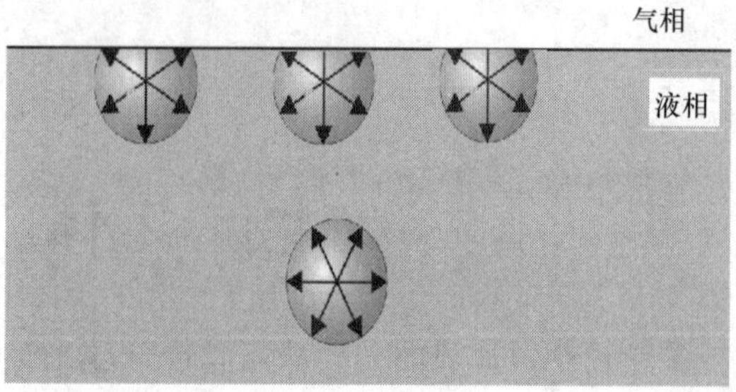

图 6-1 分子表面能产生示意图

式中：A 是物质的总表面积，V 是物质的体积。比表面越大，分散程度也越大。

在溶胶分散系中，分散相和分散介质之间存在着相界面，任何两相界面分子与相内的分子所处的环境状况不同，他们具有的能量也是不相同的。例如在气液两相中(图 6-1)，液体内部的任意一个分子，其周围均为同类分子包围，受到周围分子等同的作用力合力为零。而处在液体表面的分子则不相同，因为液体内部的密度较气体的大，故液体内部分子对其吸引力大于外部气体分子对它的吸引力，所受合力不等于零，合力指向液体内部。所以液体表面都有自动缩小的趋势。若要增大表面，就须克服液相内部分子的引力而做功，功以势能的形式储存于表面分子。所以表面分子比内部分子多出部分能量，在等温、等压的条件下，称为**表面能**(surface energy)。表面能和表面积的关系可表示为

$$dG_{表}=\sigma dA \tag{6.2}$$

式中，σ 是**比表面能**(specific surface energy)，又称为**表面张力**(surface tension)。$G_{表}$是表面能。A 是物质的总表面积。

溶胶是高度分散的多相体系，比表面大，所以表面能也大，他们有自动聚集成大颗粒而减小表面积的趋势，称为聚结不稳定性，因而溶胶是热力学不稳定体系。

对于高分子溶液，分散相是以单个分子分散在介质中，而粒子的粒径又在 1～100nm 的区间内，将其划入胶体分散系研究。它既具有胶体分散系的一些性质，又具有与胶体不同的特殊性，形成均相的真溶液，分散相和分散介质间没有界面存在，不会发生自动聚沉，属于热力学稳定体系。

缔合胶体则是当溶液中的表面活性剂分子超过某一特定浓度，分子在溶液内部缔合形成分子团，即所谓的“胶团”形成的分散系。缔合胶体溶液是热力学稳定体系。

第二节 溶 胶

溶胶的分散相粒子由许多分子、离子或原子聚集而成，并以一定的界面与周围介质分开，溶胶是高度分散的多相体系，具有很大的表面积和表面能，其粒子直径为 1～100nm。溶胶特定的组成、结构使其具有不同于其他分散系的性质，如光学性质、动力学性质、电学性质等。

一、溶胶的光学性质

1869 年英国物理学家 Tyndall 发现，在暗室内用一束光线照射溶胶时，在与光垂直的方向可以看到一个发亮的光柱(图 6-2)。这种现象称为 Tyndall 现象(Tyndall phenomena)。

图 6-2 Tyndall 现象

Tyndall 现象是由溶胶粒子对光的散射引起的。当光照射到分散相粒子上，如果分散相粒子的直径大于入射光的波长时，光在粒子表面发生反射，此时表现出光无法透过体系而出现混浊。若分散相粒子直径小于入射光的波长，则主要发生光的散射。此时光波绕过粒子向各个方向散射出去，散射出来的光称为乳光或散射光。可见光的波长在 400～760nm 之间，而溶胶粒子的直径一般在 1～100nm 之间，小于可见光的波长，因此发生散射作用，这时粒子本身好像是一个发光体，无数个发光体汇集就产生了 Tyndall 现象。此时观察到的不是胶体粒子本身，而是被散射出来的光。

真溶液中分散相粒子是小分子、离子或原子，它们的直径很小(小于 1nm)，对光的散射非常弱，肉眼无法观察到散射光；粗分散系的粒子直径大于可见光的波长，只有反射光而无散射光，呈混浊状。高分子化合物溶液中分散相粒子虽然在 1～100nm 之间，但由于分散相粒子溶剂化，粒子周围被介质裹住，对光的散射作用很弱，也观察不到 Tyndall 现象。因此 Tyndall 现象是区别溶胶与真溶液、悬浊液和高

分子溶液的简便而有效的方法。临床上，注射用的真溶液在灯光照射下应无乳光现象，若出现散射光现象，则为不合格，不能作注射用。此检验方法称为灯检。

二、溶胶的动力学性质

溶胶的动力学性质主要是指溶胶粒子在介质中的不规则运动以及由此而产生的扩散、渗透现象，及在重力场作用下浓度随高度分布平衡等性质。通过对溶胶动力性质的研究，即可以说明胶粒不会因重力作用而聚沉下来的原因，还可以求得溶胶粒子的大小和形状等。

(一) 布朗运动

1827 年，英国植物学家 Brown 在显微镜下观察悬浮在水面的花粉时，发现它们处在不停息的无规则运动之中，而且温度越高、粒子的质量和黏度越小，这种无规则运动表现得越明显。后来又发现许多其他微粒如矿石、金属、碳等也有同样现象。微粒的这种运动称为 Brown 运动(Brownian movement)。

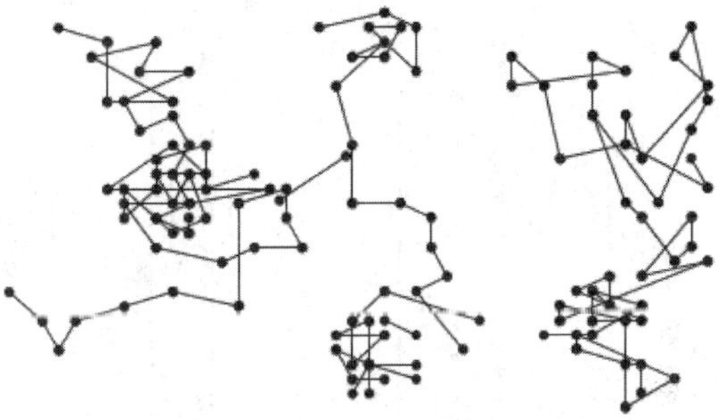

图 6-3 Brown 运动

Brown 运动的本质在很长一段时间内没有得到阐明，直到 20 世纪初人们才用分子运动论阐明了 Brown 运动产生的原因。Brown 运动是由于介质分子热运动撞击悬浮粒子的结果。如果粒子很大，介质分子在各个方向上对粒子的撞击力相互抵消，粒子静止不动，故观察不到 Brown 运动。如果粒子小到胶体程度，在某一瞬间粒子在各个方向受到的撞击力不能互相抵消，合力使粒子向某一个方向运动。显然合力的方向会随时变化，从而粒子的运动方向也不断变化，这就是粒子的 Brown 运动，见图 6-3。

(二) 扩散

当溶胶存在浓度差时，溶胶粒子在介质中由高浓度区自发地向低浓度区迁移的现象称为**扩散**(diffusion)。温度越高，溶胶的胶粒越小，越容易扩散。胶粒在介质中的扩散速率比小分子慢得多。胶粒的扩散是由 Brown 运动引起的。

(三) 沉降和沉降平衡

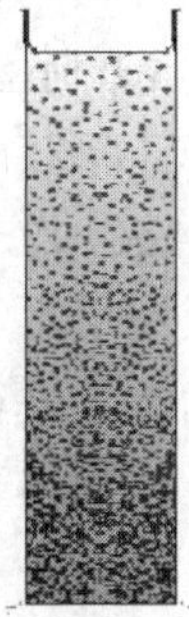

图 6-4 沉降平衡示意图

在重力场中，胶粒受到重力作用而下沉的现象称为**沉降**(sedimentation)。粗分散系中(例如泥浆)的粒子由于重力最终会逐渐地全部沉降下来。在溶胶中因胶粒较小，沉降和扩散两种作用同时存在：一方面溶胶粒子受到重力作用向下沉降，沉降的结果使体系下层粒子的浓度变大，破坏了粒子分布的均匀性；另一方面由于 Brown 运动使胶粒扩散，又有促使浓度均匀的趋势。当沉降与扩散速率相等时，体系达到平衡状态，这种现象称为**沉降平衡**(sedimentation equlibrium)。平衡时底层的浓度最大，但随着高度的增加逐渐降低，形成了一稳定的浓度梯度(图 6-4)。这时粒子的分布与地球大气层的分布相似。

实际上由于高度分散的溶胶颗粒很小，达到平衡的时间很长，而且在通常条件下，由于温度变化引起的对流也阻止了平衡的建立，所以在一定时间范围内往往很难看到溶胶的沉降平衡。为了加速沉降平衡的建立，可以使用超速离心机，在比地球重力场大数十万倍的离心力作用下，使溶胶迅速达到沉降平衡。

超速离心技术广泛用于医学研究，可以用来测定各种蛋白质的分子量及病毒的分离与提纯等。

三、溶胶的电学性质

溶胶粒子表面带有电荷，具有电动现象。在一定条件下，胶体粒子带电是溶胶得以稳定的重要原因之一。溶胶的电学现象主要有电泳和电渗，其中电泳技术在氨基酸、多肽、蛋白质及核酸等物质的分离和鉴定方面有广泛的应用。

(一) 电泳

观察**电泳**(electrophoresis)的简便方法是在U形管中注入有色溶胶，在溶胶上面轻轻注入无色电解质溶液，使溶胶和电解质溶液间保持清晰的界面。在电解质溶液中插入电极，接通直流电后，可见U形管内有色溶胶一侧的界面上升而另一侧界面下降(图6-5)。这表明溶胶粒子是带电的。在外电场作用下，带电胶体粒子在介质中的定向移动现象称为**电泳**。大多数金属氢氧化物溶胶向负极迁移，胶粒带正电，称为正溶胶；大多数金属硫化物、硅酸、金、银等溶胶向正极迁移，胶粒带负电，称为负溶胶。

(二) 电渗

若把溶胶充满在多孔性物质(如活性炭)中，使胶粒被多孔性物质固定，在多孔性物质两侧通直流电后，观察到分散介质的定向移动(图6-6)。这种在外电场作用下，分散介质的定向移动现象称为**电渗**(electroosmo-sis)。电泳与电渗是由于在外电场作用下，分散相与分散介质做相对运动产生的电动现象。在同一电场中，电泳与电渗往往是同时发生。

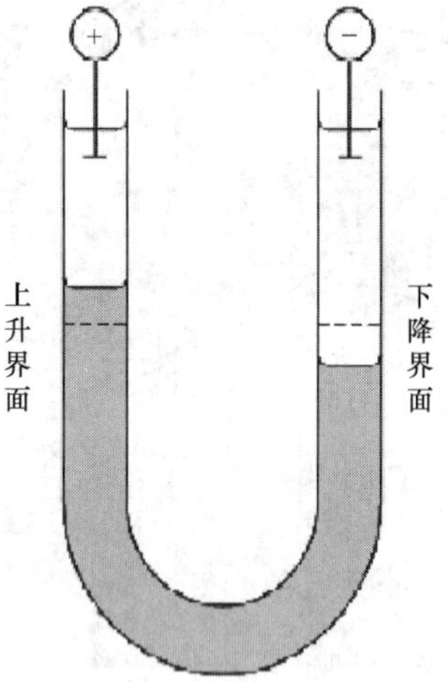

图6-5　电泳示意图

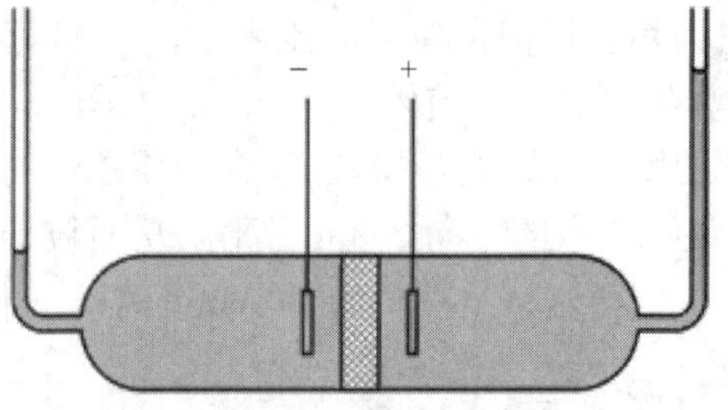

多孔隔膜

图6-6　电渗示意图

(三) 溶胶粒子表面电荷的来源

胶体粒子表面电荷的来源主要有两个方面。

1. 吸附作用　胶粒中胶核有吸附其他物质而降低表面能的趋势，常优先吸附与自身有相同成分的离子，这称为Fajans规则。利用这一规则可以判断胶粒的带电符号。例如用$AgNO_3$与KCl制备AgCl溶胶时，AgCl粒子表面优先吸附Ag^+或Cl^-，而对K^+和NO_3^-的吸附很弱。因此制备AgCl溶胶时，若$AgNO_3$过量，则形成的AgCl粒子将吸附过剩的Ag^+而带正电；若KCl过量，则形成的AgCl粒子将吸附过剩的Cl^-带负电。在没有与溶胶粒子组成相同的离子存在时，固体表面对电解质正负离子不等量吸附而获得电荷。固体表面对电解质正负离子不等量吸附与其水化能力有关。水化能力强的离子往往留在溶液中，水化能力弱的离子易被吸附于固体表面。通常正离子的水化能力比负离子强，所以固体表面带负电荷的可能性比带正电荷大。

2. 离解作用　有些胶体粒子本身含有可离解的基团，例如硅胶的胶核是由许多的$x SiO_2 \cdot y H_2O$分子组成的，其表面的H_2SiO_3可以解离成SiO_3^{2-}和H^+，视介质pH不同，电离后硅胶粒子可以带正电荷或负电荷。

四、溶胶的胶团结构

溶胶的许多性质不仅与其特有的分散程度有关，还必须注意到溶胶粒子结构的复杂性。胶体粒子的中心称为**胶核**(colloidal nucleus)，由许多原子或分子聚集而成。胶核周围是由吸附在胶核表面的相同成分离子、部分反离子和溶剂分子组成的吸附层。胶核和吸附层合称**胶粒**(colloidal particle)。吸附层以外由反离子组成扩散层。胶核、吸附层和扩散层总称**胶团**(colloidal micell)，整个胶团是电中性的。例如，将$FeCl_3$慢慢倒入沸水中制备$Fe(OH)_3$溶胶，$FeCl_3 + 3H_2O \longrightarrow Fe(OH)_3 + 3HCl$，溶液中部分$Fe(OH)_3$

与 HCl 反应 $Fe(OH)_3 + HCl \longrightarrow FeOCl + 2H_2O$，FeOCl 进一步电离 $FeOCl \longrightarrow FeO^+ + Cl^-$ 。由于 FeO^+和 $Fe(OH)_3$ 有类似的组成，优先被 $Fe(OH)_3$ 胶核吸附，因而 $Fe(OH)_3$ 胶核带正电荷。胶体结构见图 6-7、图 6-8，图中 m 表示胶核中 $Fe(OH)_3$ 的分子数，n 为胶核吸附 FeO^+的数目，n 较 m 小很多。$(n-x)$ 是吸附层中 Cl^-的数目。在外电场作用下，胶团在吸附层和扩散层之间的界面上发生分离，胶粒向某一电极方向移动，扩散层的反离子则向另一电极方向移动。当向溶胶中加入一定量的电解质，迫使一些反离子由扩散层进入吸附层，扩散层会变薄。随着电解质加入量的增多，扩散层的厚度趋近于零，胶粒表面的电荷基本被进入吸附层中的反离子中和，胶粒也就不带电，在外电场中不发生电泳现象，即处于等电状态。

$$\underbrace{\underbrace{\underbrace{[Fe(OH)_3]_m}_{\text{胶核}}\cdot\underbrace{[nFeo^+(n-x)Cl]}_{\text{吸附层}}\}^{x+}}_{\text{胶粒}}\cdot\underbrace{xCl^-}_{\text{扩散层}}}_{\text{胶团}}$$

图 6-7 胶团结构表示式

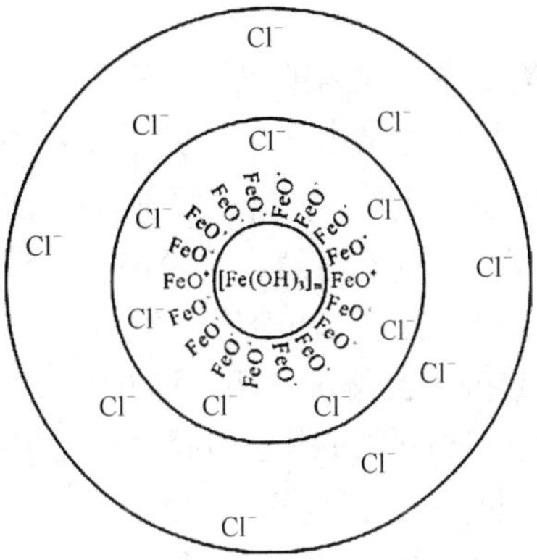

图 6-8 胶团结构示意图

五、溶胶的稳定性与聚沉

在科学实验与实际生活中，常常遇到胶体体系，有时需要形成稳定的胶体，有时需要胶体聚沉。只有了解溶胶稳定的原因。才能选择适当的条件，使胶体稳定或聚沉。

(一) 溶胶的稳定性

溶胶是高度分散的多相体系，具有聚结不稳定性，有自动聚集的趋势。虽然胶体本质上属于热力学不稳定体系，但有的能稳定存在很长时间，甚至达数十年之久。溶胶稳定的原因可归纳如下。

1. 胶粒带电的稳定作用 根据胶团结构可知，在胶粒周围存在着反离子的扩散层。同一溶胶的胶粒带相同符号的电荷，当溶胶相互靠近一定程度时，扩散层相互叠加，产生静电斥力，结果两个胶粒相互碰撞后又重新分开，保持了溶胶的稳定性。

2. 溶剂化的稳定作用 胶团中的离子都是溶剂化的(若溶剂为水，则称为水化)，结果在胶粒周围形成水化膜。当胶粒相互靠近时，水化膜被挤压变形具有弹性，成为胶粒接近时的机械阻力，从而阻止了溶胶的聚沉。水化膜的厚度取决于扩散层的厚度，扩散层的厚度越大，水化膜越厚胶粒越稳定。

3. 动力学稳定性 溶胶粒子颗粒很小，Brown 运动激烈，能够克服重力影响不下沉。溶胶的这种性质称为动力学稳定性。

上述稳定因素中，其中胶粒带电产生的静电斥力是溶胶稳定的主要原因。

(二) 溶胶的聚沉

溶胶的分散度降低，分散相颗粒变大，最后从介质中沉淀析出的现象称为**聚沉**(coagulation)。对溶胶聚沉影响最大，作用最敏感的是电解质。

1. 电解质的聚沉作用 溶胶对电解质十分敏感，少量的电解质就能促使溶胶聚沉。这是由于电解质中反离子可以压缩胶粒周围的扩散层，使之变薄，溶胶的稳定性下降，最终导致聚沉。常用**聚沉值**(coagulation value)衡量不同电解质对溶胶的聚沉能力，聚沉值是使一定量溶胶在一定时间内完全聚沉所需的电解质的最低浓度，以 $mmol \cdot L^{-1}$ 表示。而聚沉值的倒数称为聚沉能力，电解质的聚沉值越小聚沉能力越大。

(1) 使溶胶聚沉的主要是反离子，聚沉能力主要决定于反离子的氧化数，氧化数的绝对值越高，其聚沉值越小，聚沉能力越大。对于给定的溶胶，反离子的氧化数绝对值为1、2、3时，聚沉值与反离子的氧化数的六次方成反比，这个规则称为Schulze-Hary规则，即

$$M^{+}:M^{2+}:M^{3+}=(1/1)^6:(1/2)^6:(1/3)^6=100:1.6:0.14$$

(2) 相同氧化数的反离子聚沉值虽然接近，但也存在差异，特别是一价离子表现得比较明显。例如一价正电离子的聚沉能力由大到小的顺序为

$$H^{+} > Cs^{+} > Rb^{+} > NH_4^{+} > K^{+} > Na^{+} > Li^{+}$$

一价负电离子的聚沉能力由大到小的顺序为

$$F^{-} > IO_3^{-} > H_2PO_4^{-} > BrO_3^{-} > Cl^{-} > ClO_3^{-} > Br^{-} > I^{-} > CNS^{-}$$

同价离子聚沉能力的这一顺序称为感胶离子序(lyotropic series)，它与水化离子半径由小到大的次序大体一致。这可能是水化离子的半径越小，离子越容易靠近胶体粒子的缘故。

聚沉现象在生活中很常见，例如河流中的胶态黏土或淤泥粒子因吸附了 OH^{-}而带负电荷，当河水流入海口时，带负电的黏土或淤泥粒子吸附海水中的Na^{+}或Mg^{2+}等反离子后，发生聚沉，经过数千年，江河入海口就形成了三角洲。

2. 溶胶的相互聚沉作用 两种相反电荷的溶胶相互混合，也会发生聚沉，这种现象称为互相聚沉现象。与电解质的聚沉作用不同之处在于两种溶胶用量应恰能使其所带的总电荷量相同时，才会发生聚沉，否则可能不完全聚沉，甚至不聚沉。

电性相反溶胶的相互聚沉现象在水的净化方面得到广泛应用。水中悬浮物通常带负电，而明矾的水解产物$Al(OH)_3$溶胶则带正电，两种电性相反的溶胶混合后相互聚沉，水得以净化。

第三节 高分子溶液

一、高分子化合物的结构特征

高分子化合物(macromolecule)是指相对分子量在1万以上，甚至高达几百万的物质。淀粉、纤维素、蛋白质和天然橡胶等是天然高分子化合物，人造纤维、塑料等高聚物和药物制剂中的血浆代用品均是人工合成的高分子化合物。高分子化合物的许多性质，如难溶解、有溶胀现象、溶液黏度大等都与相对分子质量大这一特点有关。

(一) 高分子化合物的结构

高分子化合物相对分子质量虽然很大，但分子链通常由一种或几种小的结构单位连接而成，每个结构单位称为**链节**，链节重复的次数叫作**聚合度**，以n表示，如天然橡胶分子是由几千个异戊二烯单位连接而成的长链分子，所以其化学式可以写成$(C_5H_8)_n$。天然橡胶分子的聚合度为20 000；再如纤维素、淀粉、糖原等聚糖类高分子化合物都是由许多个葡萄糖单位连接而成，只是分子的聚合度及其葡萄糖单位的连接方式不同。高分子化合物是不同聚合度的同系物分子组成的混合物，因而高分子化合物的相对分子质量和聚合度都是平均值。

各种高分子化合物分子链的长度及连接方式并不相同，因而有线状和分支状等类型。

(二) 高分子化合物的柔性

高分子化合物的分子链中有许多单键，每个单键都能绕相邻单键的键轴旋转，称为内旋转，这种内旋转可导致高分子化合物碳链构型改变，高分子的长链两端的距离也随之改变，我们称这样的分子链具有**柔性**(flexibility)。用高分子化合物制成的材料有一定的机械强度、弹性和可塑性。

高分子化合物在溶液中的形态，除与自身的柔性有关外，还受到介质的影响。如果介质和高分子化合物间的作用力强，分子长链卷曲成团的内聚力被削弱，因而高分子化合物在溶液中就表现得舒展松弛，这种分散介质称为良溶剂。反之如介质和高分子化合物间作用力弱，分子长链就会卷缩起来，这种分散介质称为不良溶剂。

二、高分子溶液的特性

（一）高分子溶液的形成

大多数高分子化合物能自动地分散到合适的分散介质中形成均相的溶液。高分子化合物在溶解前必先经过一个**溶胀**(swelling)过程，这与低分子化合物的溶解是不同的。当高分子化合物置于良性溶剂中时，溶剂分子很容易扩散到高分子化合物中导致高分子化合物舒展开来，体积成倍甚至数十倍增加。这种溶胀过程是高分子化合物溶解的起始阶段，随着溶胀过程的进行，高分子化合物显得更加松散，并逐渐扩散到溶剂中去，直至完全溶解。不少高分子化合物与水有很强的亲和力，分子周围形成一层水化膜，这是高分子化合物溶液具有稳定性的主要原因。高分子溶液是热力学稳定体系。

（二）高分子溶液与溶胶的比较

高分子溶液中的分散相粒子是高分子化合物，高分子和分散介质间没有界面，因而和小分子溶液一样是均相体系，这是高分子溶液区别于溶胶的基本特征。虽然高分子溶液本质是真溶液，但由于高分子化合物的相对分子质量很大，其粒子大小大致在胶体分散系的范围内，而且分子的形状比较复杂，所以高分子溶液又具有溶胶的某些性质，因此高分子溶液也被列入胶体分散系，表 6-2 归纳了高分子溶液和溶胶性质的差异。

表 6-2　高分子溶液和溶胶性质比较

高分子溶液	溶胶
1. 分散相是单个高分子	1. 分散相是许多个分子、原子或离子的聚集体
2. 均相、稳定体系	2. 非均相、不稳定体系
3. Tydell 现象弱	3. Tydell 现象明显
4. 对电解质不敏感，加大量电解质才沉淀	4. 对电解质敏感，加少量电解质即聚沉
5. 高分子柔性对溶液性质有重要影响	5. 相界面对溶胶性质有重要影响
6. 黏度大	6. 黏度小

三、高分子电解质溶液

具有可电离的基团，在水溶液中可以电离成带电离子的高分子化合物称为**高分子电解质**(macromolecular electrolyte)，也称聚电解质。高分子电解质的特征是：在每个分子链上有很多荷电基团，电荷密度大，对极性溶剂的亲和力强。高分子电解质溶液除了具有一般高分子溶液的通性外，还具有自身特征。根据电离后带电情况，高分子电解质可以分为阳离子型、阴离子型和两性型三种类型。

（一）高分子蛋白质溶液

以蛋白质为例，蛋白质是由若干个氨基酸分子以肽键连接而成的高分子电解质。蛋白质分子中可离解基团主要有羧基和氨基，在水中可以离解成—COO^-和—NH_3^+，从而整个分子就带正电荷或负电荷。溶液中蛋白质分子的电荷数以及电荷分布受到 pH 的影响。

当溶液 pH 高时，因发生下列反应而带负电荷

$$NH_2RCOOH + OH^- \longrightarrow NH_2RCOO^- + H_2O$$

当溶液 pH 低时，因发生下列反应而带正电荷

$$NH_2RCOOH + H_3O^+ \longrightarrow NH_3^+RCOOH + H_2O$$

即

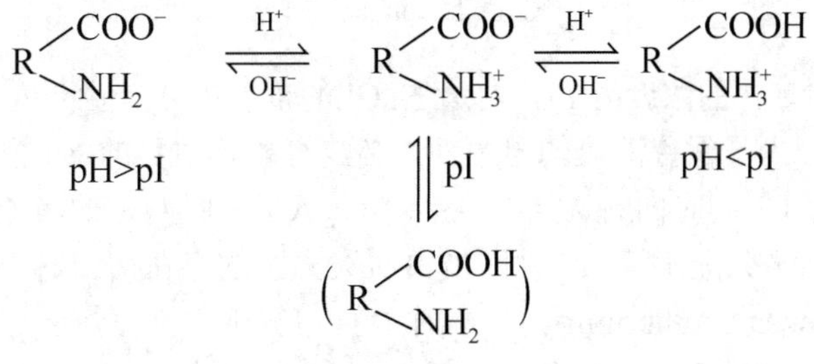

改变溶液的 pH，可使蛋白质分子所带电荷发生改变。如果蛋白质所带正电荷和负电荷量相等(即净电荷为零)，这时蛋白质处于等电状态，该 pH 称为蛋白质的**等电点**(isoelectric point)，以 pI 表示。处于等电点的蛋白质在外电场中不发生泳动。

等电点时，蛋白质的性质会发生明显变化，其黏度、渗透压、溶解度、电导率以及稳定性等都最低。例如在等电点时，蛋白质对水的亲和力大为减小，蛋白质水合程度降低，蛋白质分子链相互靠拢并聚结一起，造成蛋白质溶解度降低。当介质的 pH 偏离蛋白质等电点时蛋白质分子链上的净电荷量增多，分子链舒展开来，水合程度也提高，因而蛋白质的溶解度也相应增大。

在电场作用下，水溶液中的带电高分子会产生电泳现象，其电泳速率取决于高分子所带电荷多少、分子大小和形状、结构等因素。利用电泳速率的不同，可将蛋白质、氨基酸和核酸等物质进行分离和鉴定。在临床检验中，应用电泳技术可以分离血清中各种蛋白质，为疾病的诊断提供依据。

(二) 影响高分子溶液稳定性的因素

虽然高分子化合物在良性溶剂中能自发溶解成稳定溶液，但改变某些条件，如温度变化或控制高分子化合物的电荷密度及水化程度，会破坏高分子溶液的稳定性，引起高分子化合物从溶液中沉淀析出。例如蛋白质的水化作用是蛋白质溶液稳定的主要因素。如果在蛋白质溶液中加入大量的无机盐(如硫酸铵、硫酸钠等)，无机离子的强烈的水化作用，使蛋白质的水化程度大为降低，蛋白质因稳定因素受破坏而沉淀。这种因加入大量无机盐使蛋白质从溶液中沉淀析出的作用称为**盐析**(salting out)。盐析过程实质上是蛋白质脱水过程。盐析时使用的无机盐中以硫酸铵最佳。

在盐析中无机盐离子的氧化数不太重要，盐析能力主要与离子的种类有关，阴离子起主要作用。对同一种阳离子的盐来说，阴离子盐析能力有如下的顺序

$$SO_4^{2-} > C_6H_5O_7^{3-} > C_4H_4O_6^{2-} > CH_3COO^- > Cl^- > NO_3^- > Br^- > I^- > CNS^-$$

阳离子盐析能力的顺序是

$$NH_4^+ > K^+ > Na^+ > Li^+$$

上述离子盐析能力排序称为**感胶离子序**(lyotropic series)。

除无机盐外，于蛋白质溶液中加入与水作用强烈的有机溶剂(如甲醇、乙醇、丙酮等)也能使蛋白质沉淀出来。这是因为乙醇、丙酮等与水分子结合后降低了蛋白质的水合程度，使蛋白质因脱水而沉淀。

(三) 高分子电解质溶液的 Donnan 平衡

高分子电解质溶液的渗透压与高分子非电解质溶液相比有很大的差异，原因在于高分子离子具有 Donnan 效应的缘故。

高分子电解质带有电荷，例如蛋白质不在等电点时就是这种情况，蛋白质可视为强电解质，以 $Na_z^+P^{z-}$表示，用半透膜将蛋白质溶液与电解质溶液(如氯化钠)隔开。蛋白质离子 P^{z-}不能透过半透膜，而 Na^+、Cl^-、H_2O 能通过半透膜，如图 6-9 所示。

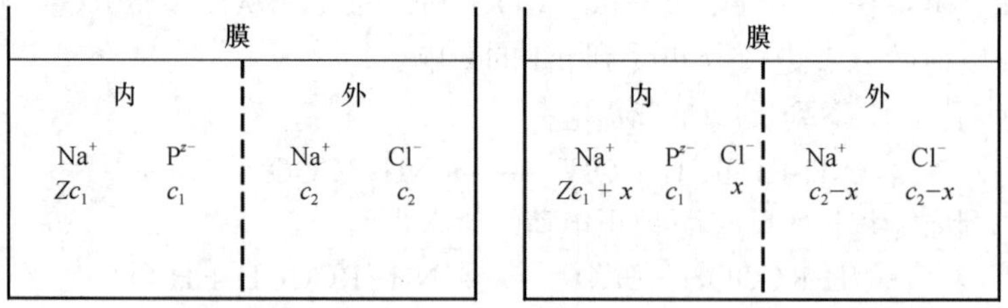

(a) 开始时　　(b) 平衡时

图 6-9　Donnan 平衡

设开始时左边蛋白质 Na_zP 的浓度为 c_1，右边 NaCl 的浓度为 c_2。由于左边没有 Cl^-，所以 Cl^-从右边通过半透膜向左边扩散。为了保持溶液的电中性，必定有相等数目的 Na^+同时从右边通过半透膜向左边扩散。显然，左边 Na^+、Cl^-同时向右边渗透。当 Na^+、Cl^-在膜两侧的渗透速率相等时，体系达到膜平衡。渗透平衡后膜两侧离子分配不等。这种因蛋白质大离子的存在而引起小离子在膜两侧的不均等分布，称为 Donnan 平衡(Donnan equilibrium)。平衡时 $V_{进} = V_{出}$则

$$k(c_{Na^+} \cdot c_{Cl^-})_{左}= k(c_{Na^+} \cdot c_{Cl^-})_{右} \tag{6.3}$$

式中 c_{Na^+}、c_{Cl^-}分别为各离子在膜两边的平衡浓度。式(6.3)表明，当体系达到渗透平衡时，组成电解质的离子在膜两边浓度乘积相等。将各离子平衡浓度数值代入式(6.3)，得

$$(x+zc_1) \cdot x=(c_2-x)^2$$

$$x=\frac{c_2^2}{zc_1+2c_2}$$

由于渗透压是因半透膜两边粒子数不同而引起的所以

$$\begin{aligned}\Pi &= [(c_1+zc_1+x+x)_{左}-(2c_2-2x)_{右}]RT \\ &= (c_1+zc_1-2c_2+4x)RT\end{aligned}$$

将 x 代入得

$$\Pi=\frac{zc_1^2+2c_1c_2+z^2c_1^2}{zc_1+2c_2}RT \tag{6.4}$$

若 $c_2 << zc_1$(表明盐的浓度远低于蛋白质的浓度)，则

$$\Pi \approx \frac{zc_1^2+z^2c_1^2}{zc_1}RT=(c_1+zc_1)RT=(z+1)c_1RT \tag{6.5}$$

若 $c_2 >> zc_1$(表明盐的浓度远大于蛋白质的浓度)，则

$$\Pi \approx \frac{2c_1c_2}{2c_2}RT=c_1RT \tag{6.6}$$

从上面的讨论可看出，第一种极限情况(盐的浓度很低)，渗透压接近于无盐存在时蛋白质电解质的渗透压。在第二种极限情况(盐的浓度很高)，渗透压与蛋白质在等电点时所表现的值几乎相等，因此我们得到结论：加入足够的中性盐，可以消除 Donnan 平衡效应的影响。

Donnan 平衡是生物内常见的一种生理现象，Donnan 平衡最重要的功能是控制物质的渗透压。生物的细胞膜相当于半透膜，细胞内高分子电解质与膜外体液中的电解质处于膜平衡状态，这就保证了一些具有重要生理功能的金属离子在细胞内保持一定的比例。当然细胞膜不是一般的半透膜，结构和功能要复杂得多，但是了解简单膜平衡体系，对于理解生物体系中的膜平衡现象是十分必要的。

(四) 高分子化合物对溶胶的保护作用

1. 保护作用 在溶胶中加入足够量的明胶、蛋白质等高分子化合物，由于高分子物质被吸附在胶粒表面，包围住胶粒使胶粒对分散介质的亲和力增加，从而增加了溶胶的稳定性，即使加入少量电解质也不至于引起聚沉，这种作用称为高分子化合物对溶胶的保护作用。

高分子化合物对溶胶的保护作用在人体内意义重大。例如血液中的碳酸钙、磷酸钙等微溶性盐以溶胶的形式存在，靠血液中的蛋白质保护而存在，所以它们在血液中的含量比在水中的溶解度大 5 倍时仍能稳定存在而不聚沉。但当发生某些疾病使血液中的蛋白质减少，减弱了对这些盐类的保护作用，这些微溶盐类就可能沉积在肝、肾等器官中，这就是形成各种结石的原因之一。

2. 敏化作用 在溶胶中加入的高分子化合物的量足以完全覆盖胶粒时，才能起到保护作用。如果加入的高分子化合物的量很少，不足以将胶粒表面完全覆盖，则不仅其不到保护作用，反而会降低溶胶的稳定性，甚至发生聚沉，这种现象称为**敏化作用**(sensitization)。

第四节 表面活性剂

在固定温度和压力时，液体表面张力 σ 是一定的。但溶液表面却可通过吸附溶质的方式改变其表面张力。以水溶液为例，在一定温度下在纯水中加入不同种类的溶质时，溶液的浓度对表面张力的影响可分为三种类型，如图 6-10 所示。第一种曲线(1)表明，在水中逐渐加入溶质时，溶液的表面张力随着溶液浓度的增加而升高。属于此类的溶质主要有无机盐类(如 KNO_3)不挥发性的酸(如 H_2SO_4)、碱(NaOH)以及含有多羟基的有机化合物(如 $C_6H_{12}O_6$)等物质。第二种曲线(2)表明，在水中逐渐加入溶质时，溶液

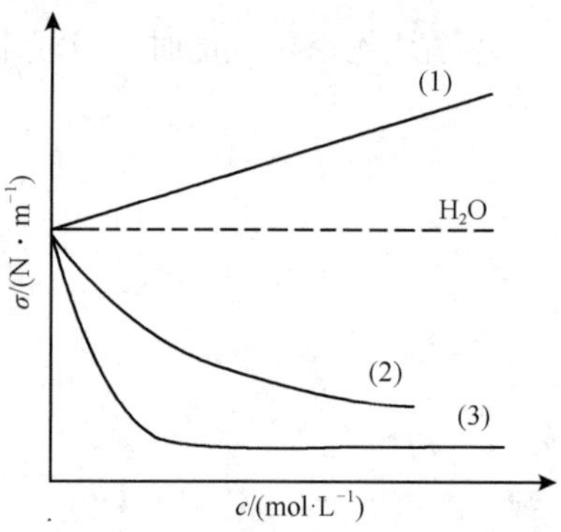

图 6-10 表面张力与浓度关系的示意图

的表面张力随着溶液浓度的增加而逐渐降低。大部分低脂肪酸、醇、醛等有机化合物的水溶液有此性质。第三种曲线(3)表明，在水中加入少量的溶质，却能使溶液的表面张力急剧下降，至某一浓度之后溶液的表面张力几乎不随溶液浓度增加而变化。属于此类的溶质有长碳链的脂肪酸盐，烷基苯磺酸盐等(如肥皂、洗涤剂等)。这种加入少量就能显著降低水的表面张力的物质称为**表面活性物质**(surface active substance)或**表面活性剂**(surfactant，surface active agent)。那些能使溶液的表面张力升高的物质称为非表面活性剂或表面惰性物质。

一、表面活性剂的分类与基本性质

(一) 表面活性剂的分类

表面活性剂的品种很多，可以从用途、物理性质或化学结构等方面进行分类，最常见的是按化学结构来分类，大体上可以分为离子型和非离子型两大类。当表面活性剂溶于水时，凡能电离生成离子的称为离子型表面活性剂；凡在水中不能电离的称为非离子型表面活性剂，如多元醇型($RCOOCH_2C(CH_2OH)_3$)。离子型还可按生成的活性基团离子的电性可再分为阴离子型(如肥皂 RCOONa)、阳离子型(如胺盐 $R\text{-}NH(CH_3)\cdot HCl$)、两性表面活性剂(如氨基酸型 $R\text{-}NHCH_2\text{-}CH_2COOH$)。

(二) 表面活性剂的基本性质

1. 表面活性剂的吸附性质 从分子结构的观点来看，表面活性剂分子中都同时含有**亲水性**(hydrophilic)的极性基团(如—COOH，—$CONH_2$，—OH 等)，以及**疏水性**(hydrophobic)的非极性基团(主要为有机烃基)，如图 6-11。具有性质相反的两亲性基团是表面活性剂在化学结构上共同的特征。

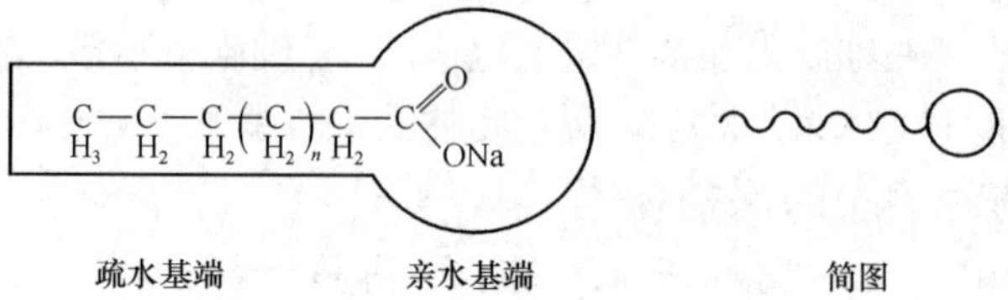

图 6-11 表面活性剂示意图

在水溶液中，表面活性剂分子的亲水基团受到极性很强的水分子的吸引，有竭力钻入水中的趋势；疏水性的非极性基团，是亲油的，则力图离开水相或钻入非极性的有机溶剂或油类的另一相中，则表面活性分子定向地排列在界面层中，使界面的不饱和力场得到某种程度的平衡，从而降低了表面张力。

2. 胶束 为什么当表面活性剂浓度很稀时，稍微增加浓度就能使溶液的表面张力急剧降低？为什么当表面活性剂的浓度超过某一数值后，溶液的表面张力又不随浓度增加而变化？这些问题可以通过示意图 6-12 得到解释。

图 6-12(a)表示当表面活性剂的浓度很稀时，表面活性剂分子在溶液表面和溶液内部有少量的分布。此时，若稍微增加表面活性剂的浓度，表面活性剂的一部分很快地聚集在水面，使水和空气的接触面减少，从而使表面张力急剧下降。另一部分则分散在水中，有的以单分子的形式存在，有的三三两两的接触，疏水基靠在一起，形成最简单的**胶束**(micelle)。这相当于图 6-10 曲线(3)表面张力急剧下降部分。

图 6-12(b)表示当表面活性剂的浓度加大到一定程度时，表面活性剂分子在溶液表面刚刚排满一层定向排列的单分子膜。若再增加表面活性剂的浓度，则只能使水溶液中表面活性剂开始以几十或几百聚集在一起，排列成疏水基向里，亲水基向外的胶束。胶束中的许多表面活性剂分子的极性基团与水分子相接触而非极性基团则被包在胶束中，几乎完全脱离了与水分子的接触，因此胶束可以在水中比较稳定的存在，这相当于图 6-10 曲线(3)的转折处。我们把形成一定形状的胶束时，所需表面活性剂的最低浓

度称为**临界胶束浓度**(critical micelle concentration，CMC)。

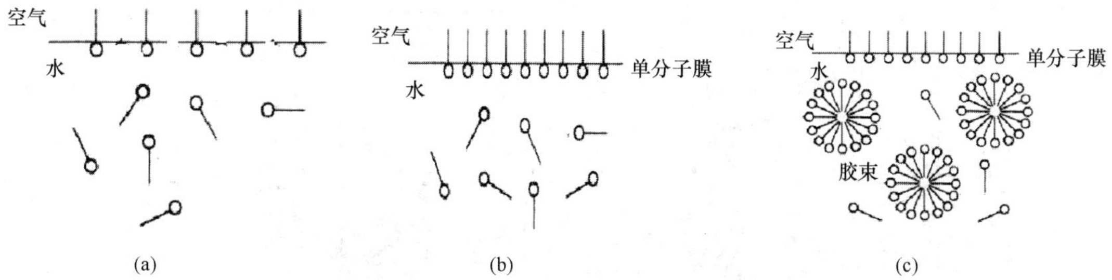

图 6-12 表面活性剂的活动情况与浓度的关系

图 6-12(c)表示超过临界胶束浓度的情况。这时液面上早已形成紧密、定向排列的单分子膜，达到饱和状态，若再增加胶束的个数或使每个胶束所包含的分子数增多，由于胶束是亲水性的，它不具有表面活性，不能使表面张力进一步降低，这相当于图 6-10 曲线(3)的平缓部分。

在临界胶束浓度的前后，不仅溶液的表面张力有显著变化，其他许多物理性质如电导率、渗透压、蒸气压、光学性质、去污能力及增溶作用等皆会有很大差异。要充分发挥表面活性剂物质的作用(如去污作用、增加可溶性、润湿作用等)，必须使表面活性物质的浓度稍大于 CMC。

二、表面活性剂的作用

表面活性剂的种类繁多，不同的表面活性剂常具有不同的作用。概括来说表面活性剂具有润湿、助磨、乳化、去乳、分散、去污、增溶、发泡和匀染，以及杀菌、消除静电等作用，因此表面活性剂在许多科研、生产和日常生活被广泛地使用。

表面活性剂在生命科学中也有重要的作用，如构成细胞膜的脂类(磷脂和糖脂等)，以及有胆囊分泌的胆汁酸盐等都是表面活性物质。

在药学方面，表面活性物质通过增溶作用促进脂溶性药物在人体内的分布和吸收。

第五节 乳 状 液

一种或几种液体分散在另一种与之不相溶的液体中，形成高度分散体系的过程称为**乳化**(emulsification)，得到的分散体系称为**乳状液**(emulsion)。乳状液的分散度比典型的溶胶要低得多，分散相粒子大小约为 100nm，普通显微镜即可看到，属于粗分散系，但由于它具有多相和聚结不稳定性等特点，所以也是胶体化学研究的对象。

乳状液属于热力学不稳定体系，例如将两种不相溶的液体(如油和水)混合并剧烈振荡，油、水滴就会相互分散形成乳状液。但静置一段时间后，就自动分成两层，得不到稳定的乳状液。这是因为当液体分散成小液滴后，体系内两液体之间的界面变大，表面能增加，是热力学不稳定体系，所以当小液滴相互碰撞时，会自动聚结为大液滴，使体系的表面能降低。

要想得到稳定的乳状液，就必须有使乳状液稳定的第三种物质存在，这种物质称为**乳化剂**(emulsifying agent)。乳化剂所起的作用称为乳化作用。常用的乳化剂多为表面活性剂。例如食物中的油脂进入人体后，在体内经胆汁酸盐的乳化作用，分散为极小的乳滴，从而易被肠壁吸收，胆汁酸盐在此起乳化剂作用。

乳化剂的作用是促进乳化状态的形成和提高乳状液的稳定性。由于表面活性物质具有两亲性，表面活性剂分子的亲水基朝向水相，而疏水基朝向油相，在两相界面上作定向排列，其结果不仅降低了相界面的表面能，而且还在细小的液滴周围形成一层保护膜，使乳状液得以稳定。

在乳状液中，一种液相主要是水，用字母 W 表示，另一液相泛指不溶于水的液态有机物，习惯上称为油，用字母 O 表示。任何一相均可以作为分散相或分散介质。因此乳状液分为两种类型：一类是油分散在水中，称为水包油型，以符号 O/W 表示。如牛奶、各种杀虫剂；另一类是水分散在油中，称为油包水型，以符号 W/O 表示，如原油、人造黄油等。两种溶液究竟形成何种类型的乳状液，与乳化剂的性质有关。图 6-13 为两种不同类型的乳状液示意图。

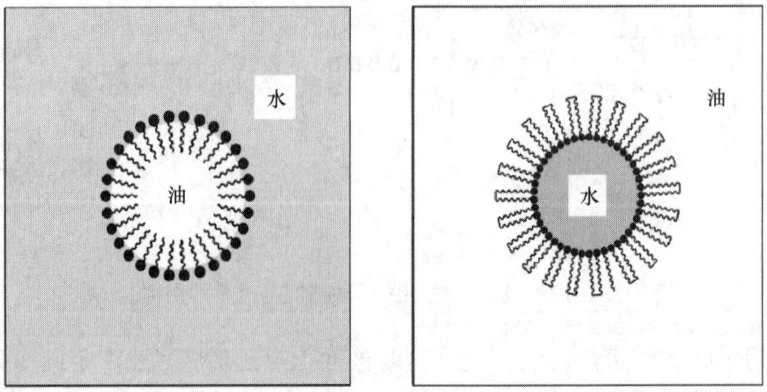

(a) O/W　　　　(b)W/O

图 6-13　乳状液示意图

乳状液的类型可以用染色法、稀释法、电导法等方法鉴别。染色法是在乳状液中加入少量溶于“油”而不溶于水的染料轻轻摇动，如整个乳状液呈染料的颜色，说明分散介质为“油”，即为 W/O 型，若只有分散的液滴呈现染料的颜色，则说明分散相是“油”即为 O/W 型。稀释法是根据乳状液易被分散介质稀释的道理来鉴别的，方法是将乳状液置于干净的玻璃片上，然后滴加水，能与水均匀混合的是 O/W 型乳状液，否则为 W/O 型乳状液。电导法是利用油和水的电导不同，多数油为电的不良导体，因此测定电导即可确定分散介质的类型。在医药卫生实践和日常生活中常遇到乳状液，如食用乳汁，药用的鱼肝油乳剂以及临床上用的脂肪乳剂输液等都是各种形式的乳状液。为了加大用药剂量，注射用药剂通常都是 W/O 型乳状液，在乳状液降解时药剂就能缓慢地为机体吸收。如 Salk 等发现，乳化的流行感冒疫苗治疗病人所显示的抗体水平，约为平常方法治疗的 10 倍，且能保持 2 年以上。

知识拓展

医药、生活中的胶体

高分子溶液对溶胶的保护作用在医药方面应用极广。例如医药中的杀菌剂蛋白银，就是由蛋白质保护的银溶胶。医药上用于胃肠造影的硫酸钡合剂就含有一种足够量的高分子化合物——阿拉伯胶对硫酸钡溶胶起保护作用，当患者服用后，硫酸钡就能均匀的黏附在胃肠道壁上，形成薄膜，从而有利于造影检查。

利用胶粒不能透过半透膜这一性质，可除去溶胶中的小分子杂质，使溶胶净化。净化溶胶常用的方法是透析(或渗析)。透析时，可将溶胶装入半透膜袋内，放入流动的水中，溶胶的小分子杂质可透过半透膜，随水流去。临床上利用透析原理，用人工合成的高分子膜作半透膜制成人工肾脏，帮助肾病患者清除血液中毒素，使血液净化。

肥皂的主要成分为高级脂肪酸钠，其制备工艺中充分利用了胶体的聚沉原理。首先把酯类(如动物脂肪、植物油脂)和 NaOH 溶液按一定比例放在皂化锅内，蒸气加热并搅拌。在 NaOH 作用下酯类发生了碱性水解，生成高级脂肪酸钠、甘油和水的混合液，高级脂肪酸钠在水里形成了胶体溶液。为了使高级脂肪酸钠与甘油充分地分离，加入热蒸馏水并冷却后，加入 NaCl 饱和溶液，在 NaCl 电解质溶液的作用下，高级脂肪酸钠胶体聚沉，从混合液中析出。静置一段时间，溶液分为上下两层，上层为高级脂肪酸钠，下层为甘油和 NaCl 的混合溶液。过滤，取出上层物质。加入填充剂，进行压滤、干燥、成型，就制得了成品肥皂。

Summary

Disperse system is composed by disperse phase and disperse medium. According to particle size of the disperse phase，disperse system is divided into three groups：molecular disperse system，colloidal disperse system and coarse disperse system.

Colloidal disperse system consists of collosol and macromolecular solution. They share a common feature that disperse phase particles are of 10^{-9}～10^{-7}m size，of slow diffusion speed，of the ability of permeate through no semi-permeable membrane but filterable paper.

The size of collosol particle is smaller than the wave-length of visible light，which result in the Tyndall phenomena. Collosol particles keep doing Brown motion，so that collosol will not sink by gravity and contain dynamics stability. However，because collosol is non-homogeneous phase，the total surface area of disperse phase particles is very large，it is thermodynamically an instable system. As collosol particles trend to aggregation spontaneously，it is of aggregation instability. Through collosol is instable thermodynamically，collosol is invariably stable because colloid particle can selectively adsorb ions to be charged and mutual repulse while motion. Add a small amount of electrolytes will be able to ruin the stalilty of collosol. Electrophoresis phenomenon happens when charged collosol particles are put in to electrical field.

High molecular compound solution are of the same size of collosol particles and dynamic property of collosol，only that high molecular compound solution belongs to true solution and is thermodynamically stable. Backbone of a high molecular compound determines its compliance. The main reason of the stability of high molecular compound solution is form ation of hydration shell surrounding the molecule.

If high molecular compound solution and electrolyte solution are separated by semi-permeable membrane，the distribution of electrolytes is bilaterally inhomogeneous，this phenomenon is called Donnan balance.

Substances which are able to decrease water surface tension are called surface active agent. There are hydrophobic and hydrophilic groups in active agent，the amphipathic properties make the surface active agents spread directionally in boundary layer to decrease the surface tension.

Emulsion belongs to thermodynamically instable coarse disperse system. Add surface active agents to emulsion will decrease phase boundary tension and form a protective membrane，so that the emulsion will be stable. Emulsion includes to distinguished types，oil in water(O/W)type and water in oil(W/O)type.

习 题

1. 什么叫分散系、分散相、分散介质？

2. 为什么溶胶是不稳定系统，但实际上常能相对稳定地存在？

3. 胶核吸附离子时有何规律？试写出以 NaCl 和 $AgNO_3$ 为原料制备 AgCl 溶胶，$AgNO_3$ 过量时，胶团的结构简式，指出电泳方向。

4. 怎样用实验的方法鉴别溶液和胶体？

5. 什么是溶胶的聚沉？解释为什么明矾能使浑浊的水澄清？

6. 用等体积的 0.06mol · L^{-1} KI 溶液和 0.08mol · L^{-1} $AgNO_3$ 溶液制成 AgI 溶胶，分别加入下述电解质溶液，其聚沉能力大小次序如何？

(1) NaCl (2) Na_2SO_4 (3) $K_3[Fe(CN)_6]$

7. 高分子溶液和胶体溶液有哪些异同点？

8. 蛋白质的电泳与溶液的 pH 有什么关系？人血白蛋白的等电点是 4.64，如果置于 pH 6.0 的缓冲溶液中，该蛋白质大离子的电泳方向如何？

9. 什么是表面活性剂、表面活性剂的 CMC？

10. 根据表面活性剂的结构特点，说明它能降低溶剂表面张力的原因。

11. 为什么小液滴或小气泡总是呈球状，而不会呈现其他形状(如长方体)？

12. 举例说明乳化剂的作用。

13. 乳状液有哪些类型？各有什么意义？如何区分？

(李宏岩)

第七章

化学热力学基础

热力学(thermodynamics)是研究各种形式的能量(如热能、电能、化学能等)转换规律的科学。它是物理学的一个组成部分。热力学的形成经历了一个漫长的时期，直到十九世纪中叶，才建立了热力学的科学理论。热力学的基础是热力学第一定律和第二定律。这两个定律是人们长期实践的经验总结，有牢固的实验基础。将热力学的基本原理和方法应用于化学反应及伴随化学反应而发生的物理变化的研究，称为**化学热力学**(chemical thermodynamics)。化学热力学主要研究和解决的问题有：

(1) 利用热力学第一定律计算化学反应过程中的热效应。

(2) 利用热力学第二定律判断化学反应在一定条件下自发进行的可能性、方向和限度。

化学热力学只研究宏观系统中的整体行为，而不考虑宏观系统中个别粒子的单独行为，也不研究化学反应速率和反应机制。

第一节　热力学系统和状态函数

热力学是一门严谨的科学，它所应用的一些概念和术语都有严格的定义，为了运用准确，首先介绍热力学中最常用的术语和概念。

一、系统和环境

作为热力学研究对象的一定量物质和一部分空间叫作系统(system)，又叫体系，而与系统有关的其余部分叫作**环境**(surroundings)。

热力学系统可分为三类：如果系统与环境之间既有物质的交换，又有能量的传递，此类系统称为**敞开系统或开放系统**(open system)。如果系统与环境之间只有能量的交换而无物质的交换，此类系统称为**封闭系统**(closed system)。系统与环境之间既无物质的交换也无能量的交换，此类系统称为**孤立系统**(isolated system)。实际上，绝对孤立的系统是不存在的。

热力学系统中发生的一切变化都称为热力学过程，简称**过程**(process)。如气体的压缩与膨胀，液体的蒸发，化学反应等都是热力学过程，系统与环境的温度相同且保持不变的过程称为**等温过程**(isothermal process)。系统与环境的压强相同且保持不变的过程称为**等压过程**(isobar process)。如果系统的变化是在体积恒定的条件下进行的，此变化称**等容过程**(isovolumic process)。如果系统的变化是在绝热的条件下进行的，此变化称为**绝热过程**(adiabatic process)。如果系统从某状态 A 出发，经过一系列变化后又回到状态 A，这种变化称为**循环过程**(cyclic process)。

二、状态和状态函数

如果体系中物质的种类、数量和物理状态都已确定，并在一定的温度、压力下处于平衡状态，就认为系统处于一定的热力学平衡态，简称**状态**(state)。当外界条件不变时，系统的性质不随时间而变化，状态也维持原状不变。如果经过一段时间，系统中物质的种类、数量或某种性质发生了改变，则系统的状态也发生了变化，变化前的状态叫作**始态**(initial state)，变化后的状态叫作**终态**(final state)。

也可以说，系统的这些宏观性质与系统的状态间有一一对应的函数关系。描述系统状态的这些物理量被称为**状态函数**(state function)。前面提到的物理量 T、V、P 等都是状态函数。

状态函数可分为两类。一类为具有**广度性质**(extensive property)的物理量，如体积 V，物质的量 n，质量 m 及后面将介绍的热力学能 U、焓 H、熵 S、自由能 G 等，这类性质具有加合性。例如 50mL 水与 50mL 水相混合其总体积为 100mL。另一类为具有**强度性质**(intensive property)的物理量，如温度、压力、密度等。这些性质没有加合性。例如 50℃的水与 50℃的水相混合，水的温度仍为 50℃。

应该指出，描述一个系统所处的状态不需要把所有的状态函数都一一列出，因为这些状态函数间往往有一定的联系。例如，要描述一理想气体所处的状态，只要知道温度 T、压力 p、体积 V 就足够了，因为根据理想气体的状态方程 $pV = nRT$，此理想气体的物质的量 n 也就确定了。通常选择所研究的系统中易于测定的几个相互独立的状态函数来描述系统的状态。

最后要特别强调的是，状态函数有一基本性质：系统的状态发生变化，状态函数值就可能改变，但状态函数的变化值只取决于始态和终态，而与中间变化的过程无关。例如 50g 水由 50℃的(始态)加热变为 80℃的水(终态)，其状态函数温度 T 的变化量 ΔT=T(终态)－T(始态)＝30℃。如果这 50g 水由 50℃先降温后升温，或者经历其他一些更为复杂的中间过程，只要终态是 80℃的水，其 ΔT 总是 30℃。

三、热 和 功

(一) 热和功

在热力学中，**热**(heat)是系统和环境之间由于温度差而交换的能量形式，常用符号 Q 表示。系统和环境之间除了热以外的一切能量交换形式称之为**功**(work)，常用符号 W 表示，如膨胀功、电功等。

热力学规定：系统向环境放热，Q 为负值，即 $Q<0$；系统从环境吸热，Q 为正值，即 $Q>0$。系统对环境做功，W 为负值，即 $W<0$；环境对系统做功(即系统从环境得功)，W 为正值，即 $W>0$。

热和功都不是状态函数。我们不能说系统有多少热和多少功，而只能说系统发生变化时吸收(或放出)多少热，得到(或给出)多少功。热和功的数值与系统所经历的变化过程密切相关。

(二) 体积功、可逆过程和最大功

系统因体积变化而对环境做的功或环境对系统做的功称为**体积功**(volume work)。体积功在化学热力学中具有特殊意义。图 7-1 是系统做体积功示意图，活塞截面积为 A，假定活塞的质量及其与气缸壁的摩擦力均可忽略不计。气缸内充满理想气体。当理想气体作等温膨胀时，活塞反抗外压移动了 l 的距离。系统反抗外压 $p_{外}$ 对环境所做的功可以用式(7.1)来计算：

$$W = -F \times l = -p_{外} \times A \times l = -p_{外}\Delta V \tag{7.1}$$

式中 ΔV 为气体膨胀的体积，F 为活塞受到的外压力。由于理想气体膨胀是系统对环境做功，W 为负，所以式(7.1)右边加负号。

关于可逆过程和最大功，可以用图 7-1 所示的理想气体等温膨胀过程来说明。起初外压(用 6 个砝码表示)与气体的压力相等，活塞静止不动。然后，降低外压(即移去一定数量的砝码)让气体按图 7-1 所示的几种不同方式从初态(6×101.3kPa，1.00dm^3)恒温膨胀到终态(101.3kPa，6.00dm^3)。

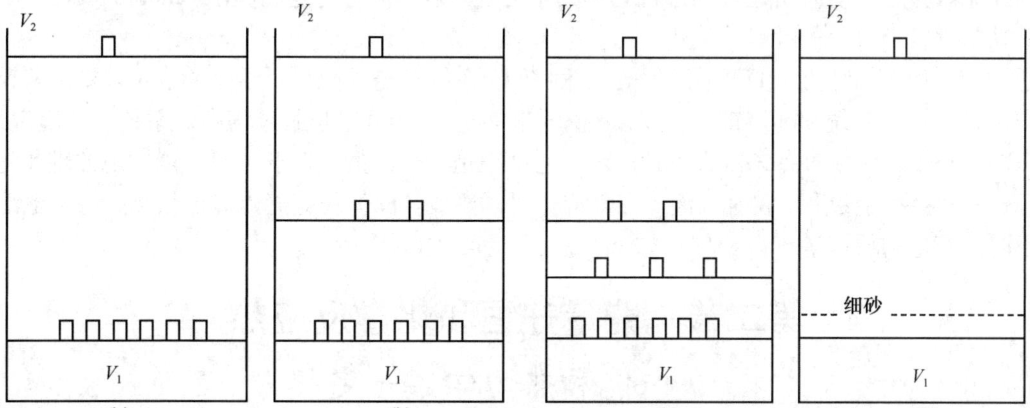

图 7-1 理想气体等温膨胀示意图

1. 一次膨胀 将活塞上的砝码一次取走 5 个，即外压突然从 6×101.3kPa 下降到 101.3kPa，并维持不变。这时气体的体积从 1.00dm^3 膨胀到 6.00dm^3(图 7-1a)，由于整个过程中外压都保持 101.3kPa，因

此系统反抗外压对环境所做的功为

$$W_1 = -p_{外}\Delta V = -101.3\times10^3\,\mathrm{Pa}\times(6-1)\times10^{-3}\,\mathrm{m}^3 = -506.5\mathrm{J}$$

2. 二次膨胀　首先取走4个砝码，把外压降到2×101.3kPa并维持不变，气体的体积从1.00dm^{3}膨胀到3.00dm^3；然后再取走1个砝码，把外压降到101.3kPa并维持不变，这时气体体积又膨胀到6.00dm^3(图7-1b)，系统反抗外压对环境所做的功为

$$W_2 = -2\times101.3\times10^3\,\mathrm{Pa}\times(3-1)\times10^{-3}\,\mathrm{m}^3 - 101.3\times10^3\,\mathrm{Pa}\times(6-3)\times10^{-3}\,\mathrm{m}^3 = -709\mathrm{J}$$

3. 三次膨胀　首先取走3个砝码，把外压降到3×101.3kPa并维持不变，气体的体积从1.00dm^{3}膨胀到2.00dm^3；然后再取走1个砝码，把外压降到2×101.3kPa并维持不变，这时气体体积又膨胀到3.00dm^3，最后再取走1个砝码，把外压降到101.3kPa并维持不变，气体体积又膨胀到6.00dm^3(图7-1c)，系统反抗外压对环境所做的功为

$$W_3 = -3\times101.3\times10^3\,\mathrm{Pa}\times(2-1)\times10^{-3}\,\mathrm{m}^3 - 2\times101.3\times10^3\,\mathrm{Pa}\times(3-2)\times10^{-3}\,\mathrm{m}^3$$
$$-101.3\times10^3\,\mathrm{Pa}\times(6-3)\times10^{-3}\,\mathrm{m}^3 = -810.4\mathrm{J}$$

4. 可逆膨胀　设想有一个膨胀次数非常多的过程，即在汽缸活塞上用一堆相同质量的极细的砂粒代替砝码，每次取走一粒细砂，外压仅仅比内压相差无穷小$\mathrm{d}p$，即$p_{外}=p-\mathrm{d}p\approx p$。这时，每一步膨胀过程系统都无限接近于平衡态，经历无穷个膨胀步骤达到终态。当然这种过程所需时间要无限长。这种过程系统对外做的功为

$$W_4 = W_\mathrm{r} = -\int_{V_{始}}^{V_{终}} p_{外}\mathrm{d}V = -\int_{V_{始}}^{V_{终}} p\mathrm{d}V = -\int\frac{nRT}{V}\mathrm{d}V = -nRT\ln\frac{V_{终}}{V_{始}}$$

因为

$$p_{始}V_{始} = nRT$$

所以

$$W_4 = -p_{始}V_{始}\ln\frac{V_{终}}{V_{始}}$$

代入数值，通过上式计算W_4为

$$W_4 = -6\times101.3\times10^3\,\mathrm{Pa}\times1\times10^{-3}\,\mathrm{m}^3\times\ln\frac{6\times1.0\times10^{-3}}{1.0\times10^{-3}} = -1089\mathrm{J}$$

计算结果表明，尽管这4种膨胀过程的始态、终态相同，系统所经历的途径不同，系统对环境所做的功就不同。这说明了功不是状态函数。采用无限接近平衡的膨胀过程，系统对环境做最大功。同理可以证明，在恒温下采用同样方式经过1次、2次、3次压缩过程和无限接近平衡的压缩过程，若使气体恢复到初态，环境对系统所做的功也不同。采用无限接近平衡的压缩过程，环境对系统做功最小。系统与环境间在无限接近平衡时所进行的过程为热力学可逆过程，简称**可逆过程**(reversible process)。可逆过程所做的功常用符号W_r来表示。

可逆过程有如下的特点：①可逆过程的任意瞬间，系统总是无限接近于平衡态。只要沿着原来过程的反方向进行，可使系统和环境都完全恢复到原来的状态。②可逆膨胀过程中，系统对环境做最大功；在可逆压缩过程中，环境对系统做最小功。③可逆过程是一个时间无限长、不可能实现的理想过程。但有些实际过程接近可逆过程。例如，液体在其沸点时的蒸发、固体在其熔点时的熔化、可逆电池在电位差无限小时的充电和放电等。

第二节　能量守恒和化学反应热

一、内能和热力学第一定律

(一) 内能

热力学能(thermodynamics energy)又称**内能**(internal energy)。内能是系统内部一切能量形式的总和，常用符号U表示，它包括平动能、分子间吸引和排斥产生的势能、分子内部的振动能和转动能、电子

运动能和核能等，但不包括系统整体的动能和整体的位能。由于微观粒子运动的复杂性，至今我们仍无法确定一个系统内能的绝对值，但可以肯定的是，处于一定状态的系统必定有一个确定的内能值，即内能是状态函数。

(二) 热力学第一定律

热力学第一定律(the first law of thermodynamics)就是能量守恒与转化定律，可表述为：自然界的一切物质都具有能量，能量有各种不同形式，并且能够从一种形式转化为另一种形式，在转化中能量的总值不变。对于封闭系统，若变化过程中从环境吸收的热量为 Q，环境对系统做功 W，按能量守恒定律，系统的内能变化为：

$$\Delta U = Q + W \tag{7.2}$$

式(7.2)是热力学第一定律的数学表达式，适用于任何封闭系统。

在热力学中，体积功又称为膨胀功(expansion work)，用 W_e 表示。电功、表面功等其他功称为非体积功，用 W_f 表示。下面的讨论中，如不特别说明，W 将只代表体积功。

(三) 等容反应热与系统的内能变化

许多化学反应是在等容的条件下进行的。例如化学反应热的测量一般是在弹式量热计中进行的，此时，化学反应发生在一个密闭的钢弹中，其体积不变。按热力学第一定律：

$$\Delta U = Q + W = Q_V + p\Delta V$$

式中，Q_V 表示等容反应热。由于系统体积变化 $\Delta V=0$，所以有

$$Q_V = \Delta U \tag{7.3}$$

即等容反应热等于系统的内能变化。系统内能的绝对值是无法确定的，但它的改变量可以用一可测定的量即等容反应热来量度。

二、系统的焓和等压反应热

如果在等压、不做非体积功的条件下系统发生变化，按热力学第一定律有

$$\Delta U = U_2 - U_1 = Q_p + W$$

式中，Q_p 表示等压热效应，U_1 和 U_2 分别表示系统始态和终态的内能。将 $W = -p_{外}\Delta V$ 代入，上式改写为：

$$U_2 - U_1 = Q_p - p_{外}\Delta V = Q_p - p_{外}(V_2 - V_1)$$

因为是等压过程，$p_1 = p_2 = p_{外}$，可得

$$(U_2 + pV_2) - (U_1 + pV_1) = Q_p$$

令

$$H \overset{\text{def}}{=\!=\!=} U + pV \tag{7.4}$$

则有

$$H_2 - H_1 = Q_p$$

即

$$\Delta H = Q_p \tag{7.5}$$

在这里我们引入了一个新的热力学函数 H，称为**焓**(enthalpy)。由于 $H=U+pV$，而 U、p 和 V 都是状态函数，所以它们的组合 H 也是状态函数，引入这个新的状态函数仅仅是为了热力学计算的方便。由于不能确定系统内能 U 的绝对值，所以 H 的绝对值也无法确定。

从式(7.5)可以看到，对于一个封闭系统，在只做体积功的等压过程中，等压热效应(Q_p)等于系统的焓变(ΔH)。

从式(7.3)、式(7.5)中可以看出，尽管热不是系统的状态函数，而是一个过程量，但是特定过程的热却等于某个状态函数的变化量，此变化量仅仅取决于系统的始态和终态，这就为人们计算特定过程的热带来了极大的方便。

大多数化学反应都是在等压、不做非体积功的条件下进行的，其化学反应的热效应 $Q_p = \Delta H$，因此，

在化学热力学中，常常用ΔH来表示等压反应热而很少用Q_p。

三、等容反应热与等压反应热的关系

由焓的定义式(7.4)可得：

$$\Delta H = \Delta U + \Delta(pV) \tag{7.6}$$

在反应前后温度不变的条件下，若把做体积功的气体看成是理想气体，则$pV = nRT$，代入式(7.6)得

$$\Delta H = \Delta U + \Delta n(RT)$$

一定量的理想气体的内能和焓只是温度的函数，因此同样温度下的等压过程与等容过程的ΔU相同，由式(7.6)、式(7.3)及式(7.5)可得

$$Q_p = Q_V + \Delta n(RT) \tag{7.7}$$

对于反应前后气体的物质的量没有变化($\Delta n = 0$)的反应及纯粹溶液或固体中的反应，体积变化极小，体积功可以忽略，因此可以认为

$$Q_p \approx Q_V$$

四、反应进度与热化学方程式

(一) 反应进度

化学反应放热或吸热的多少与进行的程度有关。描述化学反应进行程度的物理量称为**反应进度**(extent of reaction)，用符号ξ表示。

对于任意一化学反应：

$$e\mathrm{E} + f\mathrm{F} = g\mathrm{G} + h\mathrm{H}$$

此式也可表示为：

$$g\mathrm{G} + h\mathrm{H} - e\mathrm{E} - f\mathrm{F} = 0$$

或简写为：

$$\sum_{\mathrm{B}} \nu_{\mathrm{B}}\mathrm{B} = 0 \tag{7.8}$$

式(7.8)为国家标准中对任意反应的标准定义表达式。式中B代表相应的反应物或产物，ν_B为反应式中相应物质B的**化学计量数**(stoichiometric number)，$\sum_{\mathrm{B}}$表示对反应式中各物质求和。化学计量数ν_B是单位为1的物理量，它可以是整数或简单分数。对于**反应物**(reactant)，ν_B为负值(如$\nu_E = -e, \nu_F = -f$)；对于**产物**(product)，ν_B为正值(如$\nu_G = g$，$\nu_H = h$)。

反应进度表示反应进行的程度，其定义为：

$$\xi = \frac{n_B(t) - n_B(0)}{\nu_B} \tag{7.9}$$

式中，$n_B(0)$为反应开始时B的物质的量；$n_B(t)$为反应在t时刻，B的物质的量，ξ的单位为mol。

例 7-1 合成氨的反应，其化学计量方程式可写成如下2种形式：

$$(1)\ \ N_2(g) + 3H_2(g) = 2NH_3(g)$$

$$(2)\ \ \frac{1}{2}N_2(g) + \frac{3}{2}H_2(g) = NH_3(g)$$

若反应起始时N_2、H_2、NH_3的物质的量分别为10.0mol、30.0mol、0.0mol，经过一段时间t，N_2、H_2、NH_3的物质的量分别为4.0mol、12.0mol、12.0mol，求t时刻反应(1)和(2)的反应进度。

解 反应在不同时刻各物质的量为(单位：mol)

	$n(N_2)$	$n(H_2)$	$n(NH_3)$
$t=0$，$\xi=0$	10.0	30.0	0.0
$t=t$，$\xi=\xi$	4.0	12.0	12.0

按反应(1)求ξ

$$\xi=\frac{\Delta n(N_2)}{\nu(N_2)}=\frac{4.0\text{mol}-10.0\text{mol}}{-1}=6.0\text{mol}$$

$$\xi=\frac{\Delta n(H_2)}{\nu(H_2)}=\frac{12.0\text{mol}-30.0\text{mol}}{-3}=6.0\text{mol}$$

$$\xi=\frac{\Delta n(NH_3)}{\nu(NH_3)}=\frac{12.0\text{mol}-0.0\text{mol}}{2}=6.0\text{mol}$$

显然，对于同一化学反应，ξ值与选择参与反应的哪一种物质求算无关。同理，对反应(2)，可求得ξ=12.0mol。

从上例可以看出，反应进度与反应方程式写法有关，因此求算反应进度ξ时必须写出具体的反应式。当反应进度为1mol，可以理解为按所书写的反应式作为基本单元进行了1mol的化学反应。

反应进度为1mol时引起系统的焓变称为反应的摩尔焓变$\Delta_r H_m$，即：

$$\Delta_r H_m=\frac{\Delta_r H}{\xi}$$

显然，$\Delta_r H_m$表示的是按所给化学计量方程式完成一个单位化学反应所产生的焓变，其值与化学计量方程式的具体形式有关。

(二) 热化学方程式

标明了物质的物理状态、反应条件和反应热的化学方程式称为**热化学方程式**(thermodynamics equation)。如：

$$(1)\ H_2(g)+\frac{1}{2}O_2(g)=H_2O(l) \qquad \Delta_r H^{\ominus}_{m,298.15}=-285.8\text{kJ}\cdot\text{mol}^{-1}$$

$$(2)\ 2H_2(g)+O_2(g)=2H_2O(l) \qquad \Delta_r H^{\ominus}_{m,298.15}=-571.6\text{kJ}\cdot\text{mol}^{-1}$$

$$(3)\ C(\text{石墨})+O_2(g)=CO_2(g) \qquad \Delta_r H^{\ominus}_{m,298.15}=-393.5\text{kJ}\cdot\text{mol}^{-1}$$

对于热化学方程式中热效应符号$\Delta_r H^{\ominus}_{m,298.15}$的意义需作如下说明：$\Delta H$表示等压反应热(或焓变)，此值为负值表示放热反应，为正值表示吸热反应；“r”表示反应；“m”表示反应进度为1mol。由于反应进度与反应方程式的写法有关，所以对于同样的反应，按(2)式完成ξ＝1mol的反应所放出的热量是按(1)式完成ξ＝1mol反应的2倍。“298.15”是反应温度，以后温度为298.15K时可省略。“θ ⊖”表示标准态，即此反应热是在标准状态下的数值。

由于物质或反应系统所处的状态不同，它们自身的能量或在反应中发生的能量变化也不相同。为了比较不同反应的热效应大小，需要规定共同的比较标准。根据国家标准，热力学**标准态**(standard state)是指在温度T和标准压力$p^{\ominus}$(100kPa)下该物质的状态。标准态不仅用于气体，也用于液体、固体或溶液。同一种物质，所处的聚焦状态不同，标准态的含义也不同。现分述如下：

气体：标准压力下的纯气体，或混合气体中分压为标准压力的某气体，并认为气体均具有理想气体的性质。

纯液体(或纯固体)：标准压力下的纯液体(或纯固体)。

溶液中的溶质：标准压力下，溶质浓度为$1\text{mol}\cdot\text{L}^{-1}$或质量摩尔浓度为$1\text{mol}\cdot\text{kg}^{-1}$且符合理想稀溶液定律的溶质。

标准态明确指定了标准压力$p^{\ominus}$(100kPa)，但未指定温度，或者说标准态规定中不包含温度，但IUPAC推荐298.15K为参考温度，从手册和教科书中查到的热力学常数也大多数是298.15K条件下的数据。

在明确了标准态的各种规定之后，为了写出正确的热化学方程式，还需要注意如下几点：

(1) 因反应热与方程式的写法有关，必须写出完整的化学反应计量方程式。

(2) 要标明参与反应的各种物质的状态，用 g、l 和 s 分别表示气态、液态和固态，用 aq 表示水溶液(aqueous solution)。如固体有不同晶型，还要指明是什么晶型的固体，如碳有石墨(graphite)和金刚石(diamond)。

(3) 要标明温度和压力。如反应在标准态下进行，要标上“$\ominus$”。按习惯，如反应在 298.15K 下进行，可不标明温度。

五、Hess 定律和反应热的计算

1840 年，俄国化学家 G. H. Hess 在大量实验的基础上总结了一条定律：一个化学反应不管是一步完成或是分几步完成，它的反应热都是相同的。这就是 Hess 定律。换言之，即反应热只与始态和终态有关，而与变化途径无关。

这个定律是在热力学第一定律发表之前作为一条经验定律提出来的。在热力学第一定律发表之后，这个定律就很容易理解了。由于化学反应一般都在等压或等容条件下进行，而等压反应热 $Q_p = \Delta H$，等容反应热 $Q_V = \Delta U$，H 和 U 都是状态函数，其 ΔH 和 ΔU 只取决于始态和终态，与中间过程无关。因此，这个定律应该更准确地表述为：任何一个化学反应在不做非体积功且等压(或等容)的条件下，不管此反应是一步完成还是分几步完成，其热效应都相同。Hess 定律是热化学计算的基础。根据 Hess 定律，可以把几个热化学方程式同代数式一样进行加减运算，从而得到新反应的反应热，或者求出一些难以从实验测定的反应热。

(一) 由已知的热化学方程式计算反应热

$C(gra)+\frac{1}{2}O_2(g)=CO(g)$ 的反应热是实验上无法测定的，因为在氧化过程中伴有 CO_2 的生成。但是利用 Hess 定律，我们很容易从已知的热化学方程式求算出它的反应热。

例 7-2 已知在 298.15K 下，下列反应的标准摩尔焓变 $\Delta_r H_m^{\ominus}$：

(1) $C(gra)+O_2(g)=CO_2(g)$ $\quad \Delta_r H_{m,1}^{\ominus}=-393.5kJ\cdot mol^{-1}$

(2) $CO(g)+\frac{1}{2}O_2(g)=CO_2(g)$ $\quad \Delta_r H_{m,2}^{\ominus}=-282.99kJ\cdot mol^{-1}$

求：(3) $C(gra)+\frac{1}{2}O_2(g)=CO(g)$ 的 $\Delta_r H_{m,3}^{\ominus}$？

解 可以把 $C(gra)+O_2(g)$ 作为始态，把 $CO_2(g)$ 作为终态。反应可一步完成，也可分两步完成，如下图所示：

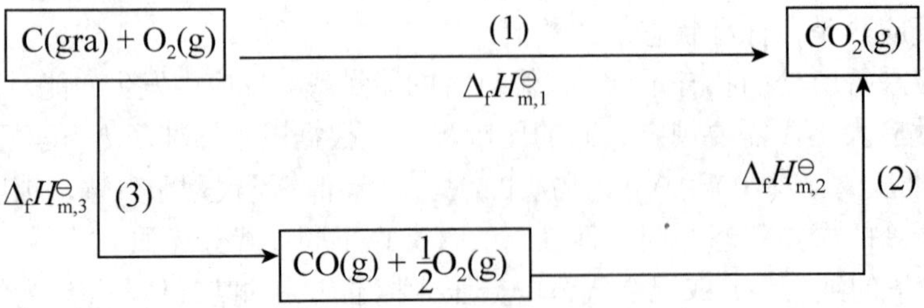

根据 Hess 定律：$\Delta_r H_{m,1}^{\ominus}=\Delta_r H_{m,2}^{\ominus}+\Delta_r H_{m,3}^{\ominus}$

$$\begin{aligned}\Delta_r H_{m,3}^{\ominus}&=\Delta_r H_{m,1}^{\ominus}-\Delta_r H_{m,2}^{\ominus}\\&=-393.5kJ\cdot mol^{-1}-(-282.99kJ\cdot mol^{-1})\\&=-110.51kJ\cdot mol^{-1}\end{aligned}$$

从例 7-2 可以看出：Hess 定律可以看成是“热化学方程式的代数加减法”。需要指出的是，利用热化学方程式进行运算时，要消去的物质项不仅要种类、系数相同，而且其物理状态、温度、压力也要相同，否则不能消去；如果运算中反应式要乘以系数，则其 $\Delta_r H_m^\ominus$ 也要乘以相应的系数。

(二) 由标准摩尔生成热计算反应热

对于等压不做非体积功的任意一反应：

$$eE + fF = gG + hH$$

其反应热 $\Delta_r H_m$ 应为产物(终态)和反应物(始态)焓值之差。虽然物质的绝对焓值无法确定，然而我们需要求出的是反应的焓变 $\Delta_r H_m$，即系统的终态与系统的始态相比焓值增加(或降低)多少。为此人们采用了一个相对标准，热力学中规定：在标准压力 $p^\ominus$(100kPa)和指定温度 T 时，由最稳定的单质生成标准状态下 1mol 物质 B 时的焓变称为物质 B 的**标准摩尔生成热**(standard molar heat of formation)，记为 $\Delta_f H_m^\ominus$，单位 $kJ \cdot mol^{-1}$。按照标准摩尔生成热的定义，热力学实际上规定了最稳定单质的 $\Delta_f H_m^\ominus$ 为零。应该注意的是碳的最稳定单质指定是石墨而不是金刚石；氧的最稳定单质是 $O_2(g)$，而不是 $O_3(g)$；硫有斜方硫、单斜硫等多种同素异形体，最稳定的单质是斜方硫。

例如 $CO_2(g)$的标准摩尔生成热 $\Delta_f H_m^\ominus(CO_2，g，298.15K)$是下列生成反应的标准摩尔焓变：

$$C(gra，298.15K，p^\ominus) + O_2(g，298.15K，p^\ominus) = CO_2(g，298.15K，p^\ominus)$$

$$\Delta_f H_m^\ominus(CO_2, g, 298.15K) = \Delta_r H_m^\ominus = -393.5kJ \cdot mol^{-1}$$

注意：在标准状态下，定义由最稳定单质形成物质 B 的反应热为标准摩尔生成热时，物质 B 的化学计量数 $\nu_B = 1$。由物质的标准摩尔生成热可以方便地计算在标准状态下的化学反应的热效应。例如标准状态下某化学反应，可用图示法表示为：

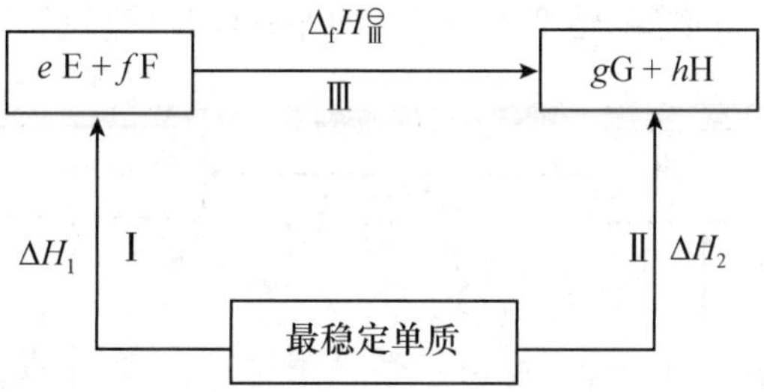

因为焓是状态函数，所以：

$$\Delta H_1 + \Delta_r H_m^\ominus = \Delta H_2$$

则

$$\Delta_r H_m^\ominus = \Delta H_2 - \Delta H_1$$

而

$$\Delta H_1 = e\Delta_f H_m^\ominus(E) + f\Delta_f H_m^\ominus(F) = \sum_B (r_B \Delta_f H_m^\ominus)_{反应物}$$

$$\Delta H_2 = g\Delta_f H_m^\ominus(G) + h\Delta_f H_m^\ominus(H) = \sum_B (p_B \Delta_f H_m^\ominus)_{产物}$$

因此

$$\Delta_r H_m^\ominus = \sum_B (p_B \Delta_f H_m^\ominus)_{产物} - \sum_B (r_B \Delta_f H_m^\ominus)_{反应物} = \sum_B \nu_B \Delta_f H_m^\ominus(B) \quad (7.10)$$

式中 p_B 和 r_B 分别代表产物和反应物在化学计量方程式中的计量系数，均为正值。ν_B 与前述一致，对反应物为负，对产物为正。利用书末附表或其他物理化学手册中各物质 $\Delta_f H_m^\ominus$ 数据，根据式(7.10)可求在标准态下各种化学反应的等压反应热。

例 7-3 葡萄糖在体内供给能量的反应是最重要的生物化学反应之一。试用标准摩尔生成热的数据计算下述反应的标准摩尔反应热：

$$C_6H_{12}O_6(s) + 6O_2(g) = 6CO_2(g) + 6H_2O(l)$$

解 查表得：$\Delta_f H_m^\ominus(C_6H_{12}O_6,s) = -1273.3kJ \cdot mol^{-1}$

$$\Delta_f H_m^{\ominus}(CO_2, g) = -393.5 kJ \cdot mol^{-1}$$

$$\Delta_f H_m^{\ominus}(H_2O, l) = -285.8 kJ \cdot mol^{-1}$$

$$\begin{aligned}\Delta_r H_m^{\ominus} &= \sum_B \nu_B \Delta_f H_m^{\ominus}(B) \\ &= 6\Delta_f H_m^{\ominus}(CO_2, g) + 6\Delta_f H_m^{\ominus}(H_2O, l) - \Delta_f H_m^{\ominus}(C_6H_{12}O_6, s) \\ &= 6\times(-393.5 kJ \cdot mol^{-1}) + 6\times(-285.8 kJ \cdot mol^{-1}) - (-1273.3 kJ \cdot mol^{-1}) \\ &= -2802.5 kJ \cdot mol^{-1}\end{aligned}$$

应该注意：利用附表中的值及式(7.10)只能求得 298.15K 时的 $\Delta_r H_m^{\ominus}$，但由于温度对产物和反应物的影响相近，在较粗略的近似中，可以认为：

$$\Delta_r H_{m,T}^{\ominus} \approx \Delta_r H_{m,298.15}^{\ominus}$$

(三) 由标准摩尔燃烧热计算反应热

大多数有机化合物很难从稳定单质直接合成，因此其生成热不易由实验得到。但有机化合物很容易燃烧，由实验可测得其燃烧过程的热效应，因此可以利用物质的燃烧热来求反应的热效应。标准摩尔燃烧热的概念就是为了方便这类计算而建立起来的。

1mol 标准态的某物质 B 完全燃烧(或完全氧化)生成标准态的指定稳定产物时的反应热称为该物质 B 的**标准摩尔燃烧热**(standard molar heat of combustion)，用符号 $\Delta_c H_m^{\ominus}$ 表示，单位 $kJ \cdot mol^{-1}$。这里“完全燃烧”或“完全氧化”是指将化合物中的 C、H、S、N 及 Cl 等元素氧化为 $CO_2(g)$、$H_2O(l)$、$SO_2(g)$、$N_2(g)$及 HCl(aq)。根据上述定义，这些完全燃烧的产物的标准燃烧热为零。各种化合物的标准摩尔燃烧热 $\Delta_c H_m^{\ominus}$ 的数据见书末附录Ⅳ表Ⅳ-2。

利用 $\Delta_c H_m^{\ominus}$ 可以求反应的标准摩尔焓变 $\Delta_r H_m^{\ominus}$。对某化学反应可设计成：

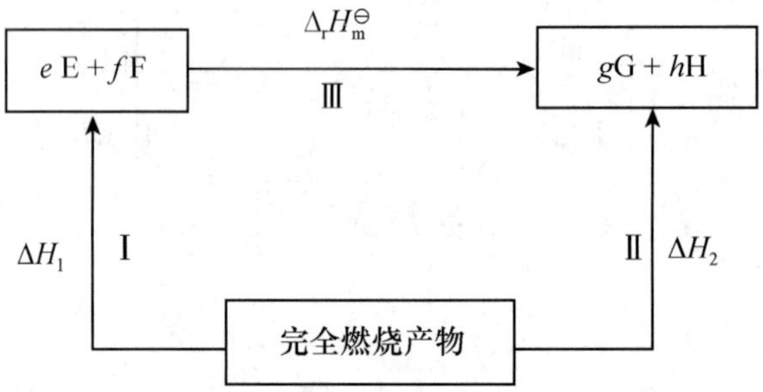

显然
$$\Delta_r H_m^{\ominus} = \Delta H_1 - \Delta H_2$$

而
$$\Delta H_1 = \sum_B (r_B \Delta_c H_m^{\ominus})_{反应物}$$

$$\Delta H_2 = \sum_B (p_B \Delta_c H_m^{\ominus})_{产物}$$

所以

$$\Delta_r H_m^{\ominus} = \sum_B (r_B \Delta_c H_m^{\ominus})_{反应物} - \sum_B (p_B \Delta_c H_m^{\ominus})_{产物} = -\sum_B \nu_B \Delta_c H_m^{\ominus}(B) \tag{7.11}$$

可见，任一反应的热效应等于反应物的标准摩尔燃烧热总和减去产物的标准摩尔燃烧热总和。注意式(7.11)中减数与被减数的关系正好与式(7.10)相反。

例 7-4 已知在 298.15K，标准状态下乙醛加氢形成乙醇的反应为：

$$CH_3CHO(l) + H_2(g) = C_2H_5OH(l)$$

试利用标准摩尔燃烧热计算其 $\Delta_r H_m^{\ominus}$

解 查表得：

$$\Delta_c H_m^{\ominus}(CH_3CHO,l) = -1166.9kJ \cdot mol^{-1}$$

$$\Delta_c H_m^{\ominus}(CH_3CH_2OH,l) = -1366.8kJ \cdot mol^{-1}$$

按标准摩尔燃烧热的定义，有

$$\Delta_c H_m^{\ominus}(H_2,g) = \Delta_f H_m^{\ominus}(H_2O,l) = -285.8kJ \cdot mol^{-1}$$

$$\begin{aligned}\Delta_r H_m^{\ominus} &= \Delta_c H_m^{\ominus}(CH_3CHO,l) + \Delta_c H_m^{\ominus}(H_2,g) - \Delta_c H_m^{\ominus}(CH_3CH_2OH,l)\\ &= -1166.9kJ \cdot mol^{-1} - 285.8kJ \cdot mol^{-1} + 1366.8kJ \cdot mol^{-1}\\ &= -85.9kJ \cdot mol^{-1}\end{aligned}$$

第三节 熵和 Gibbs 自由能

热力学第一定律是一个普遍适用的原理，自然界发生的过程都遵守热力学第一定律。热力学第一定律在化学中的应用主要是求算反应热。例如 298.15K 标准态下的下列反应：

(1) $CH_3CHO(l) + H_2(g) = C_2H_5OH(l)$ $\qquad \Delta_r H_m^{\ominus} = -85.9kJ \cdot mol^{-1}$

(2) $C_2H_5OH(l) = CH_3CHO(l) + H_2(g)$ $\qquad \Delta_r H_m^{\ominus} = +85.9kJ \cdot mol^{-1}$

热力学第一定律仅仅能够告诉我们，如果按反应(1)进行，它将向环境放热 $85.9kJ \cdot mol^{-1}$；如果按反应(2)进行，它将从环境吸热 $85.9kJ \cdot mol^{-1}$。不管是反应(1)还是反应(2)，它们都不违反热力学第一定律，但是上述两个反应只有一个是自动发生的。也就是说，遵守热力学第一定律的过程，在自然条件下并非都可发生。热力学第一定律并不能告诉我们反应能否自动发生，即它不能告诉我们在某种条件下化学反应的方向，以及其进行到什么程度。回答反应进行的方向和限度的问题是热力学第二定律的任务。由于自动发生的化学反应属于自发过程，所以首先讨论自发过程的一般特征。

一、自发过程及其特征

(一) 自发过程及其特征

不依靠外力而能自动进行的过程称为**自发过程**(spontaneous process)。自然界存在许多自发过程，例如水从高处(高度 h_1)自动流向低处(h_2)，直到水位差等于零时水不再流动，这时达到了平衡状态。因此，水自发流动的判据标准是$\Delta h<0$，平衡条件是$\Delta h=0$。热从高温(T_1)物体自动地向低温(T_2)物体传递，直到温度差等于零时不再传递，达到平衡。因此，热的自发传递判据标准是$\Delta T<0$，当$\Delta T=0$ 达到热平衡。

考察自然界的大量的自发过程，可以得出它们具有如下基本特征：

(1) 单向性，即自动地向一个方向进行，不会自动地逆向进行。如要逆向进行，就要对系统做功。如水可以从低处流向高处，但需要水泵做功。

(2) 具有做功的能力。所有自发的过程都有做功的潜能。水由高处流向低处，可以推动发动机做电功或推动水轮机做机械功。由高温热源向低温热源自发传递的热量，可使热机运转做功。锌与硫酸铜的反应是自发进行的，它可以组装成电池做电功。过程的自发性愈大，做功的潜能也愈大。做功能力实际上是过程自发性大小的一种量度。

(3) 具有一定的限度。任何自发过程进行到平衡状态时宏观上就不再继续进行。这时此过程做功的本领也等于零。例如一个化学反应最后达到化学平衡时，所组装成的原电池也就不能产生电能，也不能做电功。

(二) 自发化学反应的推动力

自发过程都有推动力：水流靠水位差，热流靠温度差，电流靠电势差。那么自发的化学反应的推动力是什么呢？

早在 19 世纪 70 年代法国化学家 P. E. M. Berthelot 和丹麦化学家 J. Thomsom 就提出过反应的热效应是化学反应自发进行的推动力，并认为“只有放热反应才能自发进行”。这种观点是有一定道理的，因为系统处于高能态是不稳定的，经过反应，将一部分能量释放给环境，变成低能态的产物，系统变得更稳定。事实上，许多放热反应(即$\Delta H<0$)都是自发反应。

但是有些吸热反应(即$\Delta H>0$)也是自发的，例如大家所熟知的 KNO_3 溶于水的过程是吸热的，但它是自发进行的。又如碳酸钙的分解反应：

$$CaCO_3(s) = CaO(s) + CO_2(g)$$

在高温(大约 840℃以上)也是自发进行的，但它是吸热的反应，即 $\Delta H>0$ 。还有在常温常压下的反应：

$$N_2O_4(g) = 2NO_2(g)$$

也是吸热反应，也是能自发进行的反应。

因此，能量(或ΔH)是推动化学反应自发进行的因素，但不是唯一的因素。考察上面所述的自发进行而又吸热的反应可以发现，这些反应都有一个共同的特征，即反应后有气体产生，系统的混乱度增大。因此，混乱度增大，由有序变无序，也是自发过程的重要推动力。

二、系 统 的 熵

(一) 熵的概念

熵(entropy)是系统混乱度的量度，常用符号 S 表示。系统的混乱度越大，熵值越大。热力学已经证明，熵像内能、焓一样，也是状态函数。因此，熵变ΔS 只取决于系统的始态与终态，与中间变化过程无关。经热力学推导，已经证明等温过程的熵变计算式：

$$\Delta S = \frac{Q_r}{T} \tag{7.12}$$

对于微小的熵变

$$dS = \frac{\delta Q_r}{T} \tag{7.13}$$

式(7.12)中，Q_r是可逆过程系统吸收的热(下标“r”表示可逆，reversible)，δQ 表示微量的热，T 为系统的温度。ΔS 与温度成反比是可以理解的，因为在低温，系统混乱度小，即相对有序，吸收一定量的热将引起混乱度较大的变化。在高温，系统混乱度本来就很大，吸收同样多的热只会使混乱度略为增加。

既然熵 S 与系统的混乱度有关，那么对一纯净物质的完整晶体(质点排列有序，无任何缺陷和杂质)，在绝对零度时，热运动几乎停止，系统的混乱度最低，热力学规定其熵值为零。“热力学温度 0K 时，任何纯物质的完整晶体的熵值为零”，这就是热力学第三定律。

根据热力学第三定律和(7.13)式，我们可以求得纯物质其他温度时的熵值，这个熵值是以 T=0K 时，S=0 为比较标准而求出的，因而称为**规定熵**(conventional entropy)。由于人们对于物质运动形态的认识是不可穷尽的，因此熵的绝对值至今还不知道，把规定熵看作是熵的绝对值是不合适的。

在标准状态下 1mol 物质的规定熵称为**标准摩尔熵**(standard molar entropy)，用 $S_m^\ominus$ 表示，单位是 $J \cdot K^{-1} \cdot mol^{-1}$，一些物质 $S_m^\ominus$ 的值见书末附录Ⅳ表Ⅳ-1。要注意，与标准摩尔生成热 $\Delta_f H_m^\ominus$ 不同，稳定单质的标准摩尔熵不为零，因为它们不是绝对零度的完整晶体。

需要指出的是，水溶液中离子的 $S_m^\ominus$，是在规定水合 H^+的标准摩尔熵值为零的基础上求得的相对值。

根据熵的意义，物质的标准摩尔熵 $S_m^\ominus$ 值一般呈现如下的变化规律：

(1) 同一物质的不同聚集态，其 $S_m^\ominus$ 值是：

$$S_m^\ominus(\text{气态}) > S_m^\ominus(\text{液态}) > S_m^\ominus(\text{固态})$$

(2) 对于同一种聚集态的同类型分子，复杂分子比简单分子的 $S_m^\ominus$ 值大，如

$$S_m^\ominus(CH_4，g) < S_m^\ominus(C_2H_6，g) < S_m^\ominus(C_3H_8，g)$$

(3) 对同一种物质，温度升高，熵值增大。

对气态物质，加大压力，熵值减小。对固态和液态物质，压力改变对它们的熵值影响不大。

由标准摩尔熵 $S_m^\ominus$ 的数值可以计算化学反应的标准摩尔熵变 $\Delta_r S_m^\ominus$：

$$\Delta_r S_m^\ominus = \sum_B \nu_B S_m^\ominus(B) \tag{7.14}$$

用附表中 $S_m^\ominus$ 的值及式(7.14)只能求得 298.15K 时的 $\Delta_r S_m^\ominus$，但由于温度改变时，$\sum S_m^\ominus$(产物) 和 $\sum S_m^\ominus$(反应物) 的改变相近，可以近似认为：

$$\Delta_r S_m^\ominus(T) \approx \Delta_r S_m^\ominus(298.15\text{K})$$

(二) 熵增加原理

前面讨论过推动化学反应自发进行的因素有两个：一个是能量降低是有利于反应自发进行；另一个是混乱度增大即熵增加有利于反应自发进行。如果对于孤立系统，系统和环境之间既无物质的交换，也无能量的交换，因此推动系统内化学反应自发进行的因素就只有一个，那就是熵增加。“在孤立系统的任何自发过程中，系统的熵总是增加的”，这是热力学第二定律的一种表述，也称为**熵增加原理**(principle of entropy increase)，这个原理用数学式表达为：

$$\Delta S_{孤立} \geqslant 0 \tag{7.15}$$

式(7.15)中 $\Delta S_{孤立}$ 表示孤立系统的熵变。$\Delta S_{孤立} > 0$ 表示自发过程，$\Delta S_{孤立} = 0$ 系统达到平衡。孤立系统中不可能发生熵变小于零即熵减小的过程。

真正的孤立系统是不存在的。因为系统和环境之间总会存在或多或少的能量交换。如果我们把与系统有物质或能量交换的那一部分环境也包括进去，从而构成一个新的系统，这个新系统可以看成孤立系统，其熵变为 $\Delta S_{总}$。式(7.15)可改写为：

$$\Delta S_{总} = \Delta S_{环境} + \Delta S_{系统} \geqslant 0 \tag{7.16}$$

若

$$\Delta S_{总} \begin{cases} > 0, 自发过程 \\ = 0, 达到平衡 \\ < 0, 非自发过程 \end{cases}$$

三、系统的自由能

(一) 用自由能判断化学反应方向

利用式(7.16)完全可以解决化学反应自发进行方向的判据问题，只要求出系统的熵变和环境的熵变，两者之和大于零即是自发过程，等于零即为反应达到平衡，小于零则此反应不可能发生。所以，式(7.16)常称为化学反应自发性的熵判据。但实际上式(7.16)应用起来很不方便，既要考虑系统的熵变又要考虑环境的熵变。

大多数化学反应都是在等温等压下进行的，由式(7.12)有：

$$\Delta S = \frac{Q_{r,环境}}{T} = -\frac{\Delta H_{系统}}{T} \tag{7.17}$$

式(7.17)中 $Q_{r,环境}$ 为在可逆过程中环境从系统吸收的热。由于是等压过程，所以 $Q_{r,环境} = -\Delta H_{系统}$，因 H 是状态函数，系统无论是可逆过程还是非可逆过程变化，其 ΔH 都是相同的。

将式(7.17)代入式(7.16)得：

$$\Delta S_{系统} - \frac{\Delta H_{系统}}{T} \geqslant 0$$

由于都是系统的变化，省去下标“系统”，上式简化为：

$$\Delta H - T\Delta S \leqslant 0$$

因为是等温，所以上式可以改写为：

$$\Delta(H-TS) \leqslant 0$$

令

$$G \xlongequal{\text{def}} H-TS \tag{7.18}$$

则有

$$\Delta G \leqslant 0 \tag{7.19}$$

式(7.19)是封闭系统在等温等压及不做非体积功条件下化学反应自发进行的判据。如果$\Delta G<0$，反应正向自发进行；$\Delta G=0$，反应达到平衡；$\Delta G>0$，正向反应不能自发进行，逆向反应能自发进行。ΔG越负，此化学反应自发的趋势就越大。G称为Gibbs函数，又称为Gibbs自由能，简称**自由能**(free energy)。等温等压过程只能自发地向自由能减少的方向进行，直到自由能为最小值时的状态为止。这称为**自由能最小原理**(principle of free energy decrease)。

由于H和S都是广度性质，所以自由能G也是广度性质，与物质数量多少有关。由于H和S是状态函数，G也是状态函数，其改变值ΔG只与始态和终态有关，而与变化的具体途径无关。热力学可以证明，在等温等压条件下，一个封闭系统所能做的最大非体积功等于其Gibbs自由能的减少($-\Delta G$)，即：

$$-\Delta G = -W_{\text{f,最大}}$$

$$\Delta G = W_{\text{f,最大}} \tag{7.20}$$

在等温条件下，系统从状态1变到状态2时，有

$$G_1 = H_1 - TS_1$$

$$G_2 = H_2 - TS_2$$

故有

$$\Delta G = G_2 - G_1 = (H_2 - H_1) - T(S_2 - S_1)$$

所以

$$\Delta G = \Delta H - T\Delta S \tag{7.21}$$

这就是著名的Gibbs-Helmholtz方程式。Gibbs-Helmholtz方程式把影响化学反应自发性的两个因素：能量(这里表现为ΔH)及混乱度ΔS完美地统一起来，变成了一个总因素——自由能，即自由能降低是化学反应在等温等压下自发进行的推动力。从式(7.21)可以看出，温度T的大小不仅影响的ΔG的数值，有时甚至可影响ΔG的符号，现分别讨论如下：

(1) $\Delta H<0$，$\Delta S>0$，即放热、熵增加的反应，在任何温度下均有$\Delta G<0$，即在任何温度下反应都可以自发进行。如硫酸与水混合就属于这类过程；

(2) $\Delta H>0$，$\Delta S<0$，即吸热、熵减小的反应，在任何温度下均有$\Delta G>0$，此类过程不可能自发进行；

(3) $\Delta H<0$，$\Delta S<0$，即放热、熵减小的反应，低温有利于反应自发进行。为了使$\Delta G<0$，T必须符合下面的关系式：

$$T<\frac{\Delta H}{\Delta S} \tag{7.22}$$

(4) $\Delta H>0$，$\Delta S>0$，即吸热、熵增加的反应，高温有利于反应自发进行。为了使$\Delta G<0$，T必须符合下面的关系式：

$$T>\frac{\Delta H}{\Delta S} \tag{7.23}$$

从上面的分析可以看出，当ΔH和ΔS这两个影响反应的因素都有利于反应自发进行，或都不利于反应自发进行时(ΔH和ΔS的符号不同时)，企图通过调节温度来改变反应自发进行的方向是不可能的。而只有ΔH和ΔS这两个影响因素对反应自发性的影响相反时(ΔH和ΔS的符号相同时)，即一个有利，另一个不利时，才可能通过改变温度来改变反应自发进行的方向。而$\Delta G=0$时的温度，即为化学反应已达到平衡的温度，也称为转向温度。

$$T_{\text{转变}} = \frac{\Delta H}{\Delta S} \tag{7.24}$$

式(7.24)不仅可用于化学反应，也可以用于计算物理过程中的相转变温度。

(二) ΔG 的计算

根据状态函数的特征，一个反应的 $\Delta_r G$ 就是产物的自由能总和与反应物自由能总和之差，即：

$$\Delta G_r = \sum_B \nu_B G_B$$

在 $G=H-TS$ 中，虽然我们可以求出反应温度(T)及相应温度下的规定熵(S)，但我们无法知道 H 的绝对值，因此也无法确定 G 的绝对值。要计算反应的 $\Delta_r G$ 就要用类似于由标准摩尔生成热求反应热的方法来解决。

1. 标准状态下自由能变的计算 在标准状态下由最稳定单质生成 1mol 某物质的自由能变化称为该物质的**标准摩尔生成自由能**(standard free energy of formation)，用 $\Delta_f G_m^\ominus$ 表示，单位为 $kJ \cdot mol^{-1}$。

按照标准摩尔生成自由能的定义，最稳定单质的标准摩尔生成自由能等于零。利用书末附录Ⅳ表Ⅳ-1 或其他手册中所列各种物质的 $\Delta_f G_m^\ominus$ 值(表中一般是 298.15K 的值)，可以计算在 298.15K 下化学反应的标准摩尔自由能变 $\Delta_r G_m^\ominus$。例如，对任意反应：

$$aA + dD = gG + hH$$

$$\Delta_r G_m^\ominus = (g\Delta_f G_{m,G}^\ominus + h\Delta_f G_{m,F}^\ominus) - (a\Delta_f G_{m,A}^\ominus + d\Delta_f G_{m,D}^\ominus)$$

即

$$\Delta_r G_m^\ominus = \sum_B \nu_B \Delta_f G_m^\ominus(B) \tag{7.25}$$

如果要计算其他温度下化学反应的标准摩尔自由能变 $\Delta_r G_{m,T}^\ominus$，可由 Gibbs-Helmholtz 方程式来计算，即

$$\Delta_r G_{m,T}^\ominus = \Delta_r H_{m,T}^\ominus - T\Delta_r S_{m,T}^\ominus \tag{7.26}$$

式(7.26)不仅可以求得 298.15K 的 $\Delta_r G_m^\ominus$，还可近似地求出其他温度下化学反应的标准摩尔自由能变 $\Delta_r G_{m,T}^\ominus$，这是因为 $\Delta_r H_m^\ominus$ 及 $\Delta_r S_m^\ominus$ 受温度影响较小，即

$$\Delta_r G_{m,T}^\ominus = \Delta_r H_{m,T}^\ominus - T\Delta_r S_{m,T}^\ominus \approx \Delta_r H_{m,298.15}^\ominus - T\Delta_r S_{m,298.15}^\ominus \tag{7.27}$$

注意，与 $\Delta_r H_m^\ominus$ 和 $\Delta_r S_m^\ominus$ 不同，温度对 $\Delta_r G_m^\ominus$ 的影响很大。

求出了温度为 T 时 $\Delta_r G_{m,T}^\ominus$ 的值，便可推断在该温度的标准态下反应自发进行的方向。由于 G 是状态函数，所以一个化学反应的 $\Delta_r G_m$ 只与始态和终态有关，与经历的具体途径无关。因此，也可利用一些已知反应的 $\Delta_r G_m$ 值，按照 Hess 定律求反应热的方式，通过加减的方法求算未知反应的 $\Delta_r G_m$ 值。

例 7-5 葡萄糖 $C_6H_{12}O_6$(s)的氧化是人体获得能量的重要反应，试由附表中的数据，以两种计算方法判断下列反应在 298.15K 的标准态下能否自发进行。

$$C_6H_{12}O_6(s) + 6O_2(g) = 6CO_2(g) + 6H_2O(l)$$

解 方法一：利用式(7.25)，$\Delta_r G_m^\ominus = \sum_B \nu_B \Delta_f G_m^\ominus(B)$

$$\Delta_r G_m^\ominus = 6\Delta_f G_m^\ominus(CO_2,g) + 6\Delta_f G_m^\ominus(H_2O,l) - \Delta_f G_m^\ominus(C_6H_{12}O_6,s) - 6\Delta_f G_m^\ominus(O_2,g)$$
$$=6\times(-394.4kJ \cdot mol^{-1})+6\times(-237.1kJ \cdot mol^{-1})-(-910.6kJ \cdot mol^{-1})-6\times 0=-2878.4kJ \cdot mol^{-1}$$

方法二：利用式(7.26)，$\Delta_r G_{m,T}^\ominus = \Delta_r H_{m,T}^\ominus - T\Delta_r S_{m,T}^\ominus$

$$\Delta_r H_m^\ominus = \sum_B \nu_B \Delta_f H_m^\ominus(B)$$
$$= 6\Delta_f H_m^\ominus(CO_2,g) + 6\Delta_f H_m^\ominus(H_2O,l) - \Delta_f H_m^\ominus(C_6H_{12}O_6,s) - 6\Delta_f H_m^\ominus(O_2,g)$$
$$= 6\times(-393.5kJ \cdot mol^{-1}) + 6\times(-285.8kJ \cdot mol^{-1}) - (-1273.3kJ \cdot mol^{-1}) - 6\times 0$$
$$= -2802.5kJ \cdot mol^{-1}$$

$$\Delta_r S_m^\ominus = \sum_B \nu_B S_m^\ominus(B)$$
$$= 6S_m^\ominus(CO_2,g) + 6S_m^\ominus(H_2O,l) - S_m^\ominus(C_6H_{12}O_6,s) - 6S_m^\ominus(O_2,g)$$
$$= 6\times 213.8kJ\cdot K^{-1}\cdot mol^{-1} + 6\times 70kJ\cdot K^{-1}\cdot mol^{-1} - 212.1kJ\cdot K^{-1}\cdot mol^{-1} - 6\times 205.2kJ\cdot K^{-1}\cdot mol^{-1}$$
$$= 259.5kJ\cdot K^{-1}\cdot mol^{-1}$$
$$\Delta_r G_{m,T}^\ominus = \Delta_r H_{m,T}^\ominus - T\Delta_r S_{m,T}^\ominus$$
$$= -2802.5kJ\cdot mol^{-1} - 298.15K\times 259.5\times 10^{-3}kJ\cdot K^{-1}\cdot mol^{-1} = -2879.8kJ\cdot mol^{-1}$$

两种计算结果的 $\Delta_r G_m^\ominus$ 基本相同，且小于零，说明上述反应在 298.15K 的标准态下能自发进行。

2. 非标准状态下自由能变的计算 以上讨论的关于 ΔG 的计算，仅局限于各种物质均处在标准态，即对溶液来说，溶质浓度是 $c^\ominus(1mol\cdot L^{-1})$；对气体反应或有气体参加的反应来说，气体的分压是 $p^\ominus(100kPa)$。不论是 298.15K，还是其他温度下的 $\Delta_r G_m^\ominus$ 都是标准态下的。如果反应物或生成物不处于标准态，就应改用给定条件下的 $\Delta_r G$ 来判断反应的自发性。关于非标准态下的 $\Delta_r G$ 计算，留待下一节化学平衡部分再进行讨论。不过当 $\Delta_r G_m^\ominus$ 的绝对值很大时，用它基本上也能判断反应进行的方向。

第四节 化学反应的限度和平衡常数

一、平衡常数

在同一条件下，既可向正反应方向进行又可以向逆反应方向进行的反应称为**可逆反应**(reversible reaction)。大多数的反应都是可逆的。在可逆反应中，习惯上把从左向右进行的反应称为正向反应，从右向左进行的反应称为逆向反应。许多可逆反应对于人类的生命活动具有重要的意义。例如，血液中的血红蛋白(HHb)把空气中的 O_2 从肺部输送到身体的各个部分。在此过程中，肺部 O_2 的分压较高，HHb 与 O_2 结合成氧合血红蛋白($HHbO_2$)，$HHbO_2$ 随着血液循环到达身体的各个部分，这些部分此时 O_2 的分压较低，$HHbO_2$ 释放出 O_2，以满足体内各器官组织新陈代谢过程的需要。该可逆反应可表示为：

$$HHb + O_2 \rightleftharpoons HHbO_2$$

当可逆反应正、反两个方向的速率相等时，系统就达到了平衡状态。在达到平衡状态的系统内，物质的种类及各物质的浓度不再随时间而改变。那么，各物质浓度间存在着怎样的关系呢？这个关系就是平衡常数。

(一) 实验平衡常数

对于任意一可逆反应：

$$aA + bB \rightleftharpoons dD + eE$$

随着正向反应的进行，反应物 A 和 B 的浓度逐渐减小，正向反应速率逐渐变小；同时，产物 D 和 E 的浓度逐渐增大，从而逆向反应的速率由小变大。当正逆反应速率相等时，反应就达到平衡状态，此时 A，B，D，E 各物质的浓度均不再改变。

若 A，B，D，E 都是在溶液中反应，则有

$$K_c = \frac{[D]^d[E]^e}{[A]^a[B]^b} \tag{7.28}$$

称为浓度平衡常数，用 K_c 表示。

若反应物和产物都是气体，平衡时各气体的分压分别为 p_A，p_B，p_D，p_E，则有

$$K_p = \frac{p_D^d p_E^e}{p_A^a p_B^b} \tag{7.29}$$

称为压力平衡常数，用 K_p 表示。

从平衡常数表达式可以看出，K_c 和 K_p 通常是有单位的，尽管常常并不列出。只有当反应物的化学

计量数之和与产物的化学计量数之和相等时才没有单位。

由于 K_c 或 K_p 可以由实验直接测定平衡状态时各组分浓度或分压而计算得到，因此，K_c 和 K_p 称为**实验平衡常数**(experimental equilibrium constant)。

必须指出，如反应物和产物都是气体时，也可表示为浓度平衡常数 K_c。此时，浓度平衡常数 K_c 和压力平衡常数 K_p 只不过是同一平衡态的不同表达方式。它们之间有一定的关系，设各气体都符合理想气体，则

$$K_p = \frac{p_D^d p_E^e}{p_A^a p_B^b} = \frac{c_D^d c_E^e}{c_A^a c_B^b}(RT)^{(d+e)-(a+b)}$$

令 $(d+e)-(a+b)=\Delta n$，则

$$K_p = K_c(RT)^{\Delta n} \tag{7.30}$$

(二) 标准平衡常数

平衡常数除用实验方法测定外，还可通过热力学方法计算，所得平衡常数称为**标准平衡常数**(standard equilibrium constant)，用符号 $K^\ominus$ 表示。

(1) 对于溶液中的反应，$K^\ominus$ 的表达式为

$$K^\ominus = \frac{([D]/c^\ominus)^d([E]/c^\ominus)^e}{([A]/c^\ominus)^a([B]/c^\ominus)^b} \tag{7.31}$$

式中[A]、[B]和[D]、[E]分别表示反应物和生成物的平衡浓度；比值 $\frac{[D]}{c^\ominus}$ 称 D 的相对平衡浓度，其余类推。

(2) 对于气体反应，$K^\ominus$ 的表达式为

$$K^\ominus = \frac{(p_D/p^\ominus)^d(p_E/p^\ominus)^e}{(p_A/p^\ominus)^a(p_B/p^\ominus)^b} \tag{7.32}$$

式中 p_A、p_B 和 p_D、p_E 分别表示反应物和生成物的平衡分压，比值 $\frac{p_D}{p^\ominus}$ 称 D 的相对分压，其余类推。

对于溶液中有气体参与或气体生成的反应，如

$$Zn(s)+2H^+(aq) \rightleftharpoons Zn^{2+}(aq)+H_2(g)$$

其标准平衡常数 $K^\ominus$ 可表示为

$$K^\ominus = \frac{([Zn^{2+}]/c^\ominus)(p_{H_2}/p^\ominus)}{([H^+]/c^\ominus)^2}$$

(三) 标准平衡常数与实验平衡常数的关系

1. $K^\ominus$ 与 K_c 的关系 对于溶液中的反应，因为 $c^\ominus = 1\text{mol}\cdot\text{L}^{-1}$，所以 $K^\ominus$ 与 K_c 数值相等，但 $K^\ominus$ 是单位为 1 的量，而 K_c 则不一定没有量纲。

2. $K^\ominus$ 与 K_p 的关系 对于气体中的反应：

$$K^\ominus = \frac{(p_D/p^\ominus)^d(p_E/p^\ominus)^e}{(p_A/p^\ominus)^a(p_B/p^\ominus)^b} = \frac{p_D^d p_E^e}{p_A^a p_B^b}(p^\ominus)^{(d+e)-(a+b)}$$

令 $(d+e)-(a+b)=\Delta n$，则

$$K_p^\ominus = K_p(p^\ominus)^{\Delta n} \tag{7.33}$$

当 $\Delta n = 0$ 时，$K^\ominus$ 与 K_p 在数值上相同，并且都没有量纲。当 $\Delta n \neq 0$ 时，$K^\ominus$ 与 K_p 在数值上和量纲

上都不相同。必须指出，平衡常数与温度有关，与浓度或分压无关，并与反应是从正向开始还是从逆向开始进行无关。只要温度一定，平衡常数也一定。平衡常数的数值反映了化学反应的本性，平衡常数愈大，化学反应进行得愈彻底。

在书写平衡常数表达式时应该注意以下几点：

(1) 平衡常数表达式中各物质的浓度或分压，都是指平衡时的浓度或分压。

(2) 如果在反应物或生成物中有固体或纯液体，不要把它们写入表达式中，如

$$CaCO_3(s) \rightleftharpoons CaO(s)+CO_2(g)$$

$$K^\ominus = \frac{p_{CO_2}}{p^\ominus}$$

(3) 在稀溶液中进行的反应，若溶剂参与反应，由于溶剂的量很大，浓度基本不变，可以看成一个常数，也不写入表达式中，如

$$HAc + H_2O \rightleftharpoons H_3O^+ + Ac^-$$

$$K^\ominus = \frac{([H_3O^+]/c^\ominus)([Ac^-]/c^\ominus)}{([HAc]/c^\ominus)}$$

(4) 平衡常数表达式必须与反应方程式相对应。反应方程式的写法不同，平衡常数的数值及表达式均不同。例如

$$N_2(g)+3H_2(g) \rightleftharpoons 2NH_3(g) \qquad K_1^\ominus = \frac{(p_{NH_3}/p^\ominus)^2}{(p_{N_2}/p^\ominus)(p_{H_2}/p^\ominus)^3}$$

$$\frac{1}{2}N_2(g)+\frac{3}{2}H_2(g) \rightleftharpoons NH_3(g) \qquad K_2^\ominus = \frac{(p_{NH_3}/p^\ominus)}{\left(p_{N_2}/p^\ominus\right)^{\frac{1}{2}}\left(p_{H_2}/p^\ominus\right)^{\frac{3}{2}}}$$

显然有 $K_1^\ominus = (K_2^\ominus)^2$。

(5) 正、逆反应的平衡常数互为倒数，即 $K_{正}^\ominus = \frac{1}{K_{逆}^\ominus}$。

二、用标准平衡常数判断自发反应的方向

(一) 化学反应等温方程式

前面讨论过化学反应在标准态下，可用 $\Delta_r G_m^\ominus$ 来判断反应自发进行的方向。但在实际情况下，各物质常处于非标准态，因而，具有普遍适用意义的判据是 $\Delta_r G_m$。当 $\Delta_r G_m = 0$ 时，系统处于平衡态。在一定条件下化学反应达平衡时，其平衡常数亦为一定值。因此，反应的 $\Delta_r G_m$ =0 和平衡常数都能用来描述平衡状态，显然他们之间有一定的关系。热力学已推导出非标准态下 $\Delta_r G_m$ 的计算公式如下：

$$\Delta_r G_m = \Delta_r G_m^\ominus + RT\ln Q \qquad (7.34)$$

式(7.34)称为化学反应等温式。式中，$\Delta_r G_m$ 是反应的非标准态摩尔自由能变；$\Delta_r G_m^\ominus$ 是此反应的标准态摩尔自由能变；R 是气体常数；T 是热力学温度；Q 称为**反应商**(reaction quotient)。Q 的表达式的书写原则与 $K^\ominus$ 相同，不过浓度或分压项不是平衡态而是任意态。反应商 Q 的单位是 1。例如对任一可逆反应：

$$aA(g) + bB(aq) \rightleftharpoons dD(g) + eE(aq)$$

反应商的表达式为：

$$Q = \frac{(p_D/p^\ominus)^d (c_E/c^\ominus)^e}{(p_A/p^\ominus)^a (c_B/c^\ominus)^b} \qquad (7.35)$$

反应商和标准平衡常数的表达式完全一样，所不同的是，标准平衡常数只能表达平衡状态时，系统

内物质之间数量关系；反应商则能表示反应进行到任意时刻(包括平衡态)时系统内各物质浓度(或分压)之间的数量关系。当反应达到平衡时，$Q=K^{\ominus}$，可见，标准平衡常数是特殊的反应商。Q与$K^{\ominus}$的关系是讨论反应自发进行的方向和化学平衡移动的依据。

如化学反应在等温等压条件下达到平衡，则反应的摩尔自由能变$\Delta_r G_m=0$。这时式(7.34)中反应物和生成物的浓度(对气体来说则是分压)不再随时间而变化，反应处于平衡状态，反应商Q用$K^{\ominus}$代替，那么

$$\Delta_r G_m=\Delta_r G_m^{\ominus}+RT\ln K^{\ominus}=0$$

即

$$\Delta_r G_m^{\ominus}=-RT\ln K^{\ominus} \tag{7.36}$$

将式(7.36)代入(7.34)得：

$$\Delta_r G_m=-RT\ln K^{\ominus}+RT\ln Q \tag{7.37}$$

式(7.34)、(7.36)及(7.37)都称为化学反应的等温方程式。

(二) 用标准平衡常数判断自发反应的方向

由化学反应的等温方程式(7.37)得到：

$$\Delta_r G_m=-RT\ln K^{\ominus}+RT\ln Q=RT\ln\frac{Q}{K^{\ominus}} \tag{7.38}$$

从式(7.38)可以看出，只要知道Q与$K^{\ominus}$的数值或比值，即可判断化学反应的方向：

如果$Q<K^{\ominus}$，则$\Delta_r G_m<0$，正向反应自发。

如果$Q>K^{\ominus}$，则$\Delta_r G_m>0$，逆向反应自发。

如果$Q=K^{\ominus}$，则$\Delta_r G_m=0$，反应达到平衡。

因此，标准平衡常数$K^{\ominus}$也是一化学反应自发进行方向的判断标准。如果反应商Q不等于$K^{\ominus}$就表明反应系统处于非平衡态，此系统就有自动从正向或逆向平衡态运动的趋势。Q与$K^{\ominus}$的值相差越大，从正向或逆向自发进行反应的趋势就越大。

三、化学平衡的移动

化学平衡是相对的，有条件的。当条件改变时，化学平衡就会被破坏，反应继续进行，各种物质的浓度(或分压)就会改变，直到建立新的平衡。这种由于条件变化导致化学平衡移动的过程，称为**化学平衡的移动**(shift of chemical equilibrium)。下面讨论浓度、压力和温度变化对化学平衡的影响。

(一) 浓度对化学平衡的影响

根据式(7.38)，对于任意一化学反应，在等温下其自由能变$\Delta_r G_m$为

$$\Delta_r G_m=RT\ln\frac{Q}{K^{\ominus}}$$

如果反应商$Q=K^{\ominus}$，则$\Delta_r G_m=0$，化学反应达到平衡。如果增加反应物的浓度或减少生成物的浓度，将使$Q<K^{\ominus}$，则$\Delta_r G_m<0$，即原有平衡将被破坏，反应将自发正向进行，直到使$Q=K^{\ominus}$，反应建立了新的平衡为止。反之，如果增加生成物的浓度或减小反应物的浓度，将导致$Q>K^{\ominus}$，$\Delta_r G_m>0$，反应将逆向自发进行，直至建立新的平衡为止。

(二) 压力对化学平衡的影响

1. 改变分压　压力的变化对液相和固相反应的平衡位置几乎没有影响，但对于气体参与的任一反应：

$$a\mathrm{A}+b\mathrm{B}\rightleftharpoons d\mathrm{D}+e\mathrm{E}$$

增加反应物的分压或减小产物的分压，都将使$Q<K^{\ominus}$，$\Delta_r G_m<0$，平衡向右移动。反之，增加产物的分压或减小反应物的分压，将导致$Q>K^{\ominus}$，$\Delta_r G_m>0$，平衡向左移动。这与浓度对化学平衡的影响完全相同。

2. 改变总压 如果对于一个已达平衡的气体化学反应，增加系统的总压或减少总压，对化学平衡的影响将分二种情况：(1)当$a+b=d+e$，即反应物气体分子总数与生成物的气体分子总数相等时，增加总压与降低总压都不会改变 Q 值，仍然有$Q=K^{\ominus}$，平衡不发生移动；(2)当$a+b\neq d+e$，即反应物气体分子总数与生成物的气体分子总数不等时，改变总压会改变 Q 值，平衡将发生移动。增加总压力，平衡将向气体分子总数减少的方向移动。减小总压力，平衡将向气体分子总数增加的方向移动。

压力对平衡的影响在化工生产及化学实验中得到广泛应用。如

$$3H_2(g)+N_2(g) \rightleftharpoons 2NH_3(g)$$

反应是气体分子数减小的反应，为提高 NH_3 的产率，工业生产中采取了高压的反应条件。

(三) 温度对化学平衡的影响

温度对化学平衡的影响与浓度或压力改变对化学平衡的影响完全不同，因为浓度或压力只改变 Q 值，而不改变标准平衡常数$K^{\ominus}$。但是温度改变，$K^{\ominus}$值也将改变。因为：

$$\Delta_r G_m^{\ominus} = -RT\ln K^{\ominus}$$

$$\Delta_r G_m^{\ominus} = \Delta_r H_m^{\ominus} - T\Delta_r S_m^{\ominus}$$

两式合并得：

$$\ln K^{\ominus} = -\frac{\Delta_r H_m^{\ominus}}{RT} + \frac{\Delta_r S_m^{\ominus}}{R} \tag{7.39}$$

设在温度为T_1和T_2时反应的标准平衡常数分别为$K_1^{\ominus}$和$K_2^{\ominus}$，并假定温度对$\Delta_r H_m^{\ominus}$和$\Delta_r S_m^{\ominus}$的影响可以忽略，则：

$$(1)\ \ln K_1^{\ominus} = -\frac{\Delta_r H_m^{\ominus}}{RT_1} + \frac{\Delta_r S_m^{\ominus}}{R}$$

$$(2)\ \ln K_2^{\ominus} = -\frac{\Delta_r H_m^{\ominus}}{RT_2} + \frac{\Delta_r S_m^{\ominus}}{R}$$

(2)－(1)得：

$$\ln\frac{K_2^{\ominus}}{K_1^{\ominus}} = \frac{\Delta_r H_m^{\ominus}}{R}\left(\frac{T_2-T_1}{T_1T_2}\right) \tag{7.40}$$

式(7.39)和式(7.40)都表示了标准平衡常数$K^{\ominus}$与温度的关系。通过测定不同温度 T 的$K^{\ominus}$值，用$\ln K^{\ominus}$对$\frac{1}{T}$作图，可以求得化学反应的$\Delta_r H_m^{\ominus}$和$\Delta_r S_m^{\ominus}$这两个重要的热力学参数。

从式(7.40)我们可以看出温度对化学平衡的影响：对于正向吸热反应，$\Delta_r H_m^{\ominus}>0$，当升高温度时，即$T_2>T_1$，必然有$K_2^{\ominus}>K_1^{\ominus}$，也就是说平衡将向吸热反应方向移动；对于正向放热反应，$\Delta_r H_m^{\ominus}<0$，当升高温度，即$T_2>T_1$时，式(7.40)右端为负，则必有$K_2^{\ominus}<K_1^{\ominus}$，就是说平衡向逆反应方向移动(逆反应为吸热反应)。从式(7.40)还可以看出，$\Delta_r H_m^{\ominus}$绝对值越大，温度改变对平衡的影响越大。

如果知道化学反应的标准摩尔焓变$\Delta_r H_m^{\ominus}$，又知道温度为T_1时的标准平衡常数$K_1^{\ominus}$，利用式(7.40)很容易求出T_2时$K_2^{\ominus}$。

(四) Le Chatelier 原理

在总结浓度、压力、温度等因素对平衡系统影响的基础上，法国化学家 Le Chatelier 总结出一条普

遍的规律：平衡向着消除外来影响，恢复原有状态的方向移动。这规律称为 Le Chatelier 原理。

Le Chatelier 原理不仅适用于化学平衡，也适用于物理平衡。但它只适用于已经达到平衡的系统。对于非平衡系统，其变化方向只有一个，那就是自发地向着平衡状态的方向移动。

四、生物体内的热力学

(一) 生物化学中的标准态

化学热力学和生物化学对溶液中溶质标准态的选择有所不同。在化学热力学中，溶质的标准态是指溶质浓度为 $1\text{mol}\cdot\text{L}^{-1}$ 或质量摩尔浓度为 $1\text{mol}\cdot\text{kg}^{-1}$，且符合理想稀溶液的性质。在生物化学中，溶质的标准态除满足上述条件外，还规定氢离子的标准状态为 $c_{\text{H}^+}=1.0\times10^{-7}\text{mol}\cdot\text{L}^{-1}$，这是因为生物体内大多数化学反应是在 pH=7 左右下进行的。在生物化学中，凡涉及 H^+的反应，该反应的标准摩尔 Gibbs 自由能变用符号 $\Delta_r G_m^{\oplus}$ 表示，而不用 $\Delta_r G_m^{\ominus}$，以示区别。例如，对于生物体内的某化学反应：

$$\text{A(aq)+B(aq)} \rightleftharpoons \text{D(aq)}+\nu\text{H}^+\text{(aq)}$$

标准态是指定温度下，$c_\text{A}=c_\text{B}=c_\text{D}=1\text{mol}\cdot\text{L}^{-1}$，$c_{\text{H}^+}=1.0\times10^{-7}\text{mol}\cdot\text{L}^{-1}$。

$\Delta_r G_m^{\oplus}$ 与 $\Delta_r G_m^{\ominus}$ 的关系为：

$$\Delta_r G_m^{\oplus}=\Delta_r G_m^{\ominus}+\nu RT\ln(1.0\times10^{-7}) \tag{7.41}$$

如果 $\nu=1$，且在 298.15K，则

$$\Delta_r G_m^{\oplus}=\Delta_r G_m^{\ominus}-39.95\text{kJ}\cdot\text{mol}^{-1} \tag{7.42}$$

这表示在含有 H^+ 的生化反应中，每产生 $1\text{mol}\cdot\text{L}^{-1}\text{H}^+$，$\Delta_r G_m^{\oplus}$ 就比 $\Delta_r G_m^{\ominus}$ 小 $39.95\text{kJ}\cdot\text{mol}^{-1}$，即反应在 pH=7 比 $\text{H}^+=1\text{mol}\cdot\text{L}^{-1}$ 时更易于自发进行。

如果 H^+ 是反应物，即

$$\text{D(aq)}+\nu\text{H}^+\text{(aq)} \rightleftharpoons \text{A(aq)}+\text{B(aq)}$$

如果 $\nu=1$，且在 298.15K，则

$$\Delta_r G_m^{\ominus}=\Delta_r G_m^{\ominus}+39.95(\text{kJ}\cdot\text{mol}^{-1}) \tag{7.43}$$

这表示在含有 H^+ 的生化反应中，每产生 $1\text{mol}\cdot\text{L}^{-1}\text{H}^+$，$\Delta_r G_m^{\oplus}$ 就比 $\Delta_r G_m^{\ominus}$ 大 $39.95\text{kJ}\cdot\text{mol}^{-1}$，即反应在 pH=7 比 $\text{H}^+=1\text{mol}\cdot\text{L}^{-1}$ 时更难以自发进行。

对于没有 H^+ 参加或生成的反应，$\Delta_r G_m^{\oplus}=\Delta_r G_m^{\ominus}$，使用 $\Delta_r G_m^{\ominus}$，不必使用 $\Delta_r G_m^{\oplus}$。

(二) 偶联反应

在等温等压下有两个反应：

(1) A+B=D $\qquad \Delta_r G_{m,1}^{\ominus}>0$

(2) D+E=F+H $\qquad \Delta_r G_{m,2}^{\ominus}<0$

显然在给定条件下，反应(1)是不能自发进行，而反应(2)是能自发进行的。如果(1)+(2)，就会得到：

(3) A+B+E=F+H

$$\Delta_r G_{m,3}^{\ominus}=\Delta_r G_{m,1}^{\ominus}+\Delta_r G_{m,2}^{\ominus}$$

若 $\left|\Delta_r G_{m,2}^{\ominus}\right|>\Delta_r G_{m,1}^{\ominus}$，则 $\Delta_r G_{m,3}^{\ominus}<0$，那么反应(3)能自发进行。实际上是反应(2)提供能量(Gibbs 自由能)带动了反应(1)，使其能正向进行。一个自发性很强的反应通过提供 Gibbs 自由能使得另外不能自发进行的反应能够进行，这称为反应的偶联。反应(3)称为**偶联反应**(coupling reaction)。

生物体内存在着许多偶联反应，例如 DNA 的复制，RNA 的转录，蛋白质的生物合成，肌肉细胞的收缩等。

知识拓展

生物体内的化学平衡

20世纪90年代以来，生命科学已成为科学研究的热点领域，并开始从分子水平研究生命的奥秘。经典热力学从宏观的角度探求热、功、能之间的关系，而不考虑反应进行的细节，其理论用到生命科学领域上遇到了一些困难。因此，科学家建立了新的非平衡态热力学。

人类及其他生物体依靠体内的各种平衡或准平衡维系着生命，而体内的平衡研究是一个崭新的领域，在诸多方面与一般体外的化学平衡有着极大的区别。生物体内的各种化学反应不是在封闭系统，而是在敞开系统中进行，它需要与外界不断地交换能量和物质才能够生存。生物体内的化学反应保证机体的生长、发育以及组成物质的不断更新，并且不断将代谢废物排出体外，它们是相互促进、相互制约、密切配合的一个完整而又统一的过程。每一个反应都是在不断输入和输出过程中进行，因此是远离平衡的化学反应。在活的生物体内，这些复杂的系列反应永远不可能达到平衡，如果达到平衡，生命就不存在了。

当然，生物体内的活动规律并不违背热力学定律。为了科学地探讨生物体内的化学平衡问题，生命科学家建立了生物系统中稳态和内稳态的观点，从非平衡理论去加以解释。

Summary

Thermodynamics is the study of the flow of energy between a system and it' s surrounding. The first law of thermodynamics states that the change in the internal energy of a system, ΔU, equals the sum of the heat absorbed by the system, Q, and the work done on the system, W, i.e.

$$\Delta U = Q + W$$

The internal energy(U), enthalpy(H), entropy(S)and Gibbs free energy(G)of a system are all state functions, but Q and W are not. The values of Q and W depend on how the change takes place.

The heat of reaction at constant volume, Q_V, is equal to ΔU, whereas the heat of reaction at constant pressure, Q_p, is equal to ΔH.

The potential energy change is one factor that influences spontaneity. Exothermic change, with negative values of ΔH, tend to proceed spontaneously. The thermodynamic quantity associated with randomness is entropy, S. An increase in entropy favors a spontaneous change. Second law of thermodynamics states that the entropy of the universe(system pluses it's surrounding)increases whenever a spontaneous change occurs.

The Gibbs free energy change, ΔG, allows us to determine the combined effects of temperature and of enthalpy and entropy changes on the spontaneity of a chemical or physical change. A change is spontaneous only if the Gibbs free energy of the system decreases($\Delta G<0$). When ΔH and ΔS have same algebraic sign, the temperature becomes the critical factor in determining spontaneity.

Under the standard state($p^{\ominus} = 100\text{kPa}$, temperature is usually assigned to be 298.15K), $\Delta_r H_m^{\ominus}$, $\Delta_r S_m^{\ominus}$ and $\Delta_r G_m^{\ominus}$ of a chemical reaction can been calculated on the basis of Hess law:

$$\Delta_r H_m^{\ominus} = \Sigma \Delta_f H_m^{\ominus}(\text{products}) - \Sigma \Delta_f H_m^{\ominus}(\text{reactants})$$

$$\Delta_r H_m^{\ominus} = \Sigma \Delta_c H_m^{\ominus}(\text{reactants}) - \Sigma \Delta_c H_m^{\ominus}(\text{products})$$

$$\Delta_r S_m^{\ominus} = \Sigma \Delta S_m^{\ominus}(\text{products}) - \Sigma \Delta S_m^{\ominus}(\text{reactants})$$

$$\Delta_r G_m^{\ominus} = \Sigma \Delta_f G_m^{\ominus}(\text{products}) - \Sigma \Delta_f G_m^{\ominus}(\text{reactants})$$

When a system reaches equilibrium, $\Delta G = 0$, and no useful work can be obtained from it. At any particular pressure, an equilibrium between two phases of a substance can only occur at one temperature. The entropy change can be computed as $\Delta S = \Delta H / T$. The temperature at which the equilibrium occurs can be calculated from $T = \Delta H/\Delta S$.

Under non-standard state, the spontaneity of a reaction is determined by $\Delta_r G_m$. This is related to the standard free energy changes, $\Delta_r G_m^\ominus$, by the equation:

$$\Delta_r G_m = \Delta_r G_m^\ominus + RT\ln Q$$

where the Q is the reaction quotient for the system. At equilibrium, $\Delta_r G_m = 0,\ Q = K^\ominus$

$$\Delta_r G_m^\ominus = -RT\ln K^\ominus$$

where $K^\ominus$ is called standard equilibrium constant or thermodynamic equilibrium constant. This equation is very useful because it permits us to determine $K^\ominus$ from either measured or calculated values of $\Delta_r G_m^\ominus$.

Le Chatelier's principle provides us with the means for making qualitative predictions about chemical equilibrium. This principle states that if an outside influence upsets an equilibrium, the system undergoes a change in a direction that counteracts the influence and, if possible, returns the system to equilibrium.

We can discuss quantitatively the effects of the changes of concentration, pressure of gas and temperature on the equilibrium according to following equations:

$$\Delta_r G_m^\ominus = RT\ln\frac{Q}{K^\ominus}$$

$$\ln\frac{K_2^\ominus}{K_1^\ominus} = \frac{\Delta_r H_m^\ominus}{R}\left(\frac{T_2 - T_1}{T_1 T_2}\right)$$

习 题

1. 状态函数的含义及其基本特征是什么？T、p、V、U 、H 、G 、S、G、Q_p、Q_V、Q、W 中哪些是状态函数？哪些属于广度性质？哪些属于强度性质？

2. 判断下列说法是否正确？

(1) 状态函数改变后，状态一定改变。

(2) 状态改变后，状态函数一定都改变。

(3) 系统的温度越高，向外传递的热量越多。

(4) 一个绝热的刚性容器一定是一个孤立系统。

(5) 系统向外放热，则其热力学能必定减少。

(6) 孤立系统内发生的一切变化过程，其 ΔU 必定为零。

(7) 因为 $\Delta H = Q_p$，而 H 是状态函数，所以热 Q_p 也是状态函数。

(8) 因为 $H = U + pV$，而埋想气体的热力学能仅是温度的函数，所以理想气体的焓与 p、V、T 都有关。

(9) 一定量的埋想气体反抗 101.325 kPa 做绝热膨胀，则 $\Delta H = Q_p = 0$。

(10) 系统经一循环过程对环境作 1 kJ 的功，它必然从环境吸热 1 kJ。

(11) 化学中的可逆过程也是热力学中的可逆过程。

3. 计算下列系统内能的变化：

(1) 系统放出 2.5kJ 的热量，并且对环境做功 500J。

(2) 系统放出 650J 的热量，环境对系统做功 350J。

[(1)–3000J；(2)–300J]

4. 什么是热化学方程式?热力学中为什么要建立统一的标准态？什么是热力学标准状态？

5. 已知反应：

$$A+B=C+D \qquad \Delta_r H^{\ominus}_{m,1} = -40.0\text{kJ}\cdot\text{mol}^{-1}$$

$$C+D=E \qquad \Delta_r H^{\ominus}_{m,2} = 60.0\text{kJ}\cdot\text{mol}^{-1}$$

求下列各反应的$\Delta_r H^{\ominus}_m$

(1) C+D=A+B

(2) 2C+2D=2A+2B

(3) A+B=E

[(1)40.0kJ · mol^{-1}；(2)80.0kJ · mol^{-1}；(3)20.0kJ · mol^{-1}]

6. 在一定温度下，4.0mol H_2(g)与 2.0mol O_2(g)混合，经一定时间反应后，生成了 0.6mol H_2O(g)，请按下列两个不同反应式计算反应进度ξ。

(1) $2H_2(g)+O_2(g)=2H_2O(g)$

(2) $H_2(g)+\frac{1}{2}O_2(g)=H_2O(g)$

[(1) $\xi = 0.30$mol；(2) $\xi = 0.60$mol]

7. 试说明下列各符号的意义：$\Delta_r H^{\ominus}_{m,298.15}$，$\Delta_f H^{\ominus}_m(H_2O,g)$，$\Delta_c H^{\ominus}_m(H_2,g)$，$S^{\ominus}_{m,298.15}(H_2,g)$，$\Delta_r S^{\ominus}_{m,T}$，$\Delta_r G^{\ominus}_{m,T}$，$\Delta_f G^{\ominus}_m(CO_2,g)$，$K^{\ominus}$

8. 已知下列反应的标准反应热：

(1) $C_6H_6(l)+7\frac{1}{2}O_2(g)=6CO_2(g)+3H_2O(l)$ $\Delta_r H^{\ominus}_{m,1} = -3267.6\text{kJ}\cdot\text{mol}^{-1}$

(2) $C(gra)+O_2(g)=CO_2(g)$ $\Delta_r H^{\ominus}_{m,2} = -393.5\text{kJ}\cdot\text{mol}^{-1}$

(3) $H_2(g)+\frac{1}{2}O_2(g)=H_2O(l)$ $\Delta_r H^{\ominus}_{m,3} = -285.8\text{kJ}\cdot\text{mol}^{-1}$

求下述不直接发生反应的标准反应热$\Delta_r H^{\ominus}_m = ?$

$$6C(gra)+3H_2(g)=C_6H_6(l)$$

[49.2kJ · mol^{-1}]

9. 肼 N_2H_4(l)是火箭的燃料，N_2H_4 作氧化剂，其燃烧反应的产物为 N_2(g)和 H_2O(l)，若$\Delta_f H^{\ominus}_m(N_2H_4,l) = 50.63\text{kJ}\cdot\text{mol}^{-1}$，$\Delta_f H^{\ominus}_m(N_2O_4,g) = 9.16\text{kJ}\cdot\text{mol}^{-1}$，写出燃烧反应，并计算此反应的反应热$\Delta_r H^{\ominus}_m$。

[−1253.6kJ · mol^{-1}]

10. 不查表，排出下列各组物质的熵值由大到小的顺序：

(1) $O_2(g)$, $O_2(l)$, $O_3(g)$

(2) NaCl(s), Na_2O(s), Na_2CO_3(s), $NaNO_3$(s), Na(s)

(3) $H_2(g)$, $F_2(g)$, $Br_2(g)$, $Cl_2(g)$, $I_2(g)$

11. 甲醇的分解反应为：$CH_3OH(l) \longrightarrow CH_4(g)+\frac{1}{2}O_2(g)$

(1) 在 298.15K 的标准状态下此反应能否自发进行？

(2) 在标准态下此反应的温度应高于多少才能自发进行？

[(1) $\Delta_r G^{\ominus}_m = 116.1\text{kJ}\cdot\text{mol}^{-1}$；(2) $T > 1015$K]

12. 试计算 298.15K，标准态下的反应：$H_2O(g)+CO(g)=H_2(g)+CO_2(g)$ 的$\Delta_r H^{\ominus}_m$，$\Delta_r S^{\ominus}_m$和$\Delta_r G^{\ominus}_m$，并计算 298.15K 时 H_2O(g)的$S^{\ominus}_m$。

[$S^{\ominus}_m(H_2O,g) = 188.8\text{J}\cdot\text{K}^{-1}\cdot\text{mol}^{-1}$]

13. 计算下列反应在 298.15K 标准态下的 $\Delta_r G_m^\ominus$，判断自发进行的方向，求出标准平衡常数 $K^\ominus$

(1) $H_2(g)+\frac{1}{2}O_2(g) \rightleftharpoons H_2O(g)$

(2) $N_2(g)+O_2(g) \rightleftharpoons 2NO(g)$

(3) $3C_2H_2(g) \rightleftharpoons C_6H_6(l)$

(4) $CO(g)+NO(g) \rightleftharpoons CO_2(g)+\frac{1}{2}N_2(g)$ (可用于汽车尾气的无害化)

(5) $C_6H_{12}O_6(s) \rightleftharpoons 2C_2H_5OH(l)+CO_2(g)$ (可用于发酵法制乙醇)

[(1) $-228.6kJ \cdot mol^{-1}, 1.1\times10^{40}$；(2) $175.2kJ \cdot mol^{-1}, 2.0\times10^{-31}$；
(3) $-505.2kJ \cdot mol^{-1}, 3.2\times10^{88}$；(4) $-334.8kJ \cdot mol^{-1}, 2.6\times10^{60}$；
(5) $-227.8kJ \cdot mol^{-1}, 8.2\times10^{39}$]

14. 对于生命起源问题，有人提出最初植物或动物的复杂分子是由简单分子自动形成的。例如，尿素(NH_2CONH_2)的生成可用反应方程式表示如下：

$$CO_2(g)+2NH_3(g)=NH_2CONH_2(s)+H_2O(l)$$

(1) 计算上述反应在 298.15K 时的标准摩尔 Gibbs 自由能变，说明反应在 298.15K 标准状态下能否自动进行；

(2) 在标准状态下，最高温度为何值时，反应就不再自动进行了？

[(1) $-7.23kJ \cdot mol^{-1}$；(2) 314.5K]

15. 磷酸肌酸在体内的水解反应为：磷酸肌酸 + $H_2O \longrightarrow$ 肌酸 + HPO_4^{2-}，$\Delta_r G_{m,310}^\ominus = -43kJ \cdot mol^{-1}$。已知 ATP 水解反应：$ATP+H_2O \longrightarrow ADP+HPO_4^{2-}$，$\Delta_r G_{m,310}^\ominus = -30kJ \cdot mol^{-1}$，试问这个反应是否有利于从 ADP 合成 ATP？

[$\Delta_r G_m^\ominus = -13kJ \cdot mol^{-1}$]

16. 已知磷酸肌酸、1-磷酸甘油、磷酸丙酮酸、6-磷酸葡萄糖水解反应的 $\Delta_r G_m^\ominus(310.15K)$ 分别为 -43.1，-9.21，-62.0，$-13.8kJ \cdot mol^{-1}$，ATP 水解反应的 $\Delta_r G_m^\ominus(310.15K) = -30.0kJ \cdot mol^{-1}$。试判断下列反应在 310.15K、标准状态下进行的方向。

(1) ATP+肌酸 $\rightleftharpoons$ 磷酸肌酸+ADP

(2) ATP+甘油 $\rightleftharpoons$ 1-磷酸甘油+ADP

(3) ATP+丙酮酸 $\rightleftharpoons$ 磷酸丙酮酸+ADP

(4) ATP+葡萄酸 $\rightleftharpoons$ 6-磷酸葡萄糖

[(1) $\Delta_r G_{m,1}^\ominus = 13.1kJ \cdot mol^{-1} > 0$，反应逆向进行
(2) $\Delta_r G_{m,2}^\ominus = -20.79kJ \cdot mol^{-1} < 0$，反应正向进行
(3) $\Delta_r G_{m,3}^\ominus = 32kJ \cdot mol^{-1} > 0$，反应逆向进行
(4) $\Delta_r G_{m,4}^\ominus = -16.2kJ \cdot mol^{-1} < 0$，反应正向进行]

17. 试计算反应 $N_2(g)+3H_2(g)=2NH_3(g)$ 在标准状态下自发进行时的最高温度。

[463.4K]

18. 可逆反应 $PCl_3(g)+Cl_2(g) \rightleftharpoons PCl_5(g)$，$\Delta_r H_{m,298.15}^\ominus = -22.2kJ \cdot mol^{-1}$。已知 298.15K 时反应的标准平衡常数为 0.562，试计算 473.15K 时反应的标准平衡常数。

[2.04×10^{-2}]

19. 肌红蛋白(Mb)是存在肌肉组织中的一种缀合蛋白，具有携带 O_2 的能力。肌红蛋白的氧合作用

为：$Mb(aq)+O_2(g) \rightleftharpoons MbO_2(aq)$。在 310.15K 时，反应的标准平衡常数 $K^{\ominus}=1.3\times10^2$，试计算当 O_2 的分压为 5.3kPa 时，氧合肌红蛋白(MbO_2)与肌红蛋白的平衡浓度的比值。

[6.9]

20. N_2O_4 按下式解离：$N_2O_4(g) \rightleftharpoons 2NO_2(g)$。已知 52℃解离达平衡时有一半的 N_2O_4 发生解离，并知平衡系统的压力为 100kPa。计算该反应的标准平衡常数。

[1.33]

(胡春弟)

第八章

化学反应速率

利用化学热力学原理可以研究化学反应中的能量变化，判断化学反应自发进行的方向，确定化学反应进行的最大限度。但是，化学热力学不能解决反应速率和反应机制方面的问题。有些化学反应自发进行的趋势很大，但由于反应速率太慢，实际上不能被察觉，因此，可认为不能发生。例如下列反应

$$(1)\ H_2(g)+\frac{1}{2}O_2(g)=H_2O(l) \qquad \Delta_r G_m^{\ominus}=-237.13kJ\cdot mol^{-1}$$

$$(2)\ NO(g)+\frac{1}{2}O_2(g)=NO_2(g) \qquad \Delta_r G_m^{\ominus}=-35.25kJ\cdot mol^{-1}$$

从化学热力学的角度来看，这两个反应在 298.15K、标准态下都能自发进行，而且反应(1)比反应(2)进行的趋势大得多。但在通常情况下，反应(2)以明显的速率进行，而反应(1)实际上不能进行。因此要想解决在什么条件下才能实现反应的问题，必须研究影响反应速率的因素，找到实现反应的条件，才能使热力学预言的自发反应实际上得以进行。例如，如果把温度升高到 700K 时，反应(1)就会以爆炸的方式快速进行；如果选择适当的催化剂(例如 Pd 作催化剂)，反应(1)也可在常温常压下以较快的速率化合成水。

研究化学反应速率的科学称为**化学动力学**(chemical kinetics)，它是一门在理论和实践上都具有重要意义的科学。在化工生产中，化学反应速率直接影响着化工产品的生产，人们希望有些化学反应的速率越快越好；而对于一些不利的反应，如食物的腐败、药品的变质、机体的衰老、钢铁的腐蚀以及橡胶和塑料制品的老化等，人们则希望这些化学反应的速率越慢越好。研究化学反应速率及其影响反应速率的因素，其目的就是为了控制反应速率，使其更好地为人类服务。本章主要介绍化学反应速率的基本理论和影响反应速率的主要因素。

第一节　化学反应速率及其表示方法

不同化学反应的速率相差很大，有些进行得极快，瞬间即可完成，如火药的爆炸、酸碱中和反应、血红蛋白同氧结合的生化反应等；而有些反应进行得极慢，几乎不被察觉，如煤和石油在地壳内形成的过程需要几十万年的时间，某些放射性元素的衰变需要亿万年的时间等。即使是同一化学反应，在不同的条件下进行时速率差别也很大。为了定量地描述化学反应的快慢，需要有一个衡量标准即化学反应速率。

化学反应速率(rate of chemical reaction)是衡量化学反应过程进行的快慢，是指反应体系中各物质的数量随时间的变化率。在反应进行过程中，体系内各物质的浓度在不断地发生着变化。反应物的浓度在不断地减少，生成物的浓度在不断地增加。

单相反应(homogeneous reaction)中，反应速率一般以在单位时间、单位体积中反应物的物质的量的减少或产物的物质的量的增加来表示，在等容条件下，反应速率也可用单位时间内反应物浓度的减少或生成物浓度的增加来表示。浓度常用物质的量浓度，单位是 $mol\cdot L^{-1}$，时间单位则根据反应的快慢用秒(s)、分(min)、小时(h)、天(d)和年(a)等。

例如，室温时，含有少量 I^-的情况下，过氧化氢水溶液的分解反应为

$$H_2O_2(aq)\xrightarrow{I^-}H_2O(l)+\frac{1}{2}O_2(g)$$

由实验测定氧气的量，便可计算 H_2O_2 浓度的变化。若有一份浓度为 $0.8mol\cdot L^{-1}$ 的 H_2O_2 溶液(含有少量 I^-)，它在分解过程中浓度变化如表 8-1 所示。将 H_2O_2 浓度对时间作图，得图 8-1。

表 8-1　H_2O_2 水溶液在室温时的分解反应速率

t/min	$c(H_2O_2)$/mol · L^{-1}	$\overline{v}$ /(mol · L^{-1} · min^{-1})
0	0.80	—
20	0.40	$0.40/20=2.0\times10^{-2}$
40	0.20	$0.20/20=1.0\times10^{-2}$
60	0.10	$0.10/20=5.0\times10^{-3}$
80	0.05	$0.05/20=2.5\times10^{-3}$

在表 8-1 中，从 t_1 到 t_2 的时间间隔用$\Delta t=t_2-t_1$表示，H_2O_2 水溶液在 t_1、t_2 时的浓度分别用 $c(H_2O_2)_1$ 和 $c(H_2O_2)_2$ 表示，则在时间间隔Δt 内的浓度改变量$\Delta c(H_2O_2)=c(H_2O_2)_2-c(H_2O_2)_1$。在时间间隔$\Delta t$ 内，用反应物浓度减少来表示的反应速率 v 为

$$\overline{v}=-\frac{c(H_2O_2)_2-c(H_2O_2)_1}{t_2-t_1}=-\frac{\Delta c(H_2O_2)}{\Delta t}$$

因 $c(H_2O_2)_2<c(H_2O_2)_1$，故加负号表示 $c(H_2O_2)$减小，使反应速率为正值。

实际上，大部分化学反应都不是等速进行的。反应过程中，化学反应速率均随时间而改变。在 H_2O_2 分解的第一个 20min，H_2O_2 浓度减少 0.40mol · L^{-1}，第二个 20min 减少 0.20mol · L^{-1}，第三个 20min，H_2O_2 浓度减少 0.10mol · L^{-1}。由此可以推断，即使在同一时间间隔，前 10min 和后 10min 的反应速率也是不同的，甚至在 2 秒钟内，前一秒和后一秒的反应速率也是有差别的。所以表 8-1 所列反应速率是在这 20min 之内的**平均速率**(average rate)。

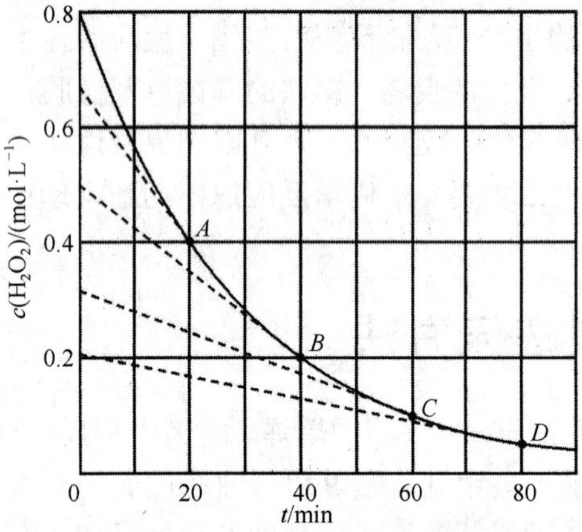

图 8-1　反应物浓度与时间的关系

由于 H_2O_2 的分解速率是随 H_2O_2 的浓度变化而变化，而浓度又随时间的变化而改变，为了准确地表示反应的真实速率，通常用**瞬时速率**(instantaneous rate)来表示。

将观察的时间间隔无限缩小，即Δt 趋近于 0 时，平均速率的极限值即为化学反应在 t 时的瞬时速率。通常所表示的反应速率均指瞬时速率。

$$v=\lim_{\Delta t\to 0}\frac{-\Delta c(H_2O_2)}{\Delta t}=-\frac{dc(H_2O_2)}{dt}$$

反应的瞬时速率可通过作图法求得。如要求在第 20min 时 H_2O_2 分解的瞬时速率，可在图 8-1 的曲线上找到对应于 20min 时的 A 点，求出曲线上 A 点切线的斜率(dc/dt)，去掉负号即为第 20min 时的瞬时速率。

$$v_{20\,\text{min}}=-\frac{(0.40-0.68)\text{mol}\cdot\text{L}^{-1}}{20\,\text{min}}=0.014\text{mol}\cdot\text{L}^{-1}\cdot\text{min}^{-1}$$

如求第 40min、60min 时 H_2O_2 分解的瞬时速率，可通过求出曲线上 B、C 点切线的斜率而得。

$$v_{40\,\text{min}}=-\frac{(0.20-0.50)\text{mol}\cdot\text{L}^{-1}}{40\,\text{min}}=0.0075\text{mol}\cdot\text{L}^{-1}\cdot\text{min}^{-1}$$

$$v_{60\,\text{min}}=-\frac{(0.10-0.33)\text{mol}\cdot\text{L}^{-1}}{60\,\text{min}}=0.0038\text{mol}\cdot\text{L}^{-1}\cdot\text{min}^{-1}$$

化学反应速率还可用单位体积内**反应进度**(extent of reaction)(ξ)随时间的变化率来表示，即

$$v\overset{\text{def}}{=}\frac{1}{V}\frac{d\xi}{dt} \tag{8.1}$$

式中 V 为体系的体积。对任一个化学反应计量方程式，有

$$d\xi=\frac{dn_B}{\nu_B}$$

式中 n_B 为任一物质 B 的物质的量，ν_B 为 B 的化学计量数，ξ 的单位为 mol。将上式代入(8.1)式，则有

$$v=\frac{1}{V}\frac{dn_B}{\nu_B dt}=\frac{1}{\nu_B}\frac{dc_B}{dt} \tag{8.2}$$

如合成氨的反应

$$N_2+3H_2 \rightleftharpoons 2NH_3$$

$$v=-\frac{dc(N_2)}{dt}=-\frac{1}{3}\frac{dc(H_2)}{dt}=\frac{1}{2}\frac{dc(NH_3)}{dt}$$

对于一般的化学反应 $aA+bB = eE+fF$，则有

$$v=-\frac{1}{a}\frac{dc_A}{dt}=-\frac{1}{b}\frac{dc_B}{dt}=\frac{1}{e}\frac{dc_E}{dt}=\frac{1}{f}\frac{dc_F}{dt} \tag{8.3}$$

v 为整个反应的反应速率，其数值只有一个，与反应体系中选择何种物质表示反应速率无关，但与化学反应的计量方程式有关，所以如果知道用某一物质的浓度变化所表示的反应速率，即可通过反应式中各化学式前计量系数求出用其他物质浓度变化所表示的反应速率。究竟采用哪种物质的浓度变化来表示反应速率，这主要由实验测定上的方便来确定，即通常采用其浓度变化易于测定的物质来表示。

第二节　化学反应速率理论简介

不同化学反应的反应速率千差万别，这是由反应物分子的内部结构所决定的，反应物分子的内部结构是影响反应速率的内因。为了探讨化学反应速率的内在规律，前人借助于分子运动论和分子结构的知识，提出了化学反应速率理论。较为成熟的速率理论是碰撞理论和过渡态理论。

一、碰撞理论简介

(一) 有效碰撞

反应物之间要发生反应，首先它们的分子或离子要克服外层电子之间的斥力而充分接近，互相碰撞，才能促使外层电子的重排，即旧键的削弱、断裂和新键的形成，从而使反应物转化为产物。但反应物分子或离子之间的碰撞并非每一次都能发生反应，理论计算表明：单位时间内气体分子间的碰撞次数是非常巨大的，如 273.15K、101.325kPa 时气体分子间的碰撞次数可达 10^{32} $L^{-1}\cdot s^{-1}$，如果每一次碰撞都能发生化学反应，那么所有气体反应都能在瞬间完成，而且反应速率也应非常接近，显然这是与事实相违背的。实际上，对一般反应而言，大部分的碰撞都不能发生反应，亦即只有很少数的碰撞才能发生反应。据此，1889 年 Arrhenius 提出了著名的碰撞理论，他把能发生化学反应的碰撞叫作**有效碰撞**(effective collision)，而大部分不发生反应的碰撞叫作**无效碰撞**(elastic collision)。

要发生有效碰撞，反应物的分子或离子必须具备两个条件：①需有足够的能量，如动能，这样才能够克服外层电子之间的斥力而充分接近并发生化学反应；②碰撞时要有合适的方向，要恰好碰在能起反应的部位，如果碰撞的部位不合适，即使反应物分子具有足够的能量，也不会起反应。一般而言，结构越复杂的分子之间的反应，这种情况愈突出，因而它们的反应通常比较慢。

如反应 $CO(g)+H_2O(g) \rightleftharpoons CO_2(g)+H_2(g)$ 是氧的转移反应。只有当 CO(g)分子中的碳原子与 $H_2O(g)$ 中的氧原子迎头相碰才有可能发生反应；而其他部位的碰撞，就不可能发生氧原子的转移。见图 8-2。

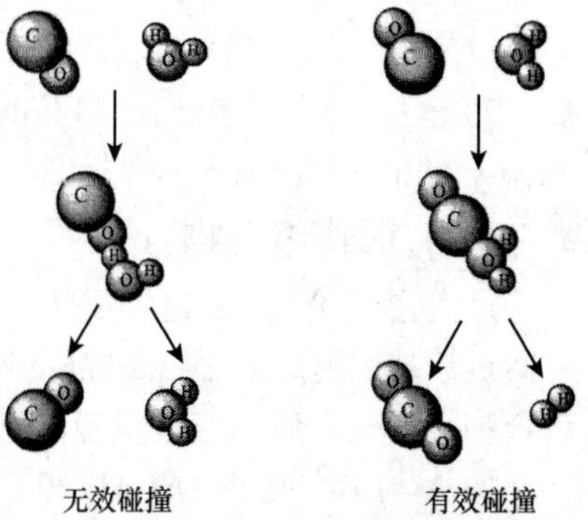

图 8-2　分子间不同取向的碰撞

(二) 活化分子和活化能

根据气体分子运动理论，在一定温度下，气体分子具有一定的平均能量，能量很高或很低的分子都很少，大部分分子的能量接近平均能量。只有极少数能量比平均能量高得多的活化分子才能发生有效碰撞

撞。能够发生有效碰撞的分子称为**活化分子**(activating molecular)，它比普通分子具有更高的能量，通常它只占分子总数中的小部分。通常把活化分子具有的最低能量(E')与反应物分子的平均能量($E_{平}$)之差，称为**活化能**(activation energy)用符号 E_a 表示，单位为 $kJ \cdot mol^{-1}$。

$$E_a = E' - E_{平}$$

活化能与活化分子的概念，还可以从气体分子的能量分布规律加以说明。

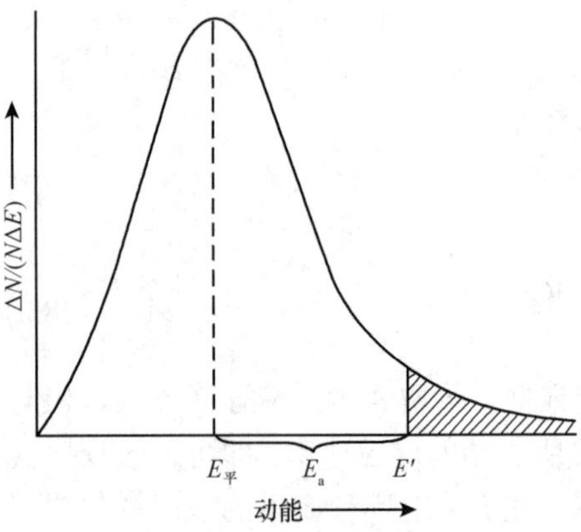

图 8-3　气体分子能量分布曲线

在一定温度下，气体分子具有一定的平均动能，但并非每一分子的动能都一样，由于碰撞等原因，分子间不断进行着能量的重新分配，每个分子的能量并不固定在一定值。因此，每一个分子的运动速率是不同的。我们虽无法准确知道某个分子在某瞬间的速率有多大，但可以用统计的方法认识分子运动的规律。从统计的观点看，具有一定能量的分子数目是不随时间改变的。将分子的动能 E 为横坐标，将具有一定动能间隔(ΔE)的分子分数($\Delta N/N$)与能量间隔之比[$\Delta N/(N\Delta E)$]为纵坐标作图，即得一定温度下气体分子的能量分布曲线，见图 8-3。

该图中，$E_{平}$是分子的平均能量，E'为活化分子所具有的最低能量，活化能 $E_a = E' - E_{平}$，N 为分子总数，ΔN 为具有动能为 $E \sim E+\Delta E$ 区间的分子数，若在横坐标上取一定的能量间隔ΔE，则纵坐标$\Delta N/(N\Delta E)$乘以ΔE 得$\Delta N/N$，即为动能在 $E \sim E+\Delta E$ 区间的分子数在整个分子总数中所占的比值(分子分数)。曲线下的总面积表示具有各种能量分子分数的总和为 1。相应地，E'右边阴影部分的面积与整个曲线下总面积之比，即是活化分子在分子总数中所占比值，即活化分子分数。

化学反应速率与反应的活化能密切相关。一定温度下，活化能愈小，图 8-3 中的阴影面积就越大，活化分子的分子分数越大，活化分子数愈多，单位体积内有效碰撞的次数愈多，反应速率愈快；活化能愈大，图中的阴影面积就越小，活化分子的分子分数越小，活化分子数愈少，单位体积内有效碰撞的次数愈少，反应速率愈慢。因为不同的反应具有不同的活化能，因此不同的化学反应有不同的反应速率，活化能是决定化学反应速率的内因。

一般化学反应的活化能为 $40 \sim 400 kJ \cdot mol^{-1}$，多数在 $60 \sim 250 kJ \cdot mol^{-1}$ 之间。活化能小于 $40 kJ \cdot mol^{-1}$ 的化学反应，其反应速率极快，不能用一般方法测定(如酸碱中和反应)；而活化能大于 $400 kJ \cdot mol^{-1}$ 反应，其反应速率极慢，因此难以察觉。

碰撞理论比较直观，容易理解，解释某些简单分子的反应比较成功。但碰撞理论在具体处理化学反应时把分子当成刚性球体，忽略了分子的内部结构，把分子间的复杂作用简单地看成是机械的碰撞，忽视了化学反应的特性。因此，对一些比较复杂的反应，常不能合理解释。

二、过渡态理论简介

20 世纪 30 年代 Eyring 和 Polanyi 等在量子力学和统计力学的基础上提出了反应速率的**过渡态理论**(theory of transition state)。过渡态理论又称活化络合物理论。

(一) 活化络合物

过渡态理论认为：化学反应并不是通过反应物分子的简单碰撞完成的，而是反应物分子要经过一个中间过渡态，形成**活化络合物**(activated complex)，反应物与活化络合物之间很快达到化学平衡，由活化络合物转变为产物的速率很慢，因此化学反应的反应速率基本上由活化络合物的分解速率决定。

如 A 与 BC 反应生成 AB 和 C 的过程可表示为

$$A + B-C \rightleftharpoons [A\cdots B\cdots C]^{\neq} \longrightarrow A-B + C$$

当 A 原子沿 B—C 键轴逐渐接近 B—C 分子时，B—C 分子中的化学键逐渐削弱，A 原子与 B 原子之间逐渐开始生成新 A—B 键。而在这个过程未完成之前，系统形成一个过渡态(即形成活化络合物)$[A\cdots B\cdots C]^{\neq}$，此时 B—C 键尚未完全断开，A—B 键又未完全形成，系统的能量最高。活化络合物处于高能量状态很不稳定，它既可分解为原反应物分子，也可进一步分解成产物。

(二) 活化能与反应热

能形成活化络合物的反应物分子，应具有比一般分子更高的能量。在过渡态理论中，活化能定义为活化络合物的平均能量与反应物分子的平均能量的差值。反应过程的能量变化如图 8-4 所示。图中 E_a 是正向反应的活化能，E_a'是逆向反应的活化能。由图可知，活化能是反应的能垒，即是从反应物形成产物过程中的能量障碍，反应物分子必须越过能垒(即一般分子变成活化分子，或者形成活化络合物的能量)，反应才能进行。

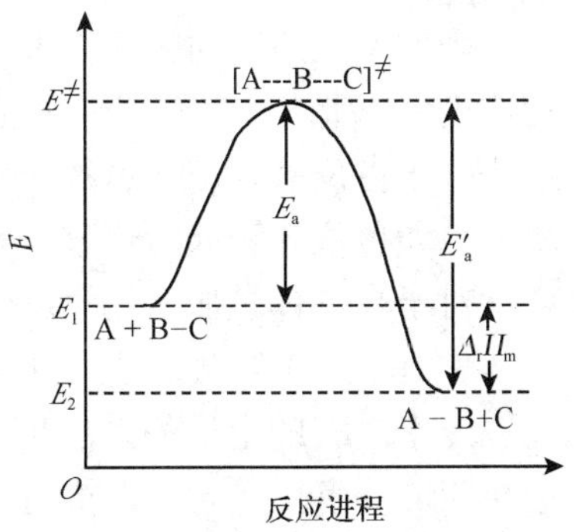

图 8-4 反应过程的能量变化

若产物分子的能量比反应物分子的能量低，多余的能量便以热的形式放出，即是放热反应；反之为吸热反应。

图中正向反应产物的能量低于反应物的能量，其差值即为等压反应热 $\Delta_r H_m^\ominus$ (为负值，即放热反应)。如果是逆向反应，即 A—B 与 C 经过同一过渡态到产物 A 和 B—C，反应所吸收的热同正向反应所放出的热一样多。由此可见，等压反应热等于正向反应的活化能与逆向反应的活化能之差，即

$$\Delta_r H_m^\ominus = E_a - E_a'$$

从图 8-4 还可以看出：可逆反应中吸热反应的活化能总是大于放热反应的活化能。无论化学反应是吸热还是放热，反应物分子必须吸收能量形成活化络合物，反应才能得以进行。

过渡态理论把物质的微观结构与反应速率联系起来，比碰撞理论进了一步。但由于确定活化络合物的结构相当困难，计算方法过于复杂，除一些简单反应外，还存在不少问题有待进一步探索解决。

第三节 浓度对化学反应速率的影响

化学反应速率首先取决于反应物分子的内部结构，此外还与浓度、温度以及催化剂等外部因素有关。本节讨论反应物浓度对化学反应速率的影响。

一、反应机理和基元反应

化学反应计量方程式只表明有什么物质参加了化学反应，结果生成了什么物质以及反应物和生成物之间的计量关系，并不能表示反应是经过怎样的途径，经过哪些具体步骤完成的。化学反应进行的实际步骤，即实现该化学反应的各步骤的微观过程称为**反应机制**(reaction mechanism)。根据反应机制的不同，可将化学反应分为基元反应和复合反应(非基元反应)两大类。

反应物一步就直接转变为生成物的反应称为**基元反应**(elementary reaction)又称简单反应。例如

$$NO_2(g) + CO(g) \xlongequal{\quad} NO(g) + CO_2(g)$$
$$CO(g) + H_2O(g) \xlongequal{\quad} CO_2(g) + H_2(g)$$

这两个反应都是基元反应，但这类反应并不多。大多数化学反应并不是按反应计量方程式一步直接完成，而是要经过若干个步骤，即经过若干个基元反应才能完成，这类反应称为**复合反应**(complex reaction)，也称为非基元反应。如反应

$$H_2(g) + I_2(g) \xlongequal{\quad} 2HI(g)$$

它是由两步组成的

$$I_2(g) \rightleftharpoons 2I(g) \qquad (快反应)$$
$$H_2(g) + 2I(g) \xlongequal{\quad} 2HI(g) \qquad (慢反应)$$

因此该反应是一个复合反应。实验证明，第二步反应较慢，这一步慢反应限制了整个复合反应的速率。在复合反应中，速率最慢的反应步骤称为**速率控制步骤**(rate controlling step)或**限速步骤**。

二、质量作用定律与速率方程

(一) 质量作用定律及速率方程

影响反应速率的因素很多，反应物浓度即是其中之一。大量实验证明，在一定温度下，增大反应物的浓度，大都使反应速率加快。反应物浓度对反应速率的影响可用反应速率理论来解释。在一定温度下，活化分子占反应物分子总数的分子分数是一定的，增加反应物浓度时，单位体积内的活化分子数也相应增大，即单位体积内活化分子数与反应物浓度成正比，因此化学反应速率加快。

对于有气体参加的化学反应，增大压力，就意味着增加气体反应物的浓度，反应速率也会随之增大。

19 世纪 60 年代，挪威科学家 Guldberg 和 Waage 通过大量实验总结出了基元反应的反应物浓度与反应速率之间的定量关系：在一定温度下，基元反应的反应速率与各反应物浓度幂(以化学反应方程式中相应的计量系数为指数)的乘积成正比。这就是**质量作用定律**(law of mass action)。表明反应物浓度与反应速率之间定量关系的数学表达式称为**速率方程**(rate equation)，如基元反应

$$NO_2(g) + CO(g) \longrightarrow NO(g) + CO_2(g)$$

根据质量作用定律，反应速率与反应物浓度的关系为

$$v \propto c(NO_2)c(CO)$$

写成速率方程为

$$v = kc(NO_2)c(CO)$$

如基元反应为

$$aA + bB \longrightarrow eE + fF$$

则反应的速率方程为

$$v = kc^a(A)c^b(B) \tag{8.4}$$

式中的比例系数 k 称为**速率常数**(rate constant)。k 的物理意义为：k 在数值上相当于各反应物浓度均为 $1\text{mol} \cdot L^{-1}$ 时的反应速率，故 k 又称为反应的**比速率**(specific reaction rate)。对一个指定的化学反应而言，k 的大小是由反应的本性所决定的，与反应物浓度无关，但受温度和催化剂的影响，可通过实验而测定。在相同条件下，k 愈大，表示反应的速率愈大。k 的单位则根据速率方程中浓度项的指数和的不同而不同，若各物质在速率方程中浓度项的指数和为 n，v 的单位为 $\text{mol} \cdot L^{-1} \cdot s^{-1}$，则 k 的单位是 $(\text{mol} \cdot L^{-1})^{1-n} \cdot s^{-1}$。

复合反应的速率方程比较复杂，速率方程中浓度项的指数要由实验确定，不能按化学方程式的计量系数随意写出。但如已知复合反应的反应机理，则可根据组成该复合反应的基元反应的速率方程导出。

(二) 书写速率方程时应注意的事项

1. 质量作用定律仅适用于基元反应。若不清楚某反应是否为基元反应，则只能根据实验来确定反应速率方程，而不能由总反应式根据质量作用定律直接得出。如反应

$$2N_2O_5(g) \longrightarrow 4NO_2(g) + O_2(g)$$

实验证明反应速率仅与 $c(N_2O_5)$成正比，即

$$v = kc(N_2O_5)$$

而并不是与 $c^2(N_2O_5)$成正比。

研究表明，上述反应不是基元反应而是分步进行的复合反应。

$$N_2O_5 \longrightarrow NO_2 + NO_3 \quad (\text{慢，速率控制步骤})$$

$$NO_3 \xrightarrow{NO_2} NO + O_2 \quad (\text{快})$$

$$NO_3 + NO \longrightarrow 2NO_2 \quad (\text{快})$$

在这三步反应中，第一步反应进行得最慢，是总反应的速率控制步骤，应用质量作用定律所得的反应速率方程即可代表总反应速率的速率方程，从而使式 $v=kc(N_2O_5)$得到合理解释。

2. 纯固态或纯液态反应物的浓度不写入速率方程，因为它们的浓度可看作常数。如碳的燃烧反应

$$C(s) + O_2(g) \longrightarrow CO_2(g)$$

因反应只在碳的表面进行，对一定粉碎度的固体，其表面面积为一常数，故速率方程为

$$v = kc(O_2)$$

3. 在稀溶液中进行的反应，若溶剂参与反应，因它的浓度几乎维持不变，故也不写入速率方程中。如蔗糖的水解反应

$$\underset{\text{蔗糖}}{C_{12}H_{22}O_{11}} + H_2O = \underset{\text{葡萄糖}}{C_6H_{12}O_6} + \underset{\text{果糖}}{C_6H_{12}O_6}$$

$$v=kc(C_{12}H_{22}O_{11})$$

化学反应的速率方程是以实验为依据而确定的。确定化学反应的速率方程时，首先是通过实验测定各反应物不同浓度时的反应速率，然后再确定反应速率与反应物浓度之间的关系而得到速率方程。要研究某一反应物的浓度与反应速率的关系，常将其他反应物的浓度固定。为了避免生成物对反应速率的影响，通常是测定初始反应速率。

例 8-1 在 298.15K 时，发生下列反应：

$$aA + bB \longrightarrow C$$

使 A、B 按不同浓度反应，得到下列实验数据：

实验序号	$c(A)/(mol \cdot L^{-1})$	$c(B)/(mol \cdot L^{-1})$	$v/(mol \cdot L^{-1} \cdot s^{-1})$
1	1.0	1.0	1.2×10^{-2}
2	2.0	1.0	2.4×10^{-2}
3	4.0	1.0	4.9×10^{-2}
4	1.0	2.0	4.8×10^{-2}

(1) 确定该反应的速率方程；(2) 计算该反应的速率常数。

解 (1) 设反应的速率方程为 $v=kc^{\alpha}(A)c^{\beta}(B)$

将实验 1 与实验 2 的数据分别代入速率方程得

$$1.2\times10^{-2}mol \cdot L^{-1} \cdot s^{-1} = k\times(1.0mol \cdot L^{-1})^{\alpha}\times(1.0mol \cdot L^{-1})^{\beta}$$

$$2.4\times10^{-2}mol \cdot L^{-1} \cdot s^{-1} = k\times(2.0mol \cdot L^{-1})^{\alpha}\times(1.0mol \cdot L^{-1})^{\beta}$$

两式相除得

$$\alpha=1$$

再将实验 1 与实验 4 的数据分别代入速率方程得

$$1.2\times10^{-2}mol \cdot L^{-1} \cdot s^{-1} = k\times(1.0mol \cdot L^{-1})^{\alpha}\times(1.0mol \cdot L^{-1})^{\beta}$$

$$4.8\times10^{-2}mol \cdot L^{-1} \cdot s^{-1} = k\times(1.0mol \cdot L^{-1})^{\alpha}\times(2.0mol \cdot L^{-1})^{\beta}$$

两式相除得

$$\beta=2$$

因此，该反应的速率方程应为

$$v=kc(A)c^2(B)$$

(2) 将任一组实验数据代入上式，即可求出速率常数。为简单起见，将实验 1 的数据代入，得

$$k=\frac{v}{c(A)c^2(B)}=\frac{1.2\times10^{-2}mol\cdot L^{-1}\cdot s^{-1}}{1.0mol\cdot L^{-1}\times(1.0mol\cdot L^{-1})^2}=1.2\times10^{-2}L^2\cdot mol^{-2}\cdot s^{-1}$$

根据实验测定的速率方程，各物质浓度项的指数与化学反应方程式的计量系数不一致，说明这个反应是分步进行的复合反应。需要说明的是，当由实验求得的速率方程和根据质量作用定律直接写出的一致时，该反应也不一定是基元反应，如由氢气和碘蒸气化合生成碘化氢的反应，实验测得的速率方程为

$$v=kc(H_2)c(I_2)$$

恰与用质量作用定律写出的一致，但前面已说明该反应并不是基元反应。

三、反应分子数和反应级数

(一) 反应分子数

反应分子数(molecularity of reaction)是指基元反应中同时直接参加反应的粒子(分子、原子、离子或自由基等)的数目。根据反应分子数的不同，可以把基元反应分为单分子反应、双分子反应和三分子反应。例如

单分子反应　　$CH_3COCH_3 = C_2H_4 + CO + H_2$

双分子反应　　$NO_2 + CO = NO + CO_2$

三分子反应　　$H_2 + 2I = 2HI$

大多数基元反应是单分子反应或双分子反应，三分子反应是很少见的，因为要三个反应物分子在同一时间、同一空间，恰好碰撞在合适的部位而发生化学反应的可能性极小。至于三分子以上的反应，至今尚未发现。

(二) 反应级数

当反应速率与反应物浓度的关系具有浓度幂乘积的形式时，化学反应也可以用反应级数进行分类。

反应速率方程中各反应物浓度项的指数之和称为**反应级数**(order of reaction)。如任意一个化学反应

$$aA+bB = eE+fF$$

实验测得速率方程为

$$v=kc^{\alpha}(A)c^{\beta}(B) \tag{8.5}$$

则 α 为对反应物 A 而言的分级数，β 为对反应物 B 而言的分级数，该反应的总反应级数 n 为 A 和 B 的分级数之和($\alpha+\beta$)，即反应速率方程中各反应物浓度项指数之和。

n=0 的反应为零级反应，n=1 的反应为一级反应，余类推。反应级数均指总反应级数，它由实验确定，其值可以是整数或分数，也可以是正数、零或负数。负数表示该物质对反应起阻滞作用。对于 $H_2+Br_2 \longrightarrow 2HBr$ 这类复合反应，其速率方程为

$$v=\frac{kc(H_2)\cdot c(Br_2)^{1/2}}{1+K'\dfrac{c(HBr)}{c(Br_2)}}$$

不具有浓度幂乘积的形式，则反应级数的概念不适用。

应该指出，反应级数与反应分子数是两个不同的概念。反应级数是根据实验得出的，它体现了反应物浓度对反应速率的影响，是对总反应而言的，其数值可以是整数、分数或负数。反应分子数是对基元反应而言的，它是由反应机制所决定的，其数值只可能是 1、2 或 3。在基元反应中反应级数和反应分子数通常是一致的，如单分子反应也是一级反应。

四、具有简单级数的反应及特点

具有简单级数的反应系指反应级数为 0、1、2、3 等的反应。基元反应都是具有简单级数的反应，但具有简单级数的反应不一定就是基元反应。具有简单级数反应的速率遵循某些规律，由于三级反应为数不多，故以下仅讨论一级、二级和零级反应。

(一) 一级反应

反应速率与反应物浓度的一次方成正比的反应称为**一级反应**(first order reaction)。对反应 aA→产物，则反应速率的定义式及速率方程为

$$v=-\frac{dc_A}{dt}=kc_A$$

c_A 为反应开始 t 时间后的反应物 A 的浓度。将上式整理后，从 t=0(反应物 A 的初浓度为 $c_{A,0}$)到 t 定积分

$$\int_{c_{A,0}}^{c_A}\frac{dc_A}{c_A}=-\int_0^t k dt$$

得反应物浓度与时间的关系式

$$\ln c_A=-kt+\ln c_{A,0} \tag{8.6}$$

或

$$\ln\frac{c_{A,0}}{c_A}=kt \tag{8.6a}$$

$$\lg\frac{c_{A,0}}{c_A}=\frac{kt}{2.303} \tag{8.6b}$$

$$c_A=c_{A,0}\cdot e^{-kt} \tag{8.6c}$$

式(8.6a)至式(8.6c)也均为一级反应的反应物浓度与时间的关系式。

一级反应具有如下基本特征：

(1) 一级反应速率常数的单位是[时间]$^{-1}$，表明一级反应速率常数的数值与浓度采用的单位无关。

(2) 若以 $\ln c_A$-t 作图，应得一直线，如图 8-5，斜率为$-k$，截距为 $\ln c_{A,0}$。

(3) 反应物浓度由 $c_{A,0}$ 变为 $c_{A,0}/2$ 时，亦即反应物浓度消耗一半所需要的时间称为反应的**半衰期**(half-life)，常用 $t_{1/2}$ 表示。代入式(8.6a)得

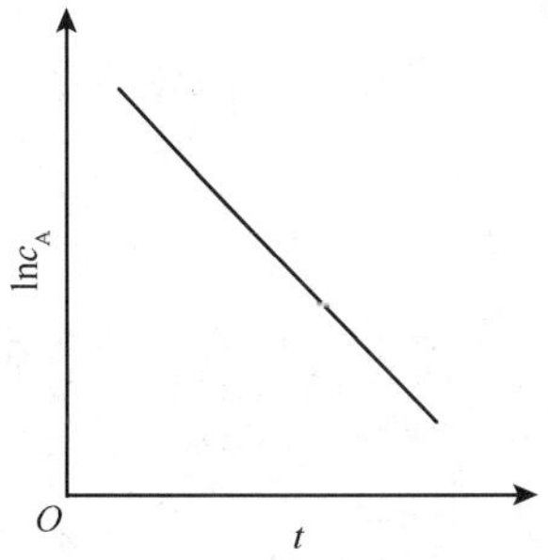

图 8-5 一级反应的 $\ln c_A$-t 图

$$kt_{1/2}=\ln\frac{c_{A,0}}{c_{A,0}/2}=\ln 2$$

即

$$t_{1/2}=\frac{0.693}{k} \tag{8.7}$$

由上式可看出，一级反应的半衰期与速率常数成反比而与初始浓度无关。半衰期可以用来衡量反应速率，显然半衰期愈大，反应速率愈慢。

放射性元素的蜕变，大多数的热分解反应，部分药物在体内的代谢，分子内的重排反应及异构化反应都属于一级反应。对于浓度不大的物质水解反应，应是二级反应，但因水是溶剂，其浓度可看作常数而不写入速率方程，故可按一级反应处理，因而称为**准一级反应**(pseudo-first-order reaction)，如前面提及的蔗糖水解反应。

例 8-2 已知药物 A 在人体内的代谢服从一级反应规律。设给人体注射 0.500g 该药物，然后在不同时间测定血中药物 A 的含量，得如下数据：

服药后时间 t/h	4	6	8	10	12	14	16
血中药物 A 含量ρ/(mg · L^{-1})	4.6	3.9	3.2	2.8	2.5	2.0	1.6

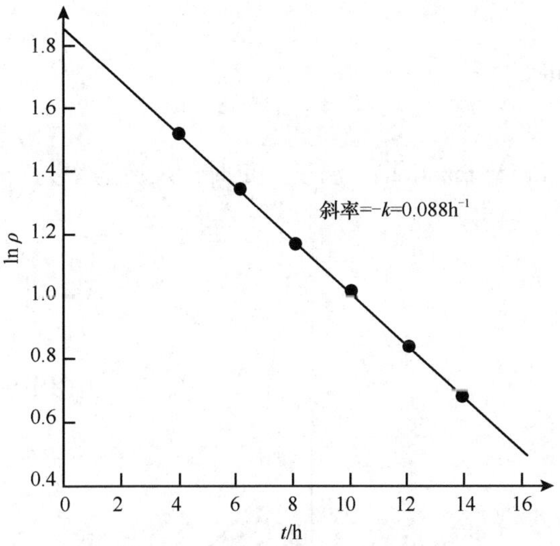

图 8-6 药物 A 在血液中含量的变化

试求：(1) 药物 A 代谢的半衰期；(2) 若血液中药物 A 的最低有效量相当于 3.7mg · L^{-1}，则需几小时后注射第二次？

解 反应为一级反应，利用表中数据先求速率常数 k。以 $\ln\rho$对 t 作图，得直线，见图 8-6。

由两点求斜率

$$k=-\text{斜率}=-\frac{\ln 1.6-\ln 4.6}{16\text{h}-4\text{h}}=-0.088\text{h}^{-1}$$

(1) $t_{1/2}$=0.693/k=0.693/0.088h^{-1}=7.9h

(2) 由图 8-6 可知，t=0h 时，$\ln\rho_{A,0}$=1.865，当ρ=3.7mg · L^{-1}时，由 $\ln\frac{\rho_{A,0}}{\rho_A}=kt$ 得应第二次注射的时间为

$$t=\frac{1}{k}\ln\frac{\rho_{A,0}}{\rho_A}=\frac{1}{0.088\text{h}^{-1}}(1.865-1.308)=6.3\text{h}$$

计算表明，半衰期为 7.9h，要使血液中药物 A 含量不低于 3.7mg · L^{-1}，应于第一次注射后 6.3h 之前注射第二次。临床上一般控制在 6h 后注射第二次。

(二) 二级反应

反应速率与反应物浓度的二次方成正比的反应称为**二级反应**(second order reaction)。二级反应通常有两种类型

(1) aA→产物

(2) aA+bB→产物

在第二种类型中，若 A 和 B 的初始浓度相等，则在数学处理时可视作第一种情况，本章只讨论第一种情况。

由定义式及速率方程 $v=-\dfrac{dc_A}{dt}=kc_A^2$ 整理积分可得

$$\frac{1}{c_A}-\frac{1}{c_{A,0}}=kt \tag{8.8}$$

二级反应具有如下基本特征：

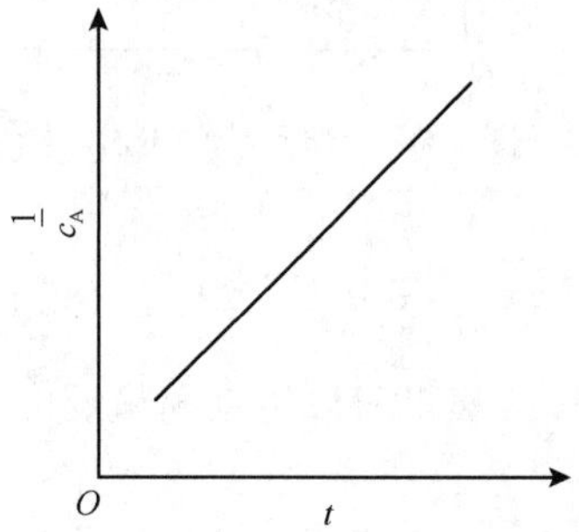

图 8-7　二级反应的 $1/c_A$-t 图

(1) 二级反应速率常数的单位是[浓度]$^{-1}$·[时间]$^{-1}$。

(2) 以 $1/c_A$ 对 t 作图得一直线，如图 8-7，斜率为 k，截距为 $\dfrac{1}{c_{A,0}}$。

(3) 由半衰期定义可得二级反应的半衰期为

$$t_{1/2}=\frac{1}{kc_{A,0}} \tag{8.9}$$

二级反应的半衰期与速率常数和反应物起始浓度的乘积成反比。

二级反应是最常见的一种反应，在溶液中进行的许多有机化学反应都是二级反应。如一些加成反应、分解反应、取代反应等。

例 8-3　乙酸乙酯的皂化反应为二级反应。若在 298K 时的速率常数 k 为 4.5L·mol^{-1}·min^{-1}，乙酸乙酯和碱的初始浓度均为 0.020mol·L^{-1}，试求在此温度下反应的半衰期及 20min 后反应物的浓度。

解　二级反应，k=4.5L·mol^{-1}·min^{-1}，$c_{A,0}$=0.020mol·L^{-1}

$$t_{1/2}=\frac{1}{kc_{A,0}}=\frac{1}{4.5\text{L}\cdot\text{mol}^{-1}\cdot\text{min}^{-1}\times 0.020\text{mol}\cdot\text{L}^{-1}}=11\text{min}$$

20min 后反应物的浓度

$$\frac{1}{c_A}=\frac{1}{c_{A,0}}+kt=\frac{1}{0.020\text{mol}\cdot\text{L}^{-1}}+4.5\text{L}\cdot\text{mol}^{-1}\cdot\text{min}^{-1}\times 20\,\text{min}=140$$

$$c_A=7.14\times10^{-3}\text{mol}\cdot\text{L}^{-1}$$

(三) 零级反应

反应速率与反应物浓度无关的反应称为**零级反应**(zero order reaction)。温度一定时，反应速率为一常数。零级反应的速率方程为

$$v=-\frac{dc_A}{dt}=kc_A^0=k$$

整理积分得

$$c_{A,0}-c_A=kt \tag{8.10}$$

零级反应具有如下基本特征：

(1) 零级反应速率常数的单位是[浓度]·[时间]$^{-1}$。

(2) 以 c_A 对 t 作图得一直线，如图 8-8，斜率为$-k$，截距为 $c_{A,0}$。

(3) 由半衰期定义可得零级反应的半衰期为

$$t_{1/2}=\frac{c_{A,0}}{2k} \tag{8.11}$$

零级反应的半衰期与反应物初始浓度成正比而与速率常数成反比。

反应的总级数为零的反应并不多，最常见的零级反应是在一些表面上发生的反应。如 NH_3 在金属催化剂钨(W)表面上的分解反应，NH_3 先被吸

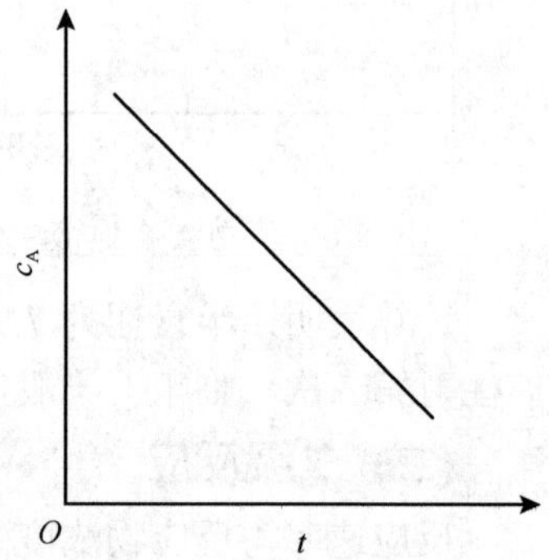

图 8-8　零级反应的 c_A-t 图

附在 W 表面上，然后再进行分解，由于 W 表面上的活性中心是有限的，当活性中心被占满后，再增加 NH_3 浓度，对反应速率没有影响，表现出零级反应的特性。

近年来发展的一些缓释长效药，其释药速率在相当长的时间范围内比较恒定，即表现为零级反应。如国际上应用较广的一种皮下植入剂，内含女性避孕药左旋 18-甲基炔诺酮，每天约释药 30μg，可一直维持 5 年左右。

简单级数反应的特征列于表 8-2 中。

表 8-2　简单级数反应的特征

反应级数	一级反应	二级反应	零级反应
基本方程式	$\ln c_{A,0}-\ln c_A=kt$	$\frac{1}{c_A}-\frac{1}{c_{A,0}}=kt$	$c_{A,0}-c_A=kt$
线性关系	$\ln c_A$-t	$1/c_A$-t	c_A-t
斜率	$-k$	k	$-k$
半衰期($t_{1/2}$)	$0.693/k$	$1/kc_{A,0}$	$c_{A,0}/2k$
k 的单位	[时间]$^{-1}$	[浓度]$^{-1}$ · [时间]$^{-1}$	[浓度] · [时间]$^{-1}$

第四节　温度对化学反应速率的影响

温度升高，反应速率一般是加快的。但温度对不同类型反应的速率影响是不相同的，本节仅讨论反应速率随温度的升高而逐渐加快的反应。

一、van't Hoff 近似规则

1884 年，van't Hoff 根据实验结果归纳出一个近似规则：温度每升高 10K，反应速率增加到原来的 2～4 倍。温度对反应速率的影响实质上是温度对速率常数的影响。若以 $k(T)$和 $k(T+10\text{K})$分别表示温度为 T 和 $T+10\text{K}$ 时的速率常数，则有如下关系

$$\frac{k(T+10\text{K})}{k(T)}=\gamma \tag{8.12}$$

式中的γ称为温度系数，其值等于 2～4。

当温度由 T 升高到 $T+n\times10\text{K}$ 时，由式(8.12)可得

$$\frac{k(T+n\times10\text{K})}{k(T)}=\gamma^n \tag{8.13}$$

利用式(8.13)可以粗略地估计温度对反应速率的影响。

温度对反应速率的影响可用反应速率理论进行解释。当温度升高时，分子的运动速率加快，从而导致反应物分子之间的碰撞次数增加，反应速率增大。计算结果表明：温度每升高 10K，分子间的碰撞次数仅增加 2%左右，显然分子间碰撞次数的增多不是反应速率增大的主要原因。温度升高反应速率增大的主要原因是温度升高必然使一些能量较低的反应物分子吸收能量成为活化分子，使活化分子百分数增大，有效碰撞的百分数增大，因此反应速率加快。

图 8-9 可以简明地表示这个道理。图中一条曲线表示 T_1 温度下的分子能量分布，另一条曲线表示升高温度为 T_2 时的分子能量分布。可以看出，温度升高后，曲线变矮，高峰降低，活化分子分数增加(图中的阴影面积)，有效碰撞次数增多，因而反应速率加快。

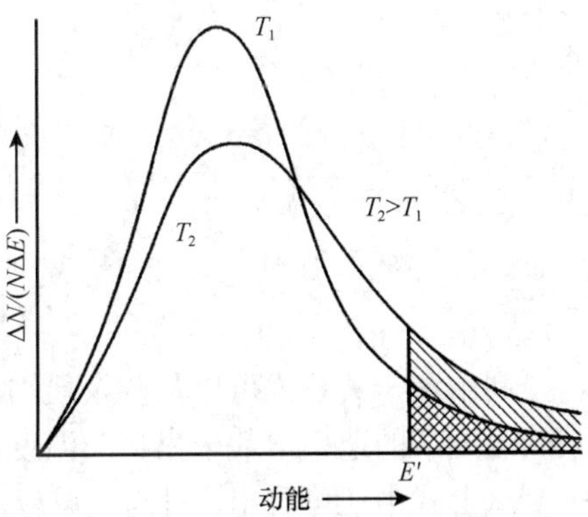

图 8-9　活化分子分数与温度的关系

二、Arrhenius 方程式

1889 年，Arrhenius 根据大量实验数据总结出反应速率常数 k 与反应温度 T 之间的定量关系，这是一个经验公式，叫作 Arrhenius 方程式，表示为

$$k = A\mathrm{e}^{-E_a/RT} \tag{8.14}$$

或

$$\ln k = -\frac{E_a}{RT} + \ln A \tag{8.14a}$$

$$\lg k = -\frac{E_a}{2.303RT} + \lg A \tag{8.14b}$$

式中 A 为常数，称为指数前因子或频率因子，它与单位时间内反应物的碰撞总数(碰撞频率)有关，也与碰撞时分子取向的可能性(分子的复杂程度)有关，R 为摩尔气体常数($8.314\mathrm{J\cdot mol^{-1}\cdot K^{-1}}$)，$E_a$ 为活化能，T 为热力学温度。

从 Arrhenius 方程可以看出：在温度一定时，速率常数 k 的大小取决于反应的活化能 E_a 和指数前因子 A，由于 A 处于对数项中，对 k 的影响远较 E_a 为小，故 k 的大小主要由 E_a 决定。对于一个给定的化学反应，在一定温度范围内活化能 E_a 和指数前因子 A 随温度变化都很小，可近似把 E_a 和 A 看作是与温度无关的常数，因此速率常数的变化取决于温度的改变。

对数形式的 Arrhenius 方程是一个直线方程，将不同温度下的 ln$k$ 值对 $\frac{1}{T}$ 作图，可以得一直线，直线的斜率为 $-\frac{E_a}{R}$，截距为 ln$A$，利用斜率和截距可求出 E_a 和 A。若以 lg$k$ 对 $\frac{1}{T}$ 作图，也得一直线，其斜率为 $-\frac{E_a}{2.303R}$。

从 Arrhenius 方程可以得出以下推论。

(1) 对于一个给定的化学反应，活化能 E_a 是常数，$\mathrm{e}^{-Ea/RT}$ 随温度 T 升高而增大，表明温度升高，k 变大，反应速率加快。

(2) 当温度一定时，如几个反应的 A 值相近，E_a 愈大的反应则 k 值愈小，即活化能愈大，反应愈慢。

(3) 对活化能不同的反应，温度对反应速率影响的程度不同。由于 ln$k$ 与 $\frac{1}{T}$ 呈直线关系，而直线的斜率为负值，故 E_a 愈大的反应，直线斜率的绝对值越大(愈陡)，即当温度变化相同时，E_a 愈大的反应，k 的变化越大。对于可逆反应，温度升高时平衡向吸热方向移动，也是这个道理，因吸热反应的活化能大于放热反应的活化能，温度升高时，吸热反应速率增大较多。

E_a 和 A 的值不仅可以通过作图法求得，也可以根据实验数据，运用 Arrhenius 方程计算而得。设某反应在温度 T_1 时反应速率常数为 k_1，在温度 T_2 时反应速率常数为 k_2，又知 E_a 及 A 不随温度而变，则

$$(1)\quad \ln k_1 = -\frac{E_a}{RT_1} + \ln A$$

$$(2)\quad \ln k_2 = -\frac{E_a}{RT_2} + \ln A$$

(2)式减(1)式得

$$\ln\frac{k_2}{k_1} = \frac{E_a}{R}\left(\frac{T_2 - T_1}{T_1T_2}\right) \tag{8.15}$$

利用这一关系式可以从两个已知温度下的速率常数求出反应的活化能；或者从已知反应的活化能及某一温度下的速率常数求出另一温度下的速率常数。

从上式中还可看出，对同一反应，当温度在较低范围内时，速率常数受温度的影响比在温度较高范围内时更显著。

例 8-4 已知某药物分解反应为一级反应，在 100℃时测得该药物的半衰期为 170d，该药物分解 20%

为失效，已知 10℃时其有效期为 2a(按 700d 计)。若改为室温下(25℃)保存，该药物的有效期为多少天？

解 由 $t_{1/2}=\dfrac{\ln 2}{k}$ 得 $k_{373}=\dfrac{0.693}{170\text{d}}=4.08\times10^{-3}\text{d}^{-1}$

该药物分解 20%为失效，10℃时其有效期为 2a(按 700d 计)则

$$k_{283}=\frac{1}{700\text{d}}\ln\frac{1}{1-0.2}=3.19\times10^{-4}\text{d}^{-1}$$

由

$$\ln\frac{k_2}{k_1}=\frac{E_a}{R}\left(\frac{T_2-T_1}{T_1T_2}\right)$$

得

$$E_a=\frac{8.314\text{J}\cdot\text{mol}^{-1}\cdot\text{K}^{-1}\times283\text{K}\times373\text{K}}{(373-283)\text{K}}\ln\frac{4.08\times10^{-3}\text{d}^{-1}}{3.19\times10^{-4}\text{d}^{-1}}=2.49\times10^{4}\text{J}\cdot\text{mol}^{-1}$$

由 $\ln\dfrac{k_2}{k_1}=\dfrac{E_a}{R}\left(\dfrac{T_2-T_1}{T_1T_2}\right)$ 求室温下(25℃)的 k_{298}

$$\ln k_{298}=\frac{2.49\times10^{4}\text{J}\cdot\text{mol}^{-1}\times(298-283)\text{K}}{8.314\text{J}\cdot\text{mol}^{-1}\cdot\text{K}^{-1}\times283\text{K}\times298\text{K}}+\ln3.19\times10^{-4}=-7.51$$

$$k_{298}=5.48\times10^{-4}\text{d}^{-1}$$

则该药物的有效期为

$$t_{有效}(298)=\frac{1}{5.48\times10^{-4}\text{d}^{-1}}\ln\frac{1}{1-0.2}=407\text{d}$$

例 8-5 某药物在水溶液中分解，323K 和 343K 时测得该分解反应的速率常数分别为 $7.08\times10^{-4}\text{h}^{-1}$ 和 $3.55\times10^{-3}\text{h}^{-1}$，求该反应的活化能和 298K 时的速率常数。

解 由式

$$\ln\frac{k_2}{k_1}=\frac{E_a}{R}\left(\frac{T_2-T_1}{T_1T_2}\right)$$

$$E_a=\frac{RT_1T_2}{T_2-T_1}\ln\frac{k_2}{k_1}$$

得

$$=\frac{8.314\text{J}\cdot\text{mol}^{-1}\cdot\text{K}^{-1}\times323\text{K}\times343\text{K}}{343\text{K}-323\text{K}}\times\ln\frac{3.55\times10^{-3}\text{h}^{-1}}{7.08\times10^{-4}\text{h}^{-1}}$$

$$=7.425\times10^{4}\text{J}\cdot\text{mol}^{-1}=74.25\text{kJ}\cdot\text{mol}^{-1}$$

在 298K 时的速率常数 k 可按下式计算：

$$\ln k_2=\frac{E_a}{R}\left(\frac{T_2-T_1}{T_1T_2}\right)+\ln k_1$$

将求得的 E_a 值和 323K 时的 k_1 值代入上式，可求得 298K 时的速率常数

$$\ln k_{298}=\frac{74.25\times1000\text{J}\cdot\text{mol}^{-1}}{8.314\text{J}\cdot\text{mol}^{-1}\cdot\text{K}^{-1}}\left(\frac{298\text{K}-323\text{K}}{323\text{K}\times298\text{K}}\right)+\ln7.08\times10^{-4}\text{h}^{-1}$$

$$=-9.573$$

$$k_{298}=6.96\times10^{-5}\text{h}^{-1}$$

例 8-6 若反应 1 的 E_{a1}=103.3kJ · mol^{-1}，A_1=4.3×10^{13}s^{-1}；反应 2 的 E_{a2}=246.9kJ · mol^{-1}，A_2=1.6×10^{14}s^{-1}；求(1)把反应温度从 300K 提高到 310K，反应 1 和反应 2 的速率常数各增大多少倍？(2)把反应 2 的反应温度从 700K 提高到 710K，反应速率常数将增大多少倍？

解 (1)由 $k=\text{e}^{-E_a/RT}$ 计算得

反应 1 在 300K 时的 $k_1=4.5\times10^{-5}\text{s}^{-1}$

在 310K 时的 $k_1'=1.7\times10^{-4}\text{s}^{-1}$

则当温度升高 10K，速率常数增大 $\dfrac{k_1'}{k_1}=\dfrac{1.7\times10^{-4}\text{s}^{-1}}{4.5\times10^{-5}\text{s}^{-1}}\approx3.8$ 倍

反应 2 在 300K 时的 $k_2=1.7\times10^{-29}s^{-1}$

在 310K 时的 $k_2'=4.1\times10^{-28}s^{-1}$

则当温度同样升高 10K，速率常数却增大 $\frac{k_2'}{k_2}=\frac{4.1\times10^{-28}s^{-1}}{1.7\times10^{-29}s^{-1}}\approx24$ 倍。

可见在 A 相差不大的情况下，活化能不同的反应，其反应速率常数随温度的变化差别很大，活化能较大的反应受温度影响大。

(2) 当温度从 700K 升至 710K 时，反应 2 的速率常数分别为：

$$k_{(700K)}=6.0\times10^{-5}s^{-1}$$
$$k_{(710K)}=1.1\times10^{-4}s^{-1}$$

速率常数增大 $\frac{k_{710K}}{k_{700K}}=\frac{1.1\times10^{-4}s^{-1}}{6.0\times10^{-5}s^{-1}}\approx1.8$ 倍

可见对同一反应 2，从较低温度 300K 升至 310K 时，反应速率增加 24 倍，而从较高温度 700K 升至 710K 时，同样升高 10K，反应速率仅增加 1.8 倍。说明速率常数受温度的影响在低温范围时比高温范围时显著。

第五节 催化剂对化学反应速率的影响

一、催化剂及催化作用

常温常压下将氢和氧混合，并不发生反应。但如放入少许铂粉或铂片，他们便马上反应化合成水，而铂本身的质量和化学组成却没有变化。这里的铂就是一种催化剂。

能够改变化学反应速率，而其本身的质量和化学性质在反应前后保持不变的物质称为**催化剂**(catalyst)(工业上也称触媒)。催化剂能改变化学反应速率的作用称为**催化作用**(catalysis)。

有些催化剂能加快化学反应速率，这类催化剂称为正催化剂；而有些催化剂能减慢化学反应速率，这类催化剂称为负催化剂，也常称为阻化剂或抑制剂。在实际工作中，并非所有的反应速率都需要加快，如防止储存的过氧化氢分解，防止橡胶和塑料的氧化，防止药物的变质等，都需要加入一些抑制剂以减慢反应速率。人们通常所说的催化剂，如果没有加以说明，都是指正催化剂。

有些反应的产物可作为其反应的催化剂，这一现象称为自动催化。例如高锰酸钾在酸性溶液中与草酸的反应，开始时反应较慢，一旦反应生成了 Mn^{2+}后，反应就自动加速，产物 Mn^{2+}就是催化剂。其反应式为

$$2KMnO_4+3H_2SO_4+5H_2C_2O_4=2MnSO_4+K_2SO_4+8H_2O+10CO_2$$

二、催化作用理论

催化剂能够加快反应速率的根本原因，是由于催化剂参与了化学反应，生成了中间化合物，改变了反应途径，降低了反应的活化能，从而使更多的反应物分子成为活化分子。

对于不同的催化反应，降低活化能的机理是不同的。虽然已进行了大量的研究工作，但目前仍有许多反应的机理不清。目前比较成熟的催化理论，可分为均相催化理论和多相催化理论两种，现简单介绍如下。

(一) 均相催化理论—中间产物学说

催化剂处在溶液中或气相内，与反应物形成均匀系统而发挥催化作用称为**均相催化**(homogeneous catalysis)。如图 8-10，化学反应 A+B→AB 所需的活化能为 E_a，加入催化剂 K 形成均匀系统后，往往先形成中间产物 AK，再进一步反应生成产物 AB，并释放催化剂 K。即在催化剂 K 的参与下，反应按以下两步进行

$$(1)\ A+K\longrightarrow AK$$
$$(2)\ AK+B\longrightarrow AB+K$$

第一步反应的活化能为 E_{a1}，第二步反应的活化能为 E_{a2}，催化剂存在下反应的活化能 E_{a1} 和 E_{a2} 均小于 E_a，所以反应速率加快。从图 8-10 中还可看出，在正向反应活化能降低的同时，逆向反应活化能也降低同样多，故逆向反应也同样得到加速。

图 8-10 形象地说明了在均相催化反应中，由于催化剂的加入形成了中间产物，从而改变了反应途径，反应沿着一条活化能较低的捷径进行因而反应速率加快，因此这种理论称为中间产物学说。

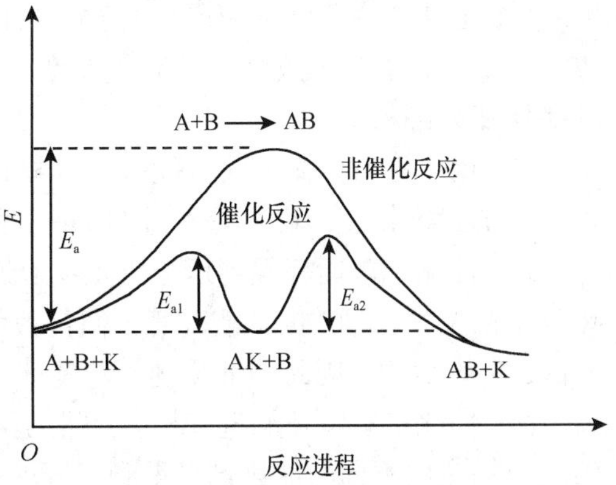

图 8-10 催化剂降低反应活化能的示意图

如乙醛的气态热分解反应，在 791K 时，无催化剂存在的情况下，反应按下式进行

$$CH_3CHO \longrightarrow CH_4 + CO$$

反应的活化能约 $190kJ \cdot mol^{-1}$。如加入少量催化剂碘后，反应途径改变为

$$(1)\ CH_3CHO + I_2 \longrightarrow CH_3I + HI + CO$$

$$(2)\ CH_3I + HI \longrightarrow CH_4 + I_2$$

第一步是慢反应，活化能较高，为 $136kJ \cdot mol^{-1}$。但比不加催化剂时的活化能要低 $54kJ \cdot mol^{-1}$。由于碘的加入，改变了反应历程，降低了反应的活化能，因而反应速率加快。

酸碱催化反应是溶液中较普遍存在的均相催化反应。例如蔗糖的水解、淀粉的水解等，H^+都可以作为催化剂，同样 OH^-离子也可以作为催化剂，如在 H_2O_2 溶液中加碱，将使 H_2O_2 分解成 H_2O 和 O_2 的反应速率加快。有些反应既能被酸催化，也能被碱催化，许多药物的稳定性与溶液的酸碱性有关。

酸碱催化的特点在于催化过程中发生质子(H^+)的转移。因为质子只有一个正电荷，半径又很小，故电场强度大，易接近其他分子的负电一端形成新的化学键(中间产物)，又不受对方电子云的排斥，因而仅需较小的活化能。

(二) 多相催化理论—活化中心学说

催化剂自成一相(常为固相)与反应物构成非均匀系统而发生的催化作用，称为**多相催化**(heterogeneous catalysis)。多相催化反应是在催化剂表面上进行的。固态催化剂的特点在于其表面结构的不规则性和化学价键力的不饱和性，其表面是超微凹凸不平的，在棱角处及不规则的晶面上的突起部分，化学价键力不饱和，因而能与反应物发生一种松散的化学反应，或者产生一种比较稳定的、不大可逆的、选择性大的化学吸附，从而使反应物分子内部旧键松弛，失去正常的稳定状态，转变为新物质。这个过程的活化能较原来的低，因而反应速率加快。这些易于发生化学吸附的部位称为活化中心。因此这种理论也称为活化中心学说。由于不同催化剂活化中心的几何排布不同，其价键力的不饱和程度也不同，因而不同的固体催化剂对不同的化学反应呈现不同的催化活性，即催化剂的选择性，如合成氨反应，用铁作催化剂，气相中的 N_2 分子首先被铁催化剂活化中心吸附，使 N_2 分子的化学键减弱、断裂、解离成 N 原子，然后气相中的 H_2 分子与 N 原子作用，逐步生成 NH_3。此过程可简略表示如下

$$N_2 + 2Fe \longrightarrow 2N\cdots Fe$$

$$2N\cdots Fe + 3H_2 \longrightarrow 2NH_3 + 2Fe$$

多相催化比均相催化复杂得多，解释多相催化机理的理论也很多，但均有其局限性，有关催化剂的理论尚在研究与发展之中。

三、催化剂的特点

催化作用是一种极为普通的现象，当代化学工业的迅速发展归功于各种催化剂的应用和改良。在生物体内，几乎所有重要的生化反应都是由各种各样的生物催化剂——酶所催化完成的。所以催化作用对国民经济、生理活动等都具有重大意义。

综上所述，归纳出催化剂具有以下的基本特点。

(1) 催化剂在化学反应前后的质量和化学组成不变，但催化剂的作用是化学作用，因此，其物理性质可能变化，如外观改变、晶形消失等。例如 MnO_2 在催化 $KClO_3$ 分解放出氧反应后虽仍为 MnO_2，但其晶体变为细粉。

(2) 由于短时间内催化剂能多次反复再生，所以少量催化剂就能起显著作用。如在每升 H_2O_2 中加入 3μg 的胶态铂，即可显著促进 H_2O_2 分解成 H_2O 和 O_2。

(3) 催化剂能同等程度地加快正反应速率和逆反应速率，缩短到达化学平衡所需的时间，但不能使化学平衡发生移动，也不能改变平衡常数的数值。因为催化剂不改变反应的始态和终态，即不能改变反应的 ΔG 或 $\Delta G^{\ominus}$，因此，催化剂不能使非自发反应变成自发反应。

(4) 催化剂有特殊的选择性(特异性)。一种催化剂通常只对一种或少数几种反应起催化作用。同样的反应物应用不同的催化剂可得到不同的产物。如

$$C_2H_5OH \xrightarrow[\text{铜粉}]{473\sim523K} CH_3CHO + H_2$$

$$C_2H_5OH \xrightarrow[Al_2O_3]{623\sim633K} C_2H_4 + H_2O$$

$$2C_2H_5OH \xrightarrow[H_2SO_4]{413K} (C_2H_5)_2O + H_2O$$

四、生物催化剂——酶

酶(enzyme)是一种特殊的生物催化剂，是具有催化能力的蛋白质，存在于动物、植物和微生物中。生物体内发生的一切化学反应几乎都是在特定酶的催化作用下进行的，人类摄取植物或其他动物体中的营养成分，在体内经过错综复杂的化学反应把这些物质转化为自身的一部分，使人类得以生存、活动、生长和繁殖等，这许多化学反应绝大多数是在酶的催化作用下进行的。因此可以认为，没有酶的催化作用就不可能有生命现象。日常生活和工业生产中也广泛应用酶作催化剂，例如淀粉发酵酿酒和微生物发酵生产抗生素等。被酶所催化的那些物质称为**底物**(substrate)。酶催化作用的原因仍是改变反应途径，降低活化能。酶除了具有一般催化剂的特点外，尚有下列特征：

(1) 具有高度选择性。一种酶只对某一种或某一类的反应起催化作用。例如脲酶只能催化尿素迅速转化成氨和二氧化碳，而对于尿素取代物的水解反应没有催化作用。

(2) 具有高度的催化活性。酶的催化能力非常高，对于同一反应而言，酶的催化能力常常比非酶催化高 $10^6\sim10^{10}$ 倍。如存在于血液中的碳酸酐酶能催化 H_2CO_3 分解为 CO_2 和 H_2O，它的反应速率比非催化反应的速率约快 10^{10} 倍。正因为血液中存在如此高效的催化剂，才能及时完成排放 CO_2 的任务，以维持血液的正常生理 pH。又如蛋白质的消化(即水解)，在体外需用浓的强酸或强碱，并煮沸相当长的时间才能完成，但食物中蛋白质在酸碱性都不强，温度仅 37℃的人体消化道中，却能迅速消化，就因为消化液中有蛋白酶等催化的结果。

(3) 具有特殊的作用 pH 范围和温度范围。酶催化反应对 pH 很敏感，因为酶的本质是蛋白质，本身具有许多可电离的基团，溶液 pH 改变时，可改变酶的荷电状态，因而影响酶的活性。酶的活性常常在某一 pH 范围内最大，称为酶的最适 pH，体内大多数酶的最适 pH 接近中性；同样酶催化反应对温度很敏感，由于酶是蛋白质，温度过高会使其变性，从而使催化活性下降或全部失去。只有在某一温度时，速率最大，此时的温度称为酶的最适温度，人体大多数酶的最适温度在 37℃左右。

酶的高活性和选择性是因为酶分子中的特定区域内存在着结构复杂的活性中心。这些活性中心由某些具有特定化学结构和空间构型的基团组成，只有当活性中心里各基团结构排列恰好与反应物的某些反应部位的结构相适应，并以氢键或其他形式相结合时，酶才表现出催化活性。

酶催化反应的机理为酶(E)与底物(S)先生成中间络合物(ES)，然后继续反应生成产物(P)，并释放出酶 E

$$E + S \rightleftharpoons ES \longrightarrow E + P$$

拓展应用

药物贮存期预测

药物在贮存过程中常因发生水解、氧化等反应而使含量逐渐降低，乃至失效。预测药物贮存期的方法是应用化学动力学的原理，在较高的温度下进行试验，使药物降解反应加速进行，经数学处理求得药物在室温下的贮存期。加速试验的方法可分为恒温法(isothermal prediction)和变温法(nonisothermal prediction)两大类。

1. 恒温法 在经典的恒温法中，首先根据不同药物的稳定程度选取几个较高的试验温度，测定各温度下药物浓度随时间的变化，求得药物降解反应级数及在各试验温度下的反应速率常数 k，然后依据阿仑尼乌斯公式，以 $\ln k$ 对 $1/T$ 作图(或作直线回归)，外推求得药物在室温下的速率常数 $k_{298.15}$，并由此算出在室温下药物含量降低至合格限度所需的时间，即贮存期。经典恒温法的优点是结果准确，计算简单，但试验工作量和药品消耗量大，试验周期长。为了克服这些缺点，恒温法又衍生出一些改进方法，例如单点测定法等。

2. 变温法 变温法是在一定温度范围内，连续改变温度，通过一次试验即可获得所需的动力学参数(活化能、速率常数及贮存期等)的方法。与经典恒温法相比，变温法可节省时间和样品，减少试验工作量。变温法又分为程序升温法(programmable heating)和自由升温法(flexible heating)两大类。前者按一定的升温程序连续改变温度，采用的升温规律有倒数升温、线性升温、指数升温及升降温等；后者则没有固定的升温规律，而是用计算机自动记录试验温度来代替恒温法和程序升温法的控制温度。初期的变温法存在着一些缺点和局限，其预测结果的准确度与恒温法相比有较大的差距。20 世纪 90 年代以来，变温法的控温装置、计算方法及升温规律都得到了改进，出现了更为科学的指数程序升温法及程序升降温法，大大提高了预测结果的准确度，并将程序升温法和自由升温法相结合，即在控制温度的同时也自动记录温度，使变温法的优点得到了更充分的发挥。

Summary

The reaction rate of a chemical reaction is defined as the change in concentration of a reactant or product per unit time.There are two kinds of reaction rates. One is the average rate which measures the concentration change during a time interval. The expression of reaction rate：$A \longrightarrow P$ is

$$\bar{v} = -\frac{\Delta c_A}{\Delta t}$$

The other is the instantaneous rate defined as：

$$v = -\frac{dc_A}{dt}$$

It is the rate which the time interval extends to infinitely short.

In general，chemical reaction rate is also defined as change of reaction extent occurred with time in unit volume.That is

$$v \overset{\text{def}}{=} \frac{1}{V}\frac{d\xi}{dt}$$

For an arbitrary reaction $aA+bB = eE+fF$，it may be written as

$$v = -\frac{1}{a}\frac{dc_A}{dt} = -\frac{1}{b}\frac{dc_B}{dt} = \frac{1}{e}\frac{dc_E}{dt} = \frac{1}{f}\frac{dc_F}{dt}$$

A reaction mechanism is referred to a detailed description of all intermediate steps involved in that reaction. A reaction in which the reactant is directly converted to product in a single step is defined as an elementary reaction whereas an overall reaction that takes several steps to complete is defined to be a complex reaction.

According to the number of molecules involved in the reaction，elementary reactions can be divided into three kinds：monomolecular reaction，bimolecular reaction and termolecular reaction. Because the probability of three molecules colliding simultaneously is very small，termolecular reaction are quite rare.

For a reaction aA＋bB $\longrightarrow$ product(s)，its rate will be dependent on the concentration of A and B by the reaction defined in a rate equationl $v=kc^{\alpha}(\mathrm{A})c^{\beta}(\mathrm{B})$，$\alpha$，$\beta$ is the partial order of the reaction with respect to A or B，respectively. k is the rate constant for the specific reaction. The sum of the partial order $n = \alpha + \beta$ is the overall order of the reaction，or simply，the reaction order. For elementary reaction，$\alpha=a$，$\beta=b$，$v=kc^{\alpha}(\mathrm{A})c^{\beta}(\mathrm{B})$. Law of mass action valid only for elementary reaction.

Two theories are applied for an elementary reaction (1)collision theory and (2)transient state theory. In a productive collision the mo1ecules are those have sufficient energy and properly oriented. In this model the active energy is defined as the energy difference between the minimum energy the activated molecules possess and the average kinetic energy of reactant molecules.In the transient state theory，the reaction enthalpy，$\Delta_r H_m^{\ominus}$，is defined as the activation energy difference between forward and reverse reactions.

For first-order reaction，when E_a increases by 4kJ · mol^{-1}，k decreases by 80%. The effect of E_a on reaction rate is significant. E_a ranges is between 40～400kJ · mol^{-1}. Reaction with E_a less than 80kJ · mol^{-1} belongs to fast reactions. To study their kinetics，special method have to be used. For reaction with E_a larger than 100kJ · mol^{-1}，it is too slow to study.

From the middle of 19 century，people began to study the effect of temperature on the reaction rate. Many empirical relations have been founded. Arrhenius proposed that the rate constant of most reactions are exponentially proportional to the reaction temperature in $k = A\mathrm{e}^{-E_a/RT}$，where A is a frequency factor and E_a is the actlvation energy.

Catalysts can increase or decrease chemical rate .Catalysts increase chemical rate through alternating reaction route，thereby decreases the activation energy. A catalyst does not change the equilibrium. Enzymes are biological catalysts. In general，they are large proteins that possess high catalytic efficiency. Acturally，Enzymes are enormous factors which increase reaction rate.

习 题

1. 解释下列名词：(1)化学反应速率 (2)基元反应 (3)速率控制步骤 (4)反应分子数 (5)反应级数 (6)活化能 (7)半衰期 (8)催化剂。

2. 什么叫有效碰撞？反应物分子发生有效碰撞的条件是什么？

3. 什么是质量作用定律？应用时有什么限制？

4. 速率常数有何意义？若时间的单位为 s，浓度的单位为 mol · L^{-1}，分别写出一级反应、二级反应和零级反应的速率常数的单位。

5. 为什么化学反应速率通常随反应时间的增加而减慢？

6. 温度升高，可逆反应的正、逆化学反应速率都加快，为什么化学平衡还会移动？

7. 下列叙述是否正确？并加以解释。

(1) 所有反应的反应速率都随时间的变化而改变。

(2) 质量作用定律适用于实际能进行的反应。

(3) 可以从速率常数的单位来推测反应级数和反应分子数。

(4) 正反应的活化能一定大于逆反应的活化能。

8. 催化剂的主要特点是什么？它为什么能改变化学反应速率？又为什么不能使化学平衡移动？

9. 肺进行呼吸时，吸入的 O_2 与肺脏血液中的血红蛋白 Hb 反应生成氧合血红蛋白 HbO_2，反应式为 Hb+O_2 $\longrightarrow$ HbO_2，该反应对 Hb 和 O_2 均为一级，为保持肺脏血液中血红蛋白的正常浓度(8.0×10^{-6}mol · L^{-1})，则肺脏血液中 O_2 的浓度必须保持为 1.6×10^{-6}mol · L^{-1}。已知上述反应在正常体温下的速率常数 $k=2.1\times10^{6}$mol^{-1} · L · s^{-1}。

(1) 计算正常情况下，氧合血红蛋白在肺脏血液中的生成速率。

(2) 患某种疾病时，HbO_2 的生成速率已达 1.1×10^{-4}mol · L^{-1} · s^{-1}，为保持 Hb 的正常浓度，需给患

者进行输氧，问肺脏血液中 O_2 的浓度为多少才能保持 Hb 的正常浓度。

[(1) $2.7\times10^{-5}\text{mol}\cdot\text{L}^{-1}\cdot\text{s}^{-1}$；(2) $6.5\times10^{-6}\text{mol}\cdot\text{L}^{-1}$]

10. 科学工作者已经研制出人造血红细胞。这种血红细胞从体内循环中被清除的反应是一级反应，其半衰期为 6.0h。如果一个事故的受害者血红细胞已经被人造血红细胞所取代，1.0h 后到达医院，这时其体内的人造血红细胞占输入的人造血红细胞的分数是多少？

[89%]

11. 形成烟雾的化学反应之一是 $O_3(g)+NO(g)\rightarrow O_2(g)+NO_2(g)$。已知此反应对 O_3 和 NO 都是一级，且速率常数为 $1.2\times10^7\text{mol}^{-1}\cdot\text{L}\cdot\text{s}^{-1}$。试计算当受污染的空气中 $c(O_3)=c(NO)=5.0\times10^{-8}\text{mol}\cdot\text{L}^{-1}$ 时，(1) NO_2 生成的初速率(2)反应的半衰期(3)5 个半衰期后的 c(NO)。

[(1) $3.0\times10^{-8}\text{mol}\cdot\text{L}^{-1}\cdot\text{s}^{-1}$；(2)1.7s；(3) $1.6\times10^{-9}\text{mol}\cdot\text{L}^{-1}$]

12. 某放射性同位素进行 β 放射，经 14d 后，同位素的活性降低 6.85%，试计算此同位素蜕变的速率常数和反应的半衰期。此放射性同位素蜕变 90%需多长时间？

[(1) $5.07\times10^{-3}\text{d}^{-1}$；(2)137d；(3)454d]

13. C^{14} 放射性蜕变的 $t_{1/2}$ 为 5730 年，今一考古样品中测得的 C^{14} 含量只有正常生物体的 72%，请问该样品距今有多少年。

[2716 年]

14. 某物质 A 的分解为二级反应，在定温下，反应进行到 A 消耗掉初始浓度的 1/3 时，需要的时间为 2min，求 A 消耗掉初始浓度的 2/3 时需要的时间。

[8min]

15. 某药物的初始含量为 $5.0\text{g}\cdot\text{L}^{-1}$，在室温下放置一年之后，含量降为 $4.2\text{g}\cdot\text{L}^{-1}$。已知药物分解 30%即谓失效，若此药物分解反应为一级反应，问：(1)半衰期是多少？(2)药物的有效期限？

[4.1a、2.1a]

16. 某反应从 27℃升到 37℃时，反应速率增加为原来的 4 倍，试估算该反应的活化能。如该反应从 127℃上升到 137℃，反应速率将增加为原来的多少倍?

[$107\text{kJ}\cdot\text{mol}^{-1}$，2.2 倍]

17. 尿素的水解反应为

$$CO(NH_2)_2 + H_2O \longrightarrow 2NH_3 + CO_2$$

25°C 无酶存在时，反应的活化能为 $120\text{kJ}\cdot\text{mol}^{-1}$，当有尿素酶存在时，反应的活化能降为 $46\text{kJ}\cdot\text{mol}^{-1}$，反应速率为无酶存在时的 9.4×10^{12} 倍，试计算无酶存在时，温度要升到何值才能达到酶催化时的速率？

[778K]

18. 已知青霉素 G 的水解反应为一级反应，37℃时反应的活化能为 $84.80\text{kJ}\cdot\text{mol}^{-1}$，指数前因子为 $4.2\times10^{12}\text{h}^{-1}$。试求，37℃时青霉素 G 水解反应的速率常数。

[$2.1\times10^{-2}\text{h}^{-1}$]

19. 环氧乙烷的分解是一级反应，380℃时反应的半衰期为 363min，反应的活化能 E_a 为 $217.57\text{kJ}\cdot\text{mol}^{-1}$。试计算环氧乙烷在 450℃时分解 75%所需的时间。

[15min]

20. 在 28℃时，鲜牛奶大约 4 小时变酸，但在 5℃冰箱内可保持 48 小时。假定反应速率与变酸时间成反比，试估算牛奶变酸反应的活化能。

[$75.2\text{ kJ}\cdot\text{mol}^{-1}$]

(高 静)

第九章

氧化还原与电极电位

氧化还原反应(oxidation-reduction reaction)是自然界中存在的一大类非常重要的反应，它们对于生命体的产生、进化以及繁衍生息都有着极为特殊的意义。氧化还原反应在生命过程中扮演着十分重要的角色，生命过程中能量的获取和多种疾病的发生大多数都与氧化还原反应有关；心电、脑电、肌电等生物电现象，也都与氧化还原反应中电子转移所产生的电池电动势有关。本章将在氧化还原反应的基础上，着重讨论如何将化学能转变为电能，以及电极电位和电池电动势的产生及其应用等有关知识，并简单介绍与此相关的溶液 pH 测定等内容。

第一节　氧化还原反应的基本概念

一、氧　化　值

氧化值(oxidation number)又称为氧化数，是为了表示各元素在化合物中所处的化合状态而引入的一个概念。按照 1970 年国际纯粹和应用化学联合会(International Union of Pure and Applied Chemistry, IUPAC)的定义，氧化值是某元素一个原子表现出来的形式电荷数，这种电荷数是将成键电子指定给**电负性**(electronegativity)较大的原子而求得的。某元素在化合时，该元素一个原子失去多少电子或有多少电子向其他原子偏移，则该原子的氧化值为正多少；反之，一个原子得到多少电子或其他原子有多少电子向它偏移，则该原子的氧化值为负多少。计算化合物中元素的氧化值时，有如下规定：

(1) 单质中原子的氧化值为零，例如 H_2、O_2、O_3、C、Na 和 Ne 等。

(2) 氧在大多数化合物中的氧化值一般为−2，但在过氧化物(如 H_2O_2)中为−1，在超氧化物(如 KO_2)中为−0.5，在臭氧化物(如 K_3O)中为−1/3，在氟化氧 OF_2 中为+2。

(3) 氢在大多数在化合物中的氧化值一般为+1，但在金属氢化物(如 CaH_2)中为−1。

(4) 离子的总电荷数等于各元素原子的氧化值的代数和。

(5) 电中性化合物中，各元素原子的氧化值的代数和等于零。

例如，K_2CrO_4 中 Cr 的氧化值为+6；Fe_3O_4 中 Fe 的氧化值为+8/3；$(NH_4)_2S_2O_8$ 中 S 的氧化值为+7；$Na_2S_4O_6$ 中 S 的氧化值为 2.5(2 个 S 为 0，2 个 S 为+5)。

需要说明的是，氧化值与化合价不同。化合价是元素相结合时的原子个数比，它只能是整数，而氧化值是一种按一定规则指定的形式电荷数，它可以是整数，也可以是分数。氧化值与化合价在数值上有时相等，有时不相等。

二、氧化还原反应

(一) 氧化还原反应

在化学反应过程中，元素的原子或离子在反应前后氧化值发生改变的反应称为氧化还原反应，其实质是物质间有电子的得失。氧化值升高的物质称为**还原剂**(reducing agent)，它发生了**氧化反应**(oxidation reaction)；氧化值降低的物质称为**氧化剂**(oxidizing agent)，它发生了**还原反应**(reduction reaction)。例如

$$Zn + Cu^{2+} \rightleftharpoons Zn^{2} + Cu$$

该反应中，Zn 失去电子，氧化数由 0 升高到+2，Zn 发生了氧化反应，是还原剂；Cu^{2+}接受电子，氧化数由+2 降到 0，Cu^{2+}发生了还原反应，是氧化剂。

在氧化还原反应中，氧化反应与还原反应是相互依存同时发生的，若有物质得到电子，就必然有物质失去电子，且得失电子总数相等，即元素原子氧化值升高的总数值等于另一些元素原子氧化值降低的总数值。

(二) 氧化还原半反应和氧化还原电对

任何氧化还原反应都由失去电子的**氧化半反应**(oxidation half reaction)和得到电子的**还原半反应**(reduction half reaction)所构成。例如，上面的氧化还原反应可分解为

$$\text{氧化半反应}\qquad Zn - 2e \rightleftharpoons Zn^{2+}$$

$$\text{还原半反应}\qquad Cu^{2+} + 2e \rightleftharpoons Cu$$

氧化还原半反应可以用如下通式表示：

$$\text{氧化态(Ox)} + ne \rightleftharpoons \text{还原态(Red)}$$

式中 n 为半反应中电子转移数目。在氧化还原半反应中，氧化值较高的物质称为**氧化态**(oxidized state)或**氧化型**物质，用符号 Ox 表示；氧化值较低的物质称为**还原态**(reduced state)或**还原型物质**，用符号 Red 表示。同一元素原子的氧化型物质与其对应的还原型物质，构成一个**氧化还原电对**(redox electric couple)，通常写成"氧化态/还原态(Ox/Red)"。例如，以上反应中的两个氧化还原电对可分别写为 Cu^{2+}/Cu 和 Zn^{2+}/Zn。

每个氧化还原半反应中都含有一个氧化还原电对。书写氧化还原电对时，不需要考虑氧化态和还原态的配平问题；当溶液中的介质参与半反应时，尽管它们在反应中未得失电子也应写入半反应中。例如半反应

$$Cr_2O_7^{2-} + 14H^+ + 6e^- \rightleftharpoons 2Cr^{3+} + 7H_2O$$

式中电子转移数为 6，氧化态包括 $Cr_2O_7^{2-}$和 H^+，还原态为 Cr^{3+}(不包括溶剂 H_2O)。

在氧化还原电对中，氧化态的氧化能力越强，其对应的还原态的还原能力就越弱；氧化态的氧化能力越弱，其对应的还原态的还原能力就越强。例如，在 MnO^-_4/Mn^{2+}电对中，MnO_4^-是一个强氧化剂，则 Mn^{2+}是一个弱还原剂。

三、氧化还原反应方程式的配平

(一) 氧化值法

氧化值法(oxidation number method)适用于任何氧化还原反应。根据得失电子数目相等的原则，氧化值法配平方程式的原则是还原剂氧化值的总升高值和氧化剂氧化值的总降低值相等。

例 9-1　用氧化值法配平下列方程式。

$$KMnO_4 + HCl \longrightarrow MnCl_2 + Cl_2$$

解　(1) 标出有关元素原子的氧化值及其变化值。

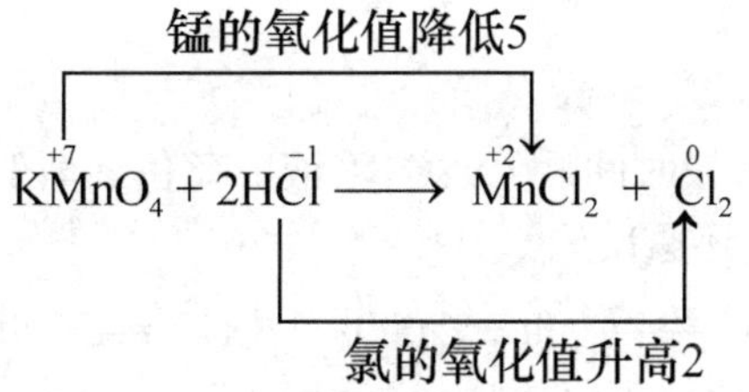

(2) 找出氧化值升高和降低总值的最小公倍数，将其乘以各氧化值的变化值，使氧化值降低值和升高值相等。

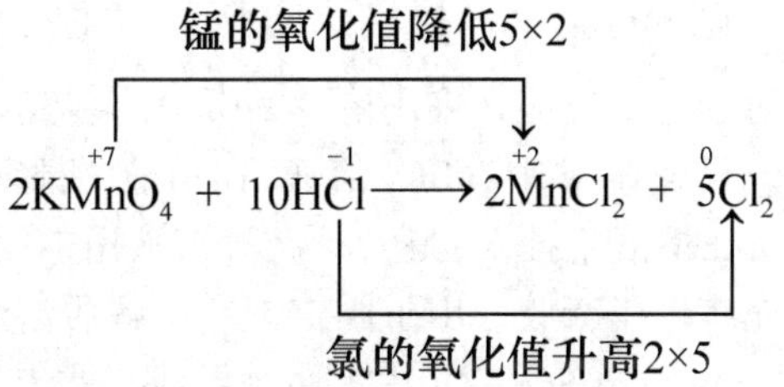

(3) 配平反应前后氧化值未发生变化的原子数。

$$2KMnO_4 + 16HCl \longrightarrow 2MnCl_2 + 5Cl_2 + 2KCl + 8H_2O$$

(4) 检查反应方程式两边的净电荷数及各元素原子的总个数是否相等，若相等，则将单向箭头改为

等号或双向箭头，即得配平的反应式。

$$2KMnO_4 + 16HCl \rightleftharpoons 2MnCl_2 + 5Cl_2 + 2KCl + 8H_2O$$

(二) 离子-电子法

离子电子法(ion-electronic method)是先将反应式改写成半反应式，再将半反应式配平，然后将这些半反应式加和起来，消去其中的电子即可。其配平步骤如下：

1. 写出相应的离子反应式，将离子反应拆分为氧化半反应和还原半反应。
2. 配平两个半反应。氢原子及氧原子可根据介质酸碱性用 H^+、OH^-和 H_2O 配平。
3. 根据得、失电子数相等的原则，分别将两个半反应式乘以适当的系数后相加并整理。
4. 检查，确保反应前后净电荷数及各元素原子的总数目相等。

例 9-2 用离子电子法配平下列酸性溶液中的反应方程式。

$$KClO_3 + FeSO_4 + H_2SO_4 \longrightarrow KCl + Fe_2(SO_4)_3 + H_2O$$

解 (1) 写出相应的离子反应式

$$ClO_3^- + Fe^{2+} + H^+ \longrightarrow Cl^- + Fe^{3+} + H_2O$$

(2) 将反应拆分为氧化半反应和还原半反应

$$ClO_3^- + H^+ + 6e \longrightarrow Cl^- + H_2O$$

$$Fe^{2+} - e \longrightarrow Fe^{3+}$$

(3) 配平半反应

$$ClO_3^- + 6H^+ + 6e \longrightarrow Cl^- + 3H_2O$$

$$Fe^{2+} - e \longrightarrow Fe^{3+}$$

(4) 根据得失电子数相等的原则，将两个半反应乘以电子得失的最小公倍数，然后相加得

$$ClO_3^- + 6H^+ + 6Fe^{2+} \longrightarrow Cl^- + 6Fe^{3+} + 3H_2O$$

(5) 检查。若反应前后的净电荷数及各元素原子的总数目相等，则将单向箭头改为双向箭头或等号，即得配平的反应式。

$$KClO_3 + 6FeSO_4 + 3H_2SO_4 \rightleftharpoons KCl + 3Fe_2(SO_4)_3 + 3H_2O$$

第二节　原电池与电极电位

一、原　电　池

(一) 原电池

将锌片置于 $CuSO_4$ 溶液中，一段时间后 $CuSO_4$ 溶液的蓝色逐渐变浅，而锌片上会沉积出一层棕红色的铜。这是一个自发进行的氧化还原反应。

$$Zn + CuSO_4 \rightleftharpoons Cu + ZnSO_4 \quad \Delta_r G_m^{\ominus} = -212.6kJ \cdot mol^{-1}$$

反应中 Zn 失去电子生成 Zn^{2+}，发生氧化反应；Cu^{2+}得到电子生成 Cu，发生还原反应；Zn 和 Cu^{2+}之间发生了电子转移。由于 Zn 与 $CuSO_4$ 溶液直接接触，反应在锌片和 $CuSO_4$ 溶液的界面上进行，电子直接由 Zn 转移给 Cu^{2+}，无法形成电流。反应过程中系统的自由能降低，但没有对外做功，反应的化学能以热能的形式散失。

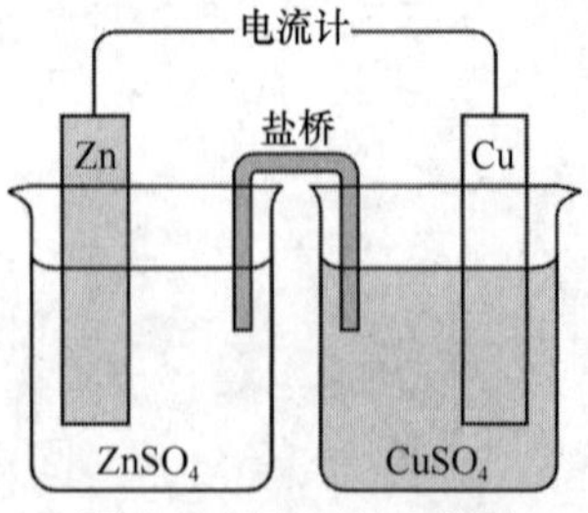

图 9-1　原电池示意图

对于这个反应，采用图 9-1 所示的装置来实现就可以构成铜锌原电池。这时一只烧杯盛有 $ZnSO_4$ 溶液，在溶液中插入 Zn 片，另一只烧杯盛有 $CuSO_4$ 溶液，在溶液中插入 Cu 片。两种溶液用**盐桥**(salt bridge)(倒置的 U 型管，其内填充有琼脂凝胶，用于固定饱和电解质溶液如 KCl、KNO_3 或 NH_4NO_3)连接，那么在 Cu 片和 Zn 片上通过导线串联电流计，便可观察到电流计的指针偏转，说明有电流通过。这种能将氧化还原反应的化学能转化成电能的装置称为**原电池**(primary cell)。理论上，任何氧化还原反应都可以设计成原电池。

在上述原电池中，$ZnSO_4$ 溶液和 Zn 片构成 Zn 半电池，$CuSO_4$ 溶液和 Cu 片构成 Cu 半电池。半电

池中的导体称为**电极**(electrode)。由导线连接两个半电池构成原电池的外电路，由盐桥连接两个半电池构成原电池内电路。根据电流计指针的偏转可以判断，电流从 Cu 电极流向 Zn 电极，电子从 Zn 电极流向 Cu 电极。Zn 电极向外电路中输出电子，是原电池的**负极**(anode)；Cu 电极接受外电路中输入的电子，是原电池的**正极**(cathode)。负极上失去电子，反应物发生氧化反应；正极上得到电子，反应物发生还原反应；由正极反应和负极反应所构成的总反应，称为**电池反应**(cell reaction)。

负极反应 $Zn - 2e \longrightarrow Zn^{2+}$ (氧化反应)

正极反应 $Cu^{2+} + 2e \longrightarrow Cu$ (还原反应)

电池反应 $Zn + Cu^{2+} \rightleftharpoons Cu + Zn^{2+}$

可以看出，电池反应就是氧化还原反应，其中负极反应是在 Zn 半电池中发生的氧化反应，正极反应是在 Cu 半电池中发生的还原半反应。构成两个半反应之间的电子转移是经由导线实现的，这正是原电池利用氧化还原反应的化学能产生电流的原因所在。

(二) 原电池的组成式

原电池装置可以用**电池符号**(cell notation)表示。电池符号也称为电池组成式，其书写规则如下：

(1) 一般将负极写在左边，以(–)表示，正极写在右边，以(+)表示。

(2) 单线“|”表示两相界面，双线“||”表示盐桥，同一相中不同物质用逗号“，”分开。

(3) 溶液中的溶质须标注浓度；若为气体，须标注压强。当溶液浓度为 $1mol \cdot L^{-1}$ 或气体分压为 100kPa 时可不标注。半电池中的溶液紧靠盐桥，电极板远离盐桥。

(4) 气体或液体不能直接作为电极，必须附以非活泼金属如铂或石墨作电极导体。

根据以上原则，铜锌原电池的电池组成式可表示为：

$$(-)Zn(s) \mid ZnSO_4(1.0mol \cdot L^{-1}) \parallel CuSO_4(1.0mol \cdot L^{-1}) \mid Cu(s)(+)$$

例 9-3 将下列氧化还原反应设计成原电池，并写出电极反应和电池组成式。

$$Cr_2O_7^{2-} + 6Cl^- + 14H^+ \rightleftharpoons 3Cl_2 + 2Cr^{3+} + 7H_2O$$

解 负极反应 $6Cl^- - 6e \rightleftharpoons 3Cl_2$

正极反应 $Cr_2O_7^{2-} + 14H^+ + 6e \rightleftharpoons 2Cr^{3+} + 7H_2O$

电池组成式 $(-)Pt \mid Cl_2(p) \mid Cl^-(c_1) \parallel Cr^{3+}(c_2),\ Cr_2O_7^{2-}(c_3),\ H^+(c_4) \mid Pt(+)$

(三) 原电池的电动势

原电池能产生电流，说明正负极之间存在着电位差。原电池正负两极间的电位差称为原电池的**电动势**(electromotive force)，用 E 表示；电极与溶液之间的电位差称为**电极电位**(electrode potential)，用 φ 表示。电池电动势 E 与两极的电极电位 φ 的关系为

$$E = \varphi_+ - \varphi_- \tag{9.1}$$

式中，φ_+和 φ_-分别表示原电池中正极电极电位和负极电极电位。对于具体的电极反应，其电极电位用符号 $\varphi_{Ox/Red}$ 表示，单位是伏特(V)。电极电位的大小除了与金属的本性有关外，还与温度、金属离子的浓度或活度有关。

由于原电池中正极电极电位高于负极电极电位，所以原电池电动势 E 恒为正值。电池的电动势是推动电子流动的动力，也是衡量氧化还原反应推动力大小的判据。

(四) 电极类型

常见的电极类型有以下四种：

1. 金属-金属离子电极 由金属插入到金属盐溶液中构成，如锌电极

电极组成式 $Zn \mid Zn^{2+}$

电极反应 $Zn^{2+} + 2e \rightleftharpoons Zn$。

2. 气体离子电极 这类电极需要附加惰性固体作为导电材料，如氯气电极

电极组成式 $Pt \mid Cl_2(p) \mid Cl^-(c)$

电极反应 $Cl_2 + 2e \rightleftharpoons 2Cl^-$

3. 金属-金属难溶盐或氧化物-阴离子电极 将金属表面涂以该金属的难溶盐或氧化物，然后将它浸

在与该盐具有相同阴离子的溶液中构成。例如 Ag-AgCl 电极，其 Ag 丝上涂有 AgCl，再浸入一定浓度的 Cl^-溶液中。

电极组成式　　$Ag \mid AgCl(s) \mid Cl^-(c)$

电极反应　　$AgCl + e \rightleftharpoons Ag + Cl^-$

4. 氧化还原电极　将惰性导电材料(铂或石墨)放在含有同一元素的两种不同氧化值的离子溶液中构成，如 Pt 插在 Sn^{2+}和 Sn^{4+}的溶液中。

电极组成式　　$Pt \mid Sn^{2+}(c_1), Sn^{4+}(c_2)$

电极反应　　$Sn^{4+} + 2e \rightleftharpoons Sn^{2+}$

二、电极电位

(一) 电极电位的产生

用导线将原电池的两个电极联接起来，其间有电流通过，说明两电极间有电位差，那么两极间电位差是怎样产生的？下面以金属电极为例，简单介绍金属及其盐溶液之间相界面上电位差的产生。

金属晶体是由金属离子和自由电子组成的。当把金属插入其盐溶液中时，金属表面的离子与溶液中极性水分子相互吸引而发生水化作用。这种水化作用可使金属表面上部分金属离子进入溶液而把电子留在金属表面上，这是金属的溶解过程。金属越活泼，溶液越稀，金属溶解的倾向越大。另一方面，溶液中的金属离子移动到金属表面，从金属表面上得到电子，还原为金属原子沉积在金属表面上。这个过程为金属离子的沉积。金属越不活泼，溶液浓度越大，金属离子沉积的倾向越大。当金属的溶解速度和金属离子的沉积速度相等时，达到以下动态平衡。

$$M + ne \underset{沉积}{\overset{溶解}{\rightleftharpoons}} M^{n+}$$

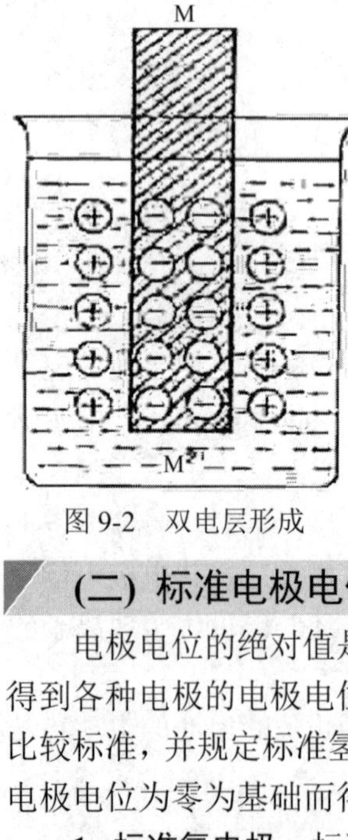

图 9-2　双电层形成

若金属溶解的趋势大于金属离子析出的趋势，达到平衡时，金属极板表面上会带有过剩的负电荷，等量正电荷的金属离子分布在溶液中。受金属板上负电荷的静电吸引，溶液中的金属离子较多地集中在金属极板附近，金属表面过剩的电子和附近溶液中的金属离子之间便形成了双电层结构，如图 9-2 所示。双电层的厚度很小，约 10^{-10}m 数量级，但其间存在电位差，这种电位差称为**电极电位**(electrode potential)。电极电位是电极与溶液之间处于平衡状态时的电位差。金属愈活泼，金属溶解趋势就愈大，平衡时金属表面负电荷过剩愈多，该金属电极的电极电位就愈低；金属愈不活泼，金属溶解趋势就愈小，平衡时金属表面负电荷过剩愈少，该金属电极的电极电位就愈高。

(二) 标准电极电位

电极电位的绝对值是无法测定的，但可以选定一个电极作为标准，将各种待测电极与它相比较就可得到各种电极的电极电位的相对值。IUPAC 选定以**标准氢电极**(standard hydrogen electrode，SHE)作为比较标准，并规定标准氢电极的电极电位为零，因此目前使用的标准电极电位的值都是以标准氢电极的电极电位为零为基础而得到的，故又称为氢标准电极电位。

1. 标准氢电极　标准氢电极是 H^+浓度为 1.000mol · L^{-1}、H_2压力为 100kPa 时的电极，并规定 298.15K 时该电极的标准电极电位 $\varphi^{\ominus}_{H^+/H_2} = 0.000\ 0V$。标准氢电极的电极组成和电极反应如下：

$$电极组成\quad Pt, H_2(100kPa) \mid H^+(1mol \cdot L^{-1})$$

$$电极反应\quad 2H^+(aq) + 2e \rightleftharpoons H_2(g)$$

标准氢电极的结构如图 9-3 所示。容器中装有 H^+浓度为 1.000mol · L^{-1} 的 HCl 溶液，插入一铂片。为了增大吸附 H_2 的能力，在铂片表面镀了一层疏松的铂黑。在 298.15K 时，不断地通入压力为 100kPa 的纯 H_2，让铂黑吸附 H_2 直到饱和为止。铂黑吸附的 H_2 与溶液中的 H^+构成了氢电极。

2. 标准电极电位　电极电位的大小主要取决于氧化还原电对的组成，但同时又与温度、浓度和压力等因素有关。为了便于运用，提出了标准电极电位的概念。当参与电极反应的各有关物质均为标准状态(离子浓度为 1.0mol · L^{-1}，气体物质的分压为 100kPa)时，其电极电位称为该电极的**标准电极电位**(standard electrode potential)，用 $\varphi^{\ominus}_{Ox/Red}$ 表示。欲测定某标准电极的电极电位，可在指定温度(一般为 298.15K)下将待测电极与标准氢电极组成原电池，测得此原电池的电动势后即可得按式(9.2)得到待测电极的电极电位。

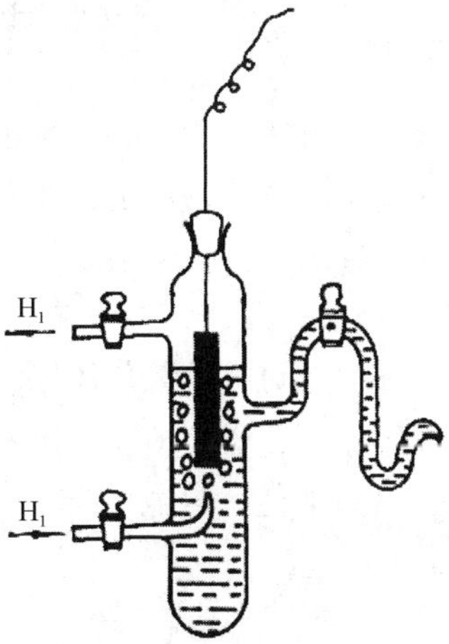

图 9-3 标准氢电极结构示意图

(–)标准氢电极 ‖ 待测电极(+)

$$E^{\ominus} = \varphi^{\ominus}_{+} - \varphi^{\ominus}_{-} \tag{9.2}$$

例 9-4 测定电极 $Ag^+ | Ag$ 的标准电极电位 $\varphi^{\ominus}_{Ag^+/Ag}$。

解 将标准 $Ag^+ | Ag$ 电极与标准氢电极组成原电池

(–)Pt | H_2(100kPa)，H^+(1.0mol · L^{-1})‖ Ag^+(1.0mol · L^{-1}) | Ag(+)

298.15K 时，测得该电池的电动势 $E^{\ominus}$=+0.7996V，则

$$E^{\ominus} = \varphi^{\ominus}_{+} - \varphi^{\ominus}_{-} = \varphi^{\ominus}_{Ag^+/Ag} - \varphi^{\ominus}_{H^+/H_2} = +0.7996\text{V}$$

$$\varphi^{\ominus}_{Ag^+/Ag} = +0.7996\text{V}$$

3. 标准电极电位表 书后附录中列出了常见电极 298.15K 时的标准电极电位。使用标准电极电位表应注意：

(1) 不论电极实际进行氧化反应还是还原反应，电极电位的数值及符号不变。例如

$$Zn \rightleftharpoons Zn^{2+} + 2e \quad \varphi^{\ominus}_{Zn^{2+}/Zn} = -0.7618\text{V}$$

$$Zn^{2+} + 2e \rightleftharpoons Zn \quad \varphi^{\ominus}_{Zn^{2+}/Zn} = -0.7618\text{V}$$

(2) 标准电极电位是强度性质，其值与电极反应式中计量系数的写法无关。例如

$$\frac{1}{2}Cl_2(g) + e \rightleftharpoons Cl^-(aq) \quad \varphi^{\ominus}_{Cl_2/Cl^-} = 1.358\text{V}$$

$$Cl_2(g) + 2e \rightleftharpoons 2Cl^-(aq) \quad \varphi^{\ominus}_{Cl_2/Cl^-} = 1.358\text{V}$$

4. 标准电极电位的应用

(1) 判断标准状态下氧化剂和还原剂的相对强弱：标准电极电位 $\varphi^{\ominus}_{Ox/Red}$ 的值越大，电对中氧化态的氧化性越强，还原态的还原能力越弱；$\varphi^{\ominus}_{Ox/Red}$ 越小，电对中还原态的还原性越强，氧化态的氧化能力愈弱。

例 9-5 标准状态下，找出电对 Fe^{3+}/Fe^{2+}、Cu^{2+}/Cu、I_2/I^-、Sn^{4+}/Sn^{2+}、Cl_2/Cl^-中最强的氧化剂和最强的还原剂，并列出各物质氧化或还原能力的强弱顺序。

解 查附表知 $\varphi^{\ominus}_{Fe^{3+}/Fe^{2+}} = 0.771\text{V}$，$\varphi^{\ominus}_{Cu^{2+}/Cu} = 0.3419\text{V}$，$\varphi^{\ominus}_{I_2/I^-} = 0.5355\text{V}$，$\varphi^{\ominus}_{Sn^{4+}/Sn^{2+}} = 0.151\text{V}$，$\varphi^{\ominus}_{Cl_2/Cl^-} = 1.358\text{V}$，有 $\varphi^{\ominus}_{Cl_2/Cl^-} > \varphi^{\ominus}_{Fe^{3+}/Fe^{2+}} > \varphi^{\ominus}_{I_2/I^-} > \varphi^{\ominus}_{Cu^{2+}/Cu} > \varphi^{\ominus}_{Sn^{4+}/Sn^{2+}}$。因此，在标准状态下 Cl_2 是最强的氧化剂，Sn^{2+}是最强的还原剂。各氧化态氧化能力强弱顺序为 $Cl_2 > Fe^{3+} > I_2 > Cu^{2+} > Sn^{4+}$；各还原态还原能力强弱顺序为 $Sn^{2+} > Cu > I^- > Fe^{2+} > Cl^-$。

(2) 选择合适的氧化剂或还原剂

例 9-6 在标准状态及 298.15K 时，于浓度均为 1.0mol · L^{-1} 的 I^-和 Cl^-的混合溶液中加入液体溴，能否将这两种离子氧化为 Cl_2 和 I_2？

解 查表知 $\varphi^{\ominus}_{Cl_2/Cl^-} = 1.358\text{V}$、$\varphi^{\ominus}_{Br_2/Br^-} = 1.066\text{V}$、$\varphi^{\ominus}_{I_2/I^-} = 0.5355\text{V}$。

由电极电位可知，液体溴不能将 Cl^-氧化 Cl_2，但可把 I^-氧化 I_2。

$$Br_2 + 2I^- \rightleftharpoons 2Br^- + I_2$$

第三节 Nernst 方程及影响电极电位的因素

标准电极电位是在标准态下测得的，只能应用于标准态。实际工作中，绝大多数氧化还原反应都是在非标准态下进行的，本节讨论非标准态的电极电位和电池电动势与哪些因素有关。

一、Nernst 方程

自发进行的氧化还原反应所对应的原电池的电动势 E 恒为正值。根据热力学知识，$\Delta_r G_m < 0$ 是等温等压下化学反应自发进行的判断依据。因此，电池电动势和 Gibbs 自由能变之间必定有某种内在联系。

对于任一电池反应

$$aA + bB \rightleftharpoons dD + eE$$

化学反应的等温式为

$$\Delta_r G_m = \Delta_r G_m^\ominus + RT\ln Q$$

因为 $\Delta_r G_m = -nFE$，$\Delta_r G_m^\ominus = -nFE^\ominus$，将两式代入等温式得

$$-nFE = -nFE^\ominus + RT\ln Q$$

$$E = E^\ominus - \frac{RT}{nF}\ln Q$$

将反应商表示式代入上式得

$$E = E^\ominus - \frac{RT}{nF}\ln\frac{(c_D)^d(c_E)^e}{(c_A)^a(c_B)^b} \tag{9.3}$$

式(9.3)即为电池电动势的 **Nernst 方程**(Nernst equation)。该式给出了电池电动势与反应物浓度和温度之间的定量关系。将式(9.3)展开，可得电极电位的 Nernst 方程式。

对于任一电极反应

$$a\text{Ox} + ne \rightleftharpoons b\text{Red}$$

$$\varphi_{\text{Ox/Red}} = \varphi_{\text{Ox/Red}}^\ominus + \frac{RT}{nF}\ln\frac{c_{\text{Ox}}^a}{c_{\text{Red}}^b} \tag{9.4}$$

式中，R 为气体常数(8.314J · K^{-1} · mol^{-1})，F 为 Faraday 常数(96485C · mol^{-1})，T 为绝对温度(K)，在式(9.3)中，n 为电池反应中的电子转移数、在式(9.4)中，n 为电极反应中的电子转移数，c_{Ox}^a 和 c_{Red}^b 分别代表电对中氧化态和还原态及相关介质的浓度。

当温度为 298.15K 时，将相关常数代入式(9.3)和(9.4)，即可得

$$E = E^\ominus - \frac{0.05916}{n}\lg\frac{(c_D)^d(c_E)^e}{(c_A)^a(c_B)^b} \tag{9.5}$$

$$\varphi_{\text{Ox/Red}} = \varphi_{\text{Ox/Red}}^\ominus + \frac{0.05916}{n}\lg\frac{c_{\text{Ox}}^a}{c_{\text{Red}}^b} \tag{9.6}$$

使用 Nernst 方程式时应注意以下几点：

(1) 电极反应中有纯固体、纯液体或介质水时，其浓度不列入方程式中。溶液中溶质的浓度用相对浓度 $c/c^\ominus$ ($c^\ominus$=1mol · L^{-1})表示，如果是气体则用相对分压 $p/p^\ominus$ ($p^\ominus$=100kPa)表示。

(2) 电极反应中氧化态和还原态物质前的系数不等于 1 时，其系数应作为浓度(活度)的方次写在 Nernst 方程的指数项中。

(3) 电极反应中有 H^+或 OH^-等参加时，其浓度应代入 Nernst 方程且将电极反应中的系数作为浓度的指数。

下面列举了 298.15K 时正确书写电极反应 Nernst 方程的情况。

$$Br_2(l) + 2e \rightleftharpoons 2Br^-$$

$$\varphi_{Br_2/Br^-} = \varphi^{\ominus}_{Br_2/Br^-} + \frac{0.05916}{2}\lg\frac{1}{c^2_{Br^-}}$$

$$O_2 + 4H^+ + 4e \rightleftharpoons 2H_2O$$

$$\varphi_{O_2,H^+/H_2O} = \varphi^{\ominus}_{O_2,H^+/H_2O} + \frac{0.05916}{4}\lg\frac{(p_{O_2}/p^{\ominus})\times c^4_{H^+}}{1}$$

$$MnO_2 + 4H^+ + 2e \rightleftharpoons Mn^{2+} + 2H_2O$$

$$\varphi_{MnO_2,H^+/Mn^{2+}} = \varphi^{\ominus}_{MnO_2,H^+/Mn^{2+}} + \frac{0.05916}{2}\lg\frac{c^4_{H^+}}{c_{Mn^{2+}}}$$

例 9-7 计算 298.15K 时下列电池的电动势，并写出电池反应式。

(−)Pt | Br_2(l)，Br^-(0.1mol · L^{-1}) || MnO_4^-(0.1mol · L^{-1})，Mn^{2+}(0.1mol · L^{-1})，H^+(0.01mol · L^{-1}) | Pt(+)

解 由附录中查出标准电极电位 $\varphi^{\ominus}_{Br_2/Br^-}=1.066V$，$\varphi^{\ominus}_{MnO_4^-,H^+/Mn^{2+}}=1.507V$。

负极反应 $2Br^- 2e \rightleftharpoons Br_2$

正极反应 $MnO_4^- + 8H^+ + 5e \rightleftharpoons Mn^{2+} + 4H_2O$

电池反应 $2MnO_4^- + 10Br^- + 16H^+ \rightleftharpoons 2Mn^{2+} + 5Br_2 + 8H_2O$

按式(9.6)分别计算非标准状态下的电极电位：

$$\varphi_{Br_2/Br^-} = \varphi^{\ominus}_{Br_2/Br^-} + \frac{0.05916}{n}\lg\frac{1}{c^2_{Br^-}} = 1.066 + \frac{0.05916}{2}\lg\frac{1}{(0.1)^2} = 1.125V$$

$$\varphi_{MnO_4^-/Mn^{2+}} = \varphi^{\ominus}_{MnO_4^-/Mn^{2+}} + \frac{0.05916}{5}\lg\frac{c_{MnO_4^-}\times c^8_{H^+}}{c_{Mn^{2+}}} = 1.507 + \frac{0.05916}{5}\lg\frac{0.1\times(0.01)^8}{0.1} = 1.318V$$

$$E = \varphi_+ - \varphi_- = 1.318 - 1.125 = +0.1928V$$

二、影响电极电位的因素

从电极的 Nernst 方程式可知，电极反应式中各物质的浓度发生变化可以对电极电位产生影响。下面就溶液酸度、沉淀和难解离物质的生成等对电极电位的影响分别进行讨论。

(一) 酸度对电极电位的影响

对于有 H^+或 OH^-的参与的电极反应，溶液酸度的变化会对其电极电位产生显著的影响。

例 9-8 $MnO_4^- + 8H^+ + 5e \rightleftharpoons Mn^{2+} + 4H_2O$，$\varphi^{\ominus}_{MnO_4^-/Mn^{2+}}=1.507V$。求 298.15K 时，pH=6，$c_{MnO_4^-}=c_{Mn^{2+}}$ =1mol · L^{-1} 时的电极电位。

解 根据电极反应式可知 n=5；在 298.15K 时按式(9.6)有

$$\varphi_{MnO_4^-,H^+/Mn^{2+}} = \varphi^{\ominus}_{MnO_4^-,H^+/Mn^{2+}} + \frac{0.05916}{5}\lg\frac{c_{MnO_4^-}c^8_{H^+}}{c_{Mn^{2+}}}$$

将 pH=6，$c_{H^+}=1\times10^{-6}$mol · L^{-1}，$c_{MnO_4^-}=c_{Mn^{2+}}$ =1mol · L^{-1} 代入上式得

$$\varphi_{MnO_4^-,H^+/Mn^{2+}} = 1.507V + \frac{0.05916V}{5}\lg(1.0\times10^{-6})^8 = 0.9391V$$

由计算可以看出，当溶液由 c_{H^+} =1mol · L^{-1} 降为 pH=6 时，电极电位从+1.507V 降到+0.9391V，降低幅度为 0.5679V。H^+浓度越低，电极电势越小，MnO_4^-的氧化能力越低；反之，H^+浓度越高，电极电势越大，MnO_4^-的氧化能力越强。所以，通常在酸性较强的溶液中使用 $KMnO_4$ 作氧化剂。

(二) 沉淀生成对电极电位的影响

在氧化还原电对中，氧化态或还原态物质生成沉淀，将显著地改变它们的浓度，使其电极电位发生变化。

例 9-9 在 298.15K 时，银电极的电极反应：$Ag^+ + e \rightleftharpoons Ag$，$\varphi^{\ominus}_{Ag^+/Ag} = 0.7996V$。若在此电极溶液中加入 NaI，使其生成 AgI 沉淀，设平衡时溶液中 I^-的浓度为 $1.0mol \cdot L^{-1}$，求此时的电极电位（已知 AgI 的 K_{sp}=8.52×10^{-17})。

解 $Ag^+ + I^- \rightleftharpoons AgI$，$[Ag^+][I^-]=K_{sp}=8.52\times10^{-17}$，则有

$$[Ag^+] = \frac{K_{sp}}{[I^-]} = 8.52\times10^{-17} mol \cdot L^{-1}$$

根据电极反应式可知 n=1，在 298.15K 时按式(9.6)有

$$\varphi_{Ag^+/Ag} = \varphi^{\ominus}_{Ag^+/Ag} + \frac{0.05916}{1}\lg c_{Ag^+} = 0.7996 + 0.05916\lg(8.52\times10^{-17}) = -0.1511V$$

显然，沉淀生成使 Ag^+的浓度降低，使得电极电位值降低。例题中，由于 c_{I^-}=$1.0mol \cdot L^{-1}$，因而计算所得的电极电位实际上是电对 AgI/Ag 按电极反应 $AgI + e \rightleftharpoons Ag + I^-$的标准电极电位，即 $\varphi^{\ominus}_{AgI/Ag} = -0.1511V$。

(三) 配合物生成对电极电位的影响

在氧化还原电对中，若加入的配体能够与氧化态或还原态物质反应生成配离子，将会使氧化态或还原态物质的浓度降低，从而引起电极电位的变化。

例 9-10 298.15K 时，电极反应 $Zn^{2+} + 2e \rightleftharpoons Zn$，$\varphi^{\ominus}_{Zn^{2+}/Zn} = -0.7618V$。若在此电极溶液中加入过量的氨水，使其转变为难解离的$[Zn(NH_3)_4]^{2+}$配离子。设反应达到平衡时溶液中 NH_3 和$[Zn(NH_3)_4]^{2+}$的浓度均为 $1.0mol \cdot L^{-1}$，求此时的电极电位(已知$[Zn(NH_3)_4]^{2+}$的 K_s=2.88×10^9)。

解 根据配位平衡 $Zn^{2+} + 4NH_3 \rightleftharpoons [Zn(NH_3)_4]^{2+}$，反应达到平衡时

$$[Zn^+] = \frac{[Zn(NH_3)_4]^{2+}}{K_s[NH_3]^4} = \frac{1}{K_s} = \frac{1}{2.88\times10^9} = 3.47\times10^{-10} mol \cdot L^{-1}$$

根据电极反应式可知 n=2；在 298.15K 时按式(9.6)有

$$\varphi_{Zn^{2+}/Zn} = \varphi^{\ominus}_{Zn^{2+}/Zn} + \frac{0.05916}{2}\lg c_{Zn^{2+}} = -0.7618 + \frac{0.05916}{2}\lg(3.47\times10^{-10}) = -1.0421V$$

计算可知，与氨水形成$[Zn(NH_3)_4]^{2+}$后，Zn^{2+}的浓度降低，从而引起锌电对的电极电位的降低。由于$[NH_3]=[Zn(NH_3)_4]^{2+}$=$1.0mol \cdot L^{-1}$，因而计算所得的电极电位实际上是电对$[Zn(NH_3)_4]^{2+}/Zn$ 基于电极反应$[Zn(NH_3)_4]^{2+} + 2e \rightleftharpoons Zn + 4NH_3$ 的标准电极电位，即 $\varphi^{\ominus}_{[Zn(NH_3)_4]^{2+}/Zn} = -1.0421V$。

(四) 生成弱酸(或弱碱)对电极电位的影响

在氧化还原电对中，若氧化态或还原态物质生成弱酸(或弱碱)，将使它们的浓度降低，使电极电位发生变化。

例 9-11 标准氢电极的电极反应为 $2H^+ + 2e \rightleftharpoons H_2$，$\varphi^{\ominus}_{H^+/H_2} = 0.000V$。设在 298.15K 时，若在此电极溶液中加入 NaAc，反应达到平衡时溶液中 HAc 及 Ac^-浓度均为 $1.0mol \cdot L^{-1}$，H_2 的分压仍为 100kPa，求此时的电极电位(已知 $K_{a,(HAc)}$=1.75×10^{-5})。

解 向标准氢电极的 H^+溶液中加入 NaAc，氢电极溶液中存在下列平衡

$$H^+ + Ac^- \rightleftharpoons HAc$$

反应达到平衡时，溶液中

$$[H^+] = \frac{[HAc]K_{a,(HAc)}}{[Ac^-]} = 1.75\times10^{-5} mol \cdot L^{-1}$$

根据电极反应式可知 n=2；在 298.15K 时按式(9.6)有

$$\varphi_{H^+/H_2} = \varphi^{\ominus}_{H^+/H_2} + \frac{0.05916}{2}\lg\frac{c^2_{H^+}}{p_{H_2}/100} = 0.000 + \frac{0.05916}{2}\lg\frac{c^2_{H^+}}{100/100} = -0.281V$$

显然，由于弱碱 NaAc 加入，H^+的浓度降低，从而导致电极电位下降。

第四节 电极电位及电动势的应用

一、判断氧化还原反应进行的方向

氧化还原反应进行的方向可以根据氧化剂和还原剂的强弱来判断，即较强的氧化剂和较强的还原剂作用，生成较弱的氧化剂和较弱的还原剂。

$$\text{强氧化剂}_1 + \text{强还原剂}_2 \rightleftharpoons \text{弱还原剂}_1 + \text{弱氧化剂}_2$$

除了直接比较两对电对的电极电位大小外，还可以根据电池电动势的正负判断反应的方向。根据$\Delta_r G_m = -nFE$，在等温等压条件下

$\Delta_r G_m < 0$，$E > 0$，$\varphi_+ > \varphi_-$ 反应自发正向进行

$\Delta_r G_m > 0$，$E < 0$，$\varphi_+ < \varphi_-$ 反应自发逆向进行

$\Delta_r G_m = 0$，$E = 0$，$\varphi_+ = \varphi_-$ 反应达到平衡状态

也就是，氧化还原反应总是向着电极电位大的电对的氧化态去氧化电极电位小的电对的还原态的方向进行。

例 9-12 判断 298.15K 时下列氧化还原反应进行的方向。

$$Zn + Pb^{2+}(0.00001\text{mol} \cdot L^{-1}) \rightleftharpoons Zn^{2+}(1.0\text{mol} \cdot L^{-1}) + Pb$$

解 将上述反应写成两个半反应，并查出它们的标准电极电位

负极反应 $Zn - 2e \rightleftharpoons Zn^{2+}$ $\varphi^{\ominus}_{Zn^{2+}/Zn} = -0.7618V$

正极反应 $Pb^{2+} + 2e \rightleftharpoons Pb$ $\varphi^{\ominus}_{Pb^{2+}/Pb} = -0.1262V$

按式(9.6)有

$$\varphi_{Pb^{2+}/Pb} = \varphi^{\ominus}_{Pb^{2+}/Pb} + \frac{0.05916}{2}\lg c_{Pb^{2+}} = -0.1262 + \frac{0.05916}{2}\lg\frac{(1\times10^{-5})}{1} = -0.2741V$$

$$\varphi_{Zn^{2+}/Zn} = \varphi^{\ominus}_{Zn^{2+}/Zn} = -0.7618V$$

$$E = \varphi_{Pb^{2+}/Pb} - \varphi_{Zn^{2+}/Zn} = -0.2741 - (-0.7618) = 0.4877V > 0$$

故反应可自发地向右进行。

例 9-13 当$c_{H_3AsO_4} = c_{HAsO_2} = c_{I^-} = 1.0\text{mol} \cdot L^{-1}$时，判断 298.15K 时反应

$$HAsO_2 + I_2 + 2H_2O \rightleftharpoons H_3AsO_4 + 2I^- + 2H^+$$

在中性和酸性($c_{H^+} = 1.0\text{mol} \cdot L^{-1}$)溶液中反应进行的方向。

解 将上述反应写成两个半反应，并从附录中查出它们的标准电极电位

正极反应 $I_2 + 2e \rightleftharpoons 2I^-$ $\varphi^{\ominus}_{I_2/I^-} = 0.5355V$

负极反应 $HAsO_2 + 2H_2O - 2e \rightleftharpoons H_3AsO_4 + 2H^+$ $\varphi^{\ominus}_{H_3AsO_4/HAsO_2} = 0.560V$

在中性溶液中，$c_{H^+} = 1.0\times10^{-7}\text{mol} \cdot L^{-1}$，碘电对的电极电位为$\varphi_{I_2/I^-} = \varphi^{\ominus}_{I_2/I^-} = 0.5355V$，砷电对的电极电位为

$$\varphi_{H_3AsO_4/HAsO_2} = \varphi^{\ominus}_{H_3AsO_4/HAsO_2} + \frac{0.05916}{2}\lg\frac{c_{H_3AsO_4}\times c^2_{H^+}}{c_{HAsO_2}} = 0.560 + \frac{0.05916}{2}\lg\frac{1\times(1.0\times10^{-7})^2}{1} = 0.1459V$$

由于$\varphi_{I_2/I^-} > \varphi_{H_3AsO_4/HAsO_2}$，因此 I_2 是比 H_3AsO_4 更强的氧化剂，而 $HAsO_2$ 是比 I^-更强的还原剂。故上述反应能自发地向右进行。即

$$HAsO_2 + I_2 + 2H_2O \rightleftharpoons H_3AsO_4 + 2I^- + 2H^+$$

在酸性溶液中，$c_{H^+} = 1.0\text{mol} \cdot L^{-1}$，即为标准状态。

碘电对的电极电位为$\varphi_{I_2/I^-}=\varphi^{\ominus}_{I_2/I^-}=0.5355V$

砷电对的电极电位为 $\varphi^{\ominus}_{H_3AsO_4,H^+/HAsO_2}=0.560V$

因为$\varphi_{I_2/I^-}<\varphi_{H_3AsO_4,H^+/HAsO_2}$，所以 H_3AsO_4 是比 I_2 更强的氧化剂，而 I^-是更强的还原剂。故上述反应能自发地逆向进行。即

$$H_3AsO_4+2I^-+2H^+ \rightleftharpoons HAsO_2+I_2+2H_2O$$

二、判断氧化还原反应进行的程度及计算平衡常数

氧化还原反应同沉淀、酸碱和配位等反应一样，在一定条件下也能达到平衡。氧化还原反应进行的程度，可以用平衡常数 K 值的大小来衡量，而平衡常数可以根据电极电位或电池电动势求算。

根据 $\Delta_r G^{\ominus}_m=-nFE^{\ominus}$，$\Delta_r G^{\ominus}_m=-RT\ln K^{\ominus}$，则得

$$-RT\ln K^{\ominus}=-nFE^{\ominus}$$

$$\ln K^{\ominus}=\frac{nFE^{\ominus}}{RT}=\frac{nF(\varphi^{\ominus}_+-\varphi^{\ominus}_-)}{RT}$$

在 298.15K 时，则有

$$\lg K^{\ominus}=\frac{nE^{\ominus}}{0.05916}=\frac{n(\varphi^{\ominus}_+-\varphi^{\ominus}_-)}{0.05916} \tag{9.7}$$

式中 n 是配平的氧化还原反应方程式中转移的电子数。从式(9.7)可以看出，在一定温度下，氧化还原反应的标准平衡常数只与标准状态的电池电动势 $E^{\ominus}$ 及转移的电子数有关。

如果$(\varphi^{\ominus}_+-\varphi^{\ominus}_-)$的差值越大，则 $K^{\ominus}$ 值越大，表示这个反应进行得越完全。也就是说，氧化还原反应平衡常数 $K^{\ominus}$ 值大小，决定于氧化剂和还原剂的本性而与反应物的浓度无关。一般认为，对 n=2 的反应，$E^{\ominus}>0.2V$ 时，或者 n=1，$E^{\ominus}>0.4$ 时，均有 $K^{\ominus}>10^6$，此平衡常数较大，可以认为反应已经进行完全。

例 9-14 计算下列反应在 298.15K 的平衡常数，并判断反应进行的程度。

$$2Cu(s)+2HI(aq) \rightleftharpoons 2CuI(s)+H_2(g)$$

解 把上述反应设计为一个原电池

负极反应 $2Cu+2I^--2e \rightleftharpoons 2CuI \quad \varphi^{\ominus}_{CuI/Cu}=-0.185V$

正极反应 $2H^++2e \rightleftharpoons H_2 \quad \varphi^{\ominus}_{H^+/H_2}=0.000V$

$$E^{\ominus}=\varphi^{\ominus}_+-\varphi^{\ominus}_-=\varphi^{\ominus}_{H^+/H_2}-\varphi^{\ominus}_{CuI/Cu}=0.000V-(-0.185V)=0.185V$$

$$\lg K^{\ominus}=\frac{n(\varphi^{\ominus}_+-\varphi^{\ominus}_-)}{0.05916}=\frac{2\times[0-(-0.185)]}{0.05916}=6.25$$

$$K^{\ominus}=1.79\times10^6$$

此反应的标准常数较大，正向反应能进行到底。

利用电极电位不但可以求得氧化还原反应的平衡常数，还可以根据电池反应的平衡关系计算质子转移平衡常数、溶度积常数以及稳定常数等其他类型的平衡常数。

例 9-15 已知 298.15K 时

$$2H^++2e \rightleftharpoons H_2 \quad \varphi^{\ominus}_{H^+/H_2}=0.000V$$

$$2HAc+2e \rightleftharpoons H_2+2Ac^- \quad \varphi^{\ominus}_{HAc/H_2}=-0.281V$$

求 HAc 的 K_a。

解 将两电极组成原电池。

负极反应　$H_2 + 2Ac^- - 2e \rightleftharpoons 2HAc$　$\varphi^{\ominus}_{HAc/H_2} = -0.281V$

正极反应　$2H^+ + 2e \rightleftharpoons H_2$　$\varphi^{\ominus}_{H^+/H_2} = 0.000V$

电池反应　$2H^+ + 2Ac^- \rightleftharpoons 2HAc$

此电池反应平衡常数的倒数为 HAc 的解离平衡常数 K_a 值。

$$\lg K^{\ominus} = \frac{n(\varphi^{\ominus}_{+} - \varphi^{\ominus}_{-})}{0.05916} = \frac{1\times[0-(-0.281)]}{0.05916} = 4.75$$

$$K^{\ominus} = 5.62\times10^4$$

$$K_a = \frac{1}{K^{\ominus}} = \frac{1}{5.62\times10^4} = 1.78\times10^{-5}$$

例 9-16　已知 $\varphi^{\ominus}_{AgCl/Ag} = 0.2223V$，$\varphi^{\ominus}_{Ag^+/Ag} = 0.7996V$，求 298.15K 时 AgCl 的溶度积常数 K_{sp}。

解　将两电极组成原电池。

负极反应　$Ag + Cl^- - e \rightleftharpoons AgCl$　$\varphi^{\ominus}_{AgCl/Ag} = 0.2223V$

正极反应　$Ag^+ + e \rightleftharpoons Ag$　$\varphi^{\ominus}_{Ag^+/Ag} = 0.7996V$

电池反应　$Cl^- + Ag^+ \rightleftharpoons AgCl$

此电池反应平衡常数的倒数为 AgCl 溶度积常数 K_{sp}。

$$\lg K^{\ominus} = \frac{nE^{\ominus}}{0.05916} = \frac{n(\varphi^{\ominus}_{Ag^+/Ag} - \varphi^{\ominus}_{AgCl/Ag})}{0.05916} = \frac{1\times(0.7996-0.2223)V}{0.05916V} = 9.758$$

$$K^{\ominus} = 5.73\times10^9$$

$$K_{sp,(AgCl)} = \frac{1}{K^{\ominus}}\qquad K_{sp,(AgCl)} = 1.75\times10^{-10}$$

第五节　电位法测定溶液的 pH

电位法(potential analysis)是通过测量原电池的电动势来确定待测离子浓度的方法。在电位法中，通常将待测溶液作为原电池的电解质溶液，在待测溶液中插入两个性能不同的电极，其中一个电极的电极电位随待测离子浓度的变化而变化，这种能指示待测离子浓度的电极称为**指示电极**(indicator electrode)。另一个电极的电极电位不随待测离子浓度的变化而变化，具有恒定的电位值，这种电极称为**参比电极**(reference electrode)。指示电极和参比电极同时插入待测溶液中组成原电池，通过测量原电池的电动势，即可求得待测离子的浓度。

一、参比电极

测定溶液的 pH 常用**饱和甘汞电极**(saturated calomel electrode)作为参比电极。

(一) 饱和甘汞电极

饱和甘汞电极的构造如图 9-4 所示。饱和甘汞电极由两个玻璃套管组成。内管上部为汞，连接电极引线。在汞的下方充填甘汞(Hg_2Cl_2)和汞的糊状物。内管的下端用石棉或脱脂棉塞紧。外管上端有一个侧口，用以加入饱和氯化钾溶液，不用时侧口用橡皮塞塞紧。外管下端有一支管，支管口用多孔的素烧瓷塞紧，外边套以橡皮帽。使用时摘掉橡皮帽，使与外部溶液相通。

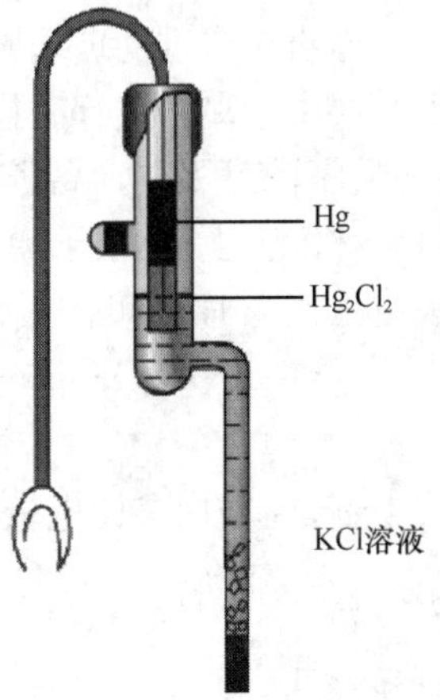

图 9-4　饱和甘汞电极示意图

电极组成　$Pt \mid Hg_2Cl_2(s) \mid Hg(l) \mid KCl(饱和)$

电极反应　$Hg_2Cl_2 + 2e \rightleftharpoons 2Hg + 2Cl^-$

298.15K 时电极电位

$$\varphi_{Hg_2Cl_2/Hg} = \varphi^{\ominus}_{Hg_2Cl_2/Hg} + \frac{0.05916}{1}\lg\frac{1}{c^2_{Cl^-}}$$

式中 $\varphi^{\ominus}_{Hg_2Cl_2/Hg}$ 为定值，在饱和 KCl 溶液中，c_{Cl^-} 也为定值，故饱甘汞电极的电极电位为定值，298.15K 时为 0.2412V。

饱和甘汞电极的电位稳定，再现性好，而且装置简单，容易保养，使用方便，因此广泛地用作参比电极。

(二) 银-氯化银电极

银-氯化银电极(silver-silver chloride electrode，SSE)属于金属-金属难溶盐-阴离子电极。玻璃管的下端用石棉丝封住，内盛有 KCl 溶液，溶液中插入一根镀有 AgCl 的银丝，上端用导线引出。

电极组成式　　Ag | AgCl(s) | $Cl^-(c)$

电极反应　　$AgCl + e \rightleftharpoons Ag + Cl^-$

298.15K 时电极电位

$$\varphi_{AgCl/Ag} = \varphi^{\ominus}_{AgCl/Ag} + \frac{0.05916}{1}\lg\frac{1}{c_{Cl^-}}$$

在 298.15K 时，若 KCl 溶液为饱和溶液、$1mol \cdot L^{-1}$ 和 $0.1mol \cdot L^{-1}$ 时，$\varphi_{AgCl/Ag}$ 分别为 0.1971V、0.2223V 和 0.288V。此电极对温度变化不敏感，甚至可以在 80℃以上使用。

二、指示电极

指示电极的作用是指示与被测物质的浓度相关的电极电位。指示电极对被测物质的指示是有选择性的，一种指示电极往往只能指示一种物质的浓度，常用的 pH 指示电极为**玻璃电极**(glass membrane electrode)。

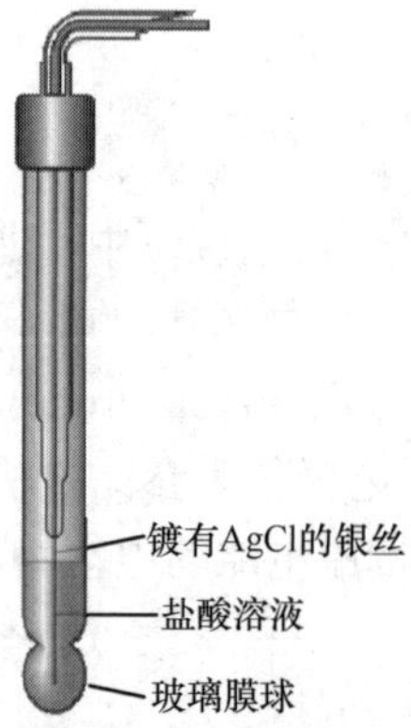

图 9-5　玻璃电极示意图

玻璃电极的构造如图 9-5 所示。在玻璃管的下端连接一个厚度为 50～100μm 的半球形玻璃膜。膜内盛有 $0.1mol \cdot L^{-1}$ 盐酸溶液称为参比溶液。在参比溶液中插入一根镀有氯化银的银丝，构成氯化银电极，为内参比电极。氯化银电极的电极反应为

$$AgCl + e \rightleftharpoons Ag + Cl^-$$

将氯化银电极的银丝与导线相连即构成玻璃电极。玻璃电极可表示为

$$Ag，AgCl(s) | HCl(mol \cdot L^{-1}) | 玻璃膜 | 待测溶液(H^+)$$

因为玻璃电极内充液中 Cl^-浓度为一常数，故内参比电极的电极电位值也为常数。

玻璃电极在使用前应先在蒸馏水中浸泡 12～24h，使玻璃膜外侧硅酸盐层吸水膨润形成一层水化凝胶层。玻璃膜内侧浸泡在盐酸中，也形成一层水化凝胶层。

当将浸泡过的玻璃电极插入具有一定 pH 的待测溶液中时，在玻璃膜外侧溶液中氢离子与膜外水化凝胶层中钠离子进行交换。玻璃膜内侧参比溶液中的氢离子与膜内水化凝胶层中钠离子进行交换。当膜两侧 H^+浓度不同，离子交换达到平衡时，由于离子交换速度和扩散速度不同而出现了电位差。这种电位差称为膜电位。由于膜内参比溶液的氢离子浓度为定值，所以膜电位仅由膜外溶液的氢离子浓度决定。膜电位值与 H^+浓度的关系符合 Nernst 方程式。

$$\varphi_{玻} = \varphi^{\ominus}_{玻} + \frac{2.303RT}{F}\lg c_{H^+} = K_{玻} - \frac{2.303RT}{F}pH$$

式中 $\varphi^{\ominus}_{玻}$ 值与内参比电极的电极电位、膜内溶液的 H^+浓度以及膜表面状态有关。在一定条件下，玻璃电极的 $\varphi^{\ominus}_{玻}$ 为常数。

三、pH 复合电极

将指示电极和参比电极组装在一起就构成**复合电极**(combination electrode)。测定 pH 用的复合电极通常由玻璃电极-甘汞电极组合而成(如图 9-6)。参比电极的补充液由外套上端小孔加入。复合电极的优点在于使用方便，并且测定值较稳定。

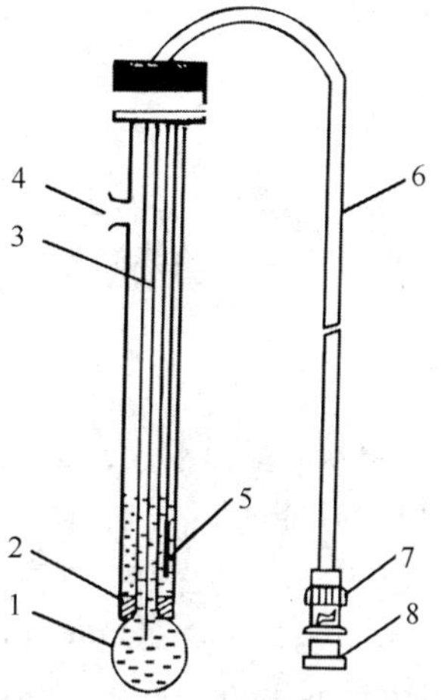

图 9-6　复合 pH 电极

1-玻璃电极；2-瓷塞；3-内参比电极；4-充液口；5-参比电极体系；6-导线；7-插口；8-防尘塞

四、电位法测定溶液的 pH

电位法测定溶液的 pH 常用饱和甘汞电极作参比电极，玻璃电极作指示电极，置于待测溶液中组成如下电池。此电池可用下式表示

(−)Ag | AgCl(s) | Cl^-，H^+ | 玻璃膜 | 待测 pH 液||KCl(饱和)，Hg_2Cl_2(s) | Hg(1)(+)

或简化为

(−)玻璃电极 | 待测试液($c_{待测}$)||SCE(+)

测出的电动势为饱和甘汞电极和玻璃电极的电位差值，即

$$E = \varphi_{甘} - \varphi_{玻} = \varphi_{甘} - (K_{玻} - \frac{2.303RT}{F}\text{pH})$$

在一定的温度下，$\varphi_{甘}$ 为常数，令 $K=\varphi_{甘} - K_{玻}$

$$E = \varphi_{甘} - \varphi_{玻} = K + \frac{2.303RT}{F}\text{pH} \tag{9.8}$$

上式为溶液 pH 与电池电动势的关系式。测出 E 值后，若不知道常数 K 的数值，还是不能算出 pH。因此要先用已知 pH 为 pH_s 的标准缓冲溶液进行测定，测出电动势为 E_s，则可得关系式为

$$E_s = K + \frac{2.303RT}{F}\text{pH}_s \tag{9.9}$$

将电池装置中的标准缓冲溶液换成待测 pH_x 的溶液，测出电动势为 E_x，则有

$$E_x = K + \frac{2.303RT}{F}\text{pH}_x \tag{9.10}$$

将式(9.9)代入式(9.10)得

$$\text{pH}_x = \text{pH}_S + \frac{(E_x - E_s)F}{2.303RT} \tag{9.11}$$

式中 pH_s 为已知数，E_x 和 E_s 为先后两次测出的电动势，F、R 和 T 为常数，故可根据式(9.11)计算出待测溶液的 pH。

pH 计(又称酸度计)就是依照上述原理测定溶液的 pH。在实际测量过程中，先将指示电极和参比电极插入 pH 一定的标准缓冲溶液中组成原电池，测定此电池的电动势并转换成 pH，通过调整仪器的电阻参数使仪器的测量值与标准缓冲溶液的 pH 一致，这一过程称为定位，然后直接测定待测溶液的 pH，仪表上显示的 pH 即为待测溶液的 pH。

知识拓展

癌症的电化学治疗

人体内存在尚未被人们完全认识的生物闭合电路通道，这种通道在组织代谢过程中起到能量交换的作用，其中连接血流和间质液的电路称为血管间质闭合电路。肿瘤的形成应视为正常组织受损的结果，它与周围正常组织存在电势差，直流电可激活血管间质闭合电路系统，使肿瘤发生电化学反应和组织结构的变化，肿瘤生存条件被破坏，导致肿瘤坏死。

癌症的电化学疗法是瑞典放射医学家 Nordenstrom 开创的治疗癌症的新方法。其原理是将铂电极(正极)置于癌灶中心部位，周围扎上 1～5 根铂电极作负极，加上 6～10V 的电压，控制电流为 30～100mA，治疗时间 2～6 小时，电量为每厘米直径癌灶 100～150 库仑。插入肿瘤内的电极产生

氧化还原反应，正极 pH 下降到 1，处于酸性环境，引起癌灶内一系列生化变化，使其组织代谢发生紊乱，蛋白质变性、沉淀而坏死，导致癌细胞破灭。负极 pH 升至 14，呈碱性，从而摧毁肿瘤组织的生存环境。在电场作用下，组织中的离子向两极转移，引起渗透压改变，造成水分的变化，正极脱水，负极水肿，脉管紧缩，微循环障碍，使电化区组织内水、电解质、酸、碱以及酶系统发生巨大变化，造成肿瘤组织细胞失去正常的生存条件。被摧毁的瘤细胞组织可以作为抗原，激活机体产生抗体引起免疫反应。此疗法已推广用于肝癌、皮肤癌、食管癌等的治疗。对体表肿瘤的治疗尤为简便、有效。

Summary

Oxidation-redaction reaction is a kind of important chemical reaction in which the oxidation number of element changes. In an oxidation-redaction reaction the electrons transfer from one substance to another. Oxidation-redaction reaction involves both oxidation and redaction of the reaction in the same time，the oxidizing agent obtains the electrons with its oxidation number decreasing，and the reducing agent loses electrons with its oxidation increasing. Each redox reaction can be separated into two half-reactions，one representing the oxidation step and the other reduction step，they all include a redox couple(Ox/Red). The ion-electron method is an important method for balancing the oxidation-reduction reaction.

Primary cells is a device which can change chemical energy into electrical energy. Primary cells consists of two electrodes，also known as half-cell，the electrode which electrons are given is the negative electrode，oxidation reaction take plays on negative electrode；reduction reaction occurs on positive electrode. Oxidation or reduction half-reaction is called the electrode reaction. The overall reaction is called the cell reaction.

The absolute electrode potential can not be measured，can only measure the relative value. Select the standard hydrogen electrode for criteria，the electrode potential of the standard hydrogen electrode is zero，it can be expressed for $\varphi^{\ominus}_{H^+/H_2} = 0.000V$. The standard means the concentration of all are $1.0mol \cdot L^{-1}$，partial pressure of gas is standard pressure (100kPa) at 25℃. The standard electrode potential of an electrode can be determined by comparing with a standard hydrogen electrode.

The relative strength of the oxidizing agent or the reducing agent can be obtained by comparing with the standard electrode potential，and the higher the standard electrode potential，the stronger the capacity of oxidizing state gaining electrons in redox couple; the lower the standard electrode potential, the stronger of the capacity of reducing state losing electrons in redox couple. The standard electrode potential has intensive to property，it depends on the nature of redox couple and temperature，but it is not relative to the half-reaction equation. The standard electrode potential also can be used to calculate oxidation and redaction equilibrium constant $K^{\ominus}$ with the following equation:

$$\lg K^{\ominus} = \frac{nE^{\ominus}}{0.05916} = \frac{n(\varphi_+^{\ominus} - \varphi_-^{\ominus})}{0.05916}$$

The electrode potential of an electrode and electromotive force of a cell under non-standard state depends on temperature，concentration. The quantitative relationship can be expressed by the Nernst equation.

An electrode at 25℃： $a\text{Ox} + ne^- \rightleftharpoons b\text{Red}$

$$\varphi_{\text{Ox/Red}} = \varphi^{\ominus}_{\text{Ox/Red}} + \frac{0.05916}{n}\lg\frac{c^a_{\text{Ox}}}{c^b_{\text{Red}}}$$

An cell at 25℃： $a\text{A} + b\text{B} \rightleftharpoons d\text{D} + e\text{E}$

$$E = E^{\ominus} - \frac{0.05916}{n}\lg\frac{c^d_{\text{D}} \times c^e_{\text{E}}}{c^a_{\text{A}} \times c^b_{\text{B}}}$$

Saturated calomel electrode and silver chloride electrode are usually used as a reference electrode，and glass electrode is used as a indicator electrode which responds to H^+. Using reference electrode，glass electrode and standard buffer solution, the pH value of a solution can be determined, the cell expression and formula as followings

(一)Ag | AgCl(s) | Cl^-，H^+ | 玻璃膜 | 待测 pH 液‖KCl(饱和)，$Hg_2Cl_2(s)$ | Hg(1)(+)

$$pH_x = pH_S + \frac{(E_x - E_s)F}{2.303RT}$$

习　　题

1. 指出下列化合物中划线元素的氧化值：$\underline{Fe}_3O_4$、$Na_2\underline{S}_2O_3$、$K\underline{I}O_3$、$Na\underline{H}$、$Na_2\underline{O}_2$、$K_2\underline{Cr}_2O_7$。

2. 用离子电子法配平下列方程式

(1) $MnO_4^-(aq) + H_2O_2(aq) + H^+(aq) \rightleftharpoons Mn^{2+} + O_2(g) + H_2O(l)$

(2) $Cr_2O_7^{2-}(aq) + SO_3^{2-}(aq) + H^+(aq) \rightleftharpoons Cr^{3+}(aq) + SO_4^{2-}(aq) + H_2O(l)$

(3) $Br_2(l) + IO_3^-(aq) + OH^-(aq) \rightleftharpoons Br^-(aq) + IO_4^-(aq)$

3. 高锰酸钾与浓盐酸作用制取氯气的反应如下：

$$2KMnO_4 + 16HCl \rightleftharpoons 2KCl + 2MnCl_2 + 5Cl_2 + 8H_2O$$

将此反应设计为原电池，写出正负极反应、电极组成式和电池组成式。

4. 选择题

(1)下列原电池中，电动势最大的是

A. (–)Zn| $Zn^{2+}(1mol \cdot L^{-1})$ ‖ $Cu^{2+}(1mol \cdot L^{-1})$|Cu(+)

B. (–)Zn| $Zn^{2+}(0.1mol \cdot L^{-1})$ ‖ $Cu^{2+}(0.2mol \cdot L^{-1})$|Cu(+)

C. (–)Zn| $Zn^{2+}(1mol \cdot L^{-1})$ ‖ $Cu^{2+}(0.1mol \cdot L^{-1})$|Cu(+)

D. (–)Zn| $Zn^{2+}(0.1mol \cdot L^{-1})$ ‖ $Cu^{2+}(1mol \cdot L^{-1})$|Cu(+)

(2) 对于电池反应 $Zn + Cu^{2+} \rightleftharpoons Zn^{2+} + Cu$，下列说法正确的是

A. 当 $c_{Cu^{2+}} = c_{Zn^{2+}}$ 时，电池反应达到平衡

B. 当 $\varphi^{\ominus}_{Cu^{2+}/Cu} = \varphi^{\ominus}_{Zn^{2+}/Zn}$，电池反应达到平衡

C. 当两个电极均处于标准态时，电池反应达到平衡

D. 当原电池的电动势为零时，电池反应达到平衡

(3) 根据下列标准电极电位，指出在标准态时不可共存于同一溶液的是

$Br_2 + 2e \rightleftharpoons 2Br^-$　　$\varphi^{\ominus}_{Br_2/Br^-} = 1.066V$

$2Hg^{2+} + 2e \rightleftharpoons Hg_2^{2+}$　　$\varphi^{\ominus}_{Hg^{2+}/Hg} = 0.920V$

$Fe^{3+} + e \rightleftharpoons Fe^{2+}$　　$\varphi^{\ominus}_{Fe^{3+}/Fe^{2+}} = 0.771V$

$Sn^{2+} + 2e \rightleftharpoons Sn$　　$\varphi^{\ominus}_{Sn^{2+}/Sn} = -0.1375V$

A. Br^-和 Hg^{2+}　　B. Br^-和 Fe^{3+}　　C. Fe^{3+}和 Hg_2^{2+}　　D. Sn 和 Fe^{3+}

(4) 已知 $\varphi^{\ominus}(Fe^{2+}/Fe) = -0.447V$，$\varphi^{\ominus}(Ag^+/Ag) = 0.7996V$，$\varphi^{\ominus}(Fe^{3+}/Fe^{2+}) = 0.771V$，标准状态下，上述物质中最强的氧化剂和还原剂分别是

A. Ag^+，Fe^{2+}　　B. Ag^+，Fe　　C. Fe^{3+}，Fe　　D. Fe^{2+}，Ag

(5) 下列哪一反应设计出来的电池不需要用到惰性电极?

A. $H_2(g) + Cl_2(g) \rightleftharpoons 2HCl(aq)$

B. $Ce^{4+}(aq) + Fe^{2+}(aq) \rightleftharpoons Ce^{3+}(aq) + Fe^{3+}(aq)$

C. $Ag^+(aq) + Zn(s) \rightleftharpoons Ag(s) + Zn^{2+}(aq)$

D. $Cl_2(g) + Sn^{2+}(aq) \rightleftharpoons 2Cl^-(aq) + Sn^{4+}(aq)$

(6) 把下列标准状态下的反应设计成原电池，其电池符号为

$$Fe^{2+} + Ag^+ \rightleftharpoons Fe^{3+} + Ag$$

A. (–)Fe| $Fe^{3+}(1mol \cdot L^{-1})$ ‖$Ag^+(1mol \cdot L^{-1})$|Ag(+)

B. (–)pt| Fe^{2+}| $Fe^{3+}(1mol \cdot L^{-1})$ ‖ $Ag^+(1mol \cdot L^{-1})$ | Ag(+)

C. (–)pt|$Fe^{2+}(1mol \cdot L^{-1})$，$Fe^{3+}(1mol \cdot L^{-1})$ ‖ $Ag^+(1mol \cdot L^{-1})$，Ag | pt(+)

D. (–)pt|$Fe^{2+}(1mol \cdot L^{-1})$，$Fe^{3+}(1mol \cdot L^{-1})$ ‖ $Ag^+(1mol \cdot L^{-1})$ | Ag(+)

(7) 已知 298.15 K 时，$\varphi^{\ominus}_{MnO_4^-,H^+/Mn^{2+}}=1.507V$，$\varphi^{\ominus}_{H_2O_2,H^+/H_2O}=1.780V$，$\varphi^{\ominus}_{Cr_2O_7^{2-},H^+/Cr^{3+}}=1.232V$，$\varphi^{\ominus}_{Fe^{3+}/Fe^{2+}}=0.771V$，$\varphi^{\ominus}_{Cl_2/Cl^-}=1.358V$，$\varphi^{\ominus}_{Br_2/Br^-}=1.066V$，标准状态下，若将 Cl^-和 Br^-混合液中的 Br^-氧化成 Br_2，而 Cl^-不被氧化，可选择的氧化剂是

A. $KMnO_4$　　B. H_2O_2　　C. $K_2Cr_2O_7$　　D. $FeCl_3$

[(1)D；(2)D；(3)D；(4)B；(5)C；(6)D；(7)C]

5. 解释下列现象

(1) 镀锡的铁，铁先腐蚀，镀锌的铁，锌先腐蚀。

(2) 铁能置换铜而三氯化铁能溶解铜。

(3) 久置于空气中的氢硫酸溶液会变混浊。

(4) 将 $MnSO_4$ 溶液滴入 $KMnO_4$ 酸性溶液得到 MnO_2 沉淀。

(5) $Cu^+(aq)$在水溶液中会歧化为铜和 $Cu^{2+}(aq)$。

(6) Cr^{2+}在水溶液中不稳定，会与水反应。

(7) 得不到 FeI_3 这种化合物。

6. 计算反应 $Fe + Cu^{2+} \rightleftharpoons Fe^{2+} + Cu$ 的平衡常数，若反应结束后溶液中$[Fe^{2+}]=0.1mol \cdot L^{-1}$，试问此时溶液中的 Cu^{2+}浓度为多少?

[4.68×10^{26}；$2.14\times10^{-28}mol \cdot L^{-1}$]

7. 试将下列氧化还原反应组成原电池，写出电池组成式，并计算电池的电动势及判断反应自发进行的方向。

(1) $SnCl_2(1.0mol \cdot L^{-1}) + 2FeCl_3(1.0mol \cdot L^{-1}) \rightleftharpoons 2FeCl_2\ (1.0mol \cdot L^{-1}) + SnCl_4(1.0mol \cdot L^{-1})$

(2) $2\ Cr^{3+}\ (0.01mol \cdot L^{-1}) + 2Br^-(0.1mol \cdot L^{-1}) \rightleftharpoons 2Cr^{2+}\ (0.1mol \cdot L^{-1}) + Br_2$

[(1)0.620V，正向进行；(2)–1.591V，逆向进行]

8. 根据能斯特方程计算下列电极的电极电位：

(1) $AgCl(s) + e \rightleftharpoons Ag(s) + Cl^-(0.20mol \cdot L^{-1})$

(2) $Cr_2O_7^{2-}(1.0mol \cdot L^{-1}) + 14H^+(0.0010mol \cdot L^{-1}) + 6e \rightleftharpoons 2Cr^{3+}(1.0mol \cdot L^{-1}) + 7H_2O$

(3) $Cl_2(200kPa) + 2e \rightleftharpoons 2Cl^-(0.10mol \cdot L^{-1})$

[0.2636V；0.8179V；1.494V]

9. 已知 298.15K 时，下列原电池的电动势为 0.388 4V，求 Zn^{2+}离子的浓度应为多少？

$$(-)Zn|Zn^{2+}(x\ mol \cdot L^{-1})\ ||\ Cd^{2+}\ (0.1mol \cdot L^{-1})|\ Cd(+)$$

[$0.0100mol \cdot L^{-1}$]

10. 二氧化氯 ClO_2 是一种高效、广谱、安全的杀菌、消毒剂，常用于水的净化处理。

(1) ClO_2 的消毒原理为：$ClO_2(g) \rightleftharpoons ClO_3^-(aq) + Cl^-$，配平此反应式。

(2) ClO_2 的生成反应为：$2NaClO_2(aq) + Cl_2(g) \rightleftharpoons 2ClO_2(g) + 2NaCl(aq)$

已知 $ClO_2(g) + e \rightleftharpoons ClO_2^-(aq)$　$\varphi^{\ominus}_{ClO_2^-/ClO_2} = 0.954V$

$Cl_2(g) + e \rightleftharpoons 2Cl^-(aq)$　$\varphi^{\ominus}_{Cl_2/Cl^-} = 1.358V$，计算此反应的 $E^{\ominus}$ 及 $K^{\ominus}$。

[0.404V，4.57×10^{13}]

11. 298.15K 时，$Hg_2SO_4(s)+2e \rightleftharpoons 2Hg(l) + SO_4^{2+}$　$\varphi^{\ominus}_{Hg_2SO_4/Hg} = 0.612\ 5V$

$Hg_2^{2+} + 2e \rightleftharpoons 2Hg(l)$　$\varphi^{\ominus}_{Hg_2^{2+}/Hg} = 0.797\ 3V$

求 K_{sp} Hg_2SO_4 为多少？

[5.62×10^{-7}]

12. 实验测得下列电池在 298.15K 时，电动势 E = 0.420V，求胃液的 pH(SCE 的电极电位为 0.2412V)。

[pH=3.02]

(孙　莲)

第十章

原子结构与元素周期律

自然界中种类繁多、五彩纷呈的物质都是由一百多种化学元素的原子以不同种类、数目和方式结合而形成的。各种物质在性质上的差异是由物质内部结构不同引起的。因此要了解物质内部结构和性质，就必须认识原子的结构。而化学反应发生时，原子核并不发生变化，只涉及核外电子运动状态的改变。所以本章着重研究原子核外电子的运动状态和规律，为认识分子的结构及性质提供重要的基础。

第一节　核外电子运动状态及特性

一、微观粒子运动的特性

微观粒子是指光子、电子、原子、中子等基本粒子，它们的质量极小，但运动范围窄小，运动速度极快(相当于光速或接近光速)。因此，微观粒子的运动规律绝不同于宏观物体，而有其自身的特殊性——量子化和波粒二象性。

(一) 微观粒子的量子化特征

1900 年，德国物理学家 M. Planck 为了解释黑体辐射的实验事实提出了著名的量子论。他认为：在微观领域里能量是不连续的，能量有一最小单位 E_0，物质吸收或辐射能量一定是最小能量单位 E_0 的整数倍，即 $E = nE_0 = nh\nu$ 。能量的这种不连续性称为能量量子化。其中 E_0 称为**量子**(quantum)，h 是 **Planck 常数**(Planck constant)，其值为 6.626×10^{-34}J · s。

1905 年，Einstein A 为了解释光电效应提出了光子学说。他认为光能的最小单位是光量子，光的能量只能是光量子的整数倍，是不连续的。不仅如此，微观粒子其他物理量的变化也是不连续的。微观世界能量(或其他物理量)变化的这种不连续性称为量子化。与微观世界相比，宏观物体的物理量很大，人们可以观测到它的连续变化量，如宏观物体的电量是连续的库仑值变化，而微观粒子所带的电荷只能以电子电量 e 的整数倍变化。因此，量子化是微观世界的特有属性。

1911 年，英国物理学家 E. Rutherford 根据 α 粒子的散射实验提出了原子的有核模型(nuclear model)，用一束高速运动的 α 粒子轰击金箔时，发现大部分 α 粒子几乎不受阻碍地直线穿过，只有极少数 α 粒子发生大角度散射，甚至反射，这表明原子中绝大部分空间是空的，正电荷所占的空间很小，因此当 α 粒子通过金箔时，只有极少数几个遇到质量较大的带正电荷的部分排斥，这个带正电荷的部分位于原子中心，这就是原子核。

Rutherford 在 α 粒子散射实验的基础上，提出了“行星系式”原子模型。该模型认为：原子核好比太阳，电子好比是绕太阳运动的行星。根据他的模型，绕核运动的电子会连续辐射电磁波，得到连续光谱；并且，电子能量不断减小，电子的绕核半径也将逐渐减小，最终会堕入原子核，导致原子毁灭。但事实上，原子没有毁灭。这显然无法解释原子的线状光谱和原子的稳定性。

当一束白光通过石英棱镜时，不同波长的光由于折射率不同，形成红、橙、黄、绿、蓝、紫等没有明显界线的彩色光谱，这种带状光谱称为连续光谱。将含有低压氢气的放电管所发出的光通过分光棱镜就可以得到氢原子光谱(图 10-1)。氢原子光谱是最简单的原子光谱。原子受激发所得光谱却是不连续的**线状光谱**(line spectrum)。从图中可以看到，氢原子光谱在可见光区有 4 条比较明显的谱线：H_α、H_β、H_γ、H_δ，波长分别在 656.3nm、486.1nm、434.1nm、410.2nm，另外，其在红外区和紫外区也有一系列谱线。

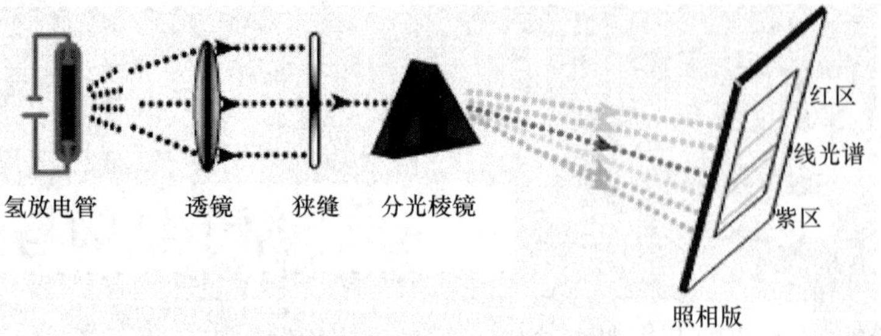

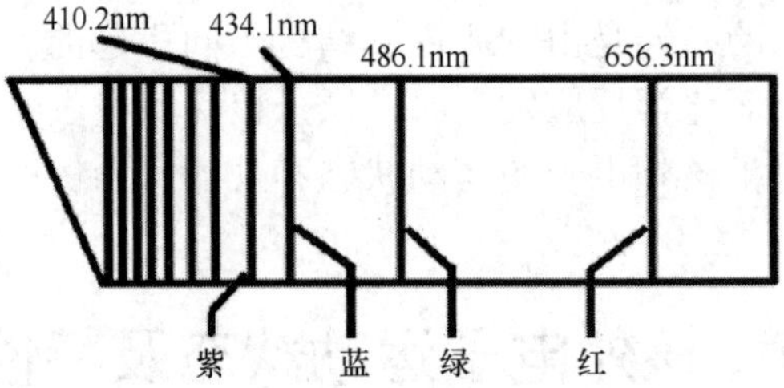

图 10-1 氢原子光谱

为了解释氢原子线状光谱的事实，1913 年，丹麦物理学家 N. Bohr 把 Planck 的量子论和 Einstein 的光子学说应用于 Rutherford 的原子有核模型，提出了氢原子的模型。Bohr 氢原子模型假设如下：

1. 氢原子核外的电子不是在任意轨道上绕核运动，而只能在某些特定的轨道上运动。电子在这些轨道上运动时并不吸收能量也不辐射能量。在这些轨道上运动的电子所处的状态称为原子的**定态**(stationary state)。这些轨道的半径(r)与相应的能量(E)为

$$r = a_0 \cdot n^2 \tag{10.1}$$

$$E = -2.18 \times 10^{-18} \frac{Z^2}{n^2}\,(\mathrm{J}) \tag{10.2}$$

式中 $a_0 = 52.9\,\mathrm{pm}$，称为 Bohr 半径。n 只能取 1，2，3，…正整数，称为量子数。原子在正常或稳定状态时，电子尽可能处于能量最低的轨道，这种状态称为**基态**(ground state)。除基态外，其他能量较高的各种状态均称为**激发态**(excited state)。氢原子处于基态时，电子在 $n = 1$ 的轨道上运行，能量最低，为 2.18×10^{-18}J。

Bohr 将具有一定能量的轨道称为一个能级。显然，氢原子中电子所处轨道的 n 值不同，使得氢原子所具有的能量也不同，即氢原子中的轨道的能级不是连续的，而是随着 n 值的变化被分为不同的能级。核外电子的运动状态具有量子化的特征。

2. 当原子从外界获得能量时，电子便可以吸收能量被激发到较高的能级，此时原子处于激发态。激发态能量较高，不稳定，又会迅速地回到基态或能量较低的能级。这个过程称为**跃迁**(transition)，它以光子的形式释放能量。跃迁时，吸收或释放的光子能量大小决定于两个能级间的能量差：

$$h\nu = E_2 - E_1 \tag{10.3}$$

式中，ν 是光子的频率，h 为 Planck 常数。由于各能级的能量是确定的，不连续的，发出的光子的频率也是特定的不连续的，Bohr 由此计算的氢原子在可见光区内的四条谱线的波长与实验值十分吻合。

Bohr 理论成功地解释了氢原子线状光谱产生的原因及其规律性，对于原子结构理论的发展起到了很重要的作用。但是该理论对氢原子光谱的精细现象无法解释，也不能解释多电子原子的光谱。更不能解释原子如何形成分子的化学键本质。由于 Bohr 理论未能冲破经典物理学束缚，把电子看作是沿固定轨道运动的微小的经典力学的粒子，而没有认识到微观粒子除具有量子化特征外，还具有波粒二象性。因此没有完全揭示微观粒子的特性及运动规律。

(二) 微观粒子的波粒二象性

根据 Einstein 的光子学说，光不但具有**波动性**(wave duality)的特点，而且还具有**粒子性**(particle duality)的特点，称为**波粒二象性**(wave-particle duality)。

1923 年，法国年轻的物理学家 de Broglie L 在光的波粒二象性的启发下大胆地提出了电子、原子等所有微观粒子也具有波粒二象性的假设，并预言质量为 m、运动速率为 υ 的实物粒子，其相应的波长为

$$\lambda = \frac{h}{p} = \frac{h}{m\upsilon} \tag{10.4}$$

上述关系式称为 **de Broglie 关系式**(de Broglie relation)。式中 h 为 Planck 常数，p 为实物粒子的动量。de Broglie 关系式把微观粒子的粒子性 $p(m、\upsilon)$和波动性 λ 通过 Planck 常数 h 联系在一起。根据式(10.4)可以计算出子弹(m=1.0×10^{-2}kg，$\upsilon = 300\text{m}\cdot\text{s}^{-1}$)的波长为 10^{-22}pm；电子($m$=9.1×10^{-31}kg，$\upsilon$=5.9×10^{6}m · s^{-1})的波长为 123pm。结果表明，子弹物质波的波长太小，其波动性难以表现出来，所以像子弹这样的宏观物体只表现出粒子性，而电子的物质波的波长则相当于 X-射线的波长范围(1～10000pm)。

1927 年，C. J. Davisson 和 L. H. Germer 的电子衍射实验证实了 de Broglie 的假设。当电子束穿过一薄晶片(或晶体粉末)时，在荧光屏上得到了与光的衍射图相类似的明暗相间的衍射环纹图(图 10-2)。由电子衍射图测得的电子波波长与式(10.4)计算的数值完全相符。电子衍射的实验结果说明电子运动与光相似，具有波动性。中子、质子、原子等微观粒子的波动性也在后来的实验中被证实。因此，波粒二象性是微观粒子的基本属性。

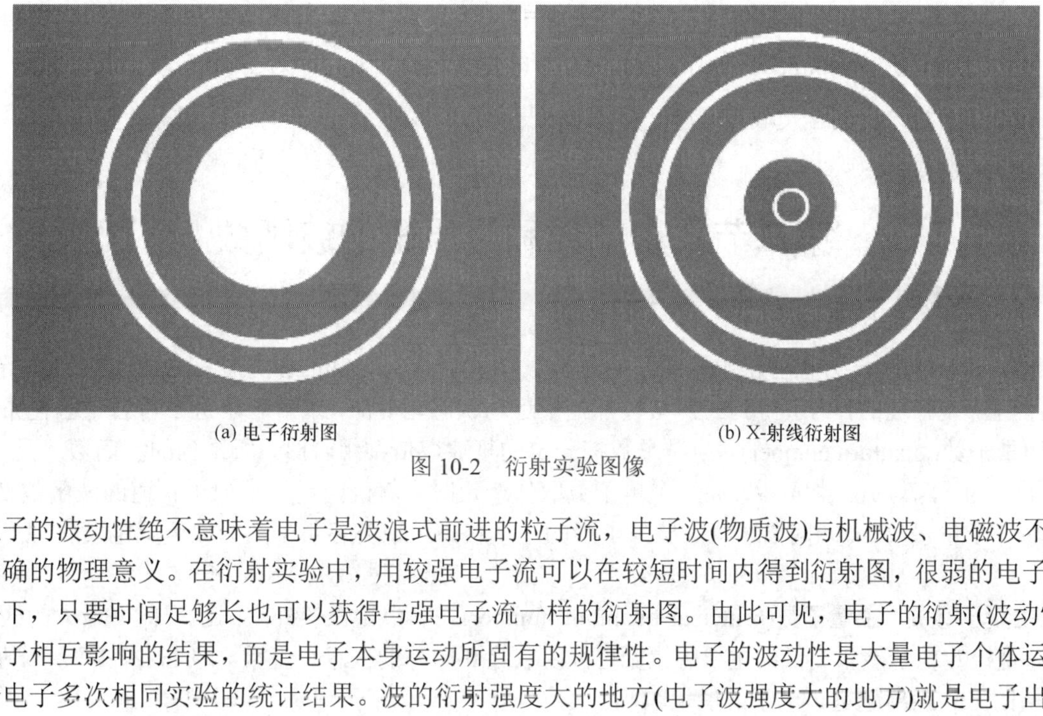

(a) 电子衍射图　　(b) X-射线衍射图

图 10-2　衍射实验图像

电子的波动性绝不意味着电子是波浪式前进的粒子流，电子波(物质波)与机械波、电磁波不同，它没有明确的物理意义。在衍射实验中，用较强电子流可以在较短时间内得到衍射图，很弱的电子流在相同条件下，只要时间足够长也可以获得与强电子流一样的衍射图。由此可见，电子的衍射(波动性)不是许多电子相互影响的结果，而是电子本身运动所固有的规律性。电子的波动性是大量电子个体运动或者是单个电子多次相同实验的统计结果。波的衍射强度大的地方(电子波强度大的地方)就是电子出现概率大的地方，出现亮的环纹；衍射强度小的地方，电子出现的概率小，出现暗的环纹。即波的强度反映了电子出现的概率。因此，电子等实物粒子波是一种概率波。

(三) 测不准原理

1927 年，德国科学家 Heisenberg 提出，不可能同时准确地确定微观粒子运动的位置和动量，也就是说，它的位置测得越准，动量(或速率)就测得越不准；反之亦然。这就是著名的**测不准原理**(uncertainty principle)。

$$\Delta x \cdot \Delta p \geqslant \frac{h}{4\pi} \tag{10.5}$$

式中 x 为微观粒子在空间某一方向的位置坐标；Δx 为确定粒子位置时的测不准量；Δp 为确定粒子动量的测不准量，h 为 Planck 常数。

测不准原理是微观粒子波动性的必然结果。它的运动不存在确定的运动轨迹，不符合经典力学的规

律。但是，微观粒子的运动规律可以用量子力学来描述，即表达它在空间出现的概率及其他全部特征。

二、波函数与原子轨道

1926 年，奥地利物理学家 Schrödinger，提出了描述核外电子运动状态的波动方程，即 **Schrödinger 方程**(Schrödinger's equation)，其基本形式如下：

$$\frac{\partial^2\psi}{\partial x^2}+\frac{\partial^2\psi}{\partial y^2}+\frac{\partial^2\psi}{\partial z^2}+\frac{8\pi^2 m}{h^2}(E-V)\psi=0 \tag{10.6}$$

这是量子力学中研究微观粒子最重要的基本方程。式中 m 是电子的质量，x，y，z 是电子在空间的坐标，E 是电子的总能量，即电子的动能和势能之和；V 是电子的势能；$(E-V)$是电子的动能；h 是 Planck 常数。ψ 为**波函数**(wave function)，是该方程的解。但它不是一个数值，而是一个描述微观粒子空间运动状态的函数式 $\psi(x,y,z)$。Schrödinger 方程把电子的粒子性(如 E，V，m 等)与波动性(如 ψ)有机地结合在一起，从而更真实、更全面地反映了电子的运动规律。Schrödinger 方程是一个二阶偏微分方程，本课程不要求解此方程，所以不做更深的讨论。

Schrödinger 方程有许多解，每个合理的解 ψ 都表示核外电子运动的一种状态，量子力学通常用波函数 ψ 来描述电子的运动状态。与 ψ 相对应的 E 就是电子处于该状态时的能量。因此，一个波函数 ψ 确定后，电子在核外空间的某种状态便已确定，也就可以确定电子离核的平均距离和能量。所以习惯上把波函数仍称为**原子轨道**(atomic orbital)。如 ψ_{1s} 称为 1s 原子轨道，ψ_{2p} 称为 2p 原子轨道等。但必须注意，原子轨道和波函数二者的含义截然不同，例如 ψ_{1s} 表示原子核外 1s 电子的运动状态，并不表示 1s 电子有确定的运动轨道。

第二节　量子数和氢原子的波函数

一、量　子　数

通过解 Schrödinger 方程可得出氢原子的波函数 Ψ，由于 Schrödinger 方程在数学上有很多解，但并不是每个解都是合理的，为了得到的解与核外电子运动状态相对应，求解时引进了符合量子化条件的参数，称为**量子数**(quantum number)。当量子数按一定的规律取值并组合时，所得到的波函数才是合理的。这些量子数为 n、l、m。当 n、l、m 三个量子数取值一定时，就确定了一个原子轨道的波函数 $\Psi_{n,l,m}$，它们与另一个量子数 m_s 一同描述特定核外电子的运动状态。现将各量子数的取值范围及物理意义介绍如下。

1. 主量子数 *n*　主量子数(principal quantum number)表示电子在核外空间出现概率最大的区域离核的远近，是决定电子能量高低的主要因素。它可以取除 0 以外的任意正整数。即 1，2，3…n。n 值越大，电子离核的平均距离越远，电子的能量越高。

主量子数 n 还决定原子轨道的能量高低。在同一原子中，n 相同的电子几乎在离核平均距离相近的空间范围内运动，所以也称**电子层数**(electron shell number)。当 n=1，2，3，4，…时，分别称为第一，二，三，四，…电子层，相应用光谱符号 K，L，M，N，…表示。

2. 角量子数 *l*　角量子数(angular quantum number)表示原子轨道(或电子云)的形状。在多电子原子中，它和主量子数 n 一起决定电子的能量。

l 的取值受主量子数 n 的限制，只能取小于 n 并包括 0 的正整数。l 可以等于 0，1，2，3，…$(n-1)$，共 n 个数值。对于同一个 n 值，可能有 n 个 l 值，这表明同一电子层中有 n 个不同的亚层。例如 n=1 时，只有一个角量子数，l=0；n=2 时，有两个角量子数，l=0，l=1。依此类推。

按光谱学习惯 l=0 时，用符号 s 表示，称 s 轨道，其轨道或电子云呈球形分布；l=1 时，用符号 p 表示，称 p 轨道，其轨道或电子云呈哑铃形分布；l=2 时，用符号 d 表示，称 d 轨道，其轨道或电子云呈花瓣形分布。

在多电子原子中，l 也决定了电子能量高低。主量子数相同，轨道角量子数不同的电子，其能量是不相等的，即同一电子层中的电子可以分为若干个不同的**能级**(energy level)或称**亚层**(subshell)，l=0，1，2，3 的能级分别称为 s、p、d、f 能级，或 s、p、d、f 亚层。当主量子数 n 相同时，l 的数值越大，电子具有的能量就越高，所以 $E_{ns}<E_{np}<E_{nd}<E_{nf}$。

3. 磁量子数 *m*　**磁量子数**(magnetic quantum number)决定原子轨道在空间的伸展方向。它的取值受角量子数限制，它可以取$-l$ 到$+l$ 之间的整数。即 $m=0$，± 1，± 2，± 3，…，$\pm l$，共 $2l+1$ 个数值。例如，对于 l=0 的 s 亚层轨道，$m=0$，只有一个取值，则 s 轨道在空间只有一个伸展方向，s 亚层的轨道数为 1；对于 l=1 的 p 亚层轨道，m=0，± 1，有三个取值，则 p 亚层轨道在空间有三种不同的伸展方向，即共有 3 个 p 轨道，分别沿 x、y、z 轴伸展，用 p_x、p_y、p_z 表示。

磁量子数 m 只决定原子轨道和电子云在空间的伸展方向。它与电子的能量无关。n 与 l 相同仅 m 值不同的原子轨道，其能量相同，称为**简并轨道**(equivalent orbital)或**等价轨道**(degenerate orbital)。如 p 亚层有三条简并轨道 p_x，p_y，p_z；d 亚层有五条简并轨道 d_{xy}，d_{yz}，d_{xz}，d_{z^2}，$d_{x^2-y^2}$。

4. 自旋量子数 m_s　**自旋量子数**(spin quantum number)不是为解 Schrödinger 方程而设定的，与 n、l、m 无关。原子中的电子除绕核运动外还自旋，只有顺时针和逆时针两种自旋运动，通常用符号“↑”和“↓”表示。而自旋量子数 m_s 只能取两个值：$+\frac{1}{2}$和$-\frac{1}{2}$。

综上所述，n、l、m 三个量子数可以确定一个原子轨道。每个电子层的轨道数为 n^2。n、l、m、m_s 四个量子数可以确定某一个电子在核外的运动状态。由于每一个原子轨道中可容纳自旋相反的两个电子，第 n 个电子层容纳的电子总数为轨道的 2 倍，即 $2n^2$ 个。

表 10-1　三个量子数及对应的原子轨道

n	l	m	轨道名称	轨道数	轨道总数
1	0	0	1s	1	1
2	0	0	2s	1	4
	1	−1，0，+1	2p	3	
3	0	0	3s	1	9
	1	−1，0，+1	3p	3	
	2	−2，−1，0，+1，+2	3d	5	
4	0	0	4s	1	16
	1	−1，0，+1	4p	3	
	2	−2，−1，0，+1，+2	4d	5	
	3	−3，−2，−1，0，+1，+2，+3	4f	7	

二、氢原子的波函数

波函数是描述核外电子运动状态的函数。它和其他任意函数一样，可以用图像来形象描述，但由于它是三维空间坐标(x, y, z)的函数，很难用恰当而又简单的直观图形表示清楚。通常把直角坐标变换为球坐标(r,θ,ϕ)，则波函数变为球坐标的函数(r,θ,ϕ)。球坐标与直角坐标的关系如图 10-3 所示。

$$\Psi(x,y,z) \xrightarrow{\text{坐标变换}} \Psi(r,\theta,\phi)$$

直角坐标系　　　　球坐标系

$$x = r\cdot\sin\theta\cdot\cos\phi$$
$$y = r\cdot\sin\theta\cdot\sin\phi$$
$$z = r\cdot\cos\theta$$
$$r=\sqrt{x^2+y^2+z^2}$$

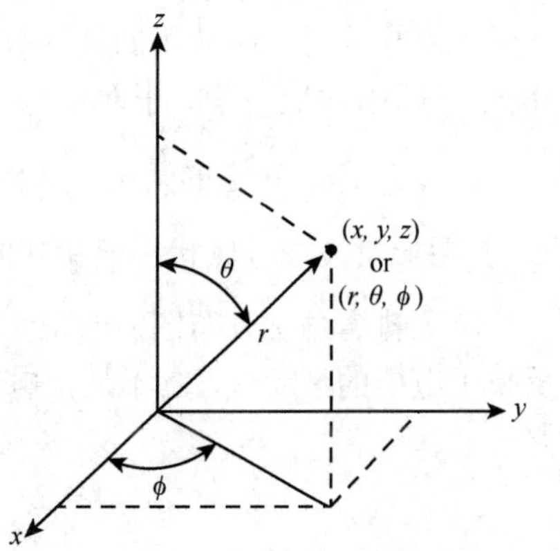

图 10-3　球坐标与直角坐标系的变换关系

为了便于表示原子轨道的空间图像，可以把波函数$\psi_{n,l,m}(r,\theta,\phi)$写成两个函数的乘积形式，即

$$\psi_{n,l,m}(r,\theta,\phi)=R_{n,l}(r)\cdot Y_{l,m}(\theta,\phi) \tag{10.7}$$

$R_{n,l}(r)$是半径r的函数，称为**径向波函数**(radial wave function)，只与主量子数n和角量子数l有关。$Y_{l,m}(\theta,\phi)$是与方位角θ、ϕ的函数，称为**角度波函数**(angular wave function)，只与角量子数l和磁量子数m有关。通过径向和角度分布可以了解原子轨道的形状和方向。表 10-2 中列出了 K 层和 L 层氢原子轨道的径向波函数和角度波函数。

表 10-2　氢原子的一些波函数

轨道	$\psi_{n,l,m}(r,\theta,\phi)$	$R_{n,l}(r)$	$Y_{l,m}(\theta,\phi)$
1s	$\sqrt{\frac{1}{\pi a_0^3}}e^{-r/a_0}$	$2\sqrt{\frac{1}{a_0^3}}e^{-r/a_0}$	$\sqrt{\frac{1}{4\pi}}$
2s	$\frac{1}{4}\sqrt{\frac{1}{2\pi a_0^3}}\left(2-\frac{r}{a_0}\right)e^{-r/2a_0}$	$\sqrt{\frac{1}{8\pi a_0^3}}\left(2-\frac{r}{a_0}\right)e^{-r/2a_0}$	$\sqrt{\frac{1}{4\pi}}$
$2p_z$	$\frac{1}{4}\sqrt{\frac{1}{2\pi a_0^3}}\left(\frac{r}{a_0}\right)e^{-r/2a_0}\cos\theta$	$\sqrt{\frac{1}{24\pi a_0^3}}\left(\frac{r}{a_0}\right)e^{-r/2a_0}$	$\sqrt{\frac{3}{4\pi}}\cos\theta$
$2p_x$	$\frac{1}{4}\sqrt{\frac{1}{2\pi a_0^3}}\left(\frac{r}{a_0}\right)e^{-r/2a_0}\sin\theta\cos\phi$	$\sqrt{\frac{1}{24\pi a_0^3}}\left(\frac{r}{a_0}\right)e^{-r/2a_0}$	$\sqrt{\frac{3}{4\pi}}\sin\theta\cos\phi$
$2p_y$	$\frac{1}{4}\sqrt{\frac{1}{2\pi a_0^3}}\left(\frac{r}{a_0}\right)e^{-r/2a_0}\sin\theta\sin\phi$	$\sqrt{\frac{1}{24\pi a_0^3}}\left(\frac{r}{a_0}\right)e^{-r/2a_0}$	$\sqrt{\frac{3}{4\pi}}\sin\theta\sin\phi$

(一) 氢原子轨道的角度分布图

原子轨道的角度分布图是角度波函数的图形，它描绘$Y_{l,m}(\theta,\phi)$值随方位角改变而变化的情况。氢原子的 s、p、d 轨道的角度分布图形如图 10-4 所示，由于角度波函数$Y_{l,m}(\theta,\phi)$只与轨道角量子数l和磁量子m有关，而与主量子数n无关，只要l,m相同，即使n不同，其角度分布图像也相同。图中氢原子 s 轨道角度波函数的值在任意方位角均为常数，因而形成一个球面，球面所在的球体就 s 轨道的图形。p 轨道的角度波函数的值随方位角的改变而改变。如 p_z 轨道的Y_{p_z}函数等于$\sqrt{3/4\pi}\cos\theta$，将各种不同θ角代入这个函数，结果如下：

θ	0°	30°	60°	90°	120°	150°	180°
$\cos\theta$	1	0.866	0.5	0	−0.5	−0.866	−1
Y_{p_z}	0.489	0.423	0.244	0	−0.244	−0.423	−0.489

根据表中数据，绘出图 10-5 的双波瓣形，每一波瓣形成一个球体，两波瓣沿轴方向伸展。在x、y平面上方和下方，两波瓣的波函数的值相反，在x、y平面上波函数值为零，这个平面称为**节面**(nodal plane)，即函数值为零的平面。Y_{p_x}、Y_{p_y}的轨道角度分布图像的含义与此类同。

d_{xy}、d_{xz}、d_{yz}轨道的角度分布图的波瓣沿坐标轴夹角 45°的方向伸展，$d_{x^2-y^2}$、d_{z^2}在坐标轴上伸展。d_{z^2}的图形负波瓣呈环状，但和其他 d 轨道是等价的。这些图形一般各有两个节面，波瓣呈橄榄形。

原子轨道角度分布图中的正负号表示波函数角度部分$Y_{l,m}(\theta,\phi)$在这些特定方位角上取值的正负，也反映了电子的波动性，它不是指电性的正或负，与原子轨道的对称性有关，在阐明原子轨道成键时有重要意义。

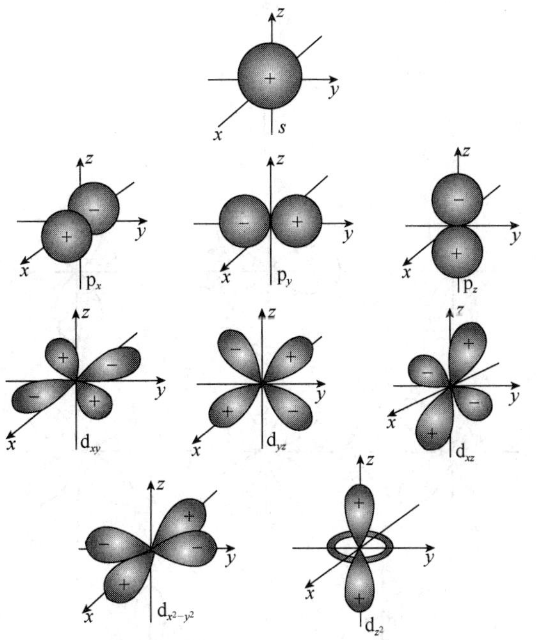

图 10-4　氢原子 s、p、d 原子轨道角度分图布

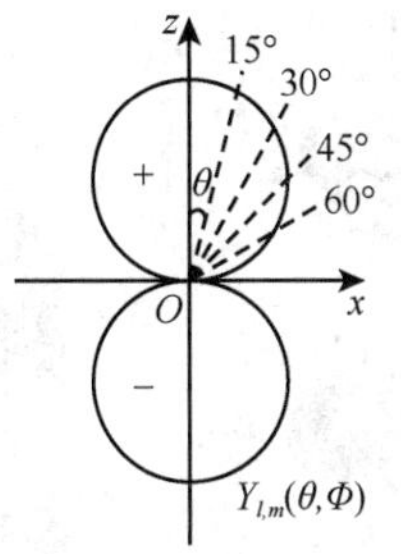

图 10-5　原子轨道角度分布图

(二) 电子云的角度分布图

电子在核外空间某区域出现机会的多少叫作概率，在某处附近微单位体积中出现的概率称为概率密度。显然，电子在核外空间某区域出现的概率等于概率密度与该区域体积的乘积。

前已述及，电子波是概率波，波在空间某点的强度大，电子在该点附近微体积中出现的概率也大，即概率密度也大。根据光的波动性，光的强度 $\propto \left|振幅\right|^2$，而 $\psi(x,y,z)$ 即是表示电子波振幅的函数式，故电子波的强度正比于波函数的平方。因此 $|\psi|^2$ 表示了电子在核外空间某处的概率密度。为了形象地表示电子在核外空间出现概率密度的大小分布情况，采用了电子云图的表示方法，即用疏密程度不同的小黑点表示概率密度的大小，这种图像被形象地称为**电子云**(electron cloud)，图 10-6 即为不同类型电子云的空间图像。

与波函数一样，概率密度 $|\psi|^2$ 也可以写成径向和角度部分的乘积：

$$|\psi|^2 = R^2(r)Y^2(\theta,\phi) \tag{10.8}$$

式中，$R^2(r)$ 为概率密度的径向部分，$Y^2(\theta,\phi)$ 为概率密度的角度部分。将 $Y^2(\theta,\phi)$ 随角度 (θ,ϕ) 变化作图，便得到电子云的角度分布图(图 10-7)。它反映了电子在核外空间不同角度(方向)上概率密度的分布情况，但不表示电子出现的概率密度与距离的关系。电子云的角度分布图与原子轨道的角度分布图形十分类似，但有两点区别，一是电子云角度分布图所表现的是概率密度分布，$|Y|^2$ 图均为正值，无正负号之分；二是电子云角度分布图比原子轨道的角度分布图要瘦些，这是因为 Y 值小于 1，平方后 $|Y|^2$ 值更小。

需要说明的是，图 10-4、图 10-6、图 10-7 是描述电子运动状态的三种常用的图形表示方法，它们的形状相似，只是描述的出发点不同，代表的含义有所不同，熟知上述原子轨道和电子云的不同图形，对学习化学键的形成及有机物的结构有重要意义。

(三) 氢原子轨道的径向分布图

径向分布函数(radial distribution function)用 $D(r)$表示，$D(r)=R_{n,l}^2(r)\cdot 4\pi r^2$。它表示电子在以原子核为中心，半径为 r，微分厚度为 dr 的同心圆薄球壳夹层内出现的概率，即反映了氢原子核外电子在薄球壳夹层内出现的概率与离核距离 r 的关系(如图 10-8)。

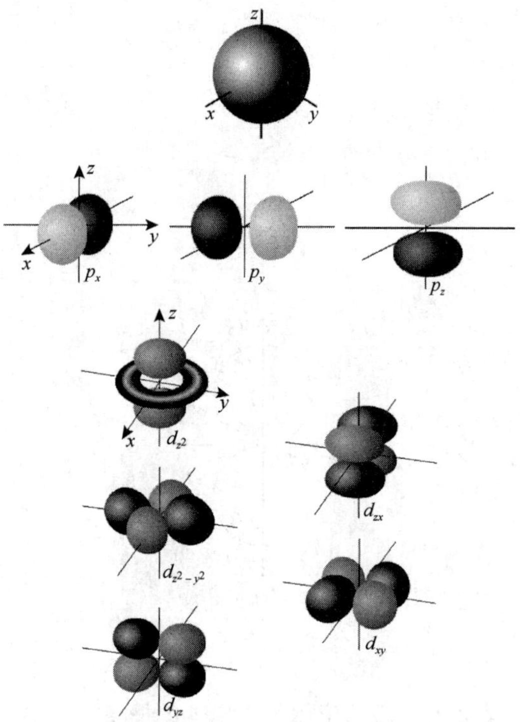

图 10-6 电子云示意图

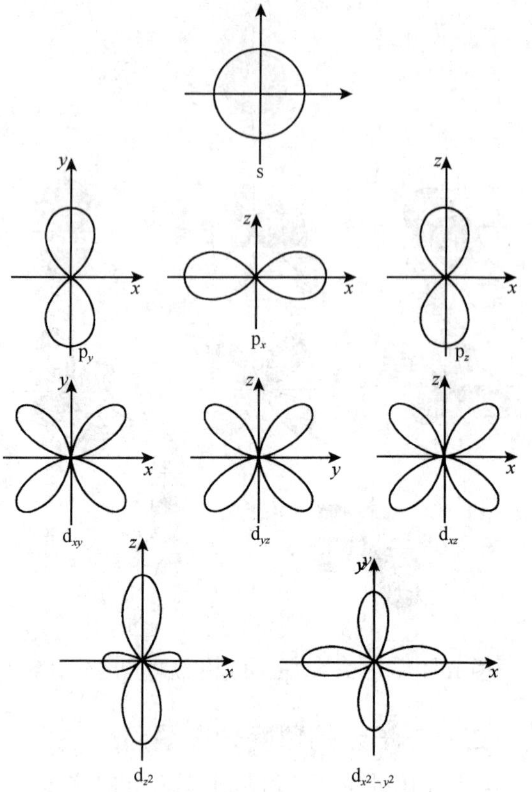

图 10-7 电子云的角度分布图

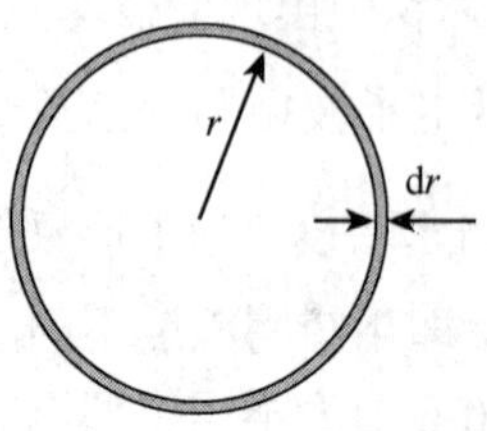

图 10-8 球形薄球壳夹层示意图

薄球壳夹层的表面积为 $4\pi r^2$，薄球壳夹层的体积为 $4\pi r^2 dr$，所以：

概率 $= |\Psi|^2 4\pi r^2 \, dr = R_{n,l}^2(r) 4\pi r^2 \, dr = D(r) \, dr$。

以 $D(r)$为纵坐标，以 r 为横坐标，则得到径向分布函数图。图 10-9 是氢原子各轨道状态的径向分布函数图。

图中 1s 轨道的径向分布函数图的极大值正好在 r = 52.9pm 处，这表明电子在半径 52.9pm 附近的一薄壳内出现的概率最大，比任何其他地方同样厚度薄层球体内电子出现的概率大。这个电子出现概率最大的球壳离核的距离称为 Bohr 半径。概率极大值地方与概率密度最大的地方不一致，这是因为概率密度是随半径 r 的增大而减小的，但球壳体积却是随半径 r 的增大而增加的，这两种变化趋势相反的因素结合在一起，就会出现一个极大值。

径向分布图中的峰数有$(n-l)$个。例如，对于 ns 电子云，l=0，n 越大，峰数越多，峰数等于 n。如图 10-8 所示，3s 电子有 3 个峰，3s 电子除了主要出现在离核较远的区域外，还可以“钻穿”到离核较近区域。对于 np 态电子，$l = 1$，有$(n-1)$个峰，对 nd 态电子，$l = 2$，有$(n-2)$个峰。

对于角量子数 l 相同，主量子数 n 不同的各态原子，其主峰距核距离不同，n 越小，距核越近，n 越大，距核越远，即电子处于不同的电子层。

主量子数 n 相同的各态原子，其主峰离核的距离大致相同。但 l 越小，径向分布函数峰越多，电子在核附近出现的可能性越大，其第一个小峰距核越近。从图 10-9 可以看出，第一个峰离核距离的远近顺序是 ns＜np＜nd＜nf，说明不同 l 的电子“钻穿”到核附近的能力不同。例如 4s 的第一个峰甚至钻穿到 3d 的主峰离核更近的距离之内去了。这说明 Bohr 理论中假设的固定轨道是不存在的，外层电子出现在内层正是电子波动性的反映。

综上所述，电子的概率径向分布不仅反映了电子出现的概率与距核远近的关系，也反映出核外电子概率分布的层次性和穿透性，这是多电子原子发生能级交错的根本原因。

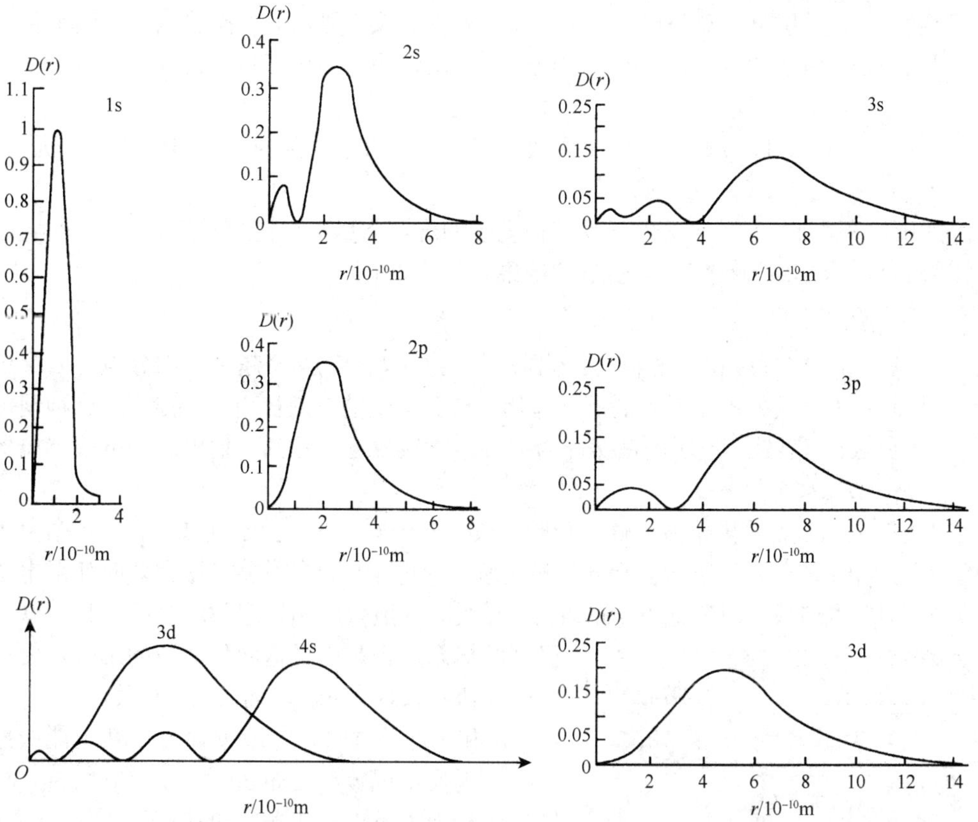

图 10-9　氢原子各轨道状态的径向分布函数图

第三节　多电子原子的原子结构

氢原子和类氢原子的核外只有一个电子，该电子仅受到核的吸引作用，故可用 Schrödinger 方程精确求解出其电子运动的波函数及其对应的能量，而在多电子原子中，除存在原子核对核外电子的吸引外，还存在电子间的排斥，其 Schrödinger 方程要复杂得多，通常做近似处理。尽管如此，上述氢原子结构的结论仍可近似应用到多电子原子中：在多电子原子中的每个电子都有其对应的波函数，其具体形式也取决于一组量子数 n、l、m。各电子层中的轨道数与氢原子中各电子层轨道数相等；多电子原子波函数的角度部分 $Y(\theta,\ \phi)$和氢原子的相似，因此，多电子原子各原子轨道和电子云的角度分布图与氢原子的角度分布图也相似；多电子原子的能量等于处于各能级的电子能量的总和。

一、多电子原子的能级

(一) 屏蔽效应

由于多电子原子的 Schrödinger 方程较为复杂，通常用屏蔽效应和钻穿效应的原理来做近似处理。

设想核电荷数为 Z 的多电子原子中，其中电子 i 除受原子核的吸引外，同时还要受到其他$(Z-1)$个电子的排斥，这种排斥实际上相当于$(Z-1)$个电子屏蔽住了原子核，使电子 i 感受到的有效核电荷数 Z^* 降低，抵消了部分核电荷对其的吸引力，这种作用称为其他电子对电子 i 的**屏蔽效应**(screening effect)。用**屏蔽常数** $\boldsymbol{\sigma}$ (screening constant)表示其他电子所抵消的核电荷，这样，**有效核电荷**(effective nuclear charge)可用下式计算

$$Z^* = Z - \sigma$$

此时，电子 i 的能量公式(10.2)表示

$$E = -\frac{Z^{*2} \times 2.18 \times 10^{-18}}{n^2}\ (\text{J})$$

由上式可以看出，某电子被其他电子屏蔽得越多，即 σ 愈大，它所受到的核的吸引就越小(Z^*越小)，

能量越高；一般来说，内层电子对外层电子具有屏蔽作用，反之则没有。同层电子之间也存在一定的屏蔽作用，主要表现在 l 较小的电子对 l 较大的电子的屏蔽作用。多电子原子的能级与 n 和 l 的关系有如下规律性：

(1) 当 l 相同，n 不同时，n 越大，电子层数越多，外层电子受到的屏蔽作用越强，轨道能级愈高。如 $E_{1s}<E_{2s}<E_{3s}<\cdots$，$E_{2p}<E_{3p}<E_{4p}\cdots$。

(2) 当 n 相同 l 不同时，l 越小的电子受其他电子的屏蔽作用小，能量较低。l 越小的电子受其他电子的屏蔽作用较小，这是由于钻穿效应影响的结果。

(二) 钻穿效应

由径向分布图(图 10-9)可知，n 相同，l 不同时，l 愈小，$D(r)$的峰越多，部分电子云穿过内层电子而离核更近，从而回避了其他电子对它的屏蔽作用，自身承受的有效核电荷数越多，这种现象称为**钻穿效应**(penetrating effect)。显然，电子的钻穿能力愈强，离核愈近，受到其他电子的屏蔽就愈弱，能量就愈低。如 $E_{ns}<E_{np}<E_{nd}<E_{nf}<\cdots$。

电子的穿透性实际上就是电子波动性的反映。在多电子原子中，由于其波动性，每个电子都有屏蔽其他电子的作用，同时又有被其他电子所屏蔽和回避其他电子屏蔽的作用，钻穿效应使得电子在回避其他电子屏蔽的同时，也造成了对其他电子的屏蔽。因此，屏蔽效应和钻穿效应是两个相互联系而又相互区别的概念，正是由于这两种效应的影响，使得多电子原子的能级不仅决定于 n，而且与 l 有关。

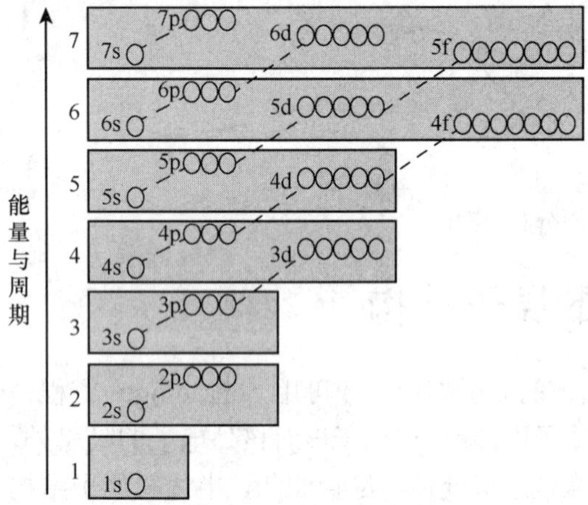

图 10-10 原子轨道近似能级图

n 和 l 都不同时，一般 n 越大，轨道能级愈高。但有时会出现反常现象，比如 3d 和 4s，$E_{4s}<E_{3d}$，称为能级交错。这种现象可以从 4s 电子的钻穿能力强这方面来考虑。

美国著名结构化学家 L. Pauling 根据大量的光谱数据计算出多电子原子的原子轨道的近似能级顺序，称为原子轨道近似能级图，如图 10-10 所示。

原子轨道近似能级图把原子轨道按能级的高低划分为若干个能级组，不同能级组之间能量差别较大，同一能级组内各能级之间的能量差别较小。图中一个方框表示一个能级组，每个圆圈表示一个原子轨道。1s 能级属于第 1 能级组。从 ns 到 np 能级构成第 n 能级组，$(n-1)$d 或$(n-2)$f 也属于第 n 能级组。

我国化学家徐光宪教授，根据光谱实验数据，提出了对基态多电子原子轨道的能级高低的半定量方法，即$(n+0.7l)$值愈大，轨道能级愈高。并把$(n+0.7l)$值的第一位数字相同的各能级分为一组，称为能级组(表 10-3)。这样计算的能级与 Pauling 近似能级顺序相吻合。

表 10-3 用徐光宪公式计算的多电子原子能级组

能级	1s	2s	2p	3s	3p	4s	3d	4p	5s	4d	5p	6s	4f	5d	6p
$n+0.7l$	1.0	2.0	2.7	3.0	3.7	4.0	4.4	4.7	5.0	5.4	5.7	6.0	6.1	6.4	6.7
能级组	1	2		3			4			5			6		

二、原子的电子组态

原子核外的电子排布又称为**电子组态**(electronic configuration)。在多电子原子中，核外电子排布遵守以下三个基本规律。

(一) Pauli 不相容原理

1925 年，奥地利物理学家 W. Pauli 提出，在同一原子中不可能有四个量子数完全相同的两个电子存在，亦即在同一原子中没有运动状态完全相同的电子。这就是 **Pauli 不相容原理**(Pauli exclusion principle)。如果两个电子的 n、l、m 三个量子数相同，那么自旋量子数 m_s 必然相反。例如 Mg 原子 3s 轨道上的两个电子，用(n，l，m，m_s)一组量子数来描述其运动状态，一个是(3，0，0，$+\frac{1}{2}$)，另一个则是(3，0，0，$-\frac{1}{2}$)。因此，在一个原子轨道中最多只能容纳两个自旋方向相反的电子。一个电子层有 n^2 个原子轨道，最多可以容纳的电子数为 $2n^2$。

(二) 能量最低原理

系统的能量越低越稳定，这是自然界的普遍规律，原子中的电子也不例外。核外电子排布时，总是先占据能量最低的轨道，当低能量轨道占满后，才排入高能量的轨道，以使整个原子能量最低。这就是**能量最低原理**。轨道能量的高低按照近似能级图所示的能级顺序排列。

例如，氢原子和氦原子的电子组态分别是 $1s^1$ 和 $1s^2$，1s 的上角标 1 和 2 表示在 1s 轨道上有 1 个或 2 个电子。锂原子核外有 3 个电子，首先两个电子占满 1s 轨道，第三个电子填充在 2s 轨道上，其电子组态为 $1s^22s^1$。20 号 Ca 的电子组态是 $1s^22s^22p^63s^23p^64s^2$，在 K、L、M 电子层填充了 18 个电子以后，根据近似能级顺序，$E_{4s}<E_{3d}$，最后的两个电子不是填充到 3d 轨道中，而是占据 4s 轨道。

(三) Hund 规则

德国科学家 F. Hund 根据光谱实验指出，电子在能量相同的轨道(即简并轨道)上排布时，总是尽可能以自旋相同的方向分占不同的轨道，因为这样的排布方式总能量最低，这就是 **Hund 规则**(Hund's rule)。例如基态氮原子组态是 $1s^22s^22p^3$，三个 2p 电子的运动状态是：

$$2，1，0，+\frac{1}{2}；\ 2，1，1，+\frac{1}{2}；\ 2，1，-1，+\frac{1}{2}$$

或者用原子轨道方框图表示：

$_7$N 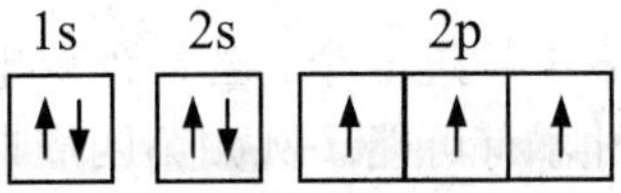 ，而不是 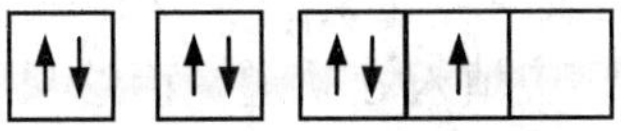

基态碳原子的电子状态表示为：

$_6$C 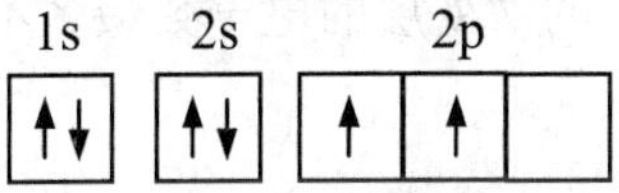 ，而不是 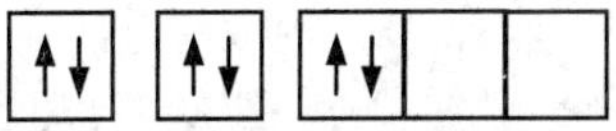

Hund 通过光谱实验还进一步提出了补充规则：简并轨道全充满(如 p^6、d^{10}、f^{14})，半充满(如 p^3、d^5、f^7)或全空(如 p^0、d^0、f^0)的这些状态都是能量较低的稳定状态。例如基态 $_{29}$Cu 原子的电子排布式为 $1s^22s^22p^63s^23p^63d^{10}4s^1$(全充满)，而不是 $1s^22s^22p^63s^23p^63d^94s^2$。

在书写 20 号元素以后基态原子的电子组态时应注意，虽然电子填充按近似能级顺序进行，但电子组态必须按电子层排列。例如，填充电子时 4s 比 3d 能量低，但填满电子后，4s 的能量则高于 3d，所以形成离子时，先失去 4s 电子，3d 仍然是内层轨道。

为简化电子组态的书写，把内层已达到稀有气体电子层构型的部分，用稀有气体的元素符号加方括号表示，称为**原子芯**(atomic kernel)。例如 Fe 的基态原子电子排布可以写为[Ar]$3d^64s^2$，原子芯[Ar]表示 $1s^22s^22p^63s^23p^6$，Ag 的基态原子电子排布可以写为[Kr]$4d^{10}5s^1$。

原子芯写法指明了化学反应中原子芯部分的电子结构不发生变化，结构发生改变的是**价电子**(valence electron)，突出了元素的价层电子排布，使其一目了然。价电子所处的电子层称为**价电子层**或**价层**(valence shell)。例如 Fe 原子的价层电子组态是 $3d^64s^2$，Ag 原子的价层电子组态是 $4d^{10}5s^1$。

书写离子的电子组态时，可以仿照在原子电子组态的基础上加上(负离子)或失去(正离子)的电子。例如 Fe^{2+}：[Ar]$3d^64s^0$，Cl^-：[Ar]$3s^23p^6$。

例 10-1 写出 $_{24}$Cr 的基态电子组态。

解 根据能量最低原理，将铬的 24 个电子从能量最低的 1s 轨道排起，1s 轨道只能排 2 个电子，第 3、4 个电子填入 2s 轨道，2p 能级有三个简并轨道，填 6 个电子，再填入 3s、3p，3p 填满后共填入 18

个电子。因为 4s 能量比 3d 低，所以应先填入 4s 轨道两个电子，剩下的电子填入 3d，成为 $1s^22s^22p^63s^23p^64s^23d^4$，但按照 Hund 规则，半充满状态是能量较低的稳定状态，因此应填充为 $4s^13d^5$。故铬原子的基态电子组态为：$1s^2 2s^22p^63s^23p^63d^54s^1$。

第四节　元素周期表

元素的性质随着核电荷数的递增而呈现周期性的变化规律，这是原子的电子组态发生周期性变化的结果。元素周期表则是原子电子组态和元素性质周期性变化的表现形式。

一、原子的电子层结构和周期

从各元素原子的电子层结构可知，当主量子数 n 依次增加时，n 每增加 1 个数值就增加一个新的电子层，也就增加一个能级组，而每一个能级组就相当于周期表中的一个周期。元素在周期表中所处的周期数就等于它的最外电子层数。

1. 每一个能级组对应元素周期表中的一个**周期**(period)，即周期数等于能级组序数。第 1 能级组只有 1s 能级，形成第 1 周期。其后，第 n 能级组从 ns 能级开始 np 能级结束，形成第 n 周期。

2. 每个周期的元素的数目与对应能级组最多能容纳的电子数目一致。周期中元素原子的外层电子组态从 ns^1 开始到 np^6 结束。例如第 4 周期元素，原子的外层电子组态始于 $4s^1$，止于 $4s^24p^6$，但第 4 能级组还有 3d 能级可以容纳 10 个电子，所以第 4 周期有 18 个元素。各周期元素的数目按 2、8、8、18、18、32、32 的顺序增加。

3. 元素在周期表中所处的周期数等于它的最外电子层数，也等于元素原子的最高能级组数。例如第 4 周期元素，其电子层结构包括 1s，2s2p，3s3p，4s3d4p 四个能级组，最高能级组为 4s3d4p，正好为第四能级组。

由于轨道的能级交错，周期表中各元素原子的最外层电子数最多不超过 8 个。若最外层电子数超过 8 个，除了填入 s、p 轨道外还应填入 d 轨道，而这只有在 $n \geqslant 3$ 时才有可能。例如第四周期，由于 $E_{3d} > E_{4s}$，电子首先填入 4s，然而电子填入 4s 轨道就增加了一个新的电子层，3d 就成了次外层。因此，原子最外层电子数最多不会超过 8 个。由于同样的原因，原子的次外层的电子数最多不会超过 18 个。

二、价层电子组态与族

性质相似的元素归为一族。族对应于原子的价层电子组态。周期表中有主族(A 族)和副族(B 族)之分。

主族：周期表中共有 8 个主族，即ⅠA～ⅧA。凡内层轨道全充满，最后 1 个电子填入 ns 或 np 亚层上的，为ⅠA～ⅧA 主族元素，价层电子的总数等于族数(用罗马数字表示)，即等于 ns、np 两个亚层上电子数目的总和。例如元素 $_{13}$Al，核外电子组态是 $1s^22s^22p^63s^23p^1$，电子最后填入 3p 亚层，价层电子组态为 $3s^23p^1$，价层电子数为 3，故为ⅢA 族。ⅧA(也称为零族)为稀有气体，其最外层也已填满，呈稳定结构。

副族：在族号罗马数字后加“B”表示副族，副族全是金属元素。周期表中共有ⅠB～ⅧB 8 个副族。凡最后一个电子填入$(n-1)$d 或$(n-2)$f 亚层上的都属于副族。ⅢB～ⅦB 族元素，其价电子总数等于$(n-1)$d、ns 两个亚层电子数目的总和，也等于其族数。例如，元素 $_{23}$V 的填充次序是 $1s^22s^22p^63s^23p^63d^34s^2$，价层电子组态是 $3d^34s^2$，所以是ⅤB 族。ⅠB、ⅡB 族由于其$(n-1)$d 亚层已经填满，所以最外层 ns 亚层上电子数等于其族数。ⅧB(也称为第Ⅷ族)处在周期表的中间，共有三个纵列。最后 1 个电子填在$(n-1)$d 亚层上。但它们价层电子组态是$(n-1)d^{6\sim10}ns^{0\sim2}$，电子总数是在 8 个至 10 个之间。

三、区

根据价层电子组态的特点，可将周期表中的每族元素简单地分为 5 个区：s 区、p 区、d 区、ds 区和 f 区。见图 10-11。

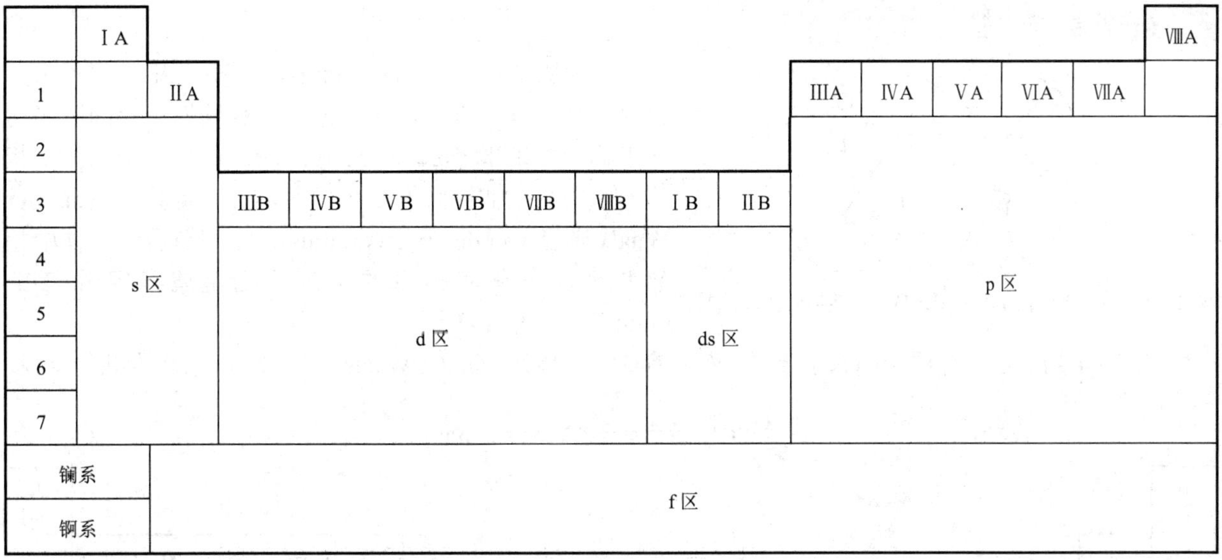

图 10-11　周期表中元素的分区

1. s 区元素　价层电子组态是 ns^1 或 ns^2，位于周期表的左侧，包括ⅠA 和ⅡA 族元素，都是活泼的金属元素，容易失去电子形成+1 或+2 价离子，该区元素在化合物中没有可变的氧化值。第一周期的 H 在 s 区，但它不是金属元素，在化合物中它的氧化值是+1，在金属氢化物中是−1。

2. p 区元素　价层电子组态是 $ns^2np^{1\sim6}$，位于周期表的右侧，包括ⅢA～ⅧA 族元素。大部分为非金属元素，多有可变的氧化值。ⅧA 为稀有气体也属于 p 区。

3. d 区元素　价层电子组态一般为$(n-1)d^{1\sim9}ns^{1\sim2}$，位于长周期的中部。但有例外。它包括ⅢB～ⅧB 族元素。它们都是金属，常有多种氧化值。

4. ds 区元素　价层电子组态为$(n-1)d^{10}ns^{1\sim2}$，包括ⅠB、ⅡB 族两族元素。该区不同于 d 区元素，它们次外层$(n-1)$d 轨道是充满的，比较稳定，能提供的价电子数比较少。它们为过渡元素，可表现有不同的氧化值。

5. f 区元素　价层电子组态一般为$(n-2)f^{0\sim14}(n-1)d^{0\sim2}ns^2$，包括镧系和锕系元素。该族元素原子的最外层电子数目、次外层电子数目大都相同，只有$(n-2)$层电子数目不同，所以系内各元素化学性质极为相似。

例 10-2　写出原子序数为 29 的元素原子的电子组态，并指出该元素在周期表中所属周期、族和区。

解　该元素的原子核外有 29 个电子。根据电子填充顺序，其电子组态为 $1s^22s^22p^63s^23p^63d^{10}4s^1$ 或写成$[Ar]3d^{10}4s^1$。其中最外层电子的主量子数 n=4，所以属于第 4 周期元素。最外层 s 电子为 1，次外层 d 电子全满，所以它位于ⅠB 族，应属于 ds 区元素。

四、过渡元素

过渡元素(transition element)原指ⅧB 族元素，后来包括的范围扩大了。副族元素和主族元素的原子结构特征和性质有着明显的不同，因此，全部副族元素都称为过渡元素。其中，镧系和锕系元素称为**内过渡元素**(inner transition element)。过渡元素包括 d 区、ds 区和 f 区的元素。

除钯(Pd：$4d^{10}5s^0$)以外，过渡元素原子的最外层电子数只有 1～2 个电子，因此它们都是金属元素。由于过渡元素原子的$(n-1)$d 轨道未充满或刚充满，或 f 轨道也未充满，所以在化合物中常表现有多种氧化值。

五、元素性质的周期性变化规律

由于原子的电子层结构呈周期性变化，故与电子层结构有关的元素的基本性质，如原子半径、电负性、电离能等，也呈现出明显的周期性变化。

(一) 原子半径

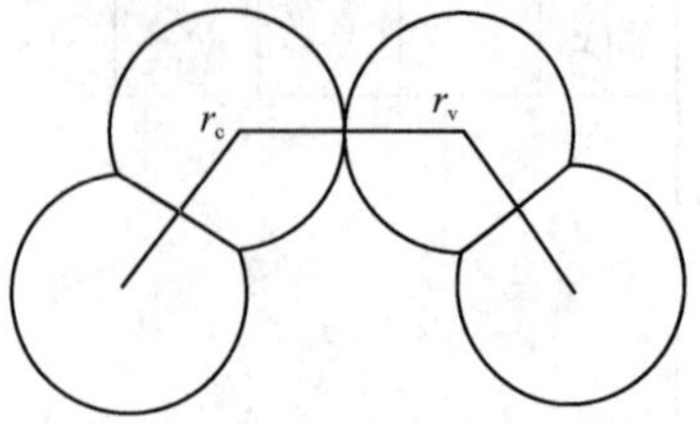

图 10-12 共价半径(r_c)van der Waals 半径(r_v)示意图

所谓**原子半径**(atomic radius)是人为规定的物理量，分为三种：以共价单键结合的两个相同原子核间距离的一半称为**共价半径**(covalent radius)；单质分子晶体中相邻分子间两个非键合原子核间距离的一半称为 **van der Waals 半径**(van der Waals radius)；金属单质的晶体中相邻两个原子核间距离的一半称为**金属半径**(metallic radius)，见图 10-12。

表 10-4 列出了各种原子的原子半径，表中除稀有气体为 van der Waals 半径外，其余均为共价半径。

表 10-4 元素原子的共价半径/pm

H																	He
30																	58
Li	Be											B	C	N	O	F	Ne
123	89											81	77	74	74	72	112
Na	Mg											Al	Si	P	S	Cl	Ar
157	136											125	117	110	104	99	154
K	Ca	Sc	Ti	V	Cr	Mn	Fe	Co	Ni	Cu	Zn	Ga	Ge	As	Se	Br	Kr
203	174	144	132	122	119	118	117	116	115	118	121	125	124	121	117	114	169
Rb	Sr	Y	Zr	Nb	Mo	Tc	Ru	Rh	Pd	Ag	Cd	In	Sn	Sb	Te	I	Xe
216	191	162	145	134	130	127	125	125	128	134	138	142	142	139	137	133	196
Cs	Ba		Hf	Ta	W	Re	Os	Ir	Pt	Au	Hg	Tl	Pb	Bi	Po	At	Rn
236	108		144	134	130	128	126	127	130	134	139	144	150	151	146	145	220

从表中看出，原子半径随原子序数的增加呈现周期性变化，这与原子有效核电荷的周期性变化相关。因为有效核电荷愈大，对外层电子的吸引力愈大，原子半径就愈小。各周期的主族从左到右，电子层数不变，有效核电荷增加明显，原子半径的逐渐减少趋势也较明显。长周期中的过渡元素原子半径先是缓慢缩小然后略有增大。内过渡元素，由于其有效核电荷变化不大，原子半径几乎不变。表 10-4 中稀有气体原子半径突然增大，因为它是 van der Waals 半径。

同一主族元素，从上到下电子层数增加，使屏蔽效应明显加大，所以原子半径递增，金属性依次增强。

(二) 元素的电负性

1932 年，Pauling 首先引入了元素的**电负性**(electronegativity)的概念。所谓电负性是指元素的原子在分子中吸引成键电子的能力。电负性越大，原子在分子中吸引成键电子的能力越强，反之就越弱。Pauling 指定最活泼的非金属氟的电负性为 4.0，以此为参照标准，根据热化学的数据和分子的键能计算出其他元素电负性的相对数值，见表 10-5。

表 10-5 Pauling 的元素电负性

H																	He
2.20																	0.58
Li	Be											B	C	N	O	F	Ne
1.00	1.50											2.00	2.60	3.05	3.50	4.00	1.12
Na	Mg											Al	Si	P	S	Cl	Ar
0.90	1.20											1.50	1.90	1.90	2.60	3.15	1.54
K	Ca	Sc	Ti	V	Cr	Mn	Fe	Co	Ni	Cu	Zn	Ga	Ge	As	Se	Br	Kr
0.80	1.00	1.30	1.50	1.60	1.60	1.50	1.80	1.80	1.80	1.90	1.60	1.60	1.90	2.00	2.45	2.85	1.69
Rb	Sr	Y	Zr	Nb	Mo	Tc	Ru	Rh	Pd	Ag	Cd	In	Sn	Sb	Te	I	Xe
0.80	1.00	1.30	1.60	1.60	1.80	1.90	2.20	2.20	2.20	1.90	1.70	1.70	1.80	2.05	2.30	2.65	1.96
Cs	Ba		Hf	Ta	W	Re	Os	Ir	Pt	Au	Hg	Tl	Pb	Bi	Po	At	Rn
0.70	0.90		1.30	1.30	1.70	1.90	2.20	2.20	2.20	2.40	1.90	1.80	1.80	1.90	2.00	2.20	2.20

元素的电负性也呈现周期性的变化：同一周期中，从左到右电负性递增；同主族中，从上到下电负性递减。副族元素电负性没有明显的变化规律。

元素电负性的大小可用以衡量元素的金属性和非金属性的强弱。一般地说，金属元素的电负性在 2.0 以下，非金属的电负性在 2.0 以上，但这不是一个严格的界限。氟电负性最大，位于周期表的右上方，是非金属性最强的元素。

利用元素电负性的差值可以判断分子的极性和键型。如果两原子的电负性差值为 0 时，说明该分子为同核双原子分子，属于非极性共价键，如 H_2、Cl_2 等；如果两原子的电负性差值小于 1.7 时，说明该分子为异核双原子分子，相应的化学键属于极性共价键，如 HCl、HBr 等；如果两原子的电负性差值大于 1.7 时，所形成的为离子型化合物(离子晶体)，化学键为离子键，如 NaCl、KCl 等。

(三) 原子的电离能

原子失去电子的难易，可以用电离能来衡量。**电离能**(ionization energy)是指元素气态原子在基态时失去电子所需的能量。常使用 1mol 气态原子(或阳离子)都失去某一个电子所需的能量($kJ \cdot mol^{-1}$)表示。

气态基态原子失去一个电子所需的能量称为该原子的第一电离能，用 I_1 表示；继续失去第二个电子所需的能量称为第二电离能，用 I_2 表示；依此类推。各级电离能的大小顺序是：$I_1 < I_2 < I_3$。因为离子的电荷正值越来越大，离子半径越来越小，电离要克服核的引力，所以失去这些电子逐渐变难，需要能量越高。

$$I_1 \qquad M \longrightarrow M^{+} + e$$
$$I_2 \qquad M^{+} \longrightarrow M^{2+} + e$$

电离能的数值大小，主要取决于原子有效核电荷、原子半径以及原子的电子层结构。

一般说来，同一周期中，电离能随着原子序数的增加而增大。这是由于同一周期的元素具有的电子层数相同，从左到右核电荷越多，原子半径越小，核对外层电子的引力越大。因此，每一周期电离能最低的是碱金属，越往右电离能越大。同一主族中，电离能随着原子序数的增大而减小。这是由于电子层数增加，原子半径增大所致。半径越大，核对电子引力越小，越易失去电子，电离能越小。需要注意的是，每一周期的最后元素稀有气体原子由于它们有 ns^2np^6 的稳定电子层结构，具有最高的电离能。

过渡元素由于电子是填充入内层，引起屏蔽效应大，它抵消了核电荷增加所产生的影响，因此它们的第一电离能变化不大。

第五节　元素和人体健康

随着人们生活水平的提高，社会的发展和科学的进步，生命科学越来越引起人们的关注。在生命科学中元素与健康的关系众所周知，与人们的生理、病理、生长、发育、遗传、健康等都有关系。研究化学元素与人体关系，尤其是微量元素与人体健康的关系，对于了解生命现象具有十分重要的意义。

一、必需元素和非必需元素

至今已经登录和命名了 114 种元素，其中 92 种存在于自然界，93～114 号为人工元素。在人体内含有自然界中存在的 92 种元素中的 80 余种，它们在体内的分布和含量有着较大的差异，各自发挥着不同的生理功能，总称为**生命元素**(biological element)。按元素对人体正常生命的作用可将其分为**必需元素**(essential element)和**非必需元素**(non-essential element)。在正常人体中，必需元素的含量基本上是恒定的，按元素在人体内含量多少划分，占人体质量 0.05%以上的称为**常量元素**(macro element)，有 11 种。含量低于 0.05%为**微量或痕量元素**(microelement or trace element)。见表 10-6。

表 10-6　人体所含元素的总量及组成

常量元素	体内总量(g)	重量组成(%)	必需微量元素	体内总量(g)	重量组成(%)
O　氧	43000	61	Fe　铁	4.2	0.006
C　碳	16000	23	F　氟	2.6	0.0037
H　氢	7000	10	Zn　锌	2.3	0.0033

续表

常量元素	体内总量(g)	重量组成(%)	必需微量元素	体内总量(g)	重量组成(%)
N 氮	1800	2.6	Br 溴	0.20	0.00029
Ca 钙	1000	1.4	Cu 铜	0.072	0.00010
P 磷	780	1.1	Sn 锡	<0.017	0.00002
S 硫	140	0.20	Se 硒	0.015	0.00002
K 钾	140	0.20	Mn 锰	0.012	0.00002
Na 钠	100	0.14	I 碘	0.013	0.00002
Cl 氯	95	0.12	Ni 镍	0.010	0.00001
Mg 镁	19	0.027	Mo 钼	<0.0093	0.00001
			Cr 铬	<0.0018	0.000003
			Co 钴	0.0015	0.000002
			U 铀	0.00005	0.000001

由于环境污染或从饮食中摄取量过大，时间过长，对人体健康有害的元素称为**有毒或有害元素**(poisonous or harmful element)，例如铅、镉、汞等。

常量元素集中在周期表中前 20 号元素之内，包括钠、钾、钙、镁四种金属。微量元素中大部分为过渡金属元素。s 区、p 区元素对生命体的作用，从上到下，营养作用减弱，毒性加强。从左到右也是如此。

应该说明的是，人体必需和非必需元素的划分是相对的，随着科学技术的发展，目前认为是非必需的某种元素，将来可能发现该元素是人体所必需的。例如，1974 年联合国卫生组织公布的必需微量元素只有 Fe、I、Co、F、Zn、Cu、Cr、Mo、Se 等 9 种，后来又相继发现 Mn、V、Sn、Si、B、Ni、Ge、As 等也是人体必需微量元素。另外，一种元素有毒无毒也不是绝对的，有严格的量的范围，即使是必需元素，过量摄入也会变得有毒。

二、必需元素的生物功能简介

生命元素在体内以不同的形式存在，金属元素大多以与各种生物配体(大环化合物、氨基酸、蛋白质、肽、核酸、维生素等)形成金属配合物的形式存在。生命元素的生物功能涉及生命活动的各个方面。下面对常见的微量金属元素的生物功能做一简单介绍。

1. 铁 铁是人体内含量最多最重要的微量元素之一。铁主要参与血红蛋白、肌红蛋白和细胞色素氧化酶的合成，并与许多酶的活性有关。铁在体内参与氧的运输和贮存。它也是细胞色素的组成成分，参与氧的利用。铁在血红蛋白、肌红蛋白和细胞色素中都以 Fe(Ⅱ)与原卟啉形成配合物。铁还是很多酶的活性中心。人体长期摄入铁不足，或机体吸收利用不良以及失铁过多，可引起缺铁性贫血或造成含铁酶功能下降。

2. 锌 锌是功能最多的微量元素之一，分布在人体各个组织，其中视觉神经中含量最高，其次是精液。目前发现生物体内的含锌酶超过 200 种，主要有碳酸酐酶、碱性磷酸酶、RNA 和 DNA 聚合酶等。体内主要激素胰岛素的功能与活性与锌有关。因此，锌在组织呼吸，机体代谢，蛋白质合成以及 DNA 复制和转录中起着重要作用。缺锌将使许多酶活性下降，引起代谢紊乱，发育和生长受阻，影响生殖和视力。

3. 铜 正常成人体内含铜 0.1g 左右。体内的铜除了少量以 Cu^{2+}、Cu^{+}游离态在胃中存在外，大部分以结合状态的金属蛋白质和金属酶的形式存在于肌肉、骨骼、肝脏和血液中。它主要参与造血过程，影响铁的运输和代谢。血液中的铜大部分与 α 球蛋白结合在一起，以铜蓝蛋白形式存在。铜蓝蛋白的主要生物功能是具有铁氧化酶的作用，能动员体内的铁在有氧条件下将 Fe^{2+}氧化为 Fe^{3+}，参与铁的运输和代谢，促进铁进入骨髓，加速血红蛋白的合成。

4. 钴 钴在人体内的含量仅 1.1～1.5mg，主要以维生素 B_{12}(钴胺素)的形式存在，并通过维生素 B_{12}发挥其生物功能。维生素 B_{12} 又称辅酶 B_{12}，它参与核酸及与造血有关物质的代谢，对红细胞的发育成熟、铁的代谢及血红蛋白的合成均有重要的生理功能。钴缺乏可引起心血管疾病和贫血等疾病。

5. 锰　锰在体内的含量为12～20mg，分布于一切组织中。体内的锰主要是以金属酶的形式存在。锰是多种酶的激活剂，参与黏多糖、蛋白质合成和脂质代谢，还参与遗传信息的传递。缺锰地区癌症发病率增高。

三、环境污染中对人体有害的元素

工业发展在使社会物质文明获得极大进步的同时，也给环境带来了严重污染。某些重金属元素(包括铅、镉、汞、铊等)对环境的污染尤为严重。对有害的重金属元素的毒理学研究表明，其毒性机制主要是阻断生物高分子表现活性所必需的功能基团、取代生物高分子中的必需金属离子，或者改变生物高分子具有活性的构象，从而破坏人体免疫系统，产生神经毒性或者致癌。

1. 铅　铅及其化合物可以通过呼吸道、消化道、皮肤进入人体，对人体均有较大毒性，成人血铅浓度超过 $0.8mg \cdot L^{-1}$ 时，临床上就会出现明显的中毒症状。铅及其化合物主要危害造血系统、心血管系统、神经系统、肾脏，对儿童智能产生不可逆的影响。铅对中枢神经和周围神经均有毒性，且对儿童健康的危害远比成人严重。其主要来源于汽车尾气。另外，染料、油漆、陶瓷器皿、杀虫剂、橡胶、冶炼等工业生产过程中的三废也常常造成铅中毒。

2. 汞　我国明代(1637 年)宋应星就记录了对汞中毒的预防。汞及其大部分化合物都有毒，汞蒸气易于扩散，并且是脂溶性的，可通过皮肤吸收，导致蛋白凝固。有机汞的毒性大于无机汞，主要危害中枢神经系统和肾脏。汞中毒极难治愈。震惊世界的日本熊本县水俣镇 1956 年发生的水俣病，就是甲基汞中毒，致使上千人患病，二百余人死亡。污染原因是氮肥厂排放的废水中的有机汞含量过高，造成鱼中毒，通过食物链造成人中毒。

3. 镉　镉是毒性极强的金属，在自然界以醋酸盐和硝酸盐的形式存在，是世界最优先研究的污染物。镉可以造成急性中毒导致死亡，也可以在人体的肝、肾内积蓄造成慢性中毒，典型的症状是骨痛病。第二次世界大战后，日本富山县神通川流域发生的骨通病就是镉造成的。患者 258 人，死亡 128 例，发病年龄 30～70 岁，几乎全是女性，以绝经前后发病最多。污染源是上游一家锌冶炼厂，它的含镉废水污染了稻田，居民吃了“镉米”导致慢性中毒。

4. 砷　少量的砷是强壮剂，是人体必需的微量元素之一，过量的砷对人体十分有害。砷的三价化合物毒性很大，五价化合物毒性较小。有机砷化合物毒性一般小于无机砷。工业污染多是三价砷，可在体内积蓄造成慢性中毒，主要危害神经系统，抑制酶活性，影响新陈代谢致使细胞死亡。口服砷的中毒剂量(以 As_2O_3 计)为 550mg，致死量为 0.06～0.3g。

知识拓展

量子医学

在漫长的人类历史中，人类与侵入并危害我们身体的细菌、病毒及其他有害物质进行着不懈的斗争，但结果却是我们的对手越来越强大，人类自身的免疫能力越来越弱，这种状况已引起全世界医学界的关注。近年来，一种扎根于中国传统中医学理论的新型医学科学——量子医学在世界各地迅速发展并进入实际临床应用。

量子医学的发展是由量子物理学的发现而演变而成的。所有生物体及物质均带有极其微弱的磁场，通过量子共振检测仪对生物体及物质中的微弱磁场进行捕捉和解析，从而达到了疾病诊断治疗的目的。在临床医学上应用量子共振检测仪对疾病进行诊断与治疗的技术则称为量子医学。

量子医学从诊断思维模式上和治疗方法上都有别于传统的西医或中医。传统的西医或中医都有类似于“望、闻、问、切”的诊断方法，在诊断中首先会倾听病人诉说其自觉症状以便作初步分析，然后进行检查以缩小诊断范围，接着进行血液检查、基因检查等以进一步确诊，最后如果确诊，则根据经验法则规划治疗方案，如果无法确诊，则继续追踪以期待更多的检查资料来诊断，或在病情恶化后提供更多的病情数据。

而量子医学是以人们自身无法意识到的身体变化为切入点，其理论基础是量子物理和非线性数学或混沌数学，它针对整个有机体，直接分析人体的功能状态并寻找病因，完全不需要疾病分类，所使用的材料取自自然界，没有负面效应。在传统的医学领域，只有等到疾病形成才能确诊予以治疗，而量子医学在疾病形成前就可以早期察觉并有效处理。

量子医学的理论认为，人体是一个平衡的整体。有时我们的身体已失去了平衡，但身体还没有病态的反应。量子医学就是从人体的平衡入手，它认为任何疾病都是人体失去平衡的结果。在诊疗中则抛弃对具体身体部位的检查，首先以量子医学超速检测仪，倾听病人身体对电子检测项目的反应，从而替代病人自主的述说。通过检测，确定病人体质状态发生变化的原因，如是否有遗传因素表现而导致功能变化；是否有毒素存在体内干扰身体机能；脊椎结构是否不正引起神经系统异常；情绪状态是否异常并对生理造成影响；营养状况是否均衡等等。目前的量子医学检测仪可以迅速地检查出数十项人体功能的失衡，从而针对各项原因规划处理方向，将病因一一去除。

量子医学是建立在量子力学、量子生物学、量子药理学和生命信息学基础上的现代医学新门类。它将医学从细胞层次推进到了构成人体的基本微粒子——量子层次，为治愈当今世界众多“不治之症”开辟了新途径。

Summary

Bohr accounted for line spectra of excited atoms by reasoning that electrons are in specific energy levels. The work in quantum mechanics by Planck，Einstein，and de Broglie indicated that electrons must have wavelike properties. Pauli explained that electrons appear to have spin，but the Heisenberg uncertainty principle pointed out that we cannot determine the precise path of an electron. Schrödinger’s wave equation made it possible to calculate regions of high electron density.

The electron’s wave function(Ψ，atomic orbital) is a mathematical description of the electron's wavelike motion in an atom.Each wave function associated with one of the atom’s allowed energy states.The probability density of finding the electron at a particular location is represented by Ψ^2.Three features of the atomic orbital are described by quantum numbers：size(n)，shape (l)，and orientation(m).Orbitals with the same n and l values constitute a sublevel；sublevels with the same n value constitute an energy level.

The nth energy level has n sublevels. Energy sublevels，designated as s，p，d，and f，have 1，3，5，7 orbitals，respectively. Each orbital can hold a maximum of two electrons，which must have opposite spins. Electrons fill orbitals with the lowest energy fist，as shown in Figure 10-6. Electron configurations and orbital diagrams can be used to specify the electron arrangements in sublevels of atoms.

The placement of elements in the periodic table can be used to predict the electron configurations of atoms and ions. The representative elements have s and p valence electrons，electrons but for transition elements，the highest energy electrons go into orbitals in d sublevels. Inner transition elements are involved with the filling of orbitals in f sublevels.

In 1869，Mendeleev published a periodic table of the elements that resembles our modern periodic table.

There are seven horizontal rows of elements in the modern periodic table；they are called periods. The variation in chemical and physical properties in one period roughly parallels the variation in proper ties for other periods，beginning with shiny，reactive metals at the left of the periodic table，followed by dull solids，reactive nonmetals，and finally a noble gas. Within vertical columns，called groups 0 families of elements，all atom have the same number of valence electrons and enter into similar chemical reactions.

Atomic size within a period of elements tends to decrease as atomic number increases but within a group，atomic size increase as atomic number increase. E1ectronegativity decreases down a main group and increases across a period.

习　题

1. 试区别下列名词或概念：

(1) 基态与激发态。

(2) 概率与概率密度。

(3) 原子轨道与电子云。

2. 如何解释 Fe 元素填充电子时先填充 4s 轨道，后填充 3d 轨道；失去电子时，先失去 4s 电子，后失去 3d 电子？

3. 判断下列说法是否正确？若不正确，应如何改正？

(1) 不存在四个量子数完全相同的两个电子。

(2) 电子云图中黑点越密之处表示那里的电子越多。

(3) 主量子数为 4 时，有 4s，4p，4d，4f 四条轨道。

(4) 多电子原子轨道能级与氢原子的能级相同。

4. 写出下列轨道的符号：

(1) n=4，l=0；　(2) n=3，l=1；　(3) n=2，l=1；　(4) n=5，l=3。

[(1)4s；(2)3p；(3)2p；(4)5f]

5. 用四个量子数描述基态氧原子外层 $2s^22p^4$ 各电子的运动状态。

6. 已知某元素原子的电子具有下列量子数，试排列出它们能量高低的次序：

(1) 3，2，+1，$+\frac{1}{2}$；　(2) 2，1，+1，$-\frac{1}{2}$；　(3) 2，1，0，$+\frac{1}{2}$；

(4) 3，1，−1，$-\frac{1}{2}$；　(5) 3，1，0，$+\frac{1}{2}$；　(6) 2，0，0，$-\frac{1}{2}$。

[(1)＞(4)=(5)＞(2)=(3)＞(6)]

7. 下列元素基态原子的电子组态，各违背了什么原理？写出改正后的电子组态。

(1)B：$1s^22s^3$；　(2)Be：$1s^22p^2$；　(3)N：$1s^22s^22p_x^{\ 2}2p_y^{\ 1}$。

[(1)$1s^22s^22p^1$；(2)$1s^22s^2$；(3)$1s^22s^22p_x^{\ 1}2p_y^{\ 1}2p_z^{\ 1}$]

8. 按所示格式填写下表：

原子序数	价层电子组态	周期	族
18			
24			
33			
48			
87			

9. 不参考周期表，试给出下列原子或离子的电子组态和未成对电子数。

(1) 第 4 周期第七个元素。

(2) 第 4 周期的稀有气体元素。

(3) 原子序数为 38 的元素的最稳定离子。

(4) 4p 轨道半充满的主族元素。

10. 已知 M^{2+}离子的 3d 轨道中有五个电子，试指出：

(1) 基态 M 原子的核外电子组态。

(2) 基态 M 原子的最外层和最高能级组中电子数各为多少？

(3) M 元素在周期表中的位置。

[(1)$1s^22s^22p^63s^23p^63d^54s^2$；(2)2 个和 7 个；(3)第四周期 d 区ⅦB 族元素]

11. 铁在人体内的运输和代谢需要铜的参与。在血浆中，铜以铜蓝蛋白形式存在，催化氧化 Fe^{2+}成 Fe^{3+}，从而使铁被运送到骨髓。试用原子结构的基本理论解释为什么 Fe^{3+}比 Fe^{2+}要稳定的多？

（董　丽）

第十一章

共价键与分子间力

分子或晶体中直接相邻的原子或离子间强烈的相互作用力称为**化学键**(chemical bond)，其键能约为几十到几百千焦每摩。化学键主要包括离子键、共价键和金属键，其中以**共价键**(covalent bond)相结合的化合物占已知化合物的 90%以上。此外，分子间还存在各种较弱的作用力，总称为**分子间力**(intermolecular force)。Van der Waals 力和氢键是最常见的两类，其作用能约比化学键小一两个数量级。本章介绍共价键理论、分子的空间构型以及分子间力。

第一节　现代价键理论

1916 年美国化学家 G.N. Lewis 提出了经典的共价键理论，初步揭示了共价键与离子键的区别。但该理论把电子看成是静止不动的负电荷，因而无法解释为什么两个带负电荷的电子不互相排斥反而互相配对，也无法说明共价键的方向性以及一些共价分子的中心原子最外层电子数不等于 8 但仍相当稳定等问题。

1927 年德国化学家 W. Heitler 和 F. London 用量子力学的方法处理氢分子体系，揭示了共价键的本质。L. Pauling 和 J.C. Slater 等在此基础上加以发展，特别是原子轨道杂化理论的提出，解释了多原子分子的结构，从而建立起现代**价键理论**(valence bond theory，VB 法)。

一、氢分子中共价键的形成

用量子力学求解氢分子的薛定谔方程，得到两个氢原子的核间距离 r 与其作用能 E 之间的关系(图 11-1)。结果表明，当两个氢原子的单电子自旋方向相同且相互接近时，核间电子云密度几乎为零，核间排斥能增大，系统能量升高，两个氢原子不能成键，这种不稳定的状态称为氢分子的**排斥态**(repellent state)。

只有当单电子自旋方向相反的两个氢原子相互接近时，核间电子云密度增大，系统能量降低。计算表明，当两个氢原子核间距 r 达到 87pm 时，其能量最低，此时 $E=-388\text{kJ}\cdot\text{mol}^{-1}$(测定值为 $r=74$pm，$E=-458\text{kJ}\cdot\text{mol}^{-1}$)，两个氢原子间形成了稳定的共价键，这种状态称为氢分子的**基态**(ground state)。氢分子核间电子云的两种状态见图 11-2。

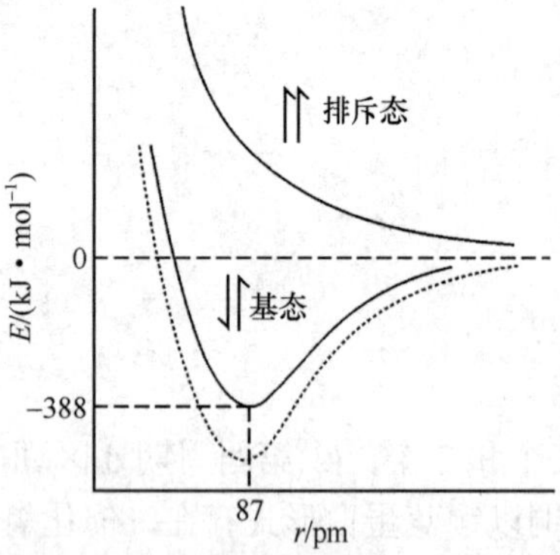

图 11-1　两个氢原子接近时的能量变化曲线

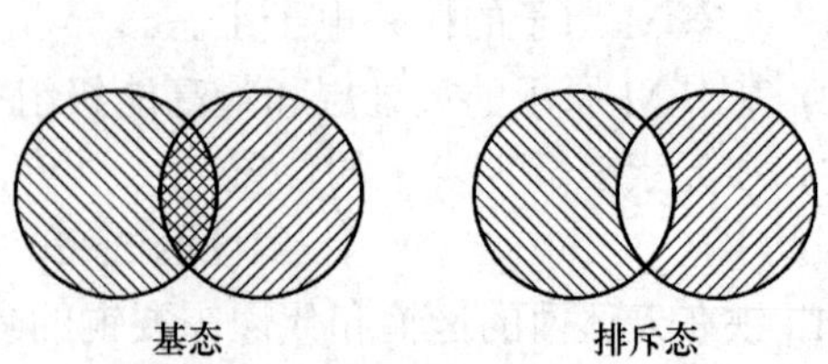

图 11-2　氢分子的两种状态

将量子力学研究氢分子的结果推广应用到其他分子系统，发展成为现代价键理论。

二、现代价键理论的要点

1. 共价键的形成　两个原子接近时，只有自旋方向相反的未成对电子可以相互配对，使电子云密集于两核间，系统能量降低，形成稳定的共价键。

2. 共价键有饱和性　自旋方向相反的电子配对形成共价键后，就不能再与其他原子中的未成对电子配对。原子所能形成共价键的数目取决于该原子中的未成对电子数目，这就是共价键的饱和性。

3. 共价键有方向性　成键时原子轨道重叠愈多，核间电子云愈密集，形成的共价键愈牢固。这称为**原子轨道最大重叠原理**。原子轨道中，除 s 轨道外，p、d 等轨道总是沿着轨道最大值的方向达到最大程度的重叠，才能形成稳定的共价键，这就是共价键的方向性。例如，在形成 HCl 分子时(图 11-3)，H 原子的 1s 轨道与 Cl 原子的 $3p_x$ 轨道沿 x 轴方向靠近，才能达到最大程度的重叠，形成稳定的共价键[图 11-3(a)]。其他方向的重叠[图 11-3(b)和(c)]，因原子轨道没有重叠或很少重叠，故不能成键。

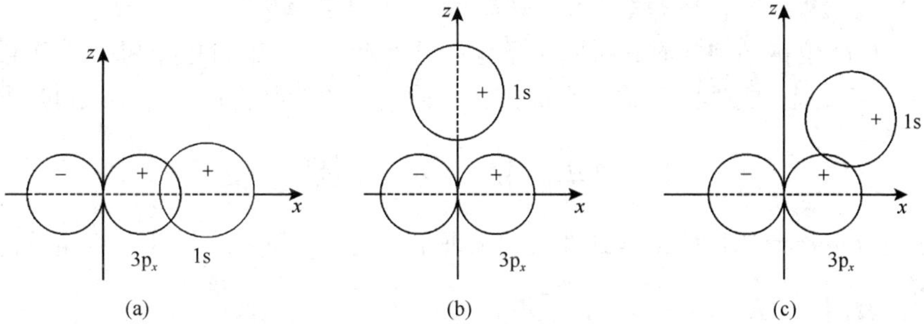

图 11-3　氯化氢分子的成键示意图

三、共价键的类型

(一) σ 键和 π 键

根据原子轨道重叠方式的不同，共价键可分为 σ 键和 π 键两种类型。

σ 键(sigma bond)是两个成键原子轨道沿键轴(两原子核间连线，设为 x 轴)方向以“头碰头”方式重叠形成的共价键，轨道重叠部分沿键轴呈圆柱形对称分布。对于含有 s 单电子或 p 单电子的原子，通过 s-s、s-p_x、p_x-p_x 轨道沿键轴进行重叠形成 σ 键，如图 11-4(a)所示。

π 键(pi bond)是两个成键原子轨道沿键轴方向以“肩并肩”方式重叠形成的共价键，轨道重叠部分垂直于键轴并呈镜面反对称分布(原子轨道在镜面两边波瓣的符号相反)。p_y-p_y、p_z-p_z 原子轨道重叠可形成 π 键，如图 11-4(b)所示。

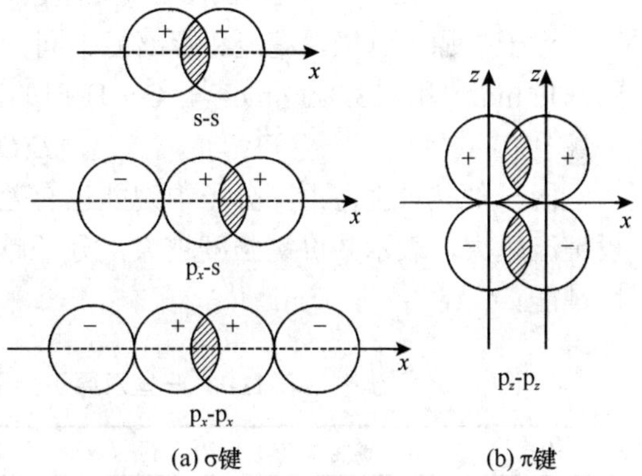

图 11-4　σ 键和 π 键的形成示意图

例如，N 原子的电子组态为 $1s^22s^22p_x^{\ 1}2p_y^{\ 1}2p_z^{\ 1}$，其中 3 个单电子分别占据 3 个互相垂直的 p 轨道。当两个 N 原子结合成 N_2 分子时，各以 1 个 $2p_x$ 轨道沿键轴以“头碰头”方式重叠形成 1 个 σ 键后，余下的 2 个 $2p_y$ 和 2 个 $2p_z$ 轨道只能以“肩并肩”方式进行重叠，形成 2 个 π 键。所以，N_2 分子中有 1 个 σ 键和 2 个 π 键，构成共价叁键(图 11-5)。

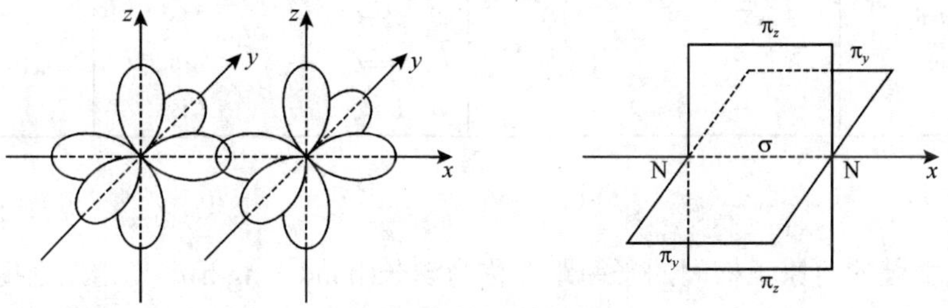

图 11-5　N_2 分子形成示意图

由于σ键的轨道重叠程度比π键的轨道重叠程度大，因而σ键比π键牢固。π键较易断开，化学活泼性强。σ键是构成分子的骨架，能单独存在于两原子间，而π键不能单独存在。共价单键一般为σ键，在共价双键和叁键中，除一个σ键外，其余为π键。

(二) 配位键

共价键的共用电子对通常是由成键的两个原子各提供一个电子组成的。另外还有一类共价键，共用电子对是由成键的一个原子单独提供的。这种由一个原子单独提供电子对进入另一个原子的空轨道共用而形成的共价键称为**配位共价键**(coordination covalent bond)，简称**配位键**(coordination bond)。配位键用箭号“→”表示，箭头的方向是从提供电子对的原子指向接受电子对的原子。例如，CO 分子中，O 原子除了以 2 个 2p 单电子与 C 原子的 2 个 2p 单电子形成 1 个σ键和 1 个π键外，还单独提供一对**孤对电子**(lone electron pair)进入 C 原子的 1 个 2p 空轨道共用，形成 1 个配位键，可表示为

$$:\dot{C}\cdot + \cdot\ddot{O}: \longrightarrow :C \Lleftarrow\!\!= O:$$

由此可见，形成配位键必须同时具备两个条件：一个成键原子的价电子层有孤对电子；另一个成键原子的价电子层有空轨道。虽然配位键的形成方式不同于一般的共价键，但形成以后两者并无区别。

四、键 参 数

键参数(bond parameter)是表征化学键性质的物理量，主要有键能、键长、键角及键的极性。

(一) 键能

以能量表征共价键强弱的物理量称为**键能**(bond energy，*E*)。不同类型的化学键有不同的键能，以下仅讨论共价键的键能。对于双原子分子，键能就等于分子的**解离能**(dissociation energy，*D*)。在 100kPa 和 298.15K 下，将 1mol 理想气态分子 AB 解离为理想气态的 A、B 原子所需要的能量，称为 AB 的解离能，单位为 $kJ \cdot mol^{-1}$。

例如，H_2 分子

$$H_2(g) \longrightarrow 2H(g) \quad E(H—H) = D(H—H) = 436kJ \cdot mol^{-1}$$

对于多原子分子，键能和解离能不同。例如，H_2O 分子中有两个等价的 O—H 键，其解离能分别为 $502kJ \cdot mol^{-1}$ 和 $423.7kJ \cdot mol^{-1}$，O—H 键的键能是两个 O—H 键的解离能的平均值：

$$E(O—H) = 463kJ \cdot mol^{-1}$$

同一种共价键在不同分子中键能也有差别。我们可用不同分子中键能的平均值作为该键的键能。一般键能越大，表示共价键强度越大，分子越稳定。表 11-1 列出了一些双原子分子的键能和某些键的平均键能。

表 11-1　一些双原子分子的键能和某些键的平均键能 $E/(kJ \cdot mol^{-1})$

分子	键能	分子	键能	共价键	平均键能	共价键	平均键能
H_2	436	HF	565	C—H	413	N—H	391
F_2	165	HCl	431	C—F	460	N—N	159
Cl_2	247	HBr	366	C—Cl	335	N═N	418
Br_2	193	HI	299	C—Br	289	N≡N	946
I_2	151	NO	286	C—I	230	O—O	143
N_2	946	CO	1071	C—C	346	O═O	495
O_2	493			C═C	610	O—H	463
				C≡C	835		

(二) 键长

分子中形成化学键的两原子核间的平衡距离称为**键长**(bond length)。光谱及衍射实验的结果表明，在不同分子中，同种键的键长相近，因而可用其平均值即平均键长作为该键的键长。例如，C—C 单键

在金刚石中键长为 154.2pm，在乙烷中为 153.3pm，在丙烷中为 154pm，在环已烷中为 153pm。因此将 C—C 单键的键长定为 154pm。

一般同型共价键的键长愈短，键愈牢固。由同种原子形成的共价键而言，单键键长＞双键键长＞叁键键长。

(三) 键角

分子中同一原子形成的两个化学键的夹角称为**键角**(bond angle)。它是反映分子空间构型的一个重要参数。一般而言，根据分子中的键角和键长可确定分子的空间构型。如 H_2O 分子中的键角为 104°45′，表明 H_2O 分子为 V 形结构；CO_2 分子中的键角为 180°，表明 CO_2 分子为直线形结构。

(四) 键的极性

键的极性与成键原子的电负性密切相关。当成键原子的电负性相同时，核间电子云密集区域在两核的中间，两个原子核所形成的正电荷重心和成键电子对的负电荷重心恰好重合，这种键称为**非极性共价键**(nonpolar covalent bond)。如 H_2、Cl_2 分子中的共价键是非极性共价键。当成键原子的电负性不同时，核间电子云密集区域偏向电负性较大的原子一端，使之带部分负电荷，而电负性较小的原子一端则带部分正电荷，正、负电荷重心不重合，这种键称为**极性共价键**(polar covalent bond)。如 HCl 分子中的 H—Cl 键就是极性共价键。

一般情况下，成键原子的电负性差值愈大，键的极性就愈强。当成键原子的电负性相差很大时，成键电子对几乎完全转移到电负性大的原子上，形成离子键。因此，从键的极性看，可以认为离子键是最强的极性键，极性共价键是由离子键到非极性共价键之间的一种过渡情况，见表 11-2。

表 11-2 键型与成键原子电负性差值的关系

物质	NaCl	HF	HCl	HBr	HI	Cl_2
$\Delta\chi$	2.25	1.80	0.95	0.65	0.45	0
键型	离子键		极性共价键			非极性共价键

第二节 杂化轨道理论

价键理论成功地说明了共价键的形成，解释了共价键的方向性和饱和性，但用它来阐明多原子分子的空间构型却遇到了困难。例如，它不能解释 CH_4 分子的正四面体空间构型，也不能解释 H_2O 分子中 2 个 O—H 键的键角为什么不是 90°而是 104°45′。为了解决这些问题，1931 年 L. Pauling 等在价键理论的基础上提出了**杂化轨道理论**(hybrid orbital theory)，进一步丰富和发展了现代价键理论。

一、杂化轨道理论的要点

1. 在形成分了的过程中，由于周围原子的影响，中心原子中几个能量相近的原子轨道(即波函数)，可以进行线性组合即重新分配能量和确定空间方向，形成数目相等的新的原子轨道，这种轨道重新组合的过程称为**杂化**(hybridization)，杂化后形成的新轨道称为**杂化轨道**(hybrid orbital)。

2. 杂化前后轨道数守恒。有几个原子轨道参加杂化，就能组合成几个杂化轨道。杂化轨道的角度波函数在某个方向的值比杂化前大得多，更有利于原子轨道间最大限度地重叠，因而杂化轨道比原来轨道的成键能力强。

3. 杂化轨道之间力图在空间取最大夹角分布，使相互间的排斥能最小。不同类型的杂化轨道之间的夹角不同，成键后所形成的分子就具有不同的空间构型。

二、轨道杂化类型与分子的空间构型

(一) sp 型和 spd 型杂化

按参加杂化的原子轨道种类，可将轨道的杂化分为 sp 和 spd 两种主要类型。

1. sp 型杂化 能量相近的 *n*s 轨道和 *n*p 轨道之间的杂化称为 sp 型杂化。按参加杂化的 s 轨道、p 轨道数目的不同，sp 型杂化又可分为 sp、sp^2、sp^3 三种杂化类型。

(1) sp 杂化：由 1 个 *n*s 轨道和 1 个 *n*p 轨道组合成 2 个 sp 杂化轨道的过程称为 sp 杂化，所形成的轨道称为 sp 杂化轨道。每个 sp 杂化轨道均含有 $\frac{1}{2}$ 的 s 轨道成分和 $\frac{1}{2}$ 的 p 轨道成分，2 个杂化轨道间的夹角为 180°，呈直线型。sp 杂化过程及杂化轨道的形状如图 11-6 所示。

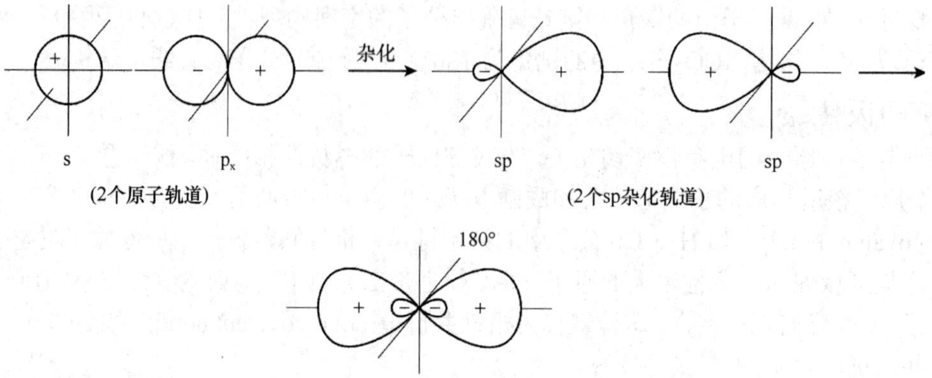

图 11-6 s 和 p 轨道组合成 sp 杂化轨道示意图

例 11-1 试用杂化轨道理论说明 $BeCl_2$ 分子中有 2 个完全等同的 Be—Cl 键，键角为 180°，分子的空间构型为直线型。

解 Be 原子的价层电子组态为 $2s^2$。在形成 $BeCl_2$ 分子的过程中，Be 原子的 1 个 2s 电子被激发到 2p 空轨道，激发态 Be 原子的价层电子组态为 $2s^12p^1$，这 2 个含有单电子的 2s 轨道和 2p 轨道进行 sp 杂化，形成夹角为 180°的 2 个能量相等的 sp 杂化轨道，它们分别与 2 个 Cl 原子中含有单电子的 3p 轨道重叠，形成 2 个完全等同的 σ_{sp-p} 键，所以 $BeCl_2$ 分子的空间构型为直线型(图 11-7)，其形成过程可表示为：

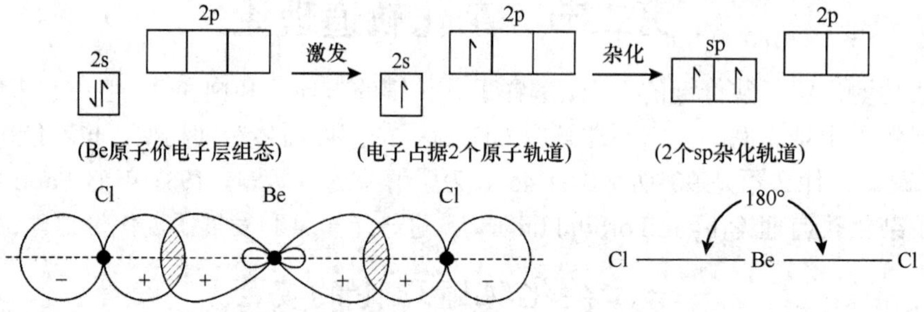

图 11-7 $BeCl_2$ 分子的形成过程和空间构型

(2) sp^2 杂化：由 1 个 *n*s 轨道与 2 个 *n*p 轨道组合成 3 个 sp^2 杂化轨道的过程称为 sp^2 杂化。每个 sp^2 杂化轨道含有 $\frac{1}{3}$ s 轨道成分和 $\frac{2}{3}$ p 轨道成分。杂化轨道间的夹角为 120°，呈平面正三角形。

例 11-2 试用杂化轨道理论说明 BF_3 分子中有 3 个完全等同的 B—F 键，键角为 120°，分子的空间构型为正三角形。

解 BF_3 分子的中心原子是 B，其价层电子组态为 $2s^22p^1$。在形成 BF_3 分子的过程中，B 原子 2s 轨道上的 1 个电子被激发到 2p 空轨道，价层电子组态为 $2s^12p^2$，B 原子的含有单电子的 2s 轨道和 2 个 2p 轨道杂化，形成夹角均为 120°的 3 个完全等同的 sp^2 杂化轨道，它们各与 1 个 F 原子的含单电子的 2p 轨道重叠形成 3 个 σ_{sp^2-p} 键。故 BF_3 分子的空间构型是正三角形(图 11-8)，其形成过程可表示为：

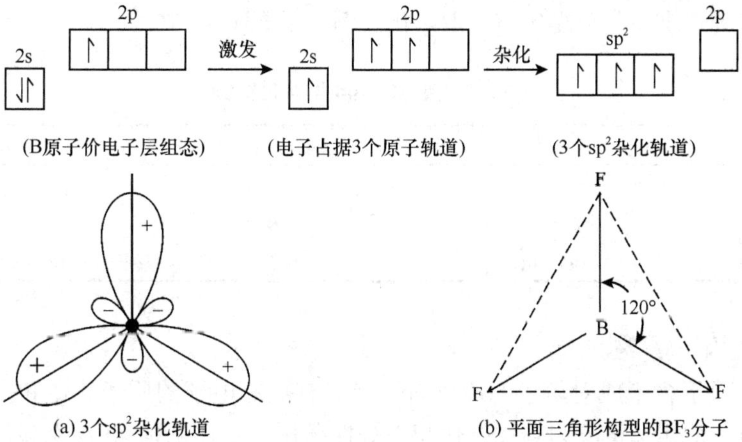

图 11-8　BF_3 分子的形成过程和 sp^2 杂化轨道的空间构型

(3) sp^3 杂化：由 1 个 ns 轨道和 3 个 np 轨道组合成 4 个 sp^3 杂化轨道的过程称为 sp^3 杂化。每个 sp^3 杂化轨道含有 $\frac{1}{4}$ s 轨道成分和 $\frac{3}{4}$ p 轨道成分。杂化轨道间的夹角均为 109°28′，其空间构型为正四面体形。

例 11-3　实验测定结果表明，CH_4 分子的空间构型为正四面体，试用杂化轨道理论解释。

解　中心原子 C 的价层电子组态为 $2s^22p^2$，在形成 CH_4 分子的过程中，C 原子的 2s 轨道上的 1 个电子被激发到 2p 空轨道，这 4 个各含 1 个单电子的轨道进行 sp^3 杂化，形成夹角为 109°28′的 4 个完全等同的 sp^3 杂化轨道。它们分别与 H 原子的 1s 轨道重叠形成 4 个 σ_{sp^3-s} 键。故 CH_4 分子的空间构型为正四面体(图 11-9)。

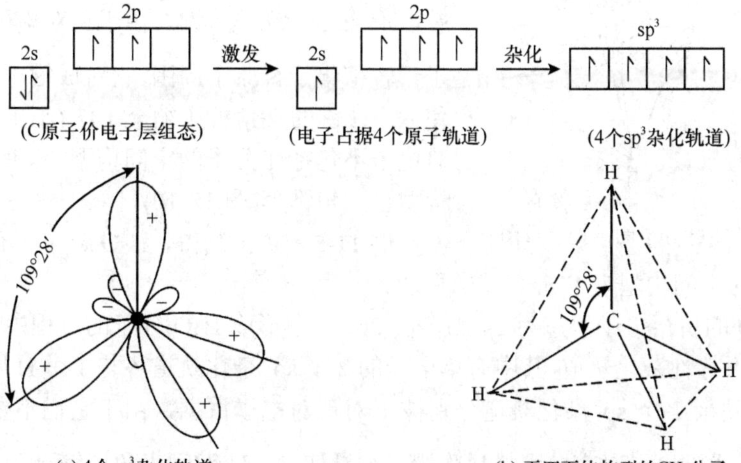

图 11-9　CH_4 分子构型和 sp^3 杂化轨道的空间取向

由 s 轨道和 p 轨道形成的杂化轨道和分子的空间构型归纳于表 11-3 中。

表 11-3　sp 型杂化轨道和分子空间构型

杂化类型	sp	sp^2	sp^3
参与杂化的原子轨道	1 个 ns + 1 个 np	1 个 ns + 2 个 np	1 个 ns + 3 个 np
杂化轨道数	2	3	4
杂化轨道间夹角	180°	120°	109° 28′
空间构型	直线形	正三角形	正四面体形
实例	$BeCl_2$，C_2H_2	BF_3，BCl_3	CH_4，CCl_4

2. spd 型杂化　能量相近的 s 轨道、p 轨道和 d 轨道之间的杂化称为 spd 型杂化。这类杂化在过渡

元素形成的配合物中特别重要，典型的 spd 型杂化实例列于表 11-4 中。

表 11-4 典型的 spd 型杂化实例

杂化类型	dsp^2	dsp^3 或 sp^3d	d^2sp^3 或 sp^3d^2
杂化轨道数	4	5	6
空间构型	平面四方形	三角双锥	正八面体
实例	$[Ni(CN)_4]^{2-}$	PCl_5	$[Fe(CN)_6]^{3-}$，$[Co(NH_3)_6]^{2+}$

(二) 等性杂化和不等性杂化

轨道杂化并非仅限于含未成对电子的原子轨道，具有孤对电子的原子轨道和空轨道也可以参与杂化。因此，原子轨道的杂化又常分为等性杂化和不等性杂化。上述三种 sp 型杂化轨道中各杂化轨道的成分和能量完全相同，这类杂化称为**等性杂化**(equivalent hybridization)。如果含有孤对电子的原子轨道参与杂化，杂化后形成的几个杂化轨道的成分和能量不完全等同，这种杂化称为**不等性杂化**(nonequivalent hybridization)。现以 NH_3 分子和 H_2O 分子的形成为例予以说明。

例 11-4 实验测知，NH_3 分子中有 3 个 N—H 键，键角为 107°，分子的空间构型为三角锥形。试解释之。

解 中心原子 N 的价层电子组态为 $2s^22p_x^{\ 1}2p_y^{\ 1}2p_z^{\ 1}$。在形成 NH_3 分子的过程中，N 原子的 1 个已被孤电子对占据的 2s 轨道与 3 个含有单电子的 p 轨道进行 sp^3 杂化，4 个 sp^3 杂化轨道中，有 1 个已被 N 原子的孤电子对占据，该轨道含有较多的 2s 轨道成分，其能量较低，其余 3 个则含有较多的 2p 轨道成分，其能量较高，故 N 原子的 sp^3 杂化是不等性杂化。3 个含有单电子的 sp^3 杂化轨道各与 1 个 H 原子的 1s 轨道重叠，形成 3 个 σ_{sp^3-s} 键。由于孤对电子不参与成键，其电子云较密集于 N 原子周围，它对成键电子对产生排斥作用，使 N—H 键的夹角被压缩至 107°(小于 109°28′)，习惯上孤对电子不包括在分子的空间构型中。所以 NH_3 分子的空间构型呈三角锥形(图 11-10)。

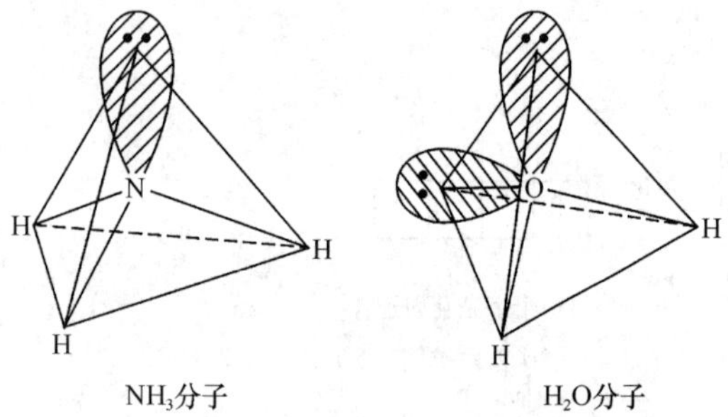

图 11-10 NH_3 分子和 H_2O 分子的结构示意图

例 11-5 实验测得，H_2O 分子中有 2 个 O—H 键，键角为 104°45′，分子的空间构型为 V 形。试解释之。

解 中心原子 O 的价层电子组态为 $2s^22p_x^{\ 2}2p_y^{\ 1}2p_z^{\ 1}$。在形成 H_2O 分子的过程中，O 原子以 sp^3 不等性杂化形成 4 个 sp^3 不等性杂化轨道，其中有单电子的 2 个 sp^3 杂化轨道各与 1 个 H 原子的 1s 轨道重叠，形成 2 个 σ_{sp^3-s} 键，其余 2 个 sp^3 杂化轨道分别被 1 对孤对电子占据，由于它们不参与成键，电子云密集于 O 原子周围，对成键电子对有较强排斥作用，结果使 O—H 键间夹角压缩至 104°45′，故 H_2O 分子的空间构型为 V 形(图 11-10)。

第三节 价层电子对互斥理论

为了快速准确地预测 AB_n 型(A 为中心原子，B 为配位原子)多原子分子或离子的几何构型，1940 年美国的 Sidgwick N V 等人相继提出了**价层电子对互斥理论**(valence shell electron pair repulsion theory)，简称 VSEPR 法。

一、价层电子对互斥理论的要点

1. AB_n 型分子或离子的几何构型，主要取决于中心原子 A 的价电子层中各电子对(包括成键电子对和孤电子对)的相互排斥作用。这些电子对在中心原子周围应尽可能互相远离，以使彼此间的排斥能最小。

2. 价层电子对间斥力的大小，取决于电子对之间的夹角和电子对的成键情况。电子对之间的夹角越小，排斥力越大。相邻电子对之间排斥力大小的顺序为：孤电子对-孤电子对＞孤电子对-成键电子对＞成键电子对-成键电子对。

二、判断分子空间构型的规则和步骤

1. 确定中心原子的价层电子对数，判断电子对的空间分布。

中心原子的**价层电子对数**(valence shell electron pair)等于价电子总数(中心原子的价电子数+配原子提供的价电子数)的一半。

计算价层电子对数时有如下规定：作为中心原子，氧族元素的原子可提供 6 个价电子，卤素原子可提供 7 个价电子；作为配体，氧族元素的原子不提供电子，而氢和卤素原子各提供 1 个电子；若为复杂离子，计算价层电子对数时，还应加上负离子的电荷数或减去正离子的电荷数；计算电子对数时，若剩余 1 个电子未能整除，也当作 1 对电子处理；双键、叁键作为 1 对电子看待。

根据中心原子的价层电子对数，从表 11-5 中找到相应的电子对在空间的排布方式。

2. 确定中心原子的孤电子对数和成键电子对数，判断分子的空间构型。

若中心原子价层电子对全是**成键电子对**(bonding electron pair)，而无**孤电子对**(lone electron pair)，则电子对的空间分布就是该分子的空间构型。若中心原子价层电子对中有孤电子对，分子的空间构型将不同于电子对的空间分布。根据中心原子的成键电子对数和孤电子对数，由表 11-5 就可以查出分子的空间构型。

表 11-5 理想的价层电子对构型和分子构型

A 的电子对数	价层电子对构型	分子类型	成键电子对数	孤电子对数	分子空间构型	实例
2	直线	AB_2	2	0	直线	CO_2，$HgCl_2$
3	平面三角形	AB_3	3	0	平面三角形	BF_3，NO_3^-
		AB_2	2	1	V 形	SO_2，$PbCl_2$
4	四面体	AB_4	4	0	正四面体	CH_4，SO_4^{2-}
		AB_3	3	1	三角锥	NH_3，H_3O^+
		AB_2	2	2	V 形	H_2O，H_2S
5	三角双锥	AB_5	5	0	三角双锥	PCl_5，PF_5
		AB_4	4	1	变形四面体	SF_4，$TeCl_4$
		AB_3	3	2	T 形	ClF_3，BrF_3
		AB_2	2	3	直线	XeF_2，I_3^-
6	八面体	AB_6	6	0	正八面体	SF_6，AlF_6^{3-}
		AB_5	5	1	四方锥	BrF_5，SbF_5^{2-}
		AB_4	4	2	平面正方形	XeF_4，ICl_4^-

例 11-6 判断 PO_4^{3-} 的空间构型。

解 PO_4^{3-} 带 3 个负电荷，中心原子 P 有 5 个价电子，O 原子不提供电子，P 原子的价层电子对数为$(5+3)/2 = 4$，无孤对电子，所以 PO_4^{3-} 离子的空间构型为正四面体。

例 11-7 判断 NO_2 分子的空间构型。

解 在 NO_2 分子中，中心原子 N 有 5 个价电子，O 原子不提供电子，因 N 原子价电子数为 5，相当于 3 对电子。其中有 2 个成键电子对，1 个单电子(该电子应作孤电子对看待)，其排布方式为平面三角形，所以 NO_2 分子的空间构型为 V 字形。

例 11-8 判断I_3^-的空间构型。

解 I_3^-的中心 I 原子有 7 个价电子，2 个配体 I 原子各提供 1 个价电子，I_3^-离子的电荷数为−1，所以 I 原子的价层电子对数为(7+2+1) / 2=5，价层电子对构型为三角双锥，但 5 个电子对中有 2 个是成键电子对，3 个是未成键电子对，故I_3^-为直线构型。

第四节 分子轨道理论简介

现代价键理论、杂化轨道理论和价层电子对互斥理论，可以成功地解释共价键的形成和共价分子的空间构型，因而得到了广泛的应用。但它们也有局限性。例如，O 原子的电子组态为 $1s^22s^22p_x^12p_y^12p_z^2$，按现代价键理论推测，2 个 O 原子应以 1 个 σ 键和 1 个 π 键结合成O_2分子，O_2分子中不存在单电子，因此是反磁性物质。但是磁性实验测定表明，O_2分子是顺磁性物质，它有 2 个自旋平行的单电子。对此，价键理论无法解释。为了克服 VB 法的不足，在价键理论的基础上，1932 年美国化学家 R.S. Mulliken 和德国化学家 Hund F 提出一种新的共价键理论——**分子轨道理论**(molecular orbital theory)，简称 MO 法。该理论强调分子的整体性，认为原子形成分子以后，电子不再局限于每个原子，而是在整个分子范围内运动，所以说分子轨道理论是从分子整体考虑的理论。MO 法能较好地说明多原子分子的结构，在现代共价键理论中占有很重要的地位。

一、分子轨道理论的要点

1. 分子轨道理论把分子作为一个整体来处理，分子中的每个电子都在整个分子空间中运动，每个电子都有一定的运动状态。在原子结构中用波函数 ψ 来描述电子的运动状态，并把波函数 ψ 称为原子轨道。同样，电子在分子中的运动状态也可用波函数 ψ 来描述，称为**分子轨道**(molecular orbital)。同理 $|\psi|^2$ 表示分子中电子在空间各处出现的概率密度或电子云。每个分子轨道都有相应的能量和形状。分子轨道和原子轨道的主要区别在于：①在原子中，电子的运动只受单个原子核的作用，原子轨道是单核系统；而在分子中，电子则在所有原子核势场作用下运动，分子轨道是多核系统。②原子轨道的名称用 s、p、d 等符号表示，而分子轨道的名称则相应地用 σ、π、δ 等符号表示。

2. 分子轨道是由分子中**原子轨道线性组合**(linear combination of atomic orbitals，简称 LCAO)即相加、相减组成的。分子轨道数目等于参加组合的原子轨道数。例如 a、b 两个氢原子的 1s 轨道相组合时，可形成两个分子轨道，其中一个分子轨道是由 a、b 两个原子的波函数正值与正值相结合而成。相应的电子出现的概率密度在两核间增大，这就使分子轨道获得了附加的稳定性，分子的能量降低。这样的分子轨道称为**成键分子轨道**(bonding molecular orbital)，用符号 σ_{1s} 表示。成键 σ_{1s} 轨道形成的同时，还会形成一个**反键分子轨道**(antibonding molecular orbital)，用符号 σ^*_{1s} 表示。反键分子轨道相当于两个原子的电子波函数相减组合而成。反键分子轨道中，电子在两核之间出现的概率密度小，甚至为零，轨道能量高于相应的原子轨道，不利于成键。成键轨道和反键轨道是成对产生的，成键轨道降低的能量近似等于反键轨道升高的能量。

3. 分子轨道形成的条件 原子轨道线性组合时，必须符合下述三条原则才能有效地组成分子轨道。

(1) 对称性匹配原则：只有当两个原子轨道的对称性匹配时才能组合成分子轨道，这称为对称性匹配原则。

什么样的两个原子轨道才是对称性匹配的呢？

不同的原子轨道，其角度分布函数的几何图形不同，它们对于某些点、线、面等有着不同的空间对称性。将两个原子轨道的角度分布图进行两种对称性操作，即旋转和反映操作，可以判断其对称性是否匹配。旋转是绕键轴(以 x 轴为键轴)旋转 180°，反映是对包含键轴的某一个平面(xy 平面或 xz 平面)进行反映，即照镜子。若操作后原子轨道的空间位置、形状和波瓣符号均未改变称为对旋转或反映操作对称，若有改变称为反对称。若两个原子轨道对旋转、反映两种对称操作均为对称或均为反对称则二者称为对称性匹配；若其中一个原子轨道对某对称操作是对称的，而另一原子轨道对同一操作是反对称的，则二者为对称性不匹配，不能组合成分子轨道。

如图 11-11，s 和 p_x 原子轨道对旋转和反映两个操作均为对称；p_x 和 p_x 原子轨道对旋转和反映两个操作均为对称；p_y 和 p_y、p_z 和 p_z 对旋转和反映两个操作均为反对称，它们也都属于对称性匹配。对称性匹配的原子轨道可以组成分子轨道。s 和 p_y 或 p_z、p_x 和 p_y 或 p_z 原子轨道对旋转和反映操作后对称性不同，例如 s 和 p_x 轨道两项操作都具有对称性，而 p_z 和 p_y 原子轨道对旋转和反映操作均属于反对称，所以 s 和 p_y 或 p_z、p_x 和 p_y 或 p_z 均属于对称性不匹配，不能组合成分子轨道，如图 11-11(f)、(g)所示。由此可见，判断两原子轨道是否对称性匹配，必须由旋转和反映两种操作来确定。

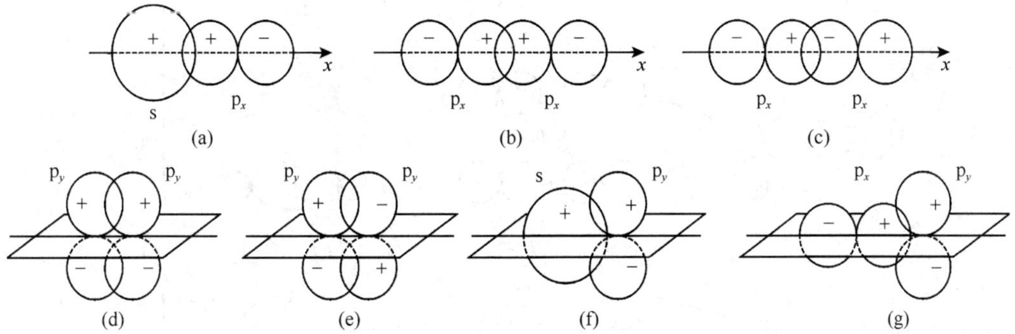

图 11-11　原子轨道对称性匹配示意图

(2) 能量近似原则：在符合对称性匹配的前提下，只有能量相近的原子轨道才能有效地组合成分子轨道，而且原子轨道的能量越接近，组成的分子轨道的成键能力越强，这称为**能量近似原则**。

例如 H 原子的 E_{1s}=−1312kJ · mol^{-1}；F 原子的 E_{1s}=−67181kJ · mol^{-1}，E_{2s}=−3870.8kJ · mol^{-1}，E_{2p}=−1797.4kJ · mol^{-1}；当 H 原子和 F 原子形成 HF 分子时，假设 H 原子和 F 原子沿着 x 轴方向成键，从对称性匹配情况看，H 原子的 1s 轨道可以和 F 原子的 1s、2s 或 $2p_x$ 轨道组合成分子轨道，但根据能量近似原则，H 原子的 1s 轨道只能和 F 原子的 $2p_x$ 轨道组合才有效。因此，H 原子与 F 原子是通过 $\sigma_{s\text{-}p_x}$ 单键结合成 HF 分子的。

(3) 轨道最大重叠原则：对称性匹配的两个原子轨道进行线性组合时，其重叠程度愈大，则组合成的分子轨道的能量愈低，所形成的化学键愈牢固，这称为**轨道最大重叠原则**。

在上述三条原则中，对称性匹配原则是首要的，它决定原子轨道有无组合成分子轨道的可能性。能量近似原则和轨道最大重叠原则是在符合对称性匹配原则的前提下，决定分子轨道组合效率的问题。

4. 电子在分子轨道中的排布　电子在分子轨道中的排布与在原子轨道中的排布所遵循的原则相同，即 Pauli 不相容原理、能量最低原理和 Hund 规则。

5. 分子轨道的类型　分子轨道可分为 σ 键分子轨道和 π 键分子轨道。符合对称性匹配原则的两原子轨道沿着两个核的连线即键轴(x 轴)发生“头碰头”方式重叠所形成的分子轨道称为 σ 分子轨道，如图 11-12 中 s-s、s-p_x、p_x-p_x 的组合。σ 分子轨道对键轴呈圆柱形对称。若两个原子轨道相加，则相当于同号波瓣重叠，增加两核之间的概率密度，形成 σ 成键轨道，若两个原子轨道相减，则相当于异号波瓣重叠，减小了核间的概率密度，形成反键轨道 σ^*。而对于图 11-12 中的两个 p_y 轨道，则是沿键轴以“肩并肩”的形式发生重叠，这样形成的分子轨道称为 π 分子轨道。π 分子轨道对键轴呈镜面反对称分布。两个原子轨道相加形成成键轨道 π，两者相减则成为反键轨道 π^*。

6. 在分子轨道理论中，共价键的强度用**键级**(bond order)表示，键级按下式计算：

$$\text{键级}=\frac{\text{成键轨道上的电子数}-\text{反键轨道上的电子数}}{2}$$

键级可以为整数，也可以为分数。一般说来，键级愈大，键的强度愈大，分子愈稳定；键级为零，则表明原子不可能结合成分子。

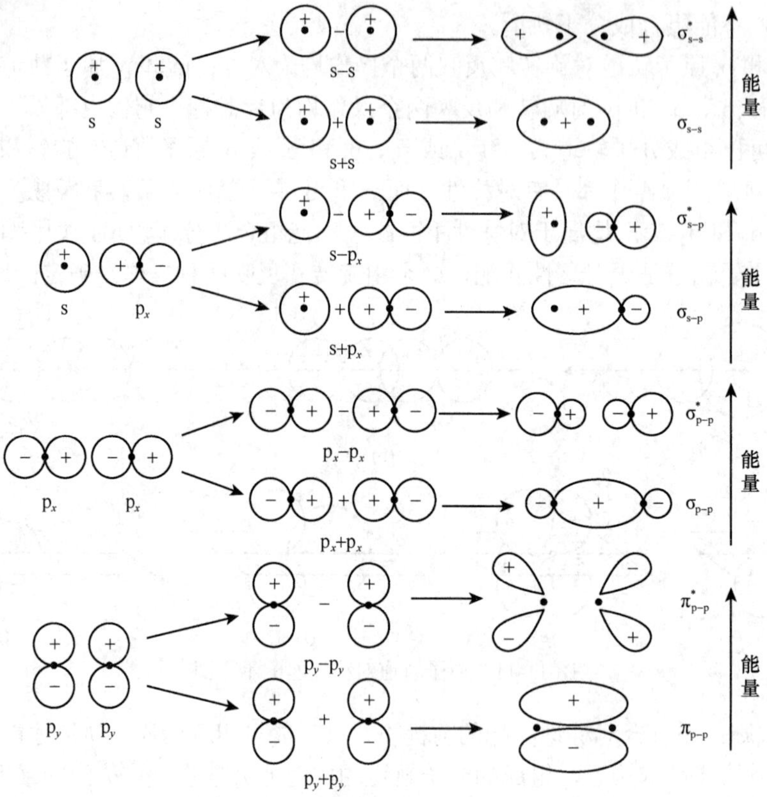

图 11-12 对称性匹配的两原子轨道组成分子轨道示意图

二、第二周期元素双原子分子的分子轨道能级图

按照能级高低顺序将分子轨道排列起来，可得到分子轨道能级顺序。

(一) 同核双原子分子的轨道能级图

由于分子轨道比较复杂，目前对分子轨道能级顺序了解得比较清楚的只有第一、二周期元素形成的双原子分子。在第二周期元素中，同核双原子分子的分子轨道能级顺序有两种：一种是组成原子的 2s 和 2p 轨道的能量相差较大($>$1500kJ · mol^{-1})，在组合成分子轨道时，不会发生 2s 和 2p 轨道的相互作用，只是两原子的 s-s 和 p-p 轨道的线性组合，因此，由这些原子组成的同核双原子分子的分子轨道能级顺序为

$$\sigma_{1s}<\sigma^*_{1s}<\sigma_{2s}<\sigma^*_{2s}<\sigma_{2p_x}<\pi_{2p_x}=\pi_{2p_z}<\pi^*_{2p_y}=\pi^*_{2p_z}<\sigma^*_{2p_x}$$

图 11-13(a)即是此能级顺序的分子轨道能级图，O_2、F_2 分子的分子轨道能级排列符合此顺序。另一种是组成原子的 2s 和 2p 轨道的能量相差较小($<$1500kJ · mol^{-1})，在组合成分子轨道时，一个原子的 2s 轨道除能和另一个原子的 2s 轨道发生重叠外，还可与其 2p 轨道重叠，其结果是使 σ_{2p_x} 分子轨道的能量超过 π_{2p_y} 和 π_{2p_z} 分子轨道。由这些原子组成的同核双原子分子的分子轨道能级顺序为

$$\sigma_{1s}<\sigma^*_{1s}<\sigma_{2s}<\sigma^*_{2s}<\sigma_{2p_y}=\pi_{2p_z}<\sigma_{2p_x}<\pi^*_{2p_y}=\pi^*_{2p_z}<\sigma^*_{2p_x}$$

图 11-13(b)即是此能级顺序的分子轨道能级图。第二周期元素组成的同核双原子分子中，除 O_2、F_2 外，其余 Li_2、Be_2、B_2、C_2、N_2 等分子的分子轨道能级排列均符合此顺序。

例 11-9 实验测得硼分子为顺磁性物质，试用分子轨道理论解释。

解 B 原子的电子结构为 $1s^22s^22p^1$，2 个硼原子共有 10 个电子。硼分子的分子轨道能级顺序与氮分子的相同，按照三个原理填充电子，内层 4 个 1s 电子分别进入(σ_{1s})和($\sigma^*{}_{1s}$)轨道，由于成键的(σ_{1s})与反键的($\sigma^*{}_{1s}$)在能量上相互抵消，净成键作用为零。因此，可以认为内层电子对成键作用几乎没有贡献，它们基本上保留在原子轨道上。余下 6 个价层电子，4 个分别进入(σ_{2s})和($\sigma^*{}_{2s}$)轨道，还有 2 个电子按照 Hund 规则，分别填充在两个能量相等的 π_{2p} 轨道，且自旋平行。其电子排布式：

$$B_2[(\sigma_{1s})^2(\sigma^*{}_{1s})^2(\sigma_{2s})^2(\sigma^*{}_{2s})^2(\pi_{2p_y})^1(\pi_{2p_z})^1]$$

按此排布，硼分子中有 2 个单电子，说明 B_2 分子属于顺磁性物质。

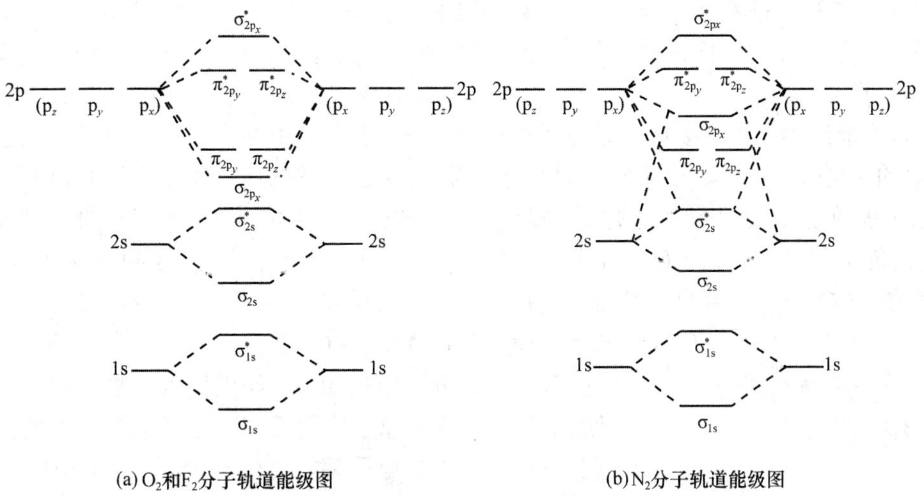

图 11-13 同核双原子分子的两种分子轨道能级顺序

(a) $\pi_{2p} > \sigma_{2p}$；(b) $\sigma_{2p} > \pi_{2p}$

例 11-10 试用 MO 法说明 N_2 分子的结构。

解 N 原子的电子组态为 $1s^22s^22p^3$。N_2 分子中共有 14 个电子，按图 11-13(b)的能级顺序依次填入相应的分子轨道，N_2 分子的分子轨道式为：

$$N_2[KK(\sigma_{2s})^2(\sigma^*_{2s})^2(\pi_{2p_y})^2(\pi_{2p_z})^2(\sigma_{2p_x})^2]$$

KK 是指$(\sigma_{1s})^2(\sigma^*_{1s})^2$两个 N 原子的内层电子，根据计算，原子内层轨道上的电子在形成分子时基本上处于原来的原子轨道上，可以认为它们未参与成键。$(\sigma_{2s})^2$的成键作用与$(\sigma^*_{2s})^2$的反键作用相互抵消，对成键无贡献。实际对成键有贡献的只是$(\pi_{2p_y})^2(\pi_{2p_z})^2(\sigma_{2p_x})^2$三对电子，$(\pi_{2p_y})^2(\pi_{2p_z})^2$各构成一个 π 键，$(\sigma_{2p_x})^2$构成 1 个 σ 键；所以 N_2 分子中有 1 个 σ 键和 2 个 π 键。由于电子都填入成键轨道，而且分子中 π_{2p} 轨道的能量低于 σ_{2p}，使系统的能量大为降低，故 N_2 分子特别稳定。其键级为(8-2)/2=3。因为分子中无单电子，显抗磁性。

例 11-11 试用 MO 法说明 O_2 分子的结构和顺磁性及其化学活泼性。

解 O 原子的电子组态为 $1s^22s^22p^4$，在 O_2 分子中共有 16 个电子，O_2 分子中的电子按图 11-13(a)所示的能级顺序依次填入相应的分子轨道，其分子轨道式为：

$$O_2[KK(\sigma_{2s})^2(\sigma^*_{2s})^2(\sigma_{2p_x})^2(\pi_{2p_y})^2(\pi_{2p_z})^2(\pi^*_{2p_y})^1(\pi^*_{2p_z})^1]$$

其中内层电子对成键不起作用，$(\sigma_{2s})^2$成键作用与$(\sigma^*_{2s})^2$的反键作用相互抵消，对成键无贡献。实际有 8 个电子对成键有贡献，其中 2 个电子进入 σ_{2p_x} 轨道构成一个 σ 键，另外 4 个进入二重简并的 π_{2p_z} 和 π_{2p_y} 轨道，最后 2 个分别以单电子状态占据两个简并的 $\pi^*_{2p_z}$ 和 $\pi^*_{2p_y}$ 反键轨道，并且自旋平行。分子中有 2 个单电子。$(\pi_{2p_y})^2$与$(\pi^*_{2p_y})^1$构成 1 个三电子 π 键；$(\pi_{2p_z})^2$与$(\pi^*_{2p_z})^1$构成另外 1 个三电子 π 键。所以 O_2 分子中有一个 σ 键和两个“三电子 π 键”。氧分子的结构式可写成 $\overset{\cdots}{\underset{\cdots}{O—O}}$，其中短线代表 σ 键，线上、下的三点代表两个三电子 π 键。磁性实验证明氧分子是顺磁性的。

在每个三电子 π 键中，2 个电子在成键轨道，1 个电子在反键轨道，故一个三电子 π 键只相当于半个 π 键，键能只有单键的一半，两个三电子 π 键相当于一个正常的 π 键。事实上，O_2 的键能只有 $495kJ \cdot mol^{-1}$，这比一般双键的键能低。正因为 O_2 分子中含有结合力弱的三电子 π 键，所以它的化学性质比较活泼，O_2 分子的键级为(8-4)/2=2。O_2 分子可以失去电子变成氧分子离子 O_2^+，键级为 $2\frac{1}{2}$；O_2 分子也可接受 1 个或 2 个电子，进入 $\pi^*_{2p_y}$ 或 $\pi^*_{2p_z}$ 反键轨道，形成超氧负离子 O_2^-和过氧负离子 O_2^{2-}，键级分别为 1.5 和 1。同核双原子分子键级愈大，键愈牢固，分子也愈稳定。

(二) 异核双原子分子的轨道能级图

异核双原子分子和同核双原子分子一样，可通过原子轨道的线性组合来构成分子轨道。所用原则和处理同核双原子分子一样，同样也遵循对称性匹配原则，能量近似原则和轨道最大重叠原则。

对于第二周期元素的异核双原子分子或离子，可近似地用第二周期的同核双原子分子的方法去处理。影响分子轨道能级高低的主要因素是原子的核电荷数。若分子中两个原子的原子序数之和等于或小于N原子序数的两倍(即14)，则此异核双原子分子或离子的分子轨道能级图与图11-13(b)相同；若两个组成原子的原子序数之和大于N原子序数的两倍时，则此异核双原子分子或离子的分子轨道能级图符合图11-13(a)的能级顺序。例如CO分子共有14个电子，这14个电子在分子轨道中按N_2分子轨道能级高低顺序分布。CO分子轨道的电子排布式和分子轨道表示式为：

$$CO[KK(\sigma_{2s})^2(\sigma^*_{2s})^2(\pi_{2p_y})^2(\pi_{2p_z})^2(\sigma_{2p_x})^2]$$

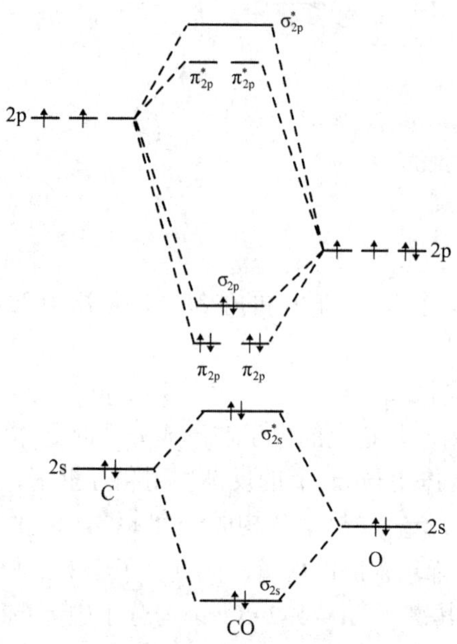

图11-14　一氧化碳分子轨道及电子填充

CO与N_2分子结构相似。如果异核双原子分子或离子与同核双原子分子所含的原子序数相同，分子中的电子数也相同，这样的不同分子被称为**电子等排体**(isostere)。等电子体的分子具有相似的结构，而且性质上也有许多相似之处。CO与N_2分子为等电子体，键级都等于3，性质很相似，如CO和N_2的熔点分别为−200℃，−210℃；其沸点分别为−190℃，−196℃。由于在CO分子中，O与C元素处在同一周期，氧的电负性比碳大，并且核电荷数差2个，所以氧原子的2s和2p轨道的能量较碳原子相应轨道能量低（图11-14）。在组成分子轨道能级图中，氧原子轨道能量低于碳原子，组成的分子轨道也是不对称的，成键分子轨道中的电子集中在电负性较大的原子一边；反键分子轨道中的电子集中在电负性较小的原子一边。

例11-12　试比较NO分子和NO^+离子的稳定性。

解　因为N的原子序数与O的原子序数之和为15，故NO分子的分子轨道排布式为

$$NO[(\sigma_{1s})^2(\sigma^*_{1s})^2(\sigma_{2s})^2(\sigma^*_{2s})^2(\sigma_{2p_x})^2(\pi_{2p_y})^2(\pi_{2p_z})^2(\pi^*_{2p_y})^1]$$

其中对成键有贡献的是：$(\sigma_{2p_x})^2$构成一个σ键；$(\pi_{2p_z})^2$构成一个π键；$(\pi_{2p_y})^2$和$(\pi^*_{2p_y})^1$构成一个三电子π键。键级为(8-3)/2=2.5。可以预料，NO分子失去1个电子成为NO^+后，$\pi^*_{2p_y}$轨道将是空的，则NO^+中有一个σ键和两个π键，键级为(8-2)/2=3。故NO^+比NO稳定性高。

异核双原子分子中，如果成键两原子不属于同一周期，两原子之间内层轨道能级高低可以相差很大，但是，最外层轨道的能级却是相近的，根据能量近似原则，可以利用最外层原子轨道组成分子轨道。2个异核原子的原子轨道重叠形成的是不对称分子轨道，成键分子轨道比较集中在电负性大的原子一边，2个原子电负性差越大，偏向越大。

例11-13　试分析HF分子的形成。

解　HF是异核双原子分子。但因H和F不属于同一周期，因而不能采用上述两例的方法来确定其分子轨道能级顺序。根据分子轨道理论提出的原子轨道线性组合三原则进行综合分析，可以确定：H原子的1s轨道和F原子的$2p_x$轨道(这些轨道的能级数据在前面能量近似原则一段中已介绍)沿键轴(x轴)方向能最大程度重叠，有效地组成一个成键分子轨道3σ和一个反键分子轨道4σ。而F原子的其他原子轨道在形成HF分子的过程中，基本保持它们原来的原子轨道性质，对成键没有贡献，统称为**非键轨道**(nonbonding orbital)。HF分子的分子轨道能级图和电子排布如图11-15所示。图中的1σ、2σ和两个1π均为非键轨道。HF分子的键级为1，分子中有一个σ键。

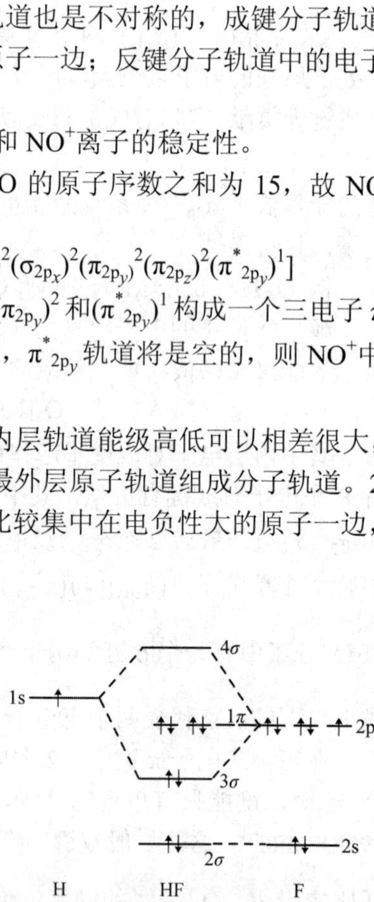

图11-15　HF分子轨道及电子填充

第五节 分子间作用力

前面我们讨论了分子内部原子与原子之间强烈的作用力，即化学键。化学键的键能大约在 150～650kJ · mol^{-1}。物质的分子与分子之间也存在比较弱的作用力，一般在几到几十 kJ · mol^{-1}。由于分子间相互作用力的存在，气体才可以液化或凝聚成固体，固体粉末也可压成片状。分子间的作用力主要包括 van der Waals 力和氢键。van der Waals 力的产生与分子的极化密切相关。分子的极化是指分子在外电场作用下发生的结构变化。

一、分子的极性与分子的极化

(一) 分子的极性

根据分子中正、负电荷重心是否重合，将分子分为极性分子和非极性分子。正、负电荷重心相重合的分子是**非极性分子**(nonpolar molecule)；不重合的是**极性分子**(polar molecule)。

对于双原子分子，分子的极性与键的极性是一致的。同核双原子分子的化学键为非极性共价键，构成的分子一定是非极性分子，如 H_2、Cl_2、O_2 等分子；异核双原子分子的化学键为极性共价键，构成的分子一定是极性分子，如 HCl、HF 等分子。

对于多原子分子，如果分子中所有的化学键都是非极性共价键，该分子必然为非极性分子；如果化学键是极性的，分子是否有极性，不仅取决于键的极性，而且还与分子的空间构型有关。例如 NH_3 和 BF_3，NH_3 分子的几何构型为三角锥形，是极性分子；而 BF_3 分子的几何构型为平面三角形，属于非极性分子。

分子的**极性**(molecular polar)用**电偶极矩**(electric dipole moment)来定量衡量。极性分子或极性键都可以看成是由两个大小相等，符号相反的电荷 q^+和 q^-组成的偶极子，电偶极矩的定义为正、负电荷重心的距离 d 与正或负电荷重心上的电量 q 的乘积：

$$\vec{\mu}=q\cdot d$$

电偶极矩是一个矢量，化学上规定其方向是从正电荷重心指向负电荷重心，其数量级为 10^{-30}C · m。电偶极矩是量度分子极性的大小依据，分子电偶极矩为零的分子是非极性分子，$\vec{\mu}\neq 0$ 的分子为极性分子，并且电偶极矩愈大表示分子的极性愈强。电偶极矩可以用实验方法测得。表 11-6 列出了一些分子的电偶极矩测定值。

表 11-6 一些分子的电偶极矩 $\vec{\mu}$ /(10^{-30}C · m)

分子	$\vec{\mu}$	分子	$\vec{\mu}$	分子	$\vec{\mu}$
H_2	0	BF_3	0	CO	0.40
Cl_2	0	CH_4	0	HCN	6.99
N_2	0	H_2S	3.67	HCl	3.43
CO_2	0	H_2O	6.16	HBr	2.63
CS_2	0	SO_2	5.33	HI	1.27

(二) 分子的极化

如图 11-16 所示，极性分子的正、负电荷重心不重合，分子中始终存在一个正极和一个负极，故极性分子具有**永久偶极**(permanent dipole)。极性分子中固有的偶极矩，称为**永久偶极矩**(permanent dipole moment)。非极性分子的正、负电荷重心本来是重合的($\vec{\mu}$=0)，但在外电场的作用下，发生相对位移，引起分子变形而产生的偶极称为**诱导偶极**(induced dipole)，由此而产生偶极矩($\Delta\vec{\mu}$ >0)称为**诱导偶极矩**(induced dipole moment)。无论是极性分子

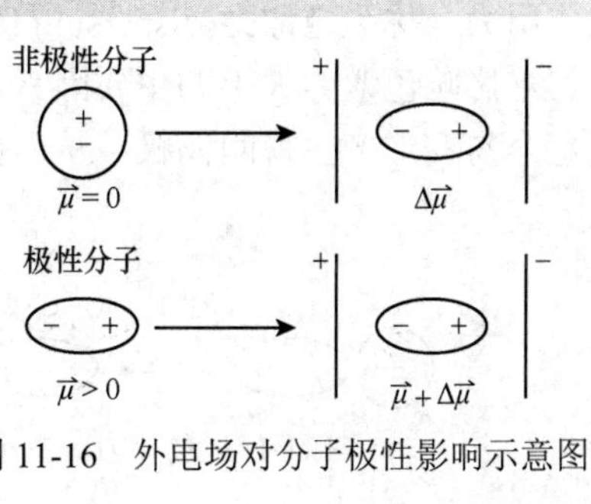

图 11-16 外电场对分子极性影响示意图

还是非极性分子在外电场的作用下都会产生诱导偶极矩，诱导偶极矩使极性分子的偶极矩增加。外电场可以是阴、阳离子，也可以是极性分子。

外电场使分子变形产生偶极或增大偶极矩的现象称为分子的**极化**(polarizing)。分子在外电场的作用下，正负电荷中心产生相对位移，分子发生变形，称为分子的**变形性**(deformability)。电场愈强，分子半径愈大，变形性愈大，诱导偶极矩愈大。

分子的极化不仅在外电场的作用下产生，分子间相互作用时也可发生，这正是分子间存在相互作用力的重要原因。

二、分子间作用力

(一) van der Waals 力

van der Waals 力是分子间存在的一种较弱的作用力，它最早是由荷兰物理学家 Van der Waals 提出的，该作用力对物质的物理性质如沸点、溶解度、表面张力等有重要影响。按作用力产生的原因和特性，这种力可分为取向力、诱导力和色散力三种。

1. 取向力 当极性分子相互靠近时，它们的固有偶极之间因同极相斥，异极相吸，分子将发生相应取向转动，使分子处于异极相邻的状态，如图 11-17 所示。与极性分子的这种运动称为取向。在已取向的偶极分子间，由于静电作用互相靠拢，在一定距离时吸引与排斥达到平衡，使体系能量达到最小值。这种由于永久偶极的取向而产生的分子间吸引力称为**取向力**(orientation force)。取向力发生在极性分子之间。取向力的大小主要取决于极性分子电偶极矩的大小，偶极矩愈大，取向力愈大。取向力还与温度和分子间距离有关，温度愈高，分子间距离愈远，取向力愈小。

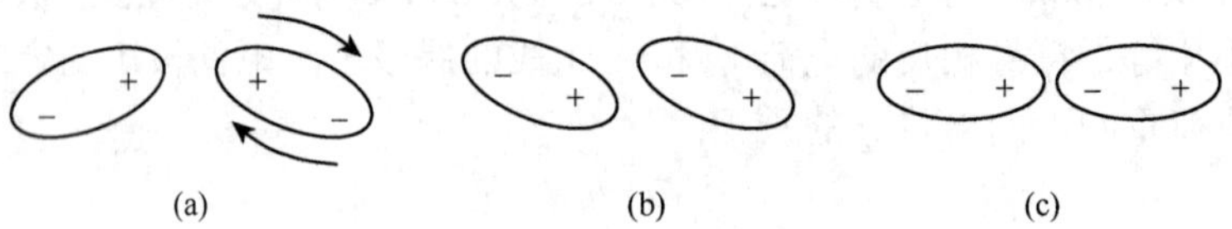

图 11-17 取向力产生示意图

2. 诱导力 当极性分子与非极性分子接近时，由于极性分子的永久偶极所产生的电场对非极性分子产生了影响，使非极性分子变形，正、负电荷重心发生相对位移而产生诱导偶极，如图 11-18 所示。这种诱导偶极与极性分子的永久偶极之间产生的相互吸引力称为**诱导力**(induction force)。诱导力发生在极性分子与非极性分子或极性分子之间。诱导力的大小取决于极性分子的电偶极矩的大小以及非极性分子的变形性的大小。当极性分子与极性分子互相靠近时，在彼此的永久偶极的影响下，相互极化产生诱导偶极矩，使极性分子的偶极矩增大。因此对极性分子之间的诱导力是一种附加的取向力。O_2、N_2 等非极性分子在水中有一定的溶解度就是因为这些分子与水分子之间的作用力中存在诱导力。

3. 色散力 非极性分子的偶极矩虽为零，但由于分子内部的电子在不停地运动，而且原子核也在不停地振动着，使它们的相对位置不断发生改变，从而在某一瞬间可造成分子的正、负电荷重心不重合产生瞬间偶极。这一瞬间偶极将诱导与它相邻的分子产生瞬间偶极，相邻的非极性分子的瞬间偶极彼此影响，使之相互处于异极相邻的状态，如图 11-19 所示。瞬间偶极不断地产生和消失，从而分子的异极相邻状态不断地重复着，使得非极性分子之间始终存在相互作用力。这种由于瞬间偶极间所产生的相互作用力，称为**色散力**(dispersion force)。

影响色散力大小的主要因素是分子的变形性。分子半径愈大，核对外层电子的吸引能力愈弱，分子愈容易变形产生瞬间偶极，从而色散力愈大。

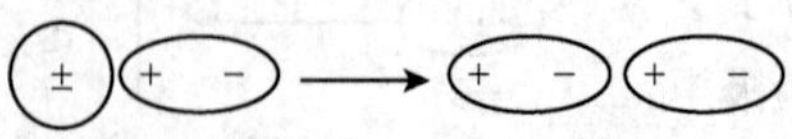

图 11-18 诱导力产生示意图

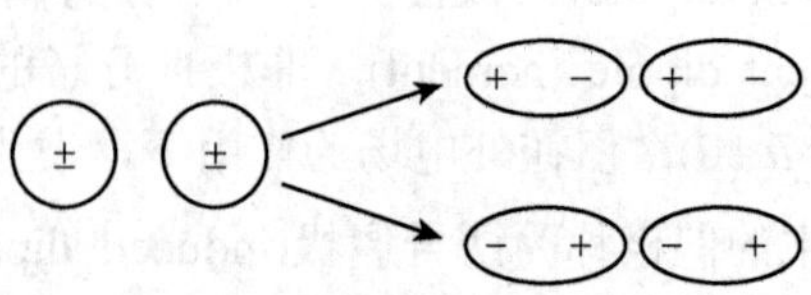

图 11-19 色散力产生示意图

瞬间偶极虽然存在的时间很短，但是任何分子都有不断运动的电子和不停振动的原子核，都会不断产生瞬间偶极，所以色散力存在于各种分子之间，并且在 van der Waals 力中占有相当大的比重。

van der Waals 力从本质讲是一种静电引力，没有方向性和饱和性，只要周围空间允许就能相互吸引，但其作用距离很小，仅在几百 pm 以内。van der Waals 力的大小与距离的六次方成反比，随着分子间距离增大作用力迅速下降。

综上所述，分子间不同作用力的分布情况是：在非极性分子之间只有色散力；在极性分子和非极性分子之间，既有诱导力也有色散力；而在极性分子之间，取向力、诱导力和色散力都存在。对于大多数分子，色散力是主要的。只有极性大的分子，取向力才比较显著。诱导力通常都很小。表 11-7 列出了上述三种作用力在一些分子间的分配情况。

表 11-7 分子间 van der Waals 力的分配情况 (单位：$kJ \cdot mol^{-1}$)

分子	取向力	诱导力	色散力	总能量
Ar	0.000	0.000	8.49	8.49
CO	0.003	0.008	8.74	8.75
HI	0.025	0.113	25.86	26.00
HBr	0.686	0.502	21.92	23.11
HCl	3.305	1.004	16.82	21.13
NH_3	13.31	1.548	14.94	29.80
H_2O	36.38	1.929	8.996	47.31

物质的沸点、熔点等物理性质与分子间的作用力有关，一般说来 van der Waals 力小的物质，其沸点和熔点都较低。如 HCl、HBr、HI 的 van der Waals 力依次增大，其沸点和熔点依次递增。在常温下，氯是气体，溴是液体，碘是固体。

(二) 氢键

水与其同系物比较，水的物理性质有些反常。按照 van der Waals 力解释，水和硫化氢、硒化氢、碲化氢属于同系物，从上到下，分子半径依次增大，分子间作用力增强，熔点、沸点依次升高。但事实上水的熔点、沸点最高。同样 HF 和 NH_3 在同系物中都有类似反常现象。这说明水分子之间、氟化氢分子之间和氨分子之间除了存在 van der Waals 力外，还存在另外一种作用力，这就是我们将要讨论的氢键。

1. 氢键的形成 当 H 原子与电负性很大、半径很小的 X 原子(如 F、O、N 等)以共价键结合成 X−H 分子时，电子对被强烈地吸引偏向于 X 原子，使 H 原子几乎变成裸露的质子而带正电荷。由于 H 原子半径很小，而具有大的正电荷场强。当这个 H 原子与 X 原子形成共价键后，再与另一个电负性很大、半径小并在外层有孤对电子的 Y 原子(如 F、O、N 等)产生的定向吸引作用，称为**氢键**(hydrogen bond)。形成氢键的结构可表示为：

$$X—H\cdots Y$$

形成的氢键用虚线表示，其中 X、Y 可以是同种元素的原子，如 O—H⋯O，F—H⋯F，也可以是不同元素的原子，如 N—H⋯O。由此可见，若要形成氢键：①分子中必须有一个 H 原子；②分子中同时含有电负性大，半径小且含有孤对电子的 Y 原子(如 F、O、N 等)；③分子中的 H 必须与电负性特别大的 X 原子直接相连形成强极性键。

氢键的强弱与 X、Y 原子的电负性及半径大小有关。X、Y 原子的电负性愈大、半径愈小，则 X、Y 上的负电荷密度越大，形成的氢键愈强。Cl 的电负性比 N 的电负性略大，但半径比 N 大，只能形成较弱的氢键。C 的电负性较小，很难形成氢键。常见氢键的强弱顺序是：

$$F—H\cdots F>O—H\cdots O>O—H\cdots N>N—H\cdots N>O—H\cdots Cl>O—H\cdots S$$

2. 氢键的特点 氢键属于静电作用力，键能一般在 42 $kJ \cdot mol^{-1}$ 以下，它比化学键弱得多，但比 van der Waals 力强。氢键不同于 van der Waals 力，具有饱和性和方向性。所谓饱和性是指 H 原子与 X 原子形成共价键后，只能吸引一个电负性大、半径小的 Y 原子而形成一个氢键，不能再与第二个 Y 原子形成第二个氢键。这是因为 H 原子半径比 X、Y 原子小得多，当形成 X—H⋯Y 后，第二个 Y 原子再靠近 H 原子时，将会受到 X 和 Y 原子电子云的强烈排斥而无法成键。氢键的方向性是指以 H 原子为中心的 3 个原子 X—H…Y 尽可能在一条直线上(图 11-20)，这样 X 原子与 Y 原子间的距离较远，排斥力较小，Y 与 H 的吸引力大，形成的氢键稳定。

氢键可以分为分子间氢键和分子内氢键两种。一个分子的 X—H 键与另一个分子的 Y 原子相结合形成的氢键，称为分子间氢键。例如在氟化氢与氟化氢分子间、氨与水分子间、水与乙醇分子之间形成的氢键，如图 11-20 所示。一个分子的 X—H 键与它内部的原子 Y 相结合而形成的氢键，称为分子内氢键，如图 11-21。硝酸、邻硝基苯酚分子内部形成氢键，即是分子内形成的氢键。

图 11-21 分子内氢键虽不在一条直线上，但形成了较稳定的环状结构。能形成氢键的物质相当广泛，例如许多无机含氧酸和有机羧酸、醇、胺、蛋白质等物质的分子之间都存在着氢键。

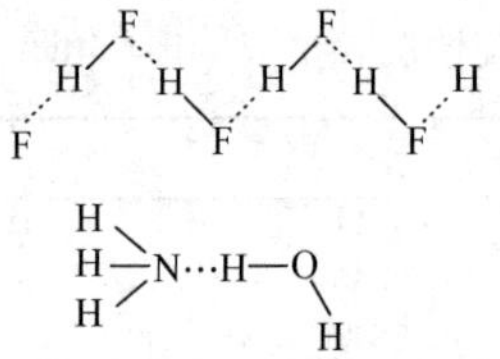

图 11-20　氟化氢、氨及水的分子间氢键

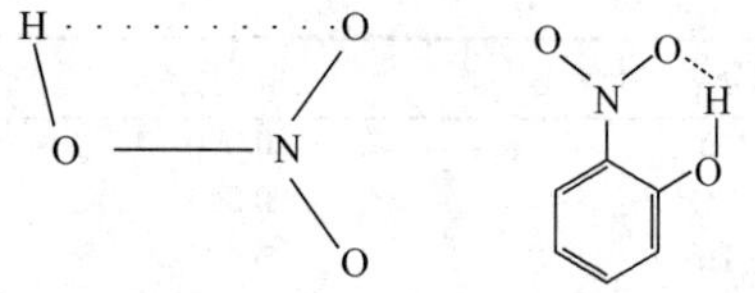

图 11-21　硝酸、邻硝基苯酚中的分子内氢键

3. 氢键的形成对物质性质的影响　因为破坏氢键需要消耗能量，所以在化合物中能形成分子间氢键的物质，其沸点、熔点比不能形成分子间氢键的高。同样，熔化热和汽化热等也偏高。相反，分子内氢键的形成，一般使化合物的沸点和熔点降低。例如，邻位硝基苯酚的熔点是 318K，而间硝基苯酚和对硝基苯酚的熔点分别为 369K 和 387K。这是因为氢键具有饱和性，H 原子形成分子内氢键，不能再形成分子间氢键，从而使分子之间作用力较形成分子间氢键的弱。间硝基苯酚和对硝基苯酚还可形成分子间氢键，所以它们的熔点高于前者。

氢键的形成也影响物质的溶解度，若溶质和溶剂间能形成分子间氢键，可使溶解度增大；例如氨、乙醇、乙酸等与水都可形成分子间氢键，所以氨在水中溶解度很大，乙醇、乙酸几乎与水混溶。若溶质形成分子内氢键，则在极性溶剂中溶解度小，而在非极性溶剂中溶解度增大。如邻硝基苯酚分子可形成分子内氢键，对硝基苯酚分子因硝基与羟基相距较远不能形成分子内氢键，但它能与水分子形成分子间氢键，所以邻硝基苯酚在水中的溶解度比对硝基苯酚溶解度小，而在苯中溶解度邻位大于对位。

一些生物高分子物质如蛋白质、核酸中均有分子内氢键。DNA 脱氧核糖核酸分子中，两条多核苷酸链靠碱基之间(C=O…H—N 和 C=N…H—N)形成氢键配对而相连，即腺嘌呤(A)与胸腺嘧啶(T)配对形成 2 个氢键，鸟嘌呤(G)与胞嘧啶(C)配对形成 3 个氢键。它们盘曲成双螺旋结构(图 11-22)的各圈之间也是靠氢键维系而增强其稳定性，一旦氢键被破坏，分子的空间结构发生改变，生理功能就会丧失。可见，氢键在人类和动植物的生理和生化过程中起着十分重要的作用。

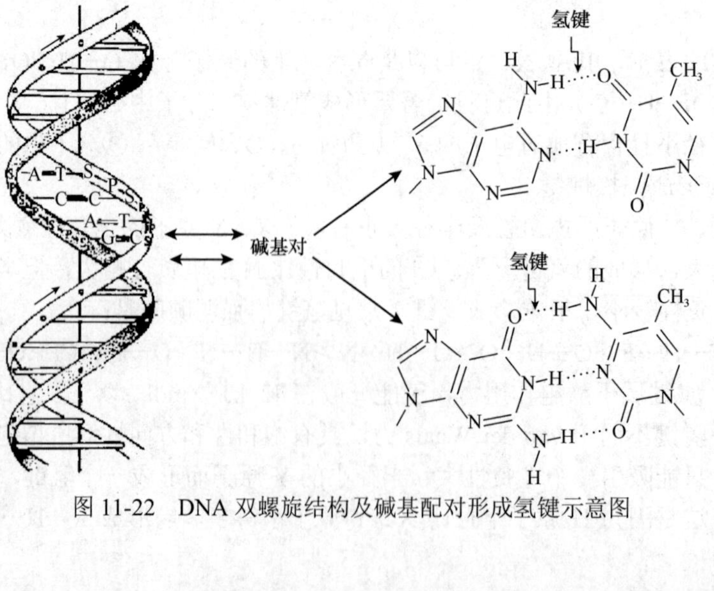

图 11-22　DNA 双螺旋结构及碱基配对形成氢键示意图

知识拓展

分子极性与生物活性

极性药物分子中由于电子密度分布不均匀，使得分于中显示出部分的正电性和负电性，它们通过静电引力与组织的活性部位或受体结合而产生活性。所带电荷越强，与活性部位结合越牢固，生物活性也就越强。药物分子中存在吸电子原子或基团时，可通过诱导效应或共轭效应使某些邻近原子的电子密度降低，形成一正电中心即生物活性中心。药物的生物活性中心与组织的活性部位或受体的负电荷部位相互吸引，从而显示生物活性。例如苯巴比妥、异烟阱、氯仿及哌替啶(杜冷丁)等均具有生物活性中心，其电性的强弱将影响它们的生物活性大小。

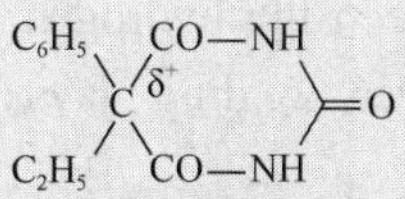

苯巴比妥

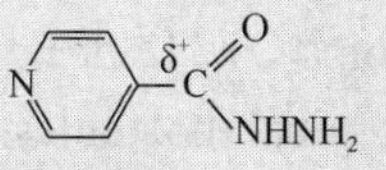

异烟阱

$CHCl_3$

氯仿

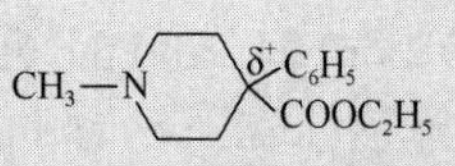

哌替啶

在以共价键组成的药物分子中，由于相互连接的原子或基团的电负性大小不同，分子的极性和药物活性也就不同。例如氯代甲烷的全身麻醉作用随着碳原子电子密度降低而递增，其作用强度的次序为；$CH_4 < CH_3Cl < CH_2Cl_2 < CHCl_3$，又如在巴比妥类安眠药中，其 5— 位碳原于以不同电负性的基团取代时，催眠作用强度就有所不同，随着吸电子基团的增加，催眠作用有所增强。

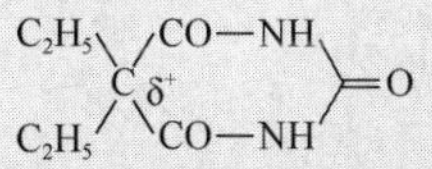

巴比妥

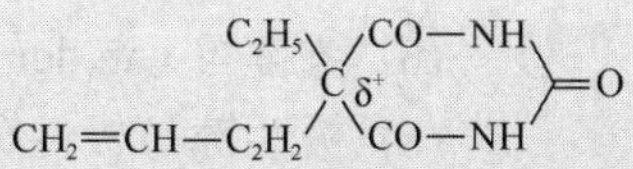

乙基丙烯基巴比妥

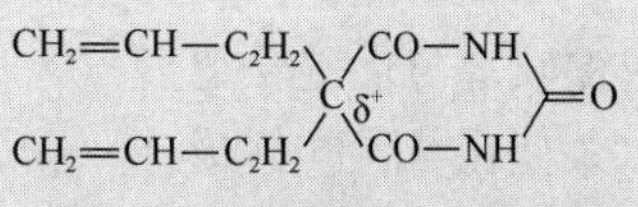

二丙烯基巴比妥

巴比妥、乙基丙烯基巴比妥、二丙烯基巴比妥随着丙烯基的增加，其相对作用强度顺序为 1∶2.5∶3.7。

Summary

According to **valence bond theory**，covalent bonding formation occurs by the overlap of two singly occupied atomic orbital lobes of the same phase，either head-on along the internuclear axis to form a sigma bond(σ bond)or sideways above and below the internuclear axis to form a pi bond(π bond). Strength of bonding depends on the degree of overlap that atomic orbitals involved，the greater the degree of overlap，the stronger the bonding strength. The degree of overlap in a π-bond is less than that in a σ-bond，so π-bonds are generally weaker than σ-bonds. A single bond is a σ-bond，a double bond is a σ-bond plus a π-bond，and a triple bond is a σ-bond plus two π-bonds.

The hybrid orbitals theory is the development and supplement of valence bond theory. Hybridization is the process of mixing the atomic orbitals in an atom(usually the central atom)to generate a set of new atomic orbitals，called hybrid orbitals. The number of generated hybrid orbitals is equal to the number of atomic orbitals that participate in the hybridization process. Covalent bonds in polyatomic molecules are formed by the overlap of a hybrid orbital and a pure atomic orbital，or of two hybrid orbitals. The hybrid orbitals theory is of importance in explanation of the molecular geometry.

The shape of molecular can often be predicted by the valence shell electron-pair repulsion(VSEPR) model，which treats the electrons around atoms as charge clouds that repel one another and therefore orient themselves as far away from one another as possible. Atoms with two charge clouds adopt a linear arrangement of the clouds，atoms with three charge clouds adopt a trigonal planar arrangement，and atoms with four charge clouds adopt a tetrahedral arrangement. Similarly，atoms with five charge clouds are trigonal bipyramidal and atoms with six charge clouds are octahedral.

Molecular orbital(MO)theory sometimes gives a more accurate picture of electronic structure than the valence bond model. A molecular orbital is a wave function whose square provides the probability of finding an electron in a given region of space within a molecule. Combination of two atomic orbitals gives two molecular orbitals, a bonding MO that is lower in energy than the starting atomic orbitals and an antibonding MO that is higher in energy than the starting atomic orbitals. Molecular orbital theory is particularly useful for describing delocalized π bonding in molecules.

Intermolecular forces(van der Waals forces and hydrogen bonds)are much weaker than bonding forces. Van der Waals forces include orientation forces, induced forces and dispersion forces. Orientation forces only exist in polar molecules. Induced forces exist between polar molecules and nonpolar molecules, as well as in polar molecules. Dispersion forces exist in all molecules, and are the most significant van der Waals forces. Van der Waals forces can affect the state of matter and properties such as melting and boiling point, solubility, surface tension, etc.

Hydrogen bonding is a special type of dipole-dipole interaction between the hydrogen atom in a polar bond such as OH or NH, and the electronegative atoms O, N, or F. Hydrogen bonding plays a very important role in determining the shapes and properties of biological molecules.

习　　题

1. 区别下列概念：

(1) 共价键与配位键　　(2) σ 键与 π 键

(3) 键能与离解能　　(4) 等性杂化与不等性杂化

(5) 成键轨道与反键轨道　　(6) 氢键与 van der Waals 力

(7) 永久偶极与瞬间偶极　　(8) 极性键与极性分子

2. 指出下列物质的中心原子可能采取的杂化类型，并判断分子的空间构型。

(1) PH_3　(2) BeH_2　(3) BCl_3　(4) SiH_4　(5) $COCl_2$　(6) H_3O^+

3. 试用价层电子对互斥理论判断下列分子或离子的空间构型并说明原因。

(1) SO_4^{2-}　(2) NH_4^+　(3) PCl_5　(4) SF_6　(5) XeF_4　(6) CO_3^{2-}

4. 用 VB 法和 MO 法分别说明为什么 H_2 能稳定存在而 He_2 不能稳定存在？

5. 下列每对分子中，哪个分子的极性较强？试说明原因。

(1) HCl 与 HI　(2) H_2O 与 H_2S　(3) NH_3 与 PH_3

(4) CH_4 与 CHCl　(5) BF_3 和 NF_3

6. 按分子轨道理论，写出 CN^- 的电子组态，说明磁性。

7. $O_2^+O_2$、O_2^- 和 O_2^{2-} 的实测键长依次增大，试用分子轨道理论解释之。其中哪几种有顺磁性？为什么？

8. 写出下列双原子分子或离子的分子轨道表示式，判断能否存在，计算键级并说明磁性和键型。H_2、H_2^+、Li_2、B_2、B_2^+、He_2^+、He_2

9. 为什么大 π 键中的电子数达到轨道数的 2 倍，整个大 π 键就会崩溃？

10. 温度接近沸点时，乙酸蒸气的实测分子量明显高于用原子量和乙酸化学式计算出来的分子量。为什么？乙醛会不会也有这种现象？

11. 下列各组物质之间存在哪种类型的分子间力？

(1) 苯和 CCl_4　(2) 甲醇和水　(3) 氯化钠和水　(4) 液氨　(5) 氧和水

12. 试由下列各物质的沸点，推断它们分子间力的大小，排出顺序，这一顺序与分子量的大小有何关系？

Cl_2：239K、O_2：90.1K、N_2：75.1K、H_2：20.3K、I_2：454.3K、Br_2：331.9K

13. 比较下列各组分子的分子电偶极矩的大小：

(1) CO_2 和 SO_2　(2) CCl_4 和 CH_4　(3) PH_3 和 NH_3

(4) BF_3 和 NH_3　(5) H_2O 和 H_2S

14. 某一化合物的分子式为 AB_2，A 属于第ⅥA 元素，B 属于第ⅦA 元素，A 和 B 在同一周期，它们的电负性分别为 3.44 和 3.98，试回答下列问题：

(1) 已知 AB_2 分子键角为 103.3°，试推测 AB_2 分子中心原子 A 成键时采取的杂化轨道类型及 AB_2 的空间构型。

(2) A-B 键的极性如何？AB_2 的极性如何？

(3) AB_2 分子间的作用力是什么？

(4) AB_2 和 H_2O 分子相比，哪一个熔、沸点高些？

15. 指出下列化合物中是否存在氢键以及氢键的类型

(1) NH_3　　(2) H_3BO_3　　(3) CFH_3

(4) 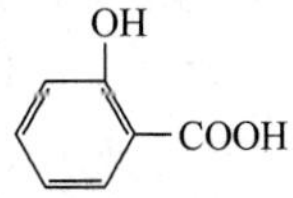

(5) 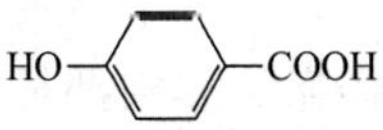

16. 按照沸点由低到高的顺序依次排列下列两组物质。

(1) H_2、CO、Ne、HF　　(2) CI_4、CF_4、CBr_4、CCl_4

(赵全芹　石婷婷)

第十二章

配位化合物

配位化合物(coordination compound)简称配合物，是一类组成复杂、应用极为广泛的化合物。配合物与生物体和医学的关系十分密切。在人体的生理及病理过程中涉及的许多金属元素，大多是与蛋白质、核酸等结合形成配合物而发挥作用。人体的许多必需微量元素都是以配合物形式存在的。例如，担负着体内氧气运输作用的血红蛋白是Fe^{2+}与蛋白质结合而成的配合物；体内七十余种含锌的酶(如乳酸脱氢酶、核糖核酸和脱氧核糖核酸合成酶等)均是金属配合物。临床上用于治疗和预防疾病的一些药物，如治疗贫血症的枸橼酸铁铵、治疗血吸虫病的酒石酸锑钾、具有抗癌作用的顺式二氯二氨合铂(Ⅱ)等都是配合物。此外，在生化检验、环境监测及药物分析等领域，以配位反应为基础的分析方法也有极为广泛的应用。

自20世纪70年代发展起来的新兴边缘学科——生物无机化学，其基本任务就是在分子水平上研究生命金属与生物配体之间的相互作用，从而揭示人体内某些疾病的发病机理，制备出新的药物——金属配合物。因此学习和掌握配合物的一些基本知识对医学生来说是非常必要的。

第一节　配位化合物的基本概念

一、配位化合物的定义

什么是配合物？让我们先看以下实验事实：向盛有$CuSO_4$溶液的试管中加入$6mol \cdot L^{-1}$的氨水，开始有天蓝色$Cu(OH)_2$沉淀生成，继续滴加氨水，沉淀消失，得到一深蓝色的澄清溶液。在此溶液中加入适量乙醇，便会析出深蓝色的结晶。向这种结晶中加入NaOH溶液，既无氨气产生也无天蓝色$Cu(OH)_2$沉淀生成，但加入少量$BaCl_2$溶液时，则有白色$BaSO_4$沉淀析出。这说明溶液中存在着SO_4^{2-}，却几乎检查不出Cu^{2+}离子和NH_3分子。经X线分析，该深蓝色结晶的化学组成是$[Cu(NH_3)_4]SO_4$，它在水溶液中全部解离为$[Cu(NH_3)_4]^{2+}$和SO_4^{2-}。像$[Cu(NH_3)_4]^{2+}$这种由阳离子(或原子)与一定数目的阴离子或中性分子以配位键形成的不易解离的复杂离子(或分子)称为**配离子**(或**配位分子**)。带正电荷的配离子称为**配阳离子**，如$[Cu(NH_3)_4]^{2+}$、$[Ag(NH_3)_2]^{+}$等；带负电荷的配离子称为**配阴离子**，如$[Fe(NCS)_4]^{-}$。含有配离子的化合物和配位分子统称为**配合物**。配合物可以是酸、碱、盐，也可以是电中性的配位分子。如$[Cu(NH_3)_4]SO_4$、$[Cu(NH_3)_4](OH)_2$、$H_2[Pt(Cl)_6]$、$[Ni(CO)_4]$、$K_3[Fe(CN)_6]$都是配合物。习惯上把配离子也称为配合物。

二、配位化合物的组成

大多数配合物由配离子和与其带有相反电荷的离子组成。配离子是配合物的特征部分，由中心原子(离子)和配体组成，称为配合物的**内层**(inner sphere)，通常写在方括号之内。配合物中与配离子带相反电荷的离子称为配合物的**外层**(outer sphere)。配合物的内层与外层之间以离子键结合，在水溶液中配合物易解离出外层离子，而配离子很难解离。以$[Cu(NH_3)_4]SO_4$为例，其组成可表示为

$[Cu(NH_3)_4]SO_4$

中心原子　配体

内层　　外层

配合物

而配位分子如$[Ni(CO)_4]$等只有内层，没有外层。

(一) 中心原子

在配离子(或配位分子)中，接受孤对电子的阳离子或原子统称为**中心原子**(central atom)。中心原子位于配离子的中心位置，是配离子的核心部分。中心原子多为金属离子，特别是过渡金属离子，如

$[Ag(NH_3)_2]^+$中的中心原子为 Ag^+。某些副族元素的原子和高氧化值的非金属元素原子也是比较常见的中心原子，如$[Ni(CO)_4]$和$[SiF_6]^{2-}$中的 Ni(0)和 Si(Ⅳ)都是中心原子。

(二) 配体和配位原子

在配合物中，与中心原子以配位键结合的阴离子或中性分子称为**配体**(ligand)，如$[Ag(NH_3)_2]^+$、$[Ni(CO)_4]$和$[SiF_6]^{2-}$中的 NH_3、CO 和 F^-都是配体。配体中直接向中心原子提供孤对电子形成配位键的原子称为**配位原子**(ligating atom)，如 NH_3 中的 N 原子、CO 中的 C 原子、F^-中的 F 原子等。配位原子的最外电子层中都含有孤对电子，常见的配位原子是电负性较大的非金属元素的原子，如 N、O、C、S、F、Cl、Br、I 等。

根据配体中所含配位原子数目的多少，可将配体分为**单齿配体**(monodentate ligand)和**多齿配体**(multidentate ligand)。只含有一个配位原子的配体称为单齿配体。如 NH_3、H_2O、CN^-、F^-、Cl^-、Br^-、I^-等，其配位原子分别为 N、O、C、F、Cl、Br、I；含有两个或两个以上配位原子的配体称为多齿配体，如乙二胺 $H_2N\text{-}CH_2\text{-}CH_2\text{-}NH_2$(简写为 en)、草酸根($^-OOC—COO^-$)是双齿配体，乙二胺四乙酸根(可用符号 Y^{4-}表示，结构如下)是六齿配体。

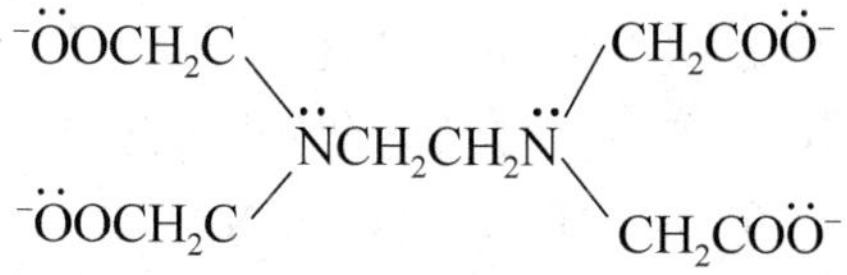

应该注意的是，有些配体虽然含有两个配位原子，但由于两个配位原子靠得太近，只能利用其中一个原子与中心原子形成配位键，故仍属单齿配体，如硝基 NO_2^-(N 为配位原子)，亚硝酸根 ONO^-(O 为配位原子)，硫氰根 SCN^-(S 为配位原子)、异硫氰根 NCS^-(N 为配位原子)等。

一些常见的配体见表 12-1。

表 12-1　常见的配体

类型	配位原子	实例
单齿配体	C N O P S X	CN^-，CO NH_3，NO，NR_3，RNH_2，C_5H_5N，NCS^-，NH_2^-，NO_2^- ROH，R_3PO，R_2O，H_2O，R_2SO，OH^-，$RCOO^-$，$C_2O_4^{2-}$，ONO^-，SO_4^{2-}，CO_3^{2-} PH_3，PR_3，PX_3，PR_2^- R_2S，RSH，SCN^- F^-，Cl^-，Br^-，I^-
双齿配体	N O	乙二胺 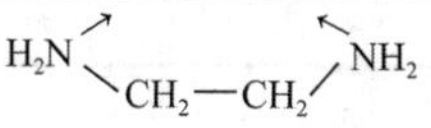 乙酰丙酮离子 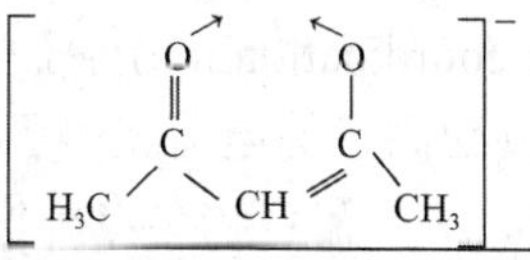
三齿配体	N	二乙基三胺 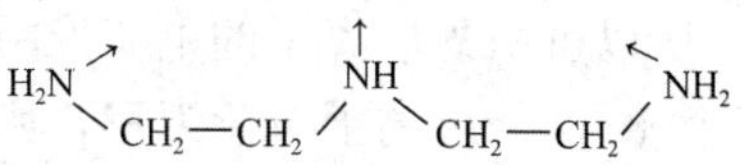
五齿配体	N，O	乙二胺三乙酸根离子 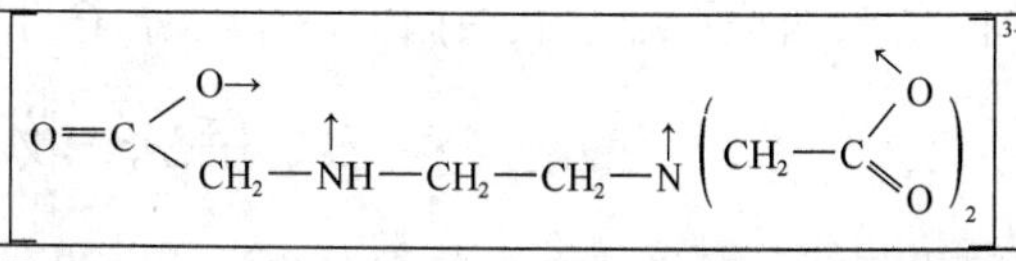
六齿配体	N，O	乙二胺四乙酸根离子 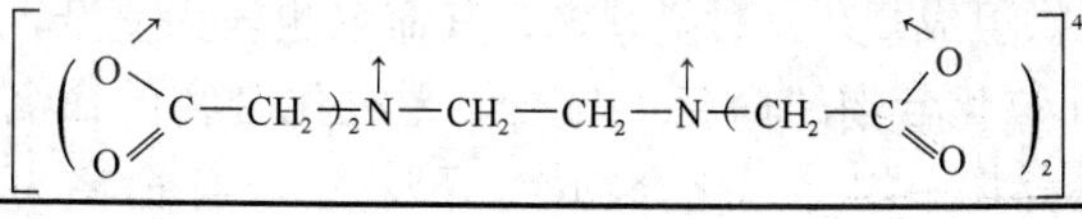

(三) 配位数

配离子(或配位分子)中直接与中心原子以配位键结合的配位原子的数目称为**配位数**(coordination number)。从本质上讲，配位数就是中心原子与配体形成配位键的数目。如果配体均为单齿配体，则中心原子的配位数与配体的数目相等。例如，$[Zn(NH_3)_4]^{2+}$配离子中的配体是 NH_3，NH_3 是单齿配体，则 Zn^{2+}的配位数是 4。如果配体中有多齿配体，则中心原子的配位数与配体的数目不相等。例如，$[Cu(en)_2]^{2+}$配离子中的配体 en 是双齿配体，一个 en 分子中有两个 N 原子与 Cu^{2+}形成配位键，因此 Cu^{2+}的配位数是 4 而不是 2。同理，$[Co(en)_2(NH_3)Cl]^{2+}$中 Co^{3+}的配位数是 6 而不是 4。配合物中，中心原子的常见配位数是 2、4、6。

中心原子的配位数主要取决于中心原子和配体的电子层结构、体积和电荷三个因素。

从中心原子的价电子层结构考虑，第二周期元素的价电子层空轨道为 2s、2p，最多只能容纳 4 对电子，其配位数最大为 4，如$[BeCl_4]^{2-}$、$[BF_4]^-$等；第三周期以后的元素，价电子层空轨道为$(n-1)$d、ns、np 或 ns、np、nd，它们的配位数可超过 4，如$[AlF_6]^{3-}$、$[SiF_6]^{2-}$等。

中心原子的体积愈大，配体的体积愈小，中心原子能结合的配体愈多，愈有利于生成配位数大的配离子。例如，Al^{3+}与半径较小的 F^-可形成配位数为 6 的$[AlF_6]^{3-}$，而与半径较大的 Cl^-只能形成配位数为 4 的$[AlCl_4]^-$；中心原子 B(III)的半径比 Al^{3+}小，所以 B(III)只能形成配位数为 4 的$[BF_4]^-$。

从静电作用考虑，中心原子的电荷愈多，对配体的吸引力愈强，愈有利于形成配位数大的配离子。如 Ag^+与 NH_3 形成$[Ag(NH_3)_2]^+$，而 Cu^{2+}与 NH_3 可形成$[Cu(NH_3)_4]^{2+}$。中心原子相同时，配体所带电荷愈多，配体间的排斥力就愈大，不利于配体与中心原子的结合，配位数相应变小。如 Ni^{2+}与 NH_3 可形成配位数为 6 的$[Ni(NH_3)_6]^{2+}$，而与 CN^-只能形成配位数为 4 的$[Ni(CN)_4]^{2-}$。

此外，中心原子的配位数还与配合物形成时的外界条件有关，特别是与温度和溶液的浓度有关。通常，增大配体浓度和降低温度有利于形成配位数大的配合物。

某些金属离子常见的、较稳定的配位数见表 12-2。

表 12-2　金属离子的配位数

配位数	金属离子	实例
2	Ag^+、Cu^+、Au^+	$[Ag(NH_3)_2]^+$、$[Cu(CN)_2]^-$
4	Cu^{2+}、Zn^{2+}、Cd^{2+}、Hg^{2+}、Al^{3+}、Sn^{2+}、Pb^{2+}、Co^{2+}、Ni^{2+}、Pt^{2+}、Fe^{3+}、Fe^{2+}	$[HgI_4]^{2-}$、$[Zn(CN)_4]^{2-}$、$[Pt(NH_3)_2Cl_2]$
6	Cr^{3+}、Al^{3+}、Pt^{4+}、Fe^{3+}、Fe^{2+}、Co^{3+}、Co^{2+}、Ni^{2+}、Pb^{4+}	$[PtCl_6]^{2-}$、$[Co(NH_3)_3(H_2O)Cl_2]$、$[Fe(CN)_6]^{3-}$、$[Ni(NH_3)_6]^{2+}$、$[Cr(NH_3)_4Cl_2]^+$

(四) 配离子的电荷

配离子的电荷数(charge number of coordination ion)等于中心原子和配体总电荷的代数和。例如，在$[Zn(NH_3)_4]^{2+}$中，NH_3 是中性分子，所以配离子的电荷就等于中心原子的电荷数，为+2。而在$[HgI_4]^{2-}$中，配离子的电荷数=1×(+2)+4×(−1)=−2。由于配合物是电中性的，因此，外层离子的电荷总数和配离子的电荷总数相等，而符号相反。所以可由外层离子的电荷推断出配离子的电荷及中心原子的氧化值。例如，$K_3[Fe(CN)_6]$中，外层是三个 K^+，外层离子电荷为+3，则配离子$[Fe(CN)_6]^{3-}$的电荷为−3，因此中心原子的氧化值为+3；而在 $K_4[Fe(CN)_6]$中，中心原子的氧化值为+2。

三、配合物的命名

配合物组成复杂，种类繁多，其命名也较为复杂，下面简要介绍配合物命名的基本原则。

1. 配位化合物的命名　与一般无机化合物的命名原则相同，即阴离子在前、阳离子在后，像一般无机化合物中的二元化合物酸、碱、盐一样命名为“某化某”、“某酸”、“氢氧化某”和“某酸某”。

2. 配离子及配位分子的命名 配体数-配体名称-“合”-中心原子名称(氧化值)。配体的数目用二、三、四等中文数字表示，复杂的配体名称写在圆括号中，以免混淆，不同配体之间以中圆点“·”分开，在最后一种配体名称之后缀以“合”字，中心原子的氧化值以加括号的罗马数字表示。

3. 配体的命名顺序 无机配体在前，有机配体在后；在无机配体或有机配体中，先列出阴离子，后列出中性分子；在同类配体中(同为阴离子或同为中性分子)，按配位原子的元素符号的英文字母顺序列出配体；配体的化学式相同，但配位原子不同时，则按配位原子的元素符号的英文字母顺序排列。

例如：

$[Ag(NH_3)_2]^+$	二氨合银(I)离子
$[CoCl_2(NH_3)_4]^+$	二氯·四氨合钴(III)离子
$[Cu(NH_3)_4]SO_4$	硫酸四氨合铜(Ⅱ)
$K_4[Fe(CN)_6]$	六氰合铁(Ⅱ)酸钾
$H_2[PtCl_6]$	六氯合铂(Ⅳ)酸
$[Co(ONO)(NH_3)_5]SO_4$	硫酸亚硝酸根·五氨合钴(III)
$[Co(NH_3)_5(H_2O)]_2(SO_4)_3$	硫酸五氨·水合钴(III)
$[Co(NH_3)_2(en)_2]Cl_3$	氯化二氨·二(乙二胺)合钴(III)
$NH_4[Cr(NCS)_4(NH_3)_2]$	四(异硫氰酸根)·二氨合铬(III)酸铵

没有外层的配合物，即配位分子，中心原子的氧化值可不必标明，如：

$[Ni(CO)_4]$	四羰基合镍
$[Pt(NH_2)(NO_2)(NH_3)_2]$	氨基·硝基·二氨合铂

第二节 配合物的化学键理论

配合物的各种物理、化学性质取决于配合物的内层结构，特别是内层中配体与中心原子间的结合力。配合物的化学键理论，就是阐明这种结合力的本性，并用它解释配合物的某些性质，如配位数、几何构型、磁性等。最初的配位化学理论是由瑞士化学家 Alfred Werner 于 1893 年提出的，随着科学的发展，人们对配合物的研究越来越深入，相继提出了价键理论、晶体场理论、配位场理论和分子轨道理论等。本节重点介绍价键理论，并简单介绍晶体场理论。

一、配合物的价键理论

(一) 价键理论的基本要点

1931 年，美国化学家 L. Pauling 把杂化轨道理论应用到配合物上，提出了配合物的价键理论。其基本要点如下。

1. 中心原子与配体中的配位原子之间以配位键结合，即配位原子提供孤对电子，填入中心原子的价电子层空轨道形成配位键。配体为电子对给予体，中心原子为电子对接受体。

2. 为了增强成键能力和形成结构匀称的配合物，中心原子所提供的空轨道首先进行杂化，以杂化后的空轨道与配位原子的孤对电子轨道在键轴方向重叠成键。

3. 配合物的空间构型、稳定性和中心原子的配位数，取决于中心原子所提供杂化轨道的数目和类型。在形成配合物的过程中，中心原子提供何种类型的杂化轨道，取决于中心原子的电子层结构和配体中配位原子的电负性。

过渡元素作为中心原子时，其价电子层空轨道往往包括次外层的 d 轨道。根据中心原子杂化时所提供的空轨道所属电子层的不同，配合物可分为两种类型。一种是中心原子全部用最外层价电子空轨道(ns、np、nd)进行杂化成键，所形成的配合物称为**外轨配合物**(outer-orbital coordination compound)；另一种是中心原子用次外层 d 轨道，即(n–1)d 和最外层的 ns、np 轨道进行杂化成键，所形成的配合物称为**内轨配合物**(inner-orbital coordination compound)。

(二) 常见配位数的配合物

下面分别以配位数为 2、4、6 的配合物为例加以讨论。

1. 配位数为 2 的配合物 以$[Ag(NH_3)_2]^+$的形成为例。Ag^+的价层电子组态为$4d^{10}$，当它与NH_3分子形成$[Ag(NH_3)_2]^+$时，Ag^+用 1 个 5s 轨道和 1 个 5p 轨道进行杂化，形成的 2 个 sp 杂化轨道与 2 个NH_3中的 N 原子形成 2 个配位键，从而形成空间构型为直线的$[Ag(NH_3)_2]^+$离子。Ag^+是用最外层的空轨道 5s 和 5p 轨道进行杂化而成键的，因此$[Ag(NH_3)_2]^+$属外轨配离子。它的电子排布如下。

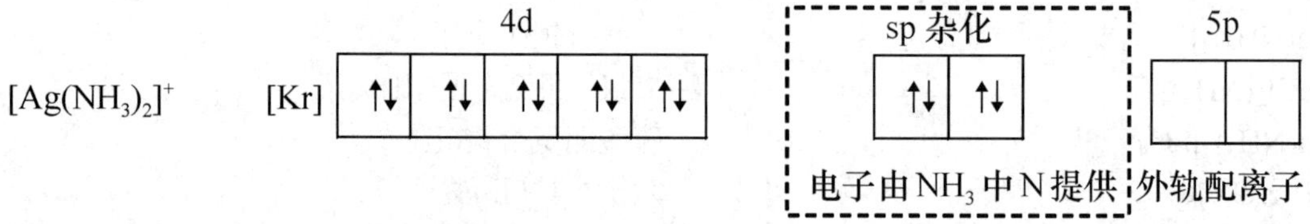

2. 配位数为 4 的配合物 配位数为 4 的配合物有两种空间构型，一种是四面体如$[Ni(NH_3)_4]^{2+}$配离子，另一种是平面正方形如$[Ni(CN)_4]^{2-}$离子。在配离子$[Ni(NH_3)_4]^{2+}$中，Ni^{2+}的价层电子组态为$3d^8$，当Ni^{2+}与NH_3接近时，它用 1 个 4s 轨道和 3 个 4p 轨道进行sp^3杂化，形成的 4 个sp^3杂化轨道与 4 个NH_3中的 N 原子形成 4 个配位键，从而形成空间构型为正四面体的配离子$[Ni(NH_3)_4]^{2+}$，属外轨配离子。

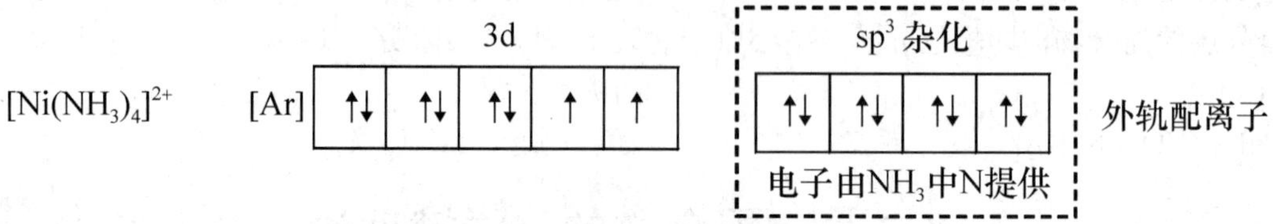

在$[Ni(CN)_4]^{2-}$配离子中，当Ni^{2+}与CN^-接近时，在CN^-的影响下，Ni^{2+}3d 电子发生重排，空出的 1 个 3d 轨道与 1 个 4s 轨道、2 个 4p 轨道进行杂化，形成 4 个能量相同的dsp^2杂化轨道。Ni^{2+}用 4 个dsp^2杂化轨道与 4 个CN^-中的 C 原子形成配位键，从而形成空间构型为平面正方形的$[Ni(CN)_4]^{2-}$。Ni^{2+}是用次外层 d 轨道，即 3d 和最外层的 4s、4p 轨道进行杂化而成键的，因此$[Ni(CN)_4]^{2-}$属内轨配离子。

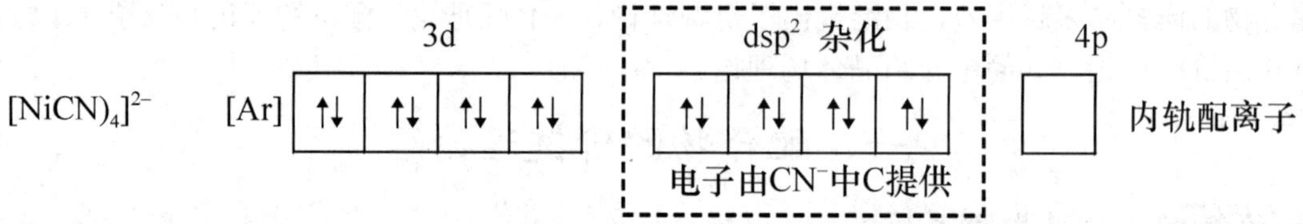

3. 配位数为 6 的配合物 $[FeF_6]^{3-}$和$[Fe(CN)_6]^{3-}$都是配位数为 6 的配合物。在$[FeF_6]^{3-}$配离子中，Fe^{3+}的价层电子组态为$3d^5$，当它与F^-形成$[FeF_6]^{3-}$时，外层 1 个 4s 轨道、3 个 4p 轨道和 2 个 4d 轨道进行杂化，形成 6 个能量相等的sp^3d^2杂化轨道，与 6 个F^-中的 F 原子形成 6 个配位键，从而形成空间构型为正八面体的配离子$[FeF_6]^{3-}$。此时Fe^{3+}的杂化轨道全由最外层价电子空轨道杂化而成，故$[FeF_6]^{3-}$属外轨配离子。

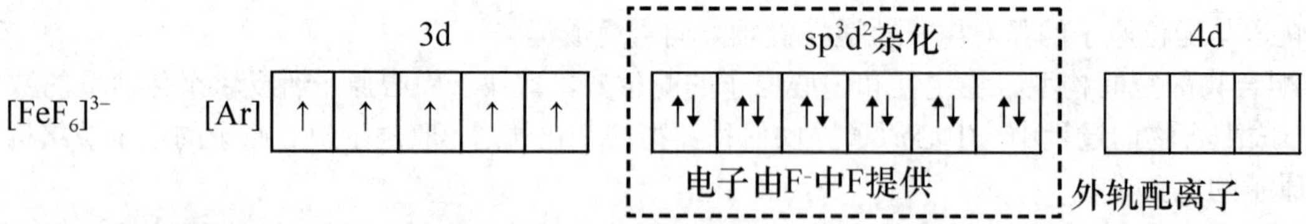

在$[Fe(CN)_6]^{3-}$配离子中，当Fe^{3+}与CN^-形成$[Fe(CN)_6]^{3-}$时，在CN^-的影响下，3d 轨道上的电子发生重排，5 个电子合并在 3 个 3d 轨道中，空出 2 个 3d 轨道，与 1 个 4s 轨道、3 个 4p 轨道进行d^2sp^3杂化，形成的 6 个能量相等的d^2sp^3杂化轨道，与 6 个CN^-中的 C 形成 6 个配位键，从而形成空间构型为正八面体的配离子$[Fe(CN)_6]^{3-}$。此时Fe^{3+}采用次外层 3d 空轨道和最外层 4s、4p 空轨道进行杂化成键，故配离子$[Fe(CN)_6]^{3-}$属内轨配离子。

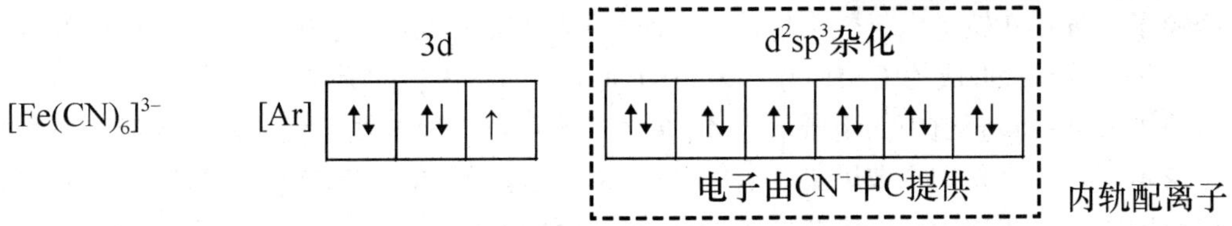

值得指出的是，在内轨配合物中，配位原子所提供的孤对电子深入到中心原子的$(n-1)$d 轨道，由于$(n-1)$d 轨道的能量低于 nd 轨道，通常同一中心原子所形成的内轨配合物比外轨配合物稳定。

可将中心原子常见的杂化轨道类型和配合物的空间构型归纳为表 12-3。

表 12-3　中心原子常见的杂化轨道类型和配合物的空间构型

配位数	杂化轨道	空间构型	实例
2	sp	直线	$[Ag(NH_3)_2]^+$、$[AgCl_2]^-$、$[Au(CN)_2]^-$
4	sp^3	四面体	$[Ni(CO)_4]$、$[Cd(CN)_4]^{2-}$、$[ZnCl_4]^{2-}$、$[Ni(NH_3)_4]^{2+}$
	dsp^2	平面四方形	$[Ni(CN)_4]^{2-}$、$[PtCl_4]^{2-}$、$[Pt(NH_3)_2Cl_2]$
6	sp^3d^2	八面体	$[FeF_6]^{3-}$、$[Fe(NCS)_6]^{3-}$、$[Co(NH_3)_6]^{2+}$、$[Ni(NH_3)_6]^{2+}$
	d^2sp^3	八面体	$[Fe(CN)_6]^{3-}$、$[Co(NH_3)_6]^{3+}$、$[Fe(CN)_6]^{4-}$、$[PtCl_6]^{2-}$

(三) 配合物的磁矩

某种配合物是外轨配合物还是内轨配合物，通常可利用配合物的中心原子的未成对电子数进行判断。根据磁学理论，配合物如有未成对电子，由于电子自旋产生的磁矩不能抵消(成对电子自旋相反，磁矩可以互相抵消)，就表现出顺磁性，且未成对电子越多，磁矩就越大。配合物如果没有未成对电子，则表现为反磁性。配合物的磁矩(μ)与未成对电子数(n)之间有如下近似关系：

$$\mu \approx \sqrt{n(n+2)}\mu_B \tag{12.1}$$

式中，μ_B 为玻尔磁子(Bohr magnetion)，$\mu_B = 9.27\times10^{-24}A\cdot m^2$。未成对电子数为 1～5 时的磁矩理论值如表 12-4 所示。

表 12-4　未成对电子数与磁矩的理论值

n	0	1	2	3	4	5
μ/μ_B	0.00	1.73	2.83	3.87	4.90	5.92

假定配体和外层离子的电子都已成对，那么配合物的未成对电子数就是中心原子的未成对电子数。因此，将测得配合物的磁矩与理论值对比，确定中心原子的未成对电子数 n，比较形成配合物前后中心原子的未成对电子数，由此即可判断配合物中成键轨道的杂化类型和配合物的空间构型，从而区分出内轨配合物和外轨配合物。表 12-5 列出了几种配合物的磁矩实验值，据此可以判断配合物的类型。

表 12-5　几种配合物的未成对电子数与磁矩的实验值

配合物	中心原子的 d 电子	μ/μ_B	未成对电子数	配合物类型
$[Fe(H_2O)_6]SO_4$	6	4.91	4	外轨配合物
$K_3[FeF_6]$	5	5.45	5	外轨配合物
$Na_4[Mn(CN)_6]$	5	1.57	1	内轨配合物
$K_3[Fe(CN)_6]$	5	2.13	1	内轨配合物
$[Co(NH_3)_6]Cl_3$	6	0	0	内轨配合物

中心原子与配体究竟是形成外轨配合物还是内轨配合物，取决于中心原子的电子层结构和配体的性质。

当中心原子的$(n-1)$d 轨道全充满(d^{10})时，没有可利用的$(n-1)$d 空轨道，只能形成外轨配合物，如$[Ag(CN)_2]^-$、$[Zn(CN)_4]^{2-}$、$[CdI_4]^{2-}$、$[Hg(CN)_4]^{2-}$等均为外轨配离子。

当中心原子的$(n-1)$d 轨道电子数不超过 3 个时，至少有 2 个$(n-1)$d 空轨道，所以总是形成内轨配合物。如 Cr^{3+}和 Ti^{3+}离子所形成的$[Cr(H_2O)_6]^{3+}$和$[Ti(H_2O)_6]^{3+}$均为内轨配离子。

当中心原子的$(n-1)$d 轨道中的电子数为 4～7 个，既可以形成内轨配合物又可以形成外轨配合物，此时配体是决定配合物类型的主要因素。若配体中的配位原子的电负性较大(如卤素原子和氧原子等)，不易给出孤对电子，则倾向于占据中心原子的最外层轨道形成外轨配合物。如 F^-、H_2O 与 Fe^{3+}离子形成的$[FeF_6]^{3-}$和$[Fe(H_2O)_6]^{3+}$都是外轨配离子。若配体中的配位原子的电负性较小(如 C、N 原子等)，容易给出孤对电子，对中心原子的$(n-1)$d 电子影响较大，使中心原子 d 电子重排，空出$(n-1)$d 轨道形成内轨配合物。如 CN^-离子与 Fe^{3+}离子形成的$[Fe(CN)_6]^{3-}$离子是内轨配离子。

价键理论认为，不论外轨配合物还是内轨配合物，配体与中心原子间的价键本质上均属共价键。

综上所述，价健理论较好地解释了配合物的形成、空间构型、配位数和磁性等，在配位化学的发展过程中起了很大的作用。但是，由于价键理论只孤立地看到配体与中心原子的成键，只讨论配合物的基态性质，对激发态却无能为力，忽略了成键时在配体电场影响下，中心原子 d 轨道能量的变化，因而它在解释配合物的颜色、吸收光谱及某些配合物的稳定性时遇到了困难。在这些方面，晶体场理论和其他配合物理论进行了成功的解释。

二、晶体场理论

1929 年，Bethe H 首先提出了**晶体场理论**(crystal field theory，CFT)，当时并未引起人们足够的重视。直到 20 世纪 50 年代，晶体场理论成功地解释了金属配合物的吸收光谱后，才得到迅速发展。

(一) 晶体场理论的基本要点

1. 在配合物中，中心原子与配体之间靠静电作用力相结合。中心原子是带正电的点电荷，配体(或配位原子)是带负电的点电荷。它们之间的作用犹如离子晶体中正、负离子之间的离子键。

2. 中心原子在周围配体所形成的负电场的作用下，原来能量相同的 5 个简并 d 轨道能级发生了分裂。有些 d 轨道能量升高，有些则降低。分裂能的大小与配体的场强、中心原子的半径及电荷等因素有关。

3. 由于 d 轨道能级发生分裂，中心原子 d 轨道上的电子在分裂后的能级上重新排布，使系统的总能量降低，配合物更稳定。

(二) 中心原子 d 轨道能级的分裂

配合物的中心原子大多为过渡金属元素离子，其价电子层有 5 个能量相同、空间取向不同的 d 轨道，在具有不同对称性的配体静电场的作用下，将受到不同的影响。如果将中心原子放在球形对称的负电场中，5 个 d 轨道上的电子所受负电场的斥力是完全相同的，能量虽都升高，但不发生分裂，仍属同一能级。当有配体靠近中心原子时，由于配体的数目和性质不同，中心原子的具有一定空间构型的 d 轨道所受到的排斥力会有所不同。例如八面体、正四面体、平面正方形等晶体场与球形对称场相比，对称性降低，在这样的配体场中，中心原子的 d 轨道能级将发生分裂。在不同对称性配体场的作用下，d 轨道有着不同的分裂方式。下面仅以八面体构型的配合物为例予以介绍。

若在配位数为 6 的正八面体配合物中，6 个配体分别沿着 3 个坐标轴正负两个方向($\pm x$、$\pm y$、$\pm z$)接近中心原子，中心原子的 d 轨道和配体的相对位置如图 12-1 所示，d_{z^2}和$d_{x^2-y^2}$轨道的电子云极大值方向正好指向配体，在这两个轨道上的电子，因配体的静电作用而受到较大的排斥，使这两个轨道的能量升高(与球形场相比)，而 d_{xy}、d_{yz}、d_{xz} 轨道的电子云极大值方向正好在配体的空隙之间，受到的排斥作用相对较小，能量虽也升高，但比球形场中的低些。这样，在正八面体配合物中，中心原子原来能量相等的 5 个简并 d 轨道分裂成两组：一组是能量较高的d_{z^2}和$d_{x^2-y^2}$二重简并轨道，称为 d_γ **能级**；一组为能量较低的 d_{xy}、d_{xz} 和 d_{yz} 三重简并轨道，称为 d_ε **能级**，如图 12-2 所示。图中 E_o 为生成配合物前自由离子 d 轨道的能量，E_s 为球形场中金属离子 d 轨道的能量。

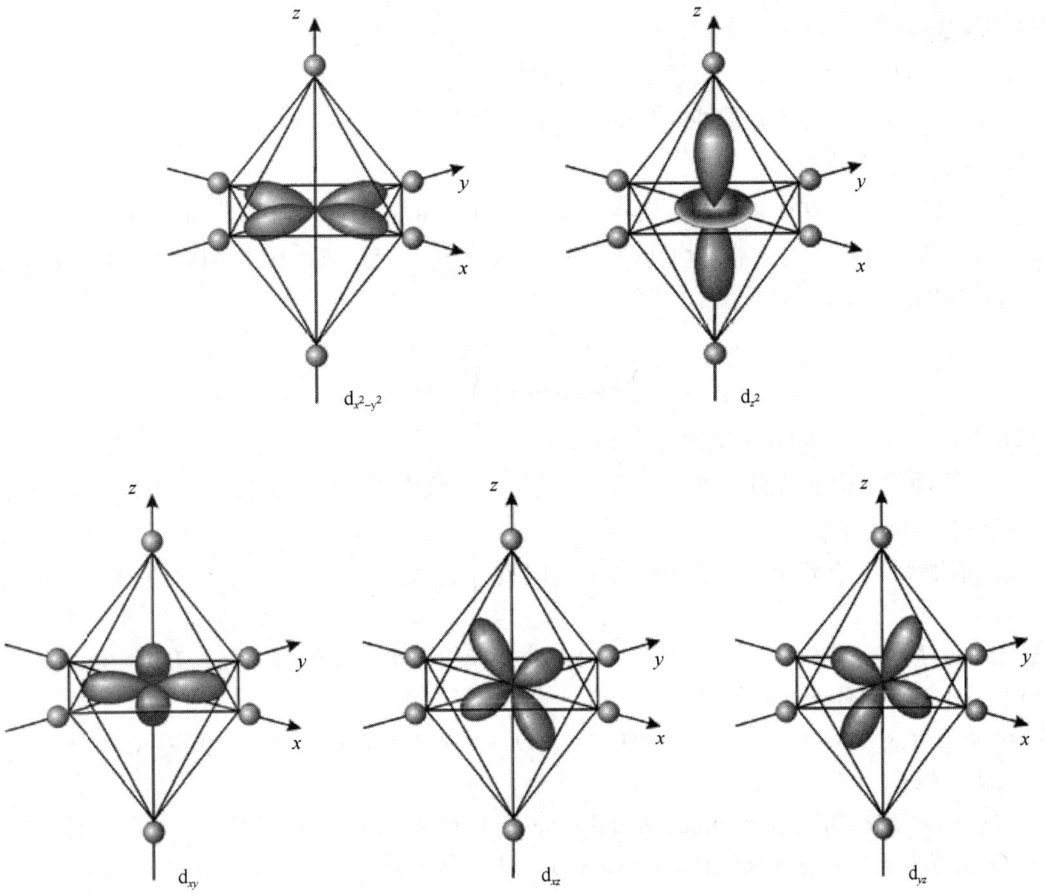

图 12-1　正八面体配合物 d 轨道和配体的相对位置

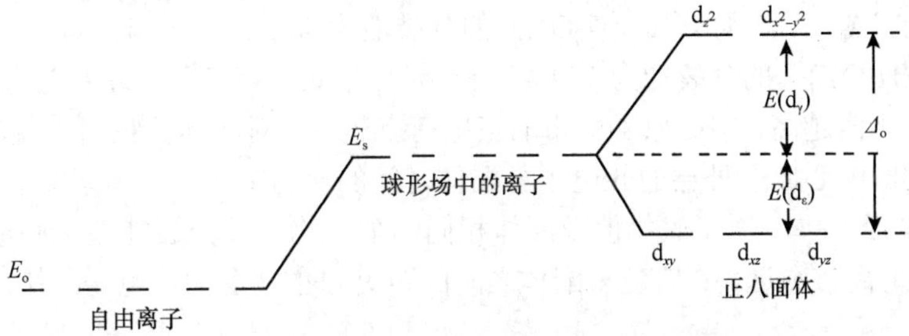

图 12-2　中心原子 d 轨道在正八面体场中的能级分裂

在其他晶体场中，中心原子 d 轨道的能级分裂情况见图 12-3。

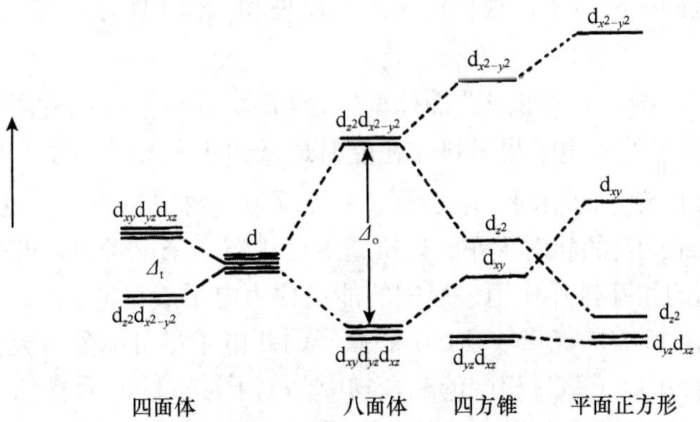

图 12-3　中心原子 d 轨道在不同晶体场中的能级分裂情况

(三) 分裂能

在不同构型的配合物中，中心原子 d 轨道分裂的方式和程度都不相同。d 轨道能级分裂后最高能级与最低能级之间的能量差称为**分裂能**(splitting energy)，用符号$\varDelta$表示。八面体场的分裂能为 d_γ 与 d_ε 两能级之间的能量差，用符号$\varDelta_o$表示。

根据晶体场理论，可以计算出八面体场中 d_γ 和 d_ε 轨道的相对能量。在八面体配合物中，中心原子 5 个 d 轨道在球形负电场作用下能量均升高，以升高后的平均能量 $E_s = 0$ 作为比较标准。在八面体场中 d 轨道分裂前后的总能量应保持不变，则有：

$$\begin{cases} 2E(d_\gamma) + 3E(d_\varepsilon) = 0 \\ E(d_\gamma) - E(d_\varepsilon) = \varDelta_o \end{cases}$$

解此联立方程得：$E(d_\gamma)= +0.6\varDelta_o$，$E(d_\varepsilon)=-0.4\varDelta_o$

这说明正八面体场中 d 轨道能级分裂的结果是：d_γ 能级中每个轨道的能量上升 $0.6\varDelta_o$，而 d_ε 能级中每个轨道的能量下降 $0.4\varDelta_o$。

对于相同构型的配合物来说，影响分裂能的因素有配体的性质、中心原子的氧化值和中心原子的半径。

1. 配体的性质 对于给定的中心原子而言，分裂能的大小与配体场的强弱有关。配体场愈强，分裂能就愈大，由正八面体配合物的光谱实验得出的配体场强由弱到强的顺序如下：

$I^- < Br^- < Cl^- < \underline{S}CN^- < F^- < S_2O_3^{2-} < OH^- \approx \underline{O}NO^- < C_2O_4^{2-} < H_2O < \underline{N}CS^- \approx EDTA < NH_3 < en < SO_3^{2-} < \underline{N}O_2^- < CN^- < CO$

这一顺序称**光谱化学序列**(spectrochemical series)。配体中元素符号下划有短横的为配位原子。通常把位于 H_2O 以前的配体称为弱场配体，CN^-、CO 称为强场配体，H_2O 和 CN^-之间的配体是强是弱，取决于中心原子的情况，可结合配合物的磁矩来确定。

2. 中心原子的氧化值 对于配体相同的配合物，分裂能取决于中心原子的氧化值。中心原子的氧化值愈高，则分裂能就愈大。例如，$[Co(H_2O)_6]^{2+}$的分裂能为 111.3 kJ · mol^{-1}，$[Co(H_2O)_6]^{3+}$ 的分裂能为 222.5 kJ · mol^{-1}；$[Fe(H_2O)_6]^{2+}$ 的分裂能为 124.4 kJ · mol^{-1}，$[Fe(H_2O)_6]^{3+}$ 的分裂能为 163.9 kJ · mol^{-1}。这是因为中心原子的氧化值越高，中心原子所带的正电荷就越多，对配体的吸引力就越大，中心原子与配体之间的距离就越近，中心原子外层的 d 电子与配体之间的斥力就越大，所以分裂能也就越大。

3. 中心原子的半径 中心原子氧化值及配体相同的配合物，其分裂能随中心原子半径的增大而增大。半径愈大，d 轨道离核愈远，d 轨道与配体之间的距离减小，受配体电场的排斥作用增强，因而分裂能增大。

(四) 八面体场中中心原子的 d 电子排布

在八面体配合物中，中心原子的 d 电子排布倾向于使系统的能量最低。

对于具有 $d^1 \sim d^3$ 构型的中心原子，根据能量最低原理和 Hund 规则，电子应分占 d_ε 能级各个轨道，且自旋方向相同。

对于 $d^4 \sim d^7$ 构型的中心原子，当形成八面体型配合物时，d 电子可以有两种排布方式：一种方式是按照能量最低原理，中心原子的 d 电子尽量排布在能量最低的 d_ε 轨道上；另一种方式是按照 Hund 规则，d 电子尽量分占 d 轨道且自旋方向相同。中心原子究竟采取何种排布方式，这取决于分裂能 $\varDelta_o$ 和**电子成对能**(electron pairing energy)P 的相对大小。当轨道中已排布一个电子时，再有一个电子进入而与其成对时，必须克服电子之间的相互排斥作用，所需的能量称为电子成对能。

当$\varDelta_o < P$ 时，电子成对所需的能量较高，中心原子的 d 电子尽可能分占较多的 d 轨道，形成高自旋配合物(通常，把中心原子 d 电子数目相同的配合物中单电子数多的配合物称为**高自旋配合物**，单电子数少的配合物称为**低自旋配合物**)。当 $\varDelta_o > P$ 时，电子成对所需的能量较低，中心原子的 d 电子将尽可能占据能量较低的 d_ε 轨道，形成低自旋配合物。

表 12-6 列出了正八面体配合物中心原子 d 电子的排布情况。从表 12-6 可以看出，中心原子的 d 电

子构型为 d^1～d^3 及 d^8～d^{10} 时，d 电子只有一种排布方式。中心原子的 d 电子构型为 d^4～d^7 时，d 电子有两种排布方式：若与强场配体结合时，$\Delta_o > P$，形成低自旋配合物；若与弱场配体结合时，$\Delta_o < P$，形成高自旋配合物。

表 12-6　正八面体配合物中 d 电子的排布

d 电子数	弱场($P>\Delta_o$)		单电子数	强场($P<\Delta_o$)		单电子数
	d_ε	d_γ		d_ε	d_γ	
1	↑		1	↑		1
2	↑ ↑		2	↑ ↑		2
3	↑ ↑ ↑		3	↑ ↑ ↑		3
4	↑ ↑ ↑	↑	4	↑↓ ↑ ↑		2
5	↑ ↑ ↑	↑ ↑ 高	5	↑↓ ↑↓ ↑	低	1
6	↑↓ ↑ ↑	↑ ↑ 自	4	↑↓ ↑↓ ↑↓	自	0
7	↑↓ ↑↓ ↑	↑ ↑ 旋	3	↑↓ ↑↓ ↑↓	↑ 旋	1
8	↑↓ ↑↓ ↑↓	↑ ↑	2	↑↓ ↑↓ ↑↓	↑ ↑	2
9	↑↓ ↑↓ ↑↓	↑↓ ↑	1	↑↓ ↑↓ ↑↓	↑↓ ↑	1
10	↑↓ ↑↓ ↑↓	↑↓ ↑↓	0	↑↓ ↑↓ ↑↓	↑↓ ↑↓	0

(五) 晶体场稳定化能

由于配体负电场的作用，中心原子的 d 轨道发生能级分裂，d 电子从未分裂前的 d 轨道进入分裂后的 d 轨道所造成的系统总能量的降低值，称为**晶体场稳定化能**(crystal field stabilization energy，CFSE)。晶体场稳定化能体现了形成配合物后系统能量比未分裂时系统能量下降的情况，CFSE 的绝对值愈大，表示系统能量降低得愈多，配合物愈稳定。

晶体场稳定化能的大小与中心原子的 d 电子数目、配体所形成的晶体场的强弱以及配合物的空间构型有关。正八面体配合物的晶体场稳定化能可按式(12.2)计算：

$$\text{CFSE} = xE(d_\varepsilon) + yE(d_\gamma) + (n_2 - n_1)P \tag{12.2}$$

式(12.2)中 x 为 d_ε 能级上的电子数，y 为 d_γ 能级上的电子数，n_1 为球形场中中心原子 d 轨道上的电子对数，n_2 为配合物中 d 轨道上的电子对数。

例如，构型为 d^3 的中心原子，形成八面体配合物时 d 电子分布为 $d_\varepsilon^3 d_\gamma^0$，成对电子数与未分裂前相同，其晶体场稳定化能为：

$$\text{CFSE} = 3\times(-0.4\Delta_o) + (0-0)P = -1.2\Delta_o$$

又如，构型为 d^4 的中心原子，弱场时 d 电子分布为 $d_\varepsilon^3 d_\gamma^1$，其晶体场稳定化能为：

$$\text{CFSE} = 3\times(-0.4\Delta_o) + 1\times(0.6\Delta_o) + (0-0)P = -0.6\Delta_o$$

强场时 d 电子分布为 $d_\varepsilon^4 d_\gamma^0$，比未分裂时多了 1 对成对 d 电子，其晶体场稳定化能为：

$$\text{CFSE} = 4\times(-0.4\Delta_o) + (1-0)P = -1.6\Delta_o + P$$

同理，可计算出其他 d 电子构型的中心原子在八面体配位场中的晶体场稳定化能，如表 12-7 所示。

表 12-7　八面体场 d^n 离子的晶体场稳定化能

d^n	弱场($P>\Delta_o$)		强场($P<\Delta_o$)	
	电子排布	CFSE	电子排布	CFSE
d^1	$d_\varepsilon^1 d_\gamma^0$	$-0.4\Delta_o$	$d_\varepsilon^1 d_\gamma^0$	$-0.4\Delta_o$
d^2	$d_\varepsilon^2 d_\gamma^0$	$-0.8\Delta_o$	$d_\varepsilon^2 d_\gamma^0$	$-0.8\Delta_o$
d^3	$d_\varepsilon^3 d_\gamma^0$	$-1.2\Delta_o$	$d_\varepsilon^3 d_\gamma^0$	$-1.2\Delta_o$
d^4	$d_\varepsilon^3 d_\gamma^1$	$-0.6\Delta_o$	$d_\varepsilon^4 d_\gamma^0$	$-1.6\Delta_o+P$
d^5	$d_\varepsilon^3 d_\gamma^2$	0	$d_\varepsilon^5 d_\gamma^0$	$-2.0\Delta_o+2P$
d^6	$d_\varepsilon^4 d_\gamma^2$	$-0.4\Delta_o$	$d_\varepsilon^6 d_\gamma^0$	$-2.4\Delta_o+2P$
d^7	$d_\varepsilon^5 d_\gamma^2$	$-0.8\Delta_o$	$d_\varepsilon^6 d_\gamma^1$	$-1.8\Delta_o+P$

续表

d^n	弱场($P>\Delta_o$)		强场($P<\Delta_o$)	
	电子排布	CFSE	电子排布	CFSE
d^8	$d_\varepsilon^6d_\gamma^2$	$-1.2\Delta_o$	$d_\varepsilon^6d_\gamma^2$	$-1.2\Delta_o$
d^9	$d_\varepsilon^6d_\gamma^3$	$-0.6\Delta_o$	$d_\varepsilon^6d_\gamma^3$	$-0.6\Delta_o$
d^{10}	$d_\varepsilon^6d_\gamma^4$	0	$d_\varepsilon^6d_\gamma^4$	0

(六) 晶体场理论的应用

应用晶体场理论可以说明配合物的一些性质。

以中心原子在正八面体配位场中为例，根据配体在光谱化学序列中的位置，可以判断分裂能与电子成对能的相对大小，从而确定电子在分裂后的 d 轨道中的排布是高自旋还是低自旋，并由此判断配合物的磁性。例如，可用晶体场理论解释$[Fe(H_2O)_6]^{2+}$为顺磁性，而$[Fe(CN)_6]^{4-}$为反磁性。Fe^{2+}的价层电子构型为 d^6，在$[Fe(H_2O)_6]^{2+}$中，H_2O 为弱场配体，分裂能小于成对能，有 4 个单电子，高自旋，因此表现为顺磁性；在$[Fe(CN)_6]^{4-}$中，CN^-为强场配体，分裂能大于成对能，没有单电子，低自旋，因此表现为反磁性。

应用晶体场理论还能很好地解释配合物的颜色。可见光是各种波长光线的混合光。物质在可见光照射下呈现的颜色，是由物质对混合光的选择性吸收引起的。物质若吸收可见光中的红色光，便呈现青色；若吸收青色的光便显红色，即物质呈现的颜色与该物质选择吸收光的颜色互为补色，物质的颜色和吸收光颜色的互补关系将在可见-紫外分光光度法，第十四章中详细介绍。

含有 d^1 到 d^9 电子构型的金属离子，所形成的配合物一般是有颜色的。晶体场理论认为，这些配合物的中心原子的 d 轨道没有充满，d 电子选择吸收了与分裂能相当的可见光的某一波长的光子后，从低能级的 d_ε 轨道跃迁到高能级的 d_γ 轨道，这种跃迁称为 d-d 跃迁。实验测定结果表明，d-d 跃迁所需的能量(即配合物的分裂能 Δ)与可见光所具有的能量相当，从而使配合物呈现被吸收光的补色光的颜色。

例如，当用可见光照射$[Ti(H_2O)_6]^{3+}$时，由于 Ti^{3+}的电子组态为 $3d^1$，在正八面体场中这个 d 电子排布在能量较低的 d_ε 能级轨道上，该电子吸收可见光中波长为 492.7nm(为青色光)的光子后，跃迁到 d_γ 能级轨道上，即可见光中青色的光被吸收，溶液呈红色。

电子构型为 d^{10} 的离子(例如 Zn^{2+}、Ag^+等)，因 d_γ 能级轨道上已充满电子，没有空位，它们的配合物不可能产生 d-d 跃迁，因而它们的配合物没有颜色。

分裂能的大小不同，配合物选择吸收可见光的波长就不同，配合物就呈现不同的颜色。配体的场强愈强，则分裂能愈大，d-d 跃迁时吸收的光子能量就愈大，即吸收光波长愈短。

综上所述，配合物之所以呈现一定的颜色，是由于中心原子的 d 电子进行 d-d 跃迁时选择吸收了一定波长的可见光。因此，配合物呈现颜色必须具备以下两个条件。

(1) 中心原子的外层 d 轨道未填满；

(2) 分裂能必须在可见光的能量范围内。

第三节 配 位 平 衡

中心原子与配体生成配离子的反应称为配位反应，而配离子解离出中心原子和配体的反应称为解离反应。在水溶液中存在着配离子的生成反应与解离反应，生成反应速率等于解离反应速率时的状态称为配位平衡。在配位平衡中，配位反应的趋势远大于配离子解离的趋势。

一、配位平衡常数

在 $AgNO_3$ 溶液中加入过量氨水生成$[Ag(NH_3)_2]^+$离子，同时，极少部分$[Ag(NH_3)_2]^+$ 离子发生解离：

$$Ag^+ + 2NH_3 \rightleftharpoons [Ag(NH_3)_2]^+$$

当配位反应与解离反应达到平衡时，依据化学平衡原理，其平衡常数表达式为

$$K_s = \frac{[Ag(NH_3)_2^+]}{[Ag^+][NH_3]^2} \tag{12.3}$$

式(12.3)中$[Ag^+]$、$[NH_3]$和$[Ag(NH_3)_2^+]$分别为 Ag^+、NH_3和$[Ag(NH_3)_2]^+$的平衡浓度。配位平衡的平衡常数用K_s表示，称为**配合物的稳定常数**(stability constant)，是配合物在水溶液中稳定程度的量度。对于配体个数相同的配离子，K_s值愈大，表示形成配离子的倾向愈大，配离子就愈稳定。例如，298.15K 时，$[Ag(CN)_2]^-$和$[Ag(NH_3)_2]^+$的 K_s分别为 1.3×10^{21}和 1.1×10^7，所以$[Ag(CN)_2]^-$比$[Ag(NH_3)_2]^+$稳定。配体个数不等的配离子之间，要通过K_s的表示式计算才能比较配离子的稳定性。一般配合物的K_s数值均很大，为方便起见，常用 $\lg K_s$表示配合物的稳定性。

实际上，配离子的形成或解离是分步进行的。例如

$$Ag^+ + NH_3 \rightleftharpoons [Ag(NH_3)]^+ \quad K_{s1} = \frac{[Ag(NH_3)^+]}{[Ag^+][NH_3]}$$

$$[Ag(NH_3)]^+ + NH_3 \rightleftharpoons [Ag(NH_3)_2]^+ \quad K_{s2} = \frac{[Ag(NH_3)_2^+]}{[Ag(NH_3)^+][NH_3]}$$

若将第一、二两步平衡式相加，得

$$Ag^+ + 2NH_3 \rightleftharpoons [Ag(NH_3)_2]^+$$

其平衡常数用β_2表示：

$$\beta_2 = \frac{[Ag(NH_3)_2^+]}{[Ag^+][NH_3]^2} = \frac{[Ag(NH_3)^+]}{[Ag^+][NH_3]} \times \frac{[Ag(NH_3)_2^+]}{[Ag(NH_3)^+][NH_3]}$$

即

$$\beta_2 = K_{s1} \cdot K_{s2} \tag{12.4}$$

若配合物为ML_n，溶液中存在 n 个平衡，K_{s1}，K_{s2}，K_{s3}，…，K_{sn}分别为各级配离子的逐级稳定常数，则

$$\beta_n = K_{s1} \cdot K_{s2} \cdot K_{s3} \cdots K_{sn} \tag{12.5}$$

β_n称为累积稳定常数，最后一级累积稳定常数β_n与K_s相等，称为总稳定常数。总稳定常数在处理配位平衡问题上较为方便，可利用总稳定常数K_s来计算体系中相关物种的浓度。常见的配离子的稳定常数见附录。

例 12-1 在 10.0 mL 0.040 $mol\cdot L^{-1}$ $AgNO_3$溶液中加入 10.0 mL 2.0 $mol\cdot L^{-1}$ NH_3溶液，计算平衡时溶液中NH_3、Ag^+和$[Ag(NH_3)_2]^+$的浓度。已知 $K_s\{[Ag(NH_3)_2]^+\} = 1.12\times10^7$

解 两种溶液混合后，Ag^+离子和NH_3的起始浓度为

$$c(Ag^+) = \frac{0.0100L\times0.040mol\cdot L^{-1}}{0.0100L+0.0100L} = 0.020\ mol\cdot L^{-1}$$

$$c(NH_3) = \frac{0.0100L\times2.0mol\cdot L^{-1}}{0.0100L+0.0100L} = 1.0\ mol\cdot L^{-1}$$

由于NH_3过量，且K_s很大，可假定 Ag^+ 离子全部生成$[Ag(NH_3)_2]^+$ 离子。再设平衡时$[Ag(NH_3)_2]^+$ 解离出的 Ag^+ 浓度为 x $mol\cdot L^{-1}$，则

$$[Ag(NH_3)_2]^+ \rightleftharpoons Ag^+ + 2NH_3$$

平衡浓度 $0.020-x$ x $1.0-2\times0.020+2x$

$$K_s = \frac{[Ag(NH_3)_2^+]}{[Ag^+][NH_3]^2} = \frac{0.020-x}{x(1.0-2\times0.020+2x)} = 1.12\times10^7$$

$$x = 1.86\times10^{-9}\ mol\cdot L^{-1}$$

平衡时溶液中 Ag^+、NH_3和$[Ag(NH_3)_2]^+$的浓度为

$$[Ag^+] = x = 1.86\times10^{-9}\ mol\cdot L^{-1}$$

$$[NH_3] = (1.0-2\times0.020+2\times1.86\times10^{-9})mol\cdot L^{-1} = 0.96\ mol\cdot L^{-1}$$

$$[Ag(NH_3)_2^+] = (0.020-1.86\times10^{-9})mol\cdot L^{-1} = 0.020\ mol\cdot L^{-1}$$

二、配位平衡的移动

配位平衡与其他化学平衡一样，也是一种相对的、有条件的动态平衡。若改变平衡系统的条件，平衡就会发生移动。溶液的酸度改变、沉淀剂、氧化剂或还原剂以及其他配体的存在，都有可能引起配位平衡的移动甚至转化(即为其他平衡所取代)。

(一) 溶液酸度的影响

根据酸碱质子理论，配离子中很多配体如 F^-、CN^-、SCN^-、OH^-、NH_3 等都是碱，可接受质子，生成难解离的共轭弱酸。若配体的碱性较强，溶液中 H^+浓度又较大时，配体与质子结合，导致配离子解离。如

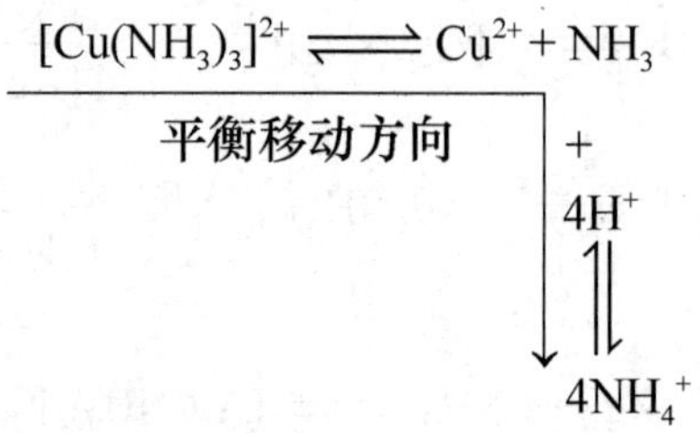

这种从配体方面考虑，因溶液酸度增大而导致配离子解离，稳定性降低的作用称为酸效应。溶液的酸度愈强，配离子愈不稳定。当溶液的酸度一定时，配体的碱性愈强，配离子愈不稳定。

另一方面，配离子的中心原子大多是过渡金属离子，它们在水溶液中往往发生水解，导致中心原子浓度降低，配位反应向解离方向移动。溶液的碱性愈强，中心原子愈容易发生水解。如

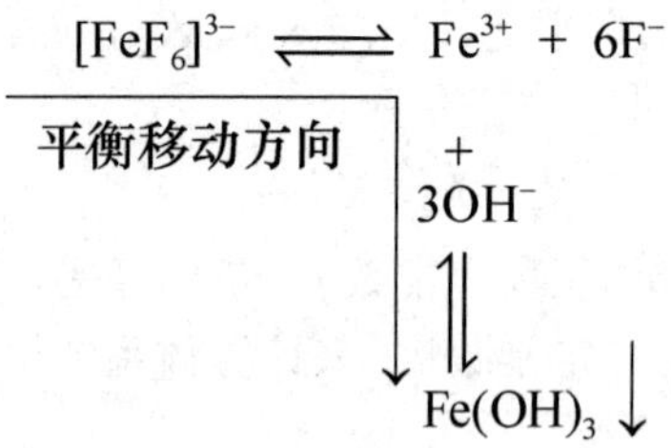

这种因金属离子与溶液中的 OH^-结合而导致配离子解离，稳定性降低的作用称为水解作用。

从上面的讨论可知，酸度对于配位平衡的影响是复杂的，既要考虑配体的酸效应，又要考虑中心原子的水解作用。从避免中心原子水解的角度考虑，pH 愈低愈好；从配离子抗酸能力考虑，则 pH 愈高愈好。在一定酸度下，究竟是以配位反应为主，还是水解反应为主，或者是 H^+ 与配体结合成弱酸的酸碱反应为主，必须综合考虑配离子的稳定性、配体碱性强弱和中心原子氢氧化物的溶解度等因素。通常，在保证不生成氢氧化物沉淀的前提下提高溶液 pH，以保证配离子的稳定性。

(二) 沉淀平衡的影响

若在 AgCl 沉淀中加入大量氨水，可使白色 AgCl 沉淀溶解生成无色透明的配离子$[Ag(NH_3)_2]^+$。反之，若再向该溶液中加入 NaBr 溶液，立即出现淡黄色沉淀，反应如下：

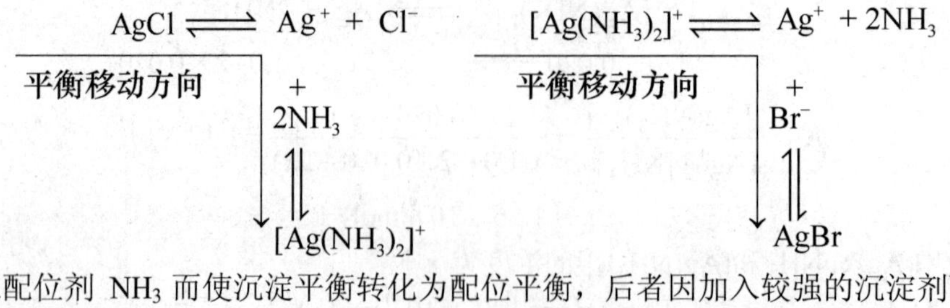

前者因加入配位剂 NH_3 而使沉淀平衡转化为配位平衡，后者因加入较强的沉淀剂而使配位平衡转化为沉淀平衡。两种平衡转化的方向，取决于配离子的稳定常数 K_s 及难溶物质 K_{sp} 的大小。例如，在 $[Ag(NH_3)_2]^+$ 溶液中加入 NaBr 溶液，体系中存在如下平衡：

$$[Ag(NH_3)_2]^+ + Br^- \rightleftharpoons AgBr + 2NH_3$$

根据化学平衡原理，则

$$K=\frac{[NH_3]^2}{[Ag(NH_3)_2{}^+][Br^-]}$$

分子分母同乘以$[Ag^+]$，得

$$K=\frac{[Ag^+][NH_3]^2}{[Ag(NH_3)_2{}^+][Ag^+][Br^-]}=\frac{1}{K_{s,[Ag(NH_3)_2]^+}\cdot K_{sp,AgBr}}$$

从上式可以看出，配离子稳定性愈差，K_s愈小，沉淀剂与中心原子形成沉淀的K_{sp}愈小，则K值愈大，配位平衡就愈容易转化为沉淀平衡，配离子愈容易解离；相反，配离子愈稳定，K_s愈大，沉淀的K_{sp}愈大，则K值愈小，就愈容易使沉淀平衡转化为配位平衡。

例 12-2 向含 $0.10mol\cdot L^{-1}$ NH_3 溶液和 $0.10mol\cdot L^{-1}$ NH_4Cl 溶液的混合溶液中，加入等体积 $0.10mol\cdot L^{-1}$的$[Cu(NH_3)_4]SO_4$溶液，问是否有$Cu(OH)_2$沉淀生成？已知氨水的$pK_b = 4.756$。

解 溶液混合后，NH_3、NH_4^+离子和$[Cu(NH_3)_4]^{2+}$离子的起始浓度为

$$c(NH_3)=c(NH_4{}^+)=\frac{0.10mol\cdot L^{-1}}{2}=0.050\ mol\cdot L^{-1}$$

$$c([Cu(NH_3)_4]^{2+})=\frac{0.10mol\cdot L^{-1}}{2}=0.050\ mol\cdot L^{-1}$$

$$pH=pK_a+\lg\frac{c(NH_3)}{c(NH_4{}^+)}=14.00-4.756+\lg\frac{0.050mol\cdot L^{-1}}{0.050mol\cdot L^{-1}}=9.244$$

$$pOH = pK_w-pH = 14.00-9.244 = 4.756$$

$$[OH^-] = 1.75\times10^{-5}\ mol\cdot L^{-1}$$

设平衡时$[Cu(NH_3)_4]^{2+}$解离出的Cu^{2+}浓度为$x\ mol\cdot L^{-1}$，则

$$[Cu(NH_3)_4]^{2+} \rightleftharpoons Cu^{2+} + 4NH_3$$

平衡浓度 $0.050-x$ x $0.050+4x$

$$K_s=\frac{[Cu(NH_3)_4{}^{2+}]}{[Cu^{2+}][NH_3]^4}=\frac{0.050-x}{x(0.050+4x)^4}=2.09\times10^{13}$$

其中，$0.050-x\approx0.050$，$0.050+4x\approx0.050$

$$x = 3.8\times10^{-10}\ mol\cdot L^{-1}$$

$$[Cu^{2+}][OH^-]^2 = 3.8\times10^{-10}mol\cdot L^{-1}\times(1.75\times10^{-5}\ mol\cdot L^{-1})^2$$

$$= 1.2\times10^{-19} > K_{sp}\{Cu(OH)_2\}= 2.2\times10^{-20}$$

因此，有$Cu(OH)_2$沉淀生成。

(三) 氧化还原平衡的影响

溶液中的氧化还原平衡可以影响配位平衡，使配位平衡移动，配离子解离。如I^-可将$[FeCl_4]^-$配离子中的Fe^{3+}还原成Fe^{2+}，使配位平衡转化为氧化还原平衡，其反应如下：

$$[FeCl_4]^- \rightleftharpoons Fe^{3+} + 4Cl^-$$

平衡移动方向

$$Fe^{3+} + I^- \rightleftharpoons Fe^{2+} + \frac{1}{2}I_2$$

在另一种情况下，配位平衡可以使氧化还原平衡改变方向，使原来不可能发生的氧化还原反应在配体存在下发生。例如金矿中的金十分稳定，以游离态形式存在。在水中$\varphi^{\ominus}_{Au^+/Au}$ (+1.692V) >

$\varphi^{\ominus}_{O_2/OH^-}$ (+0.401V)，O_2 不可能将 Au 氧化成 Au^+。若在金矿粉中加入稀 NaCN 溶液，再通入空气，由于生成十分稳定的$[Au(CN)_2]^-$，使电对 Au^+/Au 的电极电位降低，Au 与 O_2 的反应便可进行。

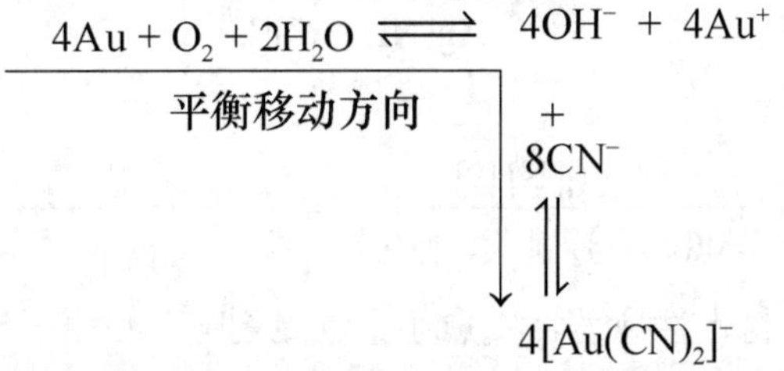

(四) 其他配位平衡的影响

在某一配位平衡体系中，加入能与该中心原子形成另一种配离子的配位剂时，配离子能否转化，取决于两种配离子 K_s 的相对大小。转化的方向总是由 K_s 小的转化成 K_s 大的配合物，即由较不稳定的转化成较稳定的配合物。

例 12-3 在 298.15K 时，反应$[Zn(NH_3)_4]^{2+}$ + $4OH^- \rightleftharpoons$ $[Zn(OH)_4]^{2-}$ + $4NH_3$ 能否正向进行？在 $1mol \cdot L^{-1}$ NH_3 溶液中$[Zn(NH_3)_4]^{2+}/[Zn(OH)_4]^{2-}$等于多少？在该溶液中 Zn^{2+}主要以哪种配离子形式存在？

解 查表得 298.15K 时，配离子$[Zn(NH_3)_4]^{2+}$ 的稳定常数 K_{s1} 为 2.88×10^9，配离子$[Zn(OH)_4]^{2-}$ 的稳定常数 K_{s2} 为 3.16×10^{15}，反应$[Zn(NH_3)_4]^{2+} + 4OH^- \rightleftharpoons [Zn(OH)_4]^{2-} + 4NH_3$ 的平衡常数计算如下：

$$K = \frac{[Zn(OH)_4^{2-}][NH_3]^4}{[Zn(NH_3)_4^{2+}][OH^-]^4} \cdot \frac{[Zn^{2+}]}{[Zn^{2+}]} = \frac{K_{s2}}{K_{s1}} = \frac{3.16\times10^{15}}{2.88\times10^9} = 1.10\times10^6$$

K 值很大，说明在水溶液中由$[Zn(NH_3)_4]^{2+}$ 转化为$[Zn(OH)_4]^{2-}$ 的反应是可以实现的。由此可见，配离子转化反应总是向生成 K_s 值大的配离子方向进行。

在 $1mol \cdot L^{-1}$ 氨溶液中存在下面两个配位平衡

$$Zn^{2+} + 4NH_3 \rightleftharpoons [Zn(NH_3)_4]^{2+} \quad (1)$$

$$Zn^{2+} + 4OH^- \rightleftharpoons [Zn(OH)_4]^{2-} \quad (2)$$

由(1) $K_{s1} = \dfrac{[Zn(NH_3)_4^{2+}]}{[Zn^{2+}][NH_3]^4}$ 得 $[Zn(NH_3)_4^{2+}] = K_{s1}\cdot[Zn^{2+}][NH_3]^4$；由(2) $K_{s2} = \dfrac{[Zn(OH)_4^{2-}]}{[Zn^{2+}][OH^-]^4}$ 得 $[Zn(OH)_4^{2-}] = K_{s2}\cdot[Zn^{2+}][OH^-]^4$

$$\frac{[Zn(NH_3)_4^{2+}]}{[Zn(OH)_4^{2-}]} = \frac{K_{s1}\cdot[Zn^{2+}][NH_3]^4}{K_{s2}\cdot[Zn^{2+}][OH^-]^4} = \frac{K_{s1}}{K_{s2}} \cdot \frac{[NH_3]^4}{[OH^-]^4} \quad (3)$$

在 298.15K 时，$1mol \cdot L^{-1}$ NH_3 溶液中，设 OH^-的平衡浓度为 x $mol \cdot L^{-1}$

即

$$NH_3 + H_2O \rightleftharpoons OH^- + NH_4^+$$

平衡时 $1-x$ $\quad x \quad x$

$$K_{b,NH_3} = \frac{[NH_4^+][OH^-]}{[NH_3]} = \frac{x\cdot x}{1-x} \approx \frac{x^2}{1} = x^2 = 1.79\times10^{-5}$$

$$[OH^-] = x\ mol \cdot L^{-1} = \sqrt{1.79\times10^{-5}}\ mol \cdot L^{-1}$$

$$[NH_3] = (1-x)mol \cdot L^{-1} \approx 1mol \cdot L^{-1}$$

所以由式(3) 得

$$\frac{[Zn(NH_3)_4^{2+}]}{[Zn(OH)_4^{2-}]} = \frac{K_{s1}}{K_{s2}} \cdot \frac{[NH_3]^4}{[OH^-]^4} \approx \frac{2.88\times10^9}{3.16\times10^{15}} \times \frac{(1mol\cdot L^{-1})^4}{(\sqrt{1.79\times10^{-5}}mol\cdot L^{-1})^4} = 2.84\times10^3$$

可见，在 $1mol \cdot L^{-1}$ NH_3 溶液中，反应$[Zn(NH_3)_4]^{2+} + 4OH^- \rightleftharpoons$ $[Zn(OH)_4]^{2-}$ + $4NH_3$ 发生逆转，此时 Zn^{2+}主要以配离子$[Zn(NH_3)_4]^{2+}$形式存在。

所以在一般情况下，我们只需比较反应式两侧配离子的 K_s 值就可以判断反应进行的方向。但是，溶液中两个配位剂浓度相差倍数较大时，也会影响配位反应的方向。

第四节　螯合物与生物医学

一、螯　合　物

前已提及，含有两个或两个以上配位原子的配体称为多齿配体。由中心原子与多齿配体形成的环状配合物称为**螯合物**(chelate)。例如，一个 Cu^{2+} 与两个乙二胺分子形成的具有两个五元环的配合物就是具有环状结构的螯合物(如图 12-4)。乙二胺这种能与中心原子形成螯合物的多齿配体称为**螯合剂**(chelating agent)。常见的螯合剂是氨羧螯合剂，它们是一类具有氨基 N 和羧基 O 的有机化合物，如乙二胺四乙酸(EDTA)及其盐。EDTA 是一个六齿配体，其中 4 个羧基氧原子和 2 个氨基氮原子共提供 6 对孤对电子，因此配位能力很强，几乎能与所有金属离子形成十分稳定的螯合物，它的负离子与金属离子最多可形成有 5 个螯合环的螯合物。例如 EDTA 与 Ca^{2+}形成的螯合物，其结构如图 12-5 所示。

螯合剂的结构特点是：

(1) 含有两个或两个以上能给出孤对电子的配位原子。

(2) 配位原子之间应间隔两个或三个其他原子。

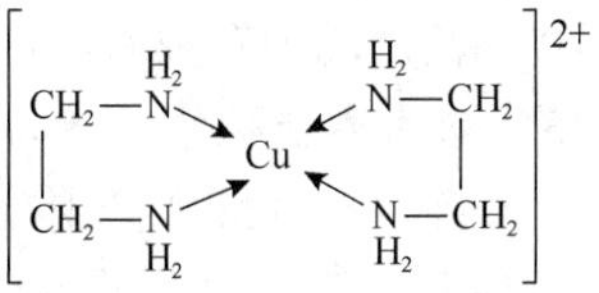

图 12-4　$[Cu(en)_2]^{2+}$的结构

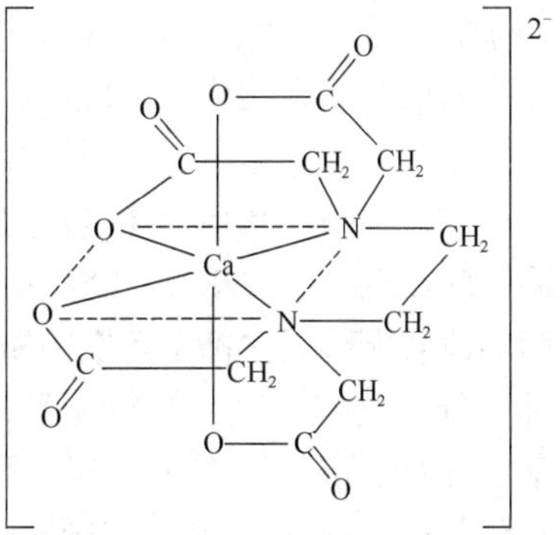

图 12-5　CaY^{2-}的结构

同一金属离子与多齿配体所形成的螯合物，比与单齿配体形成的配合物要稳定得多。例如，$[Cu(en)_2]^{2+}$ 的 K_s 为 1.0×10^{21}，而$[Cu(NH_3)_4]^{2+}$ 的 K_s 仅为 2.1×10^{13}。这种由于生成螯合物而使配合物稳定性大大增加的作用称为**螯合效应**(chelating effect)。

螯合物的稳定性与中心原子和配体所形成的螯合环的大小及螯合环的数目有关。绝大多数螯合物中，以五元环和六元环的螯合物最稳定，而小于五元环或大于六元环的螯合物不稳定，且很少见。这是因为组成螯合环的各原子在同一平面时，五元环和六元环这两种环的键角是 108°和 120°，张力小，环稳定。例如 Ca^{2+}与 EDTA 同系物$(\text{—OOCCH}_2)_2N(CH_2)_nN(CH_2COO\text{—})_2$ 所形成的螯合物，其稳定常数随着成环情况的不同而改变。从表 12-8 可以看出，Ca^{2+} 与乙二胺四乙酸根离子形成了 5 个五元环，因此所形成的螯合物稳定常数很大，而与丁二胺四乙酸根离子和戊二胺四乙酸根离子形成七元环和八元环时，其稳定常数大大减小。

表 12-8　Ca^{2+}与 EDTA 同系物配合物的 lgK_s

配体名称	n	成环情况	lgK_s
乙二胺四乙酸根离子	2	5 个五元环	11.0
丙二胺四乙酸根离子	3	4 个五元环，1 个六元环	7.1
丁二胺四乙酸根离子	4	4 个五元环，1 个七元环	5.1
戊二胺四乙酸根离子	5	4 个五元环，1 个八元环	4.6

实验表明，多齿配体与中心原子形成的螯合物中，螯合环越多，该螯合物越稳定。这是因为螯合环愈多，配体可动用的配位原子就愈多，同一种配体与中心原子所形成的配位键就愈多，配体脱离中心原

子的机会就愈小，因此螯合物就愈稳定。图 12-6 说明了螯合环数目与螯合物稳定性的关系。

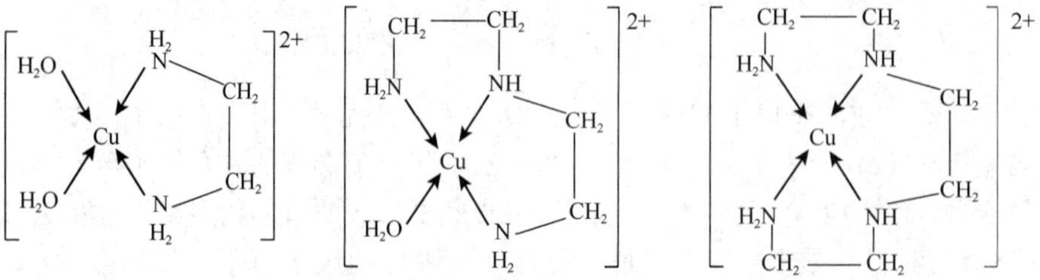

1个环 $\lg\beta_1=10.67$　　2个环 $\lg\beta_1=15.9$　　2个环 $\lg\beta_1=20.5$

图 12-6　螯环数与螯合物稳定性的关系

二、配合物在生物医学上的意义

(一) 配合物在维持机体正常生理功能中的作用

生物体内的微量金属元素，尤其是过渡金属元素，主要是通过形成配合物来完成生物化学功能的。人体必需的金属离子，绝大多数也是以螯合物的形式存在于体内，参与重要的生化反应和生命的各个代谢过程，发挥着极为重要的作用。现在已知的 1000 多种生物酶中，约有 1/3 是金属配合物。例如，人体必需的微量元素锌、铁、铜、锰、钴等常以生物配合物的形式存在于体内，成为酶的活性中心或酶激活剂。目前，已知近 100 种酶的活性与锌有关，如羧肽酶系、氨肽酶系、二肽酶、碳酸酐酶、醇脱氢酶、碱性磷酸酶、DNA 聚合酶、RNA 聚合酶等的活性部分均含有锌。超氧化物歧化酶(SOD)及参与造血过程及铁的代谢的血浆铜蓝蛋白都是含铜的酶等。这些酶在维持体内正常代谢活动中发挥着非常重要的作用。

生物体中能与这些金属元素配位形成稳定性较大的配合物或螯合物的离子和分子称为生物配体，通常指蛋白质、核酸、多糖、磷脂及其各级降解产物(如氨基酸、肽、核苷、核苷酸和低聚糖等)，以及机体中的其他活性物质(如激素等)。它们都具备螯合剂的条件，能与生物体中有重要生物活性的金属离子配位生成稳定的螯合物而发挥作用。例如植物赖以生存的光合作用的催化剂——叶绿素是 Mg^{2+} 与卟啉环生成的螯合物；维生素 B_{12} 是咕啉(类卟啉化合物)和钴(Ⅱ)的螯合物(见图 12-7)；人体内传输氧气的血红蛋白中的亚铁血红素是卟啉与 Fe^{2+} 的螯合物(见图 12-8)等。

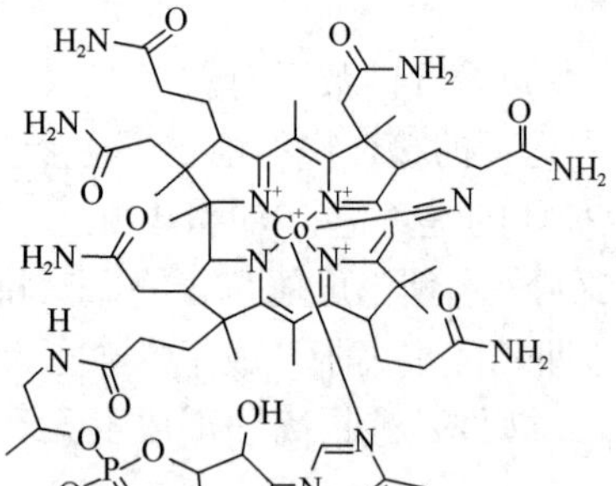

图 12-7　维生素 B_{12} 的结构

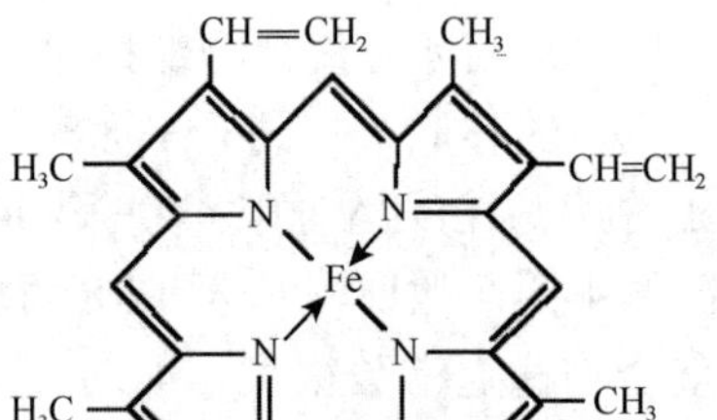

图 12-8　血红素的结构

除了卟啉类化合物，蛋白质也是非常重要的生物配体。蛋白质是由 20 多种氨基酸按不同的比例和顺序通过肽键(下图虚线框中)连结而成。其结构复杂(有四级结构)，具有专一的活性。结构变形，活性便遭破坏。

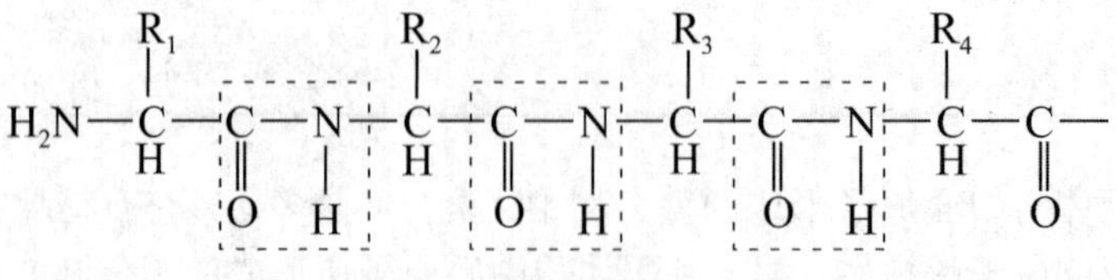

蛋白质作为多齿配体与金属离子结合时，主要靠分子中肽键上的羰基和亚氨基，以及氨基酸残基上的羟基、氨基、羧基、杂环氮。由于蛋白质的多级结构，蛋白质分子中两个配位原子之间往往间隔很多个氨基酸残基，使有关基团有一定的取向和顺序，一般以扭曲多面体构型与金属离子配位，形成具有一定结构和特定功能的金属蛋白和金属酶。

核苷酸和核酸均为重要的生物配体，它们通过磷酸根和碱基上的 O 及 N 与金属离子配位，形成稳定的螯合环(图 12-9)。

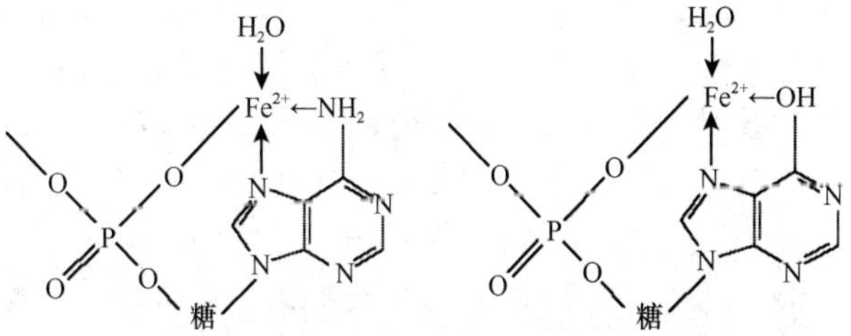

图 12-9 核苷酸和核酸与 Fe^{2+}形成的配位键

当人体必需的金属元素严重缺乏或过量时，对人体健康都有危害。如缺铁时，可出现贫血；铬缺乏时，可引起糖尿病、动脉硬化；缺锌可致发育停滞，抑制性成熟，降低免疫功能等。为了弥补生命必需金属元素的缺乏，必须从体外及时予以补充。在补给金属元素时，选用不同的化合物形式将直接影响机体的摄取效果。大量动物实验研究表明，以金属配合物或螯合物形式补给，可大大提高生物利用率，减小或消除刺激性。例如，缺铁可以直接服用乳酸亚铁，但更好的补铁形式是补充铁与卟啉配体所形成的螯合物制剂，这样生物利用率可提高数百倍；钴的不足可用维生素 B_{12} 进行补充。

(二) 配合物的解毒作用

在临床上常常会遇到重金属或类金属(汞、砷)中毒的病人。现代医学依据配合物的特性及配位平衡原理，对于体内有毒、有害或过量的必需金属离子，常常选择合适的配体或螯合剂与其结合生成无毒的可溶的配合物后排出体外，这种方法称为螯合疗法或配位疗法，所用的螯合剂称为促排剂或解毒剂。临床上已广泛应用了这类金属的解毒剂，如用枸橼酸钠治疗铅中毒，使铅转变为稳定的无毒的可溶性 $[Pb(C_6H_5O_7)]^-$ 配离子从肾脏排出体外。一些常用的金属解毒剂见表 12-9。

表 12-9 常用的金属解毒剂

解毒剂	促排的金属
2，3-二巯基丙醇(BAL)	Hg，Cd，As，Sb，Te 等
2，3-二巯基丙磺酸钠(DMPS)	Hg，Cd，As，Sb，Te 等
$Na_2[CaEDTA]$	Pb，U，Co，Zn 等
D-青霉胺	Cu
二苯硫腙	Tl，Zn
金黄素三羧酸	Be
二乙氨基二硫代甲酸钠	Ni
脱铁胺 B	Fe

(三) 配合物的消炎抗癌作用

自 1969 年 Rosenberg 发现了强烈抑制细胞分裂、广谱性的无机抗癌药顺式二氯二氨合铂(Ⅱ)(顺铂)以后，以金属配合物为基础的抗癌药物的研制有了明显的进展。顺式二氯二氨合铂(Ⅱ)作为第一代的抗癌药物，从 1978 年开始正式应用于临床，取得了良好的疗效。由于顺铂具有水溶性小、肾毒性大和缓解期短的缺点，自 20 世纪 70 年代以来，在配合物顺式二氯二氨合铂(Ⅱ)结构模式的启发下，人们广泛开展了研制抗癌金属配合物的探索工作。相继开发了卡铂等第二代铂(Ⅱ)系抗癌药物及活性更高的铂系金属(Pd、Ru、Rh)配合物抗癌药。目前，第三代铂(Ⅱ)系抗癌药物正陆续进入临床试验阶段。

在铂族金属配合物的启发下，人们又研制出多种消炎抗菌、抗病毒的金属配合物和一些有生物功能的配合物药物，如 β-羟基喹啉和铁形成的配合物就有很强的抗菌作用；钒氧基皮考林配合物，具有与胰岛素相同的作用，对治疗糖尿病有广阔的应用前景。

知识拓展

治疗癌症的铂族金属配合物

铂族金属包括铂、钯、铑、铱、锇、钌六个元素。自 1969 年美国生理学家 Rosenberg B 首次报道了无机抗癌药物二氯二氨合铂(Ⅱ)(顺铂)，铂族金属配合物的生物活性才逐渐引起人们的关注。

顺铂于 1978 年首先在美国批准临床使用，并迅速成为治疗癌症的佼佼者。1997 年世界卫生组织曾对上百种抗癌药按疗效高低、副作用大小、市场占有率等进行综合评价，顺铂榜居第二，仅次于阿霉素，是治疗癌症的首选药物之一。现在临床采用的联合化疗方案中，70%～80%的方案以顺铂为主药或有顺铂参与配伍。其作用机制一般认为顺铂可与 DNA 双链上的核碱成交叉联结，主要与鸟嘌呤结合，也与胞嘧啶及腺嘌呤结合。引起 DNA 链间或链内交联，或形成 DNA 与蛋白质交联，进而抑制 DNA 和 RNA 的合成，并抑制细胞有丝分裂，作用较强而持久。属于细胞周期非特异性药物。该药抗瘤谱广，临床应用治疗睾丸肿瘤、卵巢癌、乳腺癌、膀胱癌疗效良好，对头颈部癌、肺癌、食管癌、肾癌、黑色素瘤、恶性淋巴瘤、软组织肿瘤均有一定疗效，也常用于癌性胸腹水的治疗。顺铂是第一个无机治疗药，它不但对癌症的治疗带来了一次革命，而且带动了一门新学科—生物无机化学的形成和发展。

卡铂，化学名为 1，1-环丁二酸二氨合铂(II)，为第二代铂族抗癌药，于 1984 年在英国上市。卡铂保留了抗癌的活性基团$(NH_3)Pt^{2+}$，并引入了亲水性的 1，1-环丁二酸为配体，溶解度大大改善，水溶性达到 $17\ mg \cdot mL^{-1}$，比顺铂的溶解度($1\ mg \cdot mL^{-1}$)高 17 倍。同时由于螯环效应，它的稳定性(水合速率常数 $K = 1.6\times10^{-6}\ min^{-1}$)也大于顺铂($K = 2.2\times10^{-3}\ min^{-1}$)，因此卡铂的肾毒性和引发的恶心呕吐均低于顺铂。

现在顺铂、卡铂已成为治疗癌症最有效的药物之一，在世界范围内得到广泛的临床应用。同时铂族金属药物也是当前抗癌药最为活跃的研究和开发领域之一，新的铂族抗癌药如草酸铂、乙醇酸铂、乐铂等已推出，铂类药物的抗癌作用机制也有了进一步了解。目前第三代铂族抗癌药均已进入临床试验。钌的配合物作为光动力学治疗癌症的光敏剂已显示出较好的前景。

我国学者大都集中于斑蝥酸铂(II)配合物的研究，先后合成了一系列以斑蝥酸为配体的铂类药物，并申报了发明专利。这类配合物的水溶性好，毒性低，抗癌作用强，很可能成为我国一类创新的抗癌药。

多核铂抗癌药是一种全新结构的药物，它的设计摆脱了原有的构效关系框架，可以说是铂类抗癌药研究的重大发展。现有的研究结果表明，它与 DNA 发生多点键合，键合能力强，对 DNA 模型结构破坏更加严重。因此其抗癌活性明显高于顺铂，同时与顺铂无交叉耐药性，是一个具有重大开发前景的新药，目前正在进行 I 期临床研究。

在不久的将来，铂族金属配合物在防癌、治癌方面将会发挥更大的作用。

Summary

A complex ion(or complex molecule)is combined between central atom and ligands by coordination bond. The component of coordination compound with complex ion may be expressed as following:

The inner sphere and outer sphere of a coordination compound are combined by ionic bond.

The rules of nomenclature for coordination compounds are given according to the rules of nomenclature published by Chinese Chemical Association in 1980. A complex ion should be named according to the following order:

- Coordination compound
  - Inner sphere
    - Central atom
    - Ligand
    - (Central atom and Ligand: Coordination bond)
  - Outer sphere

Number of ligand – Name of ligand – He – Name of central atom(oxidation number)

According to the valence bond theory of coordination compounds, central atom donates the vacant orbitals that must hybridize to form hybrid orbitals, while the ligands donates the unshared pairs of electrons. Then the unshared pairs of electrons of the coordination atom occupy the hybrid orbitals of the central atom to form coordination covalent bonds. When the central atoms are transition elements, usually their empty orbitals in valence shell involve(n-1)d orbitals. Coordination compounds in which ligands electrons fill the(n-1)d orbitals partly, the ns orbital and the np orbitals are called inner-orbital coordination compounds. Coordination compounds in which ligands electrons fill the ns orbital and the other outer orbitals(such as np orbitals and nd orbitals)are called outer-orbital coordination compounds.

Valence bond theory can illustrate well some characteristics of coordination compounds, involving their formations, spatial configurations, coordination numbers, magnetic properties and stabilities etc.

In crystal field theory the attraction between the central atom and ligands in the complex is considered to be purely electrostatic either ion-ion attraction between positive and negative ion, or ion-dipole attraction if the ligand is a neutral molecule. In the coordination compounds the central atom is located at electrostatic center of ligand field. Due to the effect of electrostatic field of ligands the outermost d orbitals energy level of central atom will split and the electrons rearrange to lead to increase the stability of the system. In an octahedral field for coordination number six, d-energy levels of central atom are split into two levels. The two orbitals of higher energy are called d_γ energy level and the three orbitals of lower energy are called d_ε energy level. If the electronic configuration of central atom is d^4-d^7, strong-field ligands and central atom will form low-spin complex, weak-field ligands and central atom will form high-spin complex.

Because of the crystal field splitting of d orbitals energy level, the algebraic sum of -0.4Δ_o per electron in a d_ε energy level and +0.6Δ_o for per electron in d_γ energy level is defined as crystal field stabilization energy(CFSE).The more the energy decreases, the more stable the complex. In the octahedral complexes, the total crystal field stabilization energy can be calculated by the formula,

$$\text{CFSE} = xE(d_\varepsilon)+yE(d_\gamma)+(n_2-n_1)P$$

Crystal field theory can not only illustrate magnetic properties and configuration of coordination compounds but also explain the colour and absorption spectrum of coordination compounds.

In the complex ion solution the complex ion can dissociate partly to central ion and ligands. The coordination equilibrium exists in aqueous solution. The stability of complex ion is expressed by the equilibrium constant K_s. The larger the K_s the more stable the coordination ion.

Coordination equilibria are the same as other chemical equilibria, the equilibria shift when condition is changed. The acidity of solution, precipitate agents, oxidizing agents or reductant agents and other ligands can lead to the equilibria movement.

One central atom and polydentate can form chelates by coordination bond. Chelated complexes are more stable than similar complexes with unidentate ligands.

Coordination compounds are used widely in medicine.

习　　题

1. 什么是配合物？复盐与配合物有什么区别？

2. 什么是螯合物？能与中心原子形成螯合物的配体应具备什么条件？螯合物的稳定性与哪些因素有关？

3. 解释下列名词：配位数、内轨配合物、外轨配合物、八面体场分裂能、晶体场稳定化能、螯合效应。

4. 命名下列配合物，并指出中心原子、配体和配位数。

(1) $Na_3[Ag(S_2O_3)_2]$　(2) $[Co(en)_3]_2(SO_4)_3$　(3) $K_2[Zn(OH)_4]$

(4) $(NH_4)_2[PtCl_6]$　(5) $[Cr(H_2O)_2Cl_2]Cl$　(6) $[Pt(NH_3)_2Cl_2]$

(7) $[CoCl_2(NH_3)_3H_2O]Cl$　(8) $K[Cr(NCS)_4(NH_3)_2]$

5. 写出下列配合物的化学式

(1) 六氰合铁(Ⅱ)酸钾
(2) 三硝基 · 三氨合钴(III)
(3) 三氯化五氨 · 一水合钴(III)
(4) 四氯 · 二氨合铬(III)酸钾
(5) 氨基 · 硝基 · 二氨合铂(Ⅱ)
(6) 四(异硫氰酸根) · 二氨合铬(III)酸铵

6. 请判断下列说法正确与否。

(1) 中心原子的配位数即为配体的数目。
(2) 在配位化合物中只存在配位键。
(3) 配合物都是由内层和外层组成的。
(4) 配合物的中心原子只能是金属离子或原子。
(5) 通常同一中心原子所形成的内轨配合物比外轨配合物稳定。
(6) 外轨配合物的磁矩总是比内轨配合物的磁矩大。
(7) 中心原子在配体场作用下，其 d 轨道发生能级分裂，中心原子的氧化值愈高，则分裂能愈大。
(8) 中心原子 d 电子组态为 $d_\varepsilon^3 d_\gamma^0$ 和 $d_\varepsilon^6 d_\gamma^0$ 的正八面体配合物都是低自旋配合物。
(9) K_s 大的配合物一定比 K_s 小的配合物稳定。
(10) 溶液 pH 愈高，配离子愈稳定。

7. 有三种含钴的配合物，它们具有相同的化学组成，分子式均为 $CoCl_3 \cdot 6H_2O$。其中一种配合物的水溶液，用 $AgNO_3$ 可沉淀出所含 Cl^-的 1/3；另一种用 $AgNO_3$ 可沉淀出所含 Cl^-的 2/3，第三种用 $AgNO_3$ 可沉淀出所含全部 Cl^-。试写出这三种配合物的化学式并命名。

8. 已知$[PtCl_4]^{2-}$ 为平面正方形结构，$[HgCl_4]^{2-}$ 为正四面体结构，根据价键理论分析它们以何种杂化轨道成键。

9. 根据实测磁矩，推断下列配合物的中心原子的杂化类型和空间构型，并指出是内轨还是外轨配合物。

(1) $[Co(NCS)_4]^{2-}$ $\mu = 4.3\ \mu_B$
(2) $[Fe(C_2O_4)_3]^{3}$ $\mu = 5.75\ \mu_B$
(3) $[Pt(NH_3)_4]^{2+}$ $\mu = 0\ \mu_B$
(4) $[MnCl_4]^{2-}$ $\mu = 5.87\ \mu_B$

10. 已知$[Mn(H_2O)_6]^{2+}$ 比$[Cr(H_2O)_6]^{2+}$ 吸收可见光的波长要短些，指出哪一个的分裂能大些，并写出中心原子 d 电子在 d_ε 和 d_γ 能级的轨道上的排布情况。

11. 已知配离子$[Mn(H_2O)_6]^{2+}$中心原子的电子成对能 P = 304.98KJ · mol^{-1}，分裂能 Δ_o =93.29kJ · mol^{-1}。(1)计算 $[Mn(H_2O)_6]^{2+}$的晶体场稳定化能；(2)指出配离子的未成对电子数；(3) 判断$[Mn(H_2O)_6]^{2+}$属高自旋还是低自旋配合物。

[0；5 个；高自旋]

12. 根据配合物的稳定常数，判断下列反应进行的方向。

(1) $[Ag(NH_3)_2]^+ + 2CN^- \rightleftharpoons [Ag(CN)_2]^- + 2NH_3$
(2) $[Cu(NH_3)_4]^{2+} + Cd^{2+} \rightleftharpoons [Cd(NH_3)_4]^{2+} + Cu^{2+}$
(3) $[FeF_6]^{3-} + 3C_2O_4{}^{2-} \rightleftharpoons [Fe(C_2O_4)_3]^{3-} + 6F^-$

13. 已知$[CuY]^{2-}$和$[Cu(en)_2]^{2+}$的 K_s 分别为 6.3×10^{18} 和 1.0×10^{20}，假设两种配离子溶液的浓度均为 0.10 mol · L^{-1}，试判断哪种配离子更稳定。

{$[CuY]^{2-}$ 比 $[Cu(en)_2]^{2+}$ 稳定}

14. 计算在含有 0.10mol · L^{-1} $CuSO_4$ 和 1.8mol · L^{-1} 氨水溶液中 Cu^{2+}离子的浓度和配离子$[Cu(NH_3)_4]^{2+}$的浓度。已知：$[Cu(NH_3)_4]^{2+}$ 的 $K_s = 2.1\times10^{13}$。

{$[Cu^{2+}] = 1.2\times10^{-15}$ mol · L^{-1}，$[Cu(NH_3)_4{}^{2+}] = 0.10$ mol · L^{-1}}

15. 如果 0.3mol AgCl 刚好能溶解于 1L 氨水中，则该氨水浓度应为多少？已知 $K_{s,[Ag(NH_3)_2]^+} = 1.1\times10^7$，$K_{sp,AgCl} = 1.77\times10^{-10}$。

[氨水浓度为 7.4 mol · L^{-1}]

16. 向$[Ag(CN)_2]^-$和 CN^-的平衡浓度均为 0.10 mol · L^{-1} 的溶液中加入 NaCl，能否产生 AgCl 沉淀？

已知$K_{s,[Ag(CN)_2]^-}=1.26\times10^{21}$，$K_{sp,AgCl}=1.77\times10^{-10}$。

[不可能产生 AgCl 沉淀。]

17. 计算 298.15K 时，AgCl 在 1L 6 mol · L^{-1} NH_3 溶液中的溶解度。在上述溶液中加入 NaBr 固体使 Br^-浓度为 0.1 mol · L^{-1}(忽略因加入 NaBr 所引起的体积变化)，问有无 AgBr 沉淀生成？

[s = 0.26mol · L^{-1}，有 AgBr 沉淀生成]

18. 298.15K 时，在 1L 0.05 mol · L^{-1} $AgNO_3$ 过量氨溶液中，加入固体 KCl，使 Cl^- 的浓度为 9×10^{-3} mol · L^{-1}(忽略因加入固体 KCl 而引起的体积变化)，回答下列问题：

(1) 298.15K 时，为了阻止 AgCl 沉淀生成，上述溶液中 NH_3 分子浓度至少应为多少 mol · L^{-1}？

(2) 298.15K 时，上述溶液中各成分的平衡浓度各为多少 mol · L^{-1}？

(3) 298.15K 时，上述溶液中$\varphi_{[Ag(NH_3)_2]^+/Ag}$为多少伏？

{(1) 0.58 mol · L^{-1}；(2) $[Ag(NH_3)_2^+]$ = 0.05 mol · L^{-1}，$[Ag^+] = 1.97\times10^{-8}$ mol · L^{-1}，$[NH_3]$ = 0.48 mol · L^{-1}，$[Cl^-] = [K^+] = 9\times10^{-3}$ mol · L^{-1}；(3) 0.3438 V}

(章小丽)

第十三章

滴定分析

分析化学是化学学科的一个重要分支，是获得物质化学组成和结构信息以及相关组分含量的科学。根据分析任务的不同，分析化学包括定性分析、定量分析和结构分析和形态分析。根据测定原理的不同，分析化学又可分为化学分析和仪器分析。化学分析是以物质的化学反应和相互的定量关系为基础的分析方法，一般适合于常量组分的测定。仪器分析是以物质的物理和物理化学性质为基础的分析方法，一般适合于微量、痕量组分的测定或结构分析。

滴定分析(titrimetric analysis)又称**容量分析**(volumetric analysis)，是定量分析常用的化学分析方法之一。其方法简便、快速，并有足够的准确度(对于常量分析，相对误差一般在 0.1%～0.2%)，应用广泛，常在临床检验和医药卫生分析中用于测定常量组分，即分析组分的含量一般大于 1%或取质量大于 0.1g，体积大于 10mL 的试样。根据滴定反应的类型，常用的滴定分析法又可分为酸碱滴定法、氧化还原滴定法、配位滴定法和沉淀滴定法等。

第一节　滴定分析原理

一、滴定分析的基本概念

滴定分析是指将已知准确浓度的试剂溶液——**标准溶液**(standard solution)，用滴定管滴加到一定量被测**试样**(sample)的溶液中，直到所加的标准溶液与被测物质按化学计量关系定量反应为止。然后根据所消耗的标准溶液(或滴定剂)的浓度和体积，计算被测物含量，我们称这个过程为**滴定**(titration)。当标准溶液与被测组分的反应恰好完全时，即为理论终点。此时滴定反应的定量关系成立，故称为**化学计量点**(stoichiometric point)。理论上滴定操作应在化学计量点停止，但许多滴定过程无法准确显示化学计量点的到达时刻，需借助**指示剂**(indicator)等辅助条件，在化学计量点附近产生诸如颜色变化或生成沉淀等易观察现象，示意滴定的完成，此时称为**滴定终点**(end point of titration)。

由于滴定终点常常与化学计量点不一致，由此而造成的分析误差称为**滴定误差**(titration error)。滴定终点与计量点越吻合，分析结果越准确，滴定误差越小。滴定分析误差的大小从分析方法本身来说，一方面取决于滴定反应的完全程度，另一方面也与指示剂的选择恰当与否有关。

二、滴定分析反应的条件和要求

尽管化学反应的类型很多，但并不是所有化学反应都可作为滴定反应，滴定分析所采用的化学反应，必须具备以下条件：

1. 反应必须按化学计量关系定量完成，无副反应发生，而且进行完全(通常要求达到 99.9%左右)，这是定量计算的基础。

2. 反应必须迅速完成。对于速率较慢的反应，有时可通过加热或加催化剂等方法来加快反应速率。

3. 必须有比较简便可靠的方法确定滴定终点。

凡能满足上述要求的反应，都能用标准溶液直接滴定分析组分，这类测定方法称为直接滴定法。但是，有些反应不能完全符合上述要求，因而不能采用直接滴定。如当反应较慢或反应物是固体或反应没有合适的指示剂时，可先加过量的标准溶液，使反应完全，此标准溶液的剩余量再用另一种标准溶液滴定，称为**返滴定法**(back titration)。例如，用 HCl 测定固体 $CaCO_3$ 时，因 $CaCO_3$ 的溶解度较小，它和 HCl 的反应很慢，不宜直接滴定。如果先加入一定量的过量 HCl 标准溶液并加热至 $CaCO_3$ 完全溶解，然后用 NaOH 标准溶液滴定 HCl 的剩余量就可得到较好的结果。

三、滴定分析的类型和一般过程

根据滴定所依据的定量化学反应类型不同，较为常用的滴定分析有以下几种方法：

1. 酸碱滴定法(acid-base titration) 以质子转移反应为定量基础的滴定分析方法叫酸碱滴定法，可直接测定酸碱性物质的含量，也可间接测定能与酸碱性物质定量反应的其他物质的含量。

2. 氧化还原滴定法(oxidation-reduction titration) 以氧化还原反应为定量基础的滴定分析方法叫氧化还原滴定法，可直接测定具有氧化性或还原性的物质的含量，也可间接测定能与具有氧化性或还原性的物质定量反应的其他物质的含量。

3. 配位滴定法(complexomctric titration) 以配位化学反应为定量基础的滴定分析方法叫配位滴定法，可以用来测定金属离子或配体的含量。

4. 沉淀滴定法(precipitation titration) 以沉淀反应为定量基础的滴定分析方法叫沉淀滴定法，常常用来测定 Ag^+离子、卤素离子和类卤素离子的含量。

滴定分析的过程一般包括三个主要部分，即标准溶液的配制、标准溶液的标定和试样组分含量的测定。

在滴定分析中，无论采用何种滴定方式，都离不开标准溶液，否则无法计算分析结果。标准溶液的配制方法分为直接配制法和间接配制法。如果试剂稳定且纯度高，则用直接法配制：即准确称取定量的一级标准试剂，溶解后转移至容量瓶中定容，即得已知准确浓度的标准溶液。能用于直接配制标准溶液的物质，称为**一级标准物质***(primary standard substance)(又称基准物质)。如果试剂不够纯或不稳定，则用间接法配制：即先配成与所需溶液浓度相近似的溶液，然后用一级标准物质测定其准确浓度。利用一级标准物质或已知准确浓度的溶液来确定标准溶液浓度的操作过程称为**标定**(standardization)。一级标准物质必须具备下列条件：

(1) 物质的组成应与它的化学式完全符合。若有结晶水，结晶水的组成也必须与化学式相符合。

(2) 物质纯度应足够高，一般要求在 99.9%以上，所含杂质应不影响分析的准确性。

(3) 物质在一般情况下应该很稳定，不易吸收空气中的水分和二氧化碳，也不易被空气氧化。

(4) 物质参加反应时，应按化学反应式所表示的化学计量关系进行，没有副反应。

(5) 物质最好具有较大的摩尔质量，这样可以降低称量误差。

第二节 分析结果的误差和有效数字

一、误差产生的原因和分类

物理量的测量值不可能与真实值绝对一致，测量值只能随着人类对客观世界认识能力的发展和仪器精确度的提高而无限接近于真实值。由于对试样的分析测定通常由多个步骤和对多种物理量的测量而完成，加之受到费用、时间等诸多因素的制约，因此测量或测定的结果总是存在着或多或少的不可靠性和不确定性，即总是存在着或大或小的实验误差，简称**误差**(error)。

在定量分析中产生误差的原因很多，根据其性质和来源的不同，一般可分为**系统误差**(systematic error)和**偶然误差**(accidental error)。

(一) 系统误差

系统误差是指在分析过程中，由于某些固定的原因所造成的误差，在同一条件下重复测定时会重复出现，因而也称为可测误差。它的主要来源有以下几方面。

1. 方法误差 由于分析方法本身不够完善而引起的误差。例如，滴定分析反应进行不完全，有干

* 化学试剂的规格按含量高低，一般依次分为四个等级：

优级纯 Guarantee Reagent(缩写 G．R)，又称保证试剂，用绿色标签；

分析纯 Analytical Reagent(缩写 A．R)，又称分析试剂，用红色标签；

化学纯 Chemical Pure(缩写 C．P)，用蓝色标签；

实验试剂 Laboratory Reagent(缩写 L．R)，用黄色标签

扰物质存在，滴定终点与化学计量点不一致，以及有副反应发生等，导致测定结果系统地偏高或偏低。

2. 仪器误差和试剂误差 由于测定所用仪器不够准确而引起的误差称为仪器误差。例如，分析天平的砝码生锈、容量仪器刻度不准等。而所用试剂或蒸馏水中含有微量杂质或干扰物质而引起的误差称为试剂误差。

3. 操作误差 指在正常操作情况下由于分析人员主观因素造成的误差，如操作者对颜色的敏感程度不同造成对终点到达的判断误差等。

系统误差一般可通过对照试验、空白试验、校正仪器和改进分析方法等手段来发现和排除。

(二) 偶然误差

偶然误差是由一些难以控制的偶然因素所引起的，又称不可测误差。如在分析测定时，环境温度、湿度和气压等条件的微小波动和仪器性能的微小改变都会产生偶然误差。偶然误差造成测量值时大时小，时正时负，无法加以校正。但在平行条件下进行多次测定则可发现其统计规律：①绝对值相同的正负误差出现的机会相等；②小值误差出现的机会多，大值误差出现的机会少，且特别大的误差出现的机会非常小。因此，增加测定次数可使偶然误差的算术平均值趋于零。在消除了系统误差的前提下，通常可用多次测定结果的平均值代替真实值。

除了系统误差和偶然误差之外，在分析过程中还会遇到由于过失或差错造成的所谓“过失误差”。其实这是一种错误，不同于上面讨论的两类误差。它是由于操作者责任心不强、粗心大意或违反操作规则等原因造成的。例如，加错试剂、读错刻度、记录或计算错误等。这种由于过失而造成的错误是可以避免的，因此，不在误差的讨论范围之内。

二、分析结果的评价

(一) 准确度与误差

分析结果的**准确度**(accuracy)是指测定值(x)与真实值(T)之间的接近程度。准确度的高低用误差来衡量，误差是指测定值与真实值之差。误差越小，表示分析结果的准确度越高。

误差可分为**绝对误差**(E)和**相对误差**(E_r)，分别表示为

$$E = x - T \tag{13.1}$$

$$E_r = \frac{E}{T} \times 100\% \tag{13.2}$$

相对误差能反映出误差在真实值中所占的比例，对于比较测定结果的准确度更为合理。因此，通常用相对误差来表示分析结果的准确度。误差有正值和负值之分，分别表示测定结果偏高或偏低于真实值。

例 13-1 用分析天平称取硼砂两份，其质量分别为 2.3480g 和 0.2348g，假定这两份硼砂的真实质量分别为 2.3478g 和 0.2346g，试计算它们的绝对误差和相对误差。

解 绝对误差分别为

$$E_1 = 2.3480\text{g} - 2.3478\text{g} = 0.0002\text{g}$$

$$E_2 = 0.2348\text{g} - 0.2346\text{g} = 0.0002\text{g}$$

相对误差分别为

$$E_{r1} = \frac{0.0002\text{g}}{2.3478\text{g}} \times 100\% = 0.009\%$$

$$E_{r2} = \frac{0.0002\text{g}}{0.2346\text{g}} \times 100\% = 0.09\%$$

由上述计算可知：尽管两份样品称量的绝对误差相同，但质量较大者相对误差较小，准确度较高。

(二) 精密度与偏差

分析样品含量的真实值通常是未知的，所以无法求得分析结果的准确度。一般用**精密度**(precision)来判断分析结果的好坏。精密度是指多次平行测定结果相互接近的程度，用**偏差**(deviation)来衡量测定结果的重现性。某单次测定值(x)与多次测定值的算术平均值($\bar{x}$)的差值叫**绝对偏差**(d)，即

$$d = x - \bar{x} \tag{13.3}$$

偏差愈小，表明分析结果的精密度愈高，测定结果的重现性愈好。

在实际分析工作中，常用绝对**平均偏差**($\bar{d}$)、**相对平均偏差**(d_r)、**标准偏差**(s)和**相对标准偏差**(RSD)来表示分析结果的精密度。

$$\bar{d} = \frac{|d_1|+|d_2|+|d_3|+\cdots+|d_n|}{n} \tag{13.4}$$

$$d_r = \frac{\bar{d}}{\bar{x}} \times 100\% \tag{13.5}$$

$$s = \sqrt{\frac{d_1^2 + d_2^2 + d_3^2 + \cdots + d_n^2}{n-1}} \tag{13.6}$$

$$RSD = \frac{s}{\bar{x}} \times 100\% \tag{13.7}$$

上式中$|d|$表示绝对偏差的绝对值，n为测定次数。

偏差与误差虽有性质相似之处，但我们只能说误差越小准确度越高，而从偏差的大小不能判断准确度的高低。精密度高并不一定意味着准确度高，而分析结果的准确度高，则一定要以高精密度为基础。

所有能产生误差的因素都会影响结果的准确度，而精密度的大小仅仅是由偶然误差的大小所决定的。所以，如果精密度高而准确度不高时，通常是由于存在系统误差的缘故，可从这方面寻找原因加以消除。

应该指出的是，尽管误差和偏差含义不同，但由于任何物质含量的真实值实际上是无法知道的，因此，一般所知道的“真实值”就是采用各种分析方法进行多次平行分析所得到的相对正确的“真实值”。用这种相对的真实值计算所得误差严格说来仍是偏差。所以在实际工作中，有时并不严格区分误差和偏差。

三、提高分析结果准确度的方法

前面讨论了误差的产生，在此基础上，结合实际情况，简要地讨论如何减小分析过程中的系统误差和偶然误差。

(一) 选择合适的分析方法

各种分析方法的准确度和灵敏度是不同的，不同的定量分析方法有不同的适用范围，因此，选择分析方法必须适当。滴定分析法准确度高，适合于质量分数 $\omega>1\%$的常量分析，但是其灵敏度较低；对于 $\omega<1\%$的微量组分，其相对误差较大，需要采用准确度虽稍差，但灵敏度高的仪器分析方法。另外，从分析方法本身考虑，由于分析方法不完善引起的方法误差是系统误差的重要来源，应尽可能找出原因，设法减免。如在滴定分析中选择更合适的指示剂，减小终点误差，消除干扰离子的影响等。

(二) 减小测量误差

为了保证分析结果的准确度，必须尽量减小测量误差。例如，使用万分之一分析天平称取试样时，其称量的绝对误差为±0.000lg。但用差减法取试样时，需称量两次，其两次称量的最大误差可达±0.0002g。为使两次称量的相对误差不超过 0.1%，则称取试样的质量至少应为 0.0002g(绝对误差)/0.1%(相对误差)=0.2g。可见，为减小称量的相对误差，称取试样的质量不宜过小。如果需要相同物质的量的物质，其摩尔质量较大的物质所称取的质量就大，所引起称量的相对误差就小。又如，在滴定分析中，常量滴定管读数的绝对误差为±0.01mL，在一次滴定中，需读数两次，其两次读数的误差可能达到±0.02mL。为上。

(三) 增加平行测定次数，减小偶然误差

偶然误差是随机的，但正负误差概率均等，可以通过增加平行测定次数来抵消。对同一试样，通常要求平行测定 3～5 次，然后取其平均值，在获得较高的精密度基础上，获得较准确的分析结果。

(四) 消除系统误差

系统误差是引起分析结果不准确的主要原因，通常根据具体情况，采用不同的方法来检验和消除系

统误差，提高分析结果的准确度。

1. 仪器校准 由于仪器不准而引起的系统误差，可通过校准仪器来消除或减小。在精确的分析中，砝码、滴定管和移液管等仪器都必须进行校准，并采用校准值计算分析结果。

2. 空白试验 由试剂或器皿带进杂质所造成的系统误差，一般可作空白试验来扣除。所谓空白试验，就是在不加试样的情况下，按照分析试样同样的条件、方法、步骤进行分析称为空白试验，所得结果称为空白值。从试样的分析结果中扣除空白值，就能得到更准确的分析结果。

3. 对照试验 将已知准确含量的标准试样与被测试样按照相同的方法和条件进行平行分析称为对照试验。通常可用标准试样对照或与经典可靠分析方法对照，将测定结果与可信度高的对照试验结果相比较，利用所得分析误差，判断测定中有无系统误差及其大小，校正试样的测定结果，从而使测定结果更接近真实值。

四、有效数字及其运算规则

(一) 有效数字的概念

有效数字(significant figure)是指实际能测量到的具有实际意义的数字，它包括所有的准确数字和一位可疑数字，可疑数字的误差为±1。

有效数字中保留的一位可疑数字通常是根据测量仪器的最小分度值估计的，反映了仪器实际达到的精度。例如用万分之一分析天平称得某样品质量为 1.2345g，其中“1.234”是准确的，最后一位“5”是可疑的，反映了所用分析天平能准至 0.0001g，它可能有±0.0001g 的误差，样品实际质量是在(1.2345±0.0001)g 范围内的某一值。再比如常量滴定管读数误差±0.0lmL，所以其读数应记录到小数点第二位，比如 18.26mL，其中“18.2”是准确的，而末位的“6”是估计的。

有效数字的表示中，从 0～9 这 10 个数字，只有“0”作为定位时是非有效数字。例如某溶液的体积，以 mL 作单位时为 20.60mL，若以 L 作为单位时则为 0.020 60L，后者在 2 前的“0”只起定位作用，不是有效数字。0.02060 有四位有效数字。可见，在第一个非零数字(1～9)前的“0”均为非有效数字，在数字(1～9)中间和有小数点时末尾的“0”均为有效数字。

还应注意，像 3800 这样的数字，有效数字的位数比较模糊。为了准确表述有效数字，应该根据实际的有效数字的位数，使用**科学计数法**(scientific notation)。科学计数法用一位整数，若干位小数和 10 的幂次表示有效数字。如 3.6×10^3(两位有效数字)，3.60×10^3(三位有效数字)，3.600×10^3(四位有效数字)。

化学中常见的 pH、pK 及 lg$c$ 等对数值，其有效数字的位数仅取决于小数部分的位数，因为整数部分只与其对应真数中的 10 的方次有关。如 pH=11.20，换算为 H^+浓度时，应为$[H^+]=6.3\times10^{-12}mol\cdot L^{-1}$，有效数字的位数是二位，不是四位。

在计算过程中，还会遇到一些非测量值(如倍数、分数等)，它们的有效数字的位数可以认为是无限多位的。

此外，一般计算时也不考虑某些常数的有效数字位数。

(二) 有效数字的修约规则

修约是指当各测定值和计算值的有效位数确定之后，对它后面的多余的数字进行取舍，这一过程称为“**修约**”(rounding)，通常按“四舍六入五留双”规则进行处理。即：当被修约的数小于或等于 4 时舍弃，大于或等于 6 时则进位；当被修约的数为 5 而后面无其他数字时，若保留数是偶数(包括 0)则舍去，是奇数则进位，使整理后的最后一位为偶数；当被修约的数为 5 而后面有数字(0 除外)时，该数字总比 5 大，以进位为宜。例如，将 2.16、2.349、2.35、2.45、2.851 修约为 2 位有效位数时，结果分别为 2.2、2.3、2.4、2.4、2.9。

对原始数据只能做一次修约。例如，欲将 4.149 修约为 2 位有效数字，不能先修约为 4.15，再进而修约为 4.2，而只能一次修约为 4.1。

(三) 有效数字的计算规则

1. 加减运算 加减运算所得结果的有效数字位数以参加运算各数字中精度最低，即小数点后位数最少的数为准。例如，0.0122+12.32+1.23956=0.01+12.32+1.24=13.57。

2. 乘除运算 乘除运算所得结果的有效数字位数以参加运算各数字中相对误差最大，即有效数字位数最少的数为准。例如

$$0.0122\times12.32\times1.23956=0.0122\times12.3\times1.24=0.186。$$

在运算过程中，若某一个数的首位是 8 或 9 时，则有效数字的位数可多算一位。例如，9.26 虽只有 3 位有效数字，但已接近 10.00，故可看作是 4 位有效数字。

使用计算器处理结果时，只对最后结果进行修约，不必对每一步的计算数字进行取舍。

第三节 酸碱滴定法

一、酸碱指示剂

(一) 酸碱指示剂的变色原理

酸碱指示剂(acid-base indicator)是一类在特定的 pH 范围内，能随着 pH 的改变而改变颜色的试剂。酸碱指示剂一般是有机弱酸(如酚酞、石蕊等)或有机弱碱(如甲基橙、甲基红等)。它们在溶液中都存在酸式(即弱酸结构)和碱式(即弱碱结构)两种形式，而且这两种形式具有不同的颜色。当溶液的 pH 变化时，指示剂得失质子，酸式和碱式相互转变，从而引起颜色变化。

酸碱指示剂的酸式(用 HIn 代表)和碱式(用 In^-代表)在溶液中存在质子转移平衡：

$$\underset{(酸式)}{HIn+H_2O} \rightleftharpoons \underset{(碱式)}{H_3O^++In^-}$$

酸式和碱式各具有特殊的颜色，称为双色指示剂(如甲基橙)

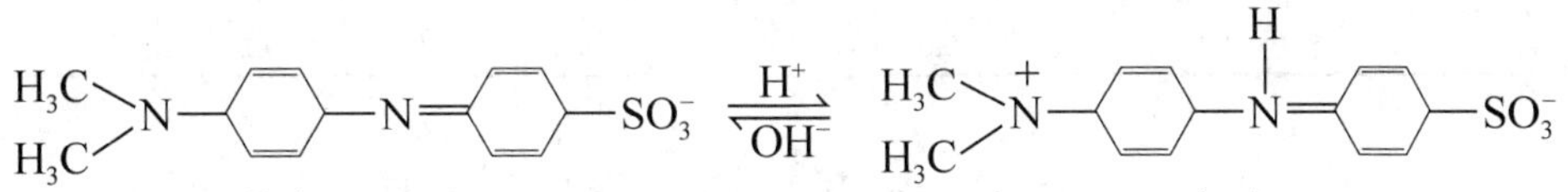

黄色 红色

如果只其一有颜色，称为单色指示剂(如酚酞)

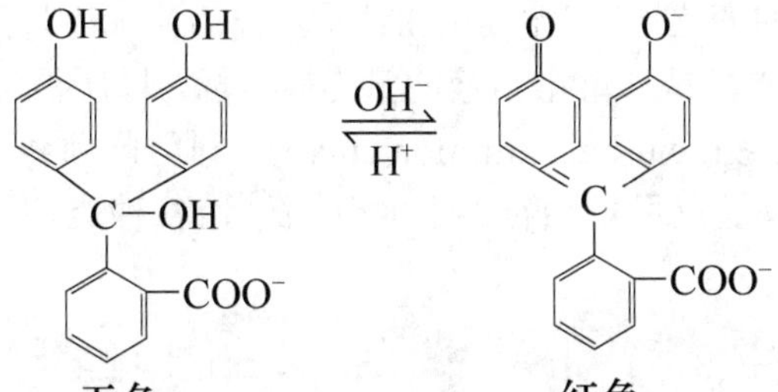

无色 红色

由上述酸碱指示剂在溶液中的质子转移平衡可得

$$K_{HIn}=\frac{[H_3O^+][In^-]}{[HIn]} \tag{13.8}$$

式中 K_{HIn} 是酸碱指示剂的解离常数，简称指示剂酸常数

$$[H_3O^+]=K_{HIn}\times\frac{[HIn]}{[In^-]} \tag{13.9}$$

两边各取负对数，则得

$$pH=pK_{HIn}+\lg\frac{[In^-]}{[HIn]} \tag{13.10}$$

由上式可知，$[In^-]$与[HIn]的比值决定于溶液的 pH。因此，指示剂在溶液中显现的颜色是随着 pH 的变化而变化的。这就是酸碱指示剂的变色原理。

(二) 酸碱指示剂的变色范围和变色点

一般认为，当$[In^-]/[HIn]\geqslant10$ 时，人的视觉只能察觉到 In^-的颜色；当$[In^-]/[HIn]\leqslant0.1$ 时，人的视觉

只能察觉 HIn 的颜色；当 $0.1<[In^-]/[HIn]<10$ 时，人的视觉能观察到指示剂颜色随 pH 的变化而变化。这就是说，当 $pK_{HIn}-1<pH<pK_{HIn}+1$ 时，人的视觉才能观察到指示剂在溶液中颜色的变化。因此，溶液的 $pH=pK_{HIn}\pm1$，称为指示剂的变色范围(color change interval)。当 $pH=pK_{HIn}$ 时，$[In^-]=[HIn]$，指示剂的颜色为两种等量成分的混合色，此时溶液的 pH 为酸碱指示剂的变色点(color change point)。如甲基橙的变色点 $pH=pK_{HIn}=3.7$，理论计算变色范围为 pH=2.7～4.7。但是由于人的视觉对不同颜色的敏感程度不同，实际观察的变色范围并非与理论完全一致。如甲基橙的实际变色范围为 pH=3.1～4.4。多数指示剂的实际变色范围都不足 2 个 pH 单位。几种常用的酸碱指示剂及变色范围列于表 13-1。

表 13-1　常用的酸碱指示剂及变色范围

指示剂	变色范围 pH	变色点 $pH=pK_{HIn}$	酸色	过度色	碱色
百里酚蓝(第一次变色)	1.2～2.8	1.7	红色	橙色	黄色
甲基橙	3.1～4.4	3.7	红色	橙色	黄色
溴酚蓝	3.1～4.6	4.1	黄色	蓝紫	紫色
溴甲酚绿	3.8～4.5	4.9	黄色	绿色	蓝色
甲基红	4.4～6.2	5.0	红色	橙色	黄色
溴百里酚蓝	6.0～7.6	7.3	黄色	绿色	蓝色
中性红	6.8～8.0	7.4	红色	橙色	黄色
酚酞	8.0～9.6	9.1	无色	粉红	红色
百里酚蓝(第二次变色)	8.0～9.6	8.9	黄色	绿色	蓝色
百里酚酞	9.4～10.6	10.0	无色	淡蓝	蓝色

二、滴定曲线和指示剂的选择

在酸碱滴定中，必须选择合适的指示剂，使滴定终点与计量点尽量吻合，以减少滴定误差。为此，应当了解滴定过程中溶液 pH 的变化情况，尤其是在计量点前后滴加少量酸或碱标准溶液所引起溶液 pH 的变化。以滴定过程中所加入的酸或碱标准溶液的量为横坐标，以所得混合溶液的 pH 为纵坐标，所绘制的关系曲线称为**酸碱滴定曲线**(acid-base titration curve)。利用此曲线就可正确地选择指示剂，使指示剂的变色点与滴定反应的计量点尽量相符。下面分别讨论各种类型酸碱滴定的曲线和指示剂的选择。

(一) 强酸、强碱的滴定

强酸与强碱在溶液中是全部解离的，酸以 H^+形式存在，碱 OH^-以形式存在，故滴定时的基本反应式为

$$H^+ + OH^- = H_2O$$

1. 滴定曲线　以 $0.1000mol\cdot L^{-1}$ NaOH 溶液滴定 20.00mL $0.1000mol\cdot L^{-1}$ HCl 溶液为例，说明滴定过程中溶液 pH 的变化规律。现将整个滴定过程分为四个阶段加以讨论。

(1) 滴定前：溶液的 pH 取决于 HCl 的初始浓度

$$[H^+] = 0.1000mol\cdot L^{-1}$$

$$pH = 1.00$$

(2) 滴定开始至计量点前：溶液的 pH 取决于剩余的 HCl 的物质的量和溶液的体积。当滴入 19.80mL NaOH 溶液(相对误差为–1%)时，溶液的$[H^+]$为

$$[H^+]=\frac{0.1000mol\cdot L^{-1}\times(20.00mL-19.80mL)}{20.00mL+19.80mL}=5.02\times10^{-4}mol\cdot L^{-1}$$

$$pH=3.30$$

当滴入 19.98mL NaOH 溶液(相对误差为–0.1%)时，溶液的$[H^+]$为

$$[H^+]=\frac{0.1000\text{mol}\cdot L^{-1}\times(20.00\text{mL}-19.98\text{mL})}{20.00\text{mL}+19.98\text{mL}}=5.0\times10^{-5}\text{mol}\cdot L^{-1}$$

$$pH=4.3$$

(3) 滴定至计量点时：滴入的 20.00mL NaOH 与 20.00mL HCl 恰好反应完全，溶液呈中性。

$$[H^+]=[OH^-]=1.00\times10^{-7}\text{mol}\cdot L^{-1}$$

$$pH=7.00$$

(4) 滴定至计量点后：NaOH 溶液过量，溶液的组成为 NaCl+NaOH，溶液的 pH 取决于过量的 NaOH 的物质的量和溶液的体积。

当滴入 20.02mL NaOH 溶液(相对误差为+0.1%)时，溶液的$[OH^-]$为

$$[OH^-]=\frac{0.1000\text{mol}\cdot L^{-1}\times(20.02\text{mL}-20.00\text{mL})}{20.02\text{mL}+20.00\text{mL}}=5.0\times10^{-5}\text{mol}\cdot L^{-1}$$

$$pOH=4.3$$

$$pH=14-4.3=9.7$$

按上述方法计算出的溶液 pH，均列于表 13-2 中。

表 13-2 用 $0.1000\text{mol}\cdot L^{-1}$ NaOH 滴定 20.00mL $0.1000\text{mol}\cdot L^{-1}$ HCl 溶液 pH 的变化

加入 NaOH/mL	中和百分数/%	剩余 HCl/mL	过量 NaOH/mL	pH
0.00	0.00	20.00		1.00
18.00	90.00	2.00		2.28
19.80	99.00	0.20		3.30
19.96	99.80	0.04		4.00
19.98	99.90	0.02		4.3
20.00	100.0	0.00		7.00
20.02	100.1		0.02	9.7
20.04	100.2		0.04	10.00
20.20	101.0		0.20	10.70
22.00	110.0		2.00	11.70
40.00	200.0		20.00	12.50

以 NaOH 溶液的加入量为横坐标，对应溶液的 pH 为纵坐标作图，即得滴定曲线，如图 13-1 所示。

从表 13-2 和图 13-1 中可以发现：从滴定开始到加入 19.80mL NaOH 溶液时，溶液 pH 从 1.00 增大到 3.30，pH 仅改变了 2.30 个单位，所以曲线前段较平坦。再滴入 0.18mL(共滴入 19.98mL)NaOH 溶液，pH 就改变了一个单位，变化速度加快了。再滴入 0.02mL(约半滴，共滴入 20.00mL)NaOH 溶液，正好是滴定的计量点，此时 pH 迅速增至 7.00。再滴入 0.02mL NaOH 溶液，pH 又迅速增至 9.7。此后再过量的 NaOH 溶液所引起的 pH 变化愈来愈小，故曲线又转为平缓。

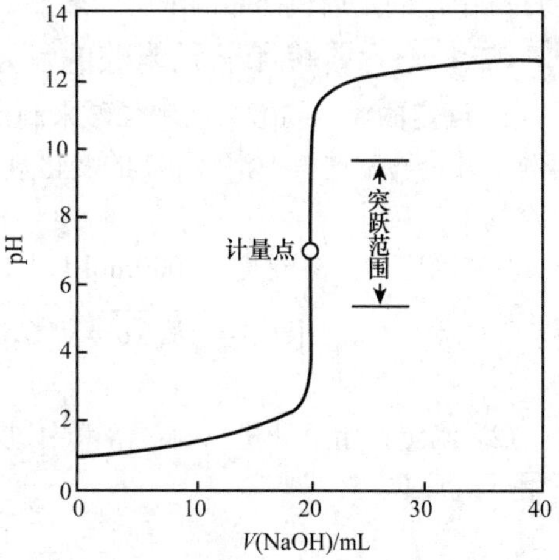

图 13-1 $0.1000\text{mol}\cdot L^{-1}$ NaOH 溶液滴定 20.00mL $0.1000\text{mol}\cdot L^{-1}$ HCl 的滴定曲线

由此可见，在计量点附近仅仅从剩余的 0.02mL HCl 溶液到过量 0.02mL NaOH 溶液，即滴定误差从–0.1%到+0.1%，溶液的 pH 则从 4.3 猛增到 9.7，pH 改变了 5.4 个单位。这种 pH 的急剧改变，称为**滴定突跃**(titration jump)，简称突跃。突跃所在的 pH 范围，称为滴定**突跃范围**，简称突跃范围，即滴定曲线中段垂直部分。

在分析化学中，习惯上把计量点前后相对误差从

–0.1%到+0.1%范围内溶液 pH 的变化范围称为酸碱滴定的突跃范围。突跃范围是选择指示剂的依据。

2. 指示剂的选择 显然，理想的指示剂应恰好在反应的计量点变色，但实际上这样的指示剂很难找到，而且也没有必要。选择指示剂的原则是：指示剂在滴定误差不超过±0.1%的突跃范围内能发生颜色的变化，即指示剂的变色范围在突跃范围内或至少占据突跃范围的一部分。根据这一原则，由于强酸强碱滴定的 pH 突跃范围为 4.3～9.7，所以，甲基橙(3.1～4.4)、酚酞(8.0～9.6)、甲基红(4.4～6.2)等都可选作强碱与强酸滴定的指示剂(图 13-2)。

在实际滴定中，指示剂的选择还应考虑人的视觉对颜色变化的敏感性。如酚酞由无色变为粉红色，甲基橙由黄色变为橙色容易辨别。即颜色由浅到深，人的视觉较敏感。因此，用强碱滴定强酸时，常选用酚酞作指示剂；而用强酸滴定强碱时，常选用甲基橙作指示剂。

3. 突跃范围与酸碱浓度的关系 突跃范围的大小，与滴定剂和试样的浓度有关。例如，分别用 $1.000\text{mol}\cdot\text{L}^{-1}$、$0.1000\text{mol}\cdot\text{L}^{-1}$、$0.010\ 00\text{mol}\cdot\text{L}^{-1}$ 的 NaOH 溶液滴定相应浓度的 HCl 溶液，所得突跃范围分别为 pH=3.3～10.7、4.3～9.7 和 5.3～8.7，如图 13-3 所示。可见，酸碱浓度降低 10 倍时，突跃范围将减少 2 个 pH 单位，由于滴定突跃范围小了，指示剂的选择就受到限制。因而在选择指示剂时应考虑酸、碱浓度对突跃范围的影响。

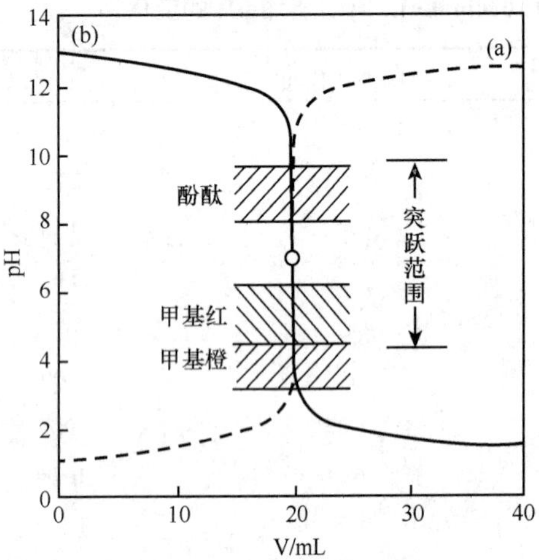

图 13-2 强酸和强碱的滴定曲线

(a) $0.1000\text{mol}\cdot\text{L}^{-1}$ NaOH 溶液滴定 20.00mL $0.1000\text{mol}\cdot\text{L}^{-1}$ HCl；

(b) $0.1000\text{mol}\cdot\text{L}^{-1}$ HCl 溶液滴定 20.00mL $0.1000\text{mol}\cdot\text{L}^{-1}$ NaOH

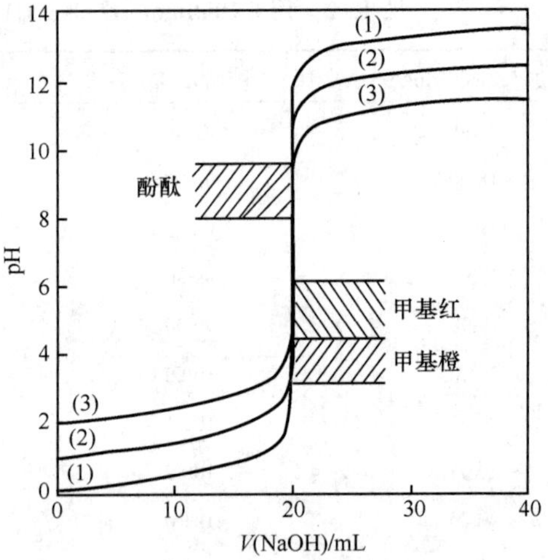

图 13-3 突跃范围与酸碱浓度的关系

(1)$1.000\text{mol}\cdot\text{L}^{-1}$；(2)$0.1000\text{mol}\cdot\text{L}^{-1}$；

(3)$0.01000\text{mol}\cdot\text{L}^{-1}$ 的 NaOH 滴定相应浓度的 HCl

一般情况下，不宜使用浓度太小的标准溶液，样品溶液也不应太稀。应该注意，酸碱浓度过高虽然有利于指示剂的选择，但每滴溶液中所含的滴定剂的物质的量较多，滴定的误差就较大。通常，酸碱滴定过程中，滴定剂和样品的浓度一般在 $0.1\sim0.5\text{mol}\cdot\text{L}^{-1}$ 之间。

(二) 一元弱酸和一元弱碱的滴定

1. 滴定曲线 弱酸只能用强碱来滴定，如以 $0.1000\text{mol}\cdot\text{L}^{-1}$NaOH 滴定 20.00mL $0.1000\text{mol}\cdot\text{L}^{-1}$HAc 为例，讨论滴定过程中溶液 pH 的变化规律。与强酸滴定强碱相似，整个滴定过程也分为四个阶段加以讨论。

(1) 滴定前：溶液是 $0.1000\text{mol}\cdot\text{L}^{-1}$HAc，溶液中 H^+浓度为

$$[H^+]=\sqrt{K_a\cdot c}=\sqrt{1.75\times10^{-5}\times0.1000}\ \text{mol}\cdot\text{L}^{-1}=1.3\times10^{-3}\text{mol}\cdot\text{L}^{-1}$$

$$\text{pH}=2.87$$

(2) 滴定开始至计量点前：溶液中过量的 HAc 及反应产物 NaAc 组成了一个缓冲体系，溶液中$[H^+]$可用下式计算

$$[H_3O^+]=K_a\times\frac{[\text{HAc}]}{[\text{Ac}^-]}$$

$$pH=pK_a+\lg\frac{[Ac^-]}{[HAc]}$$

当滴入 19.98mL NaOH 溶液(相对误差为–0.1%)时，溶液的[HAc]和[Ac⁻]分别为

$$[HAc]=\frac{0.1000mol\cdot L^{-1}\times 0.02mL}{20.00mL+19.98mL}=5\times 10^{-5}mol\cdot L^{-1}$$

$$[Ac^-]=\frac{0.1000mol\cdot L^{-1}\times 19.98mL}{20.00mL+19.98mL}=5.00\times 10^{-2}mol\cdot L^{-1}$$

$$pH=4.756+\lg\frac{5.00\times 10^{-2}mol\cdot L^{-1}}{5\times 10^{-5}mol\cdot L^{-1}}=7.8$$

(3) 滴定至计量点时：滴入的 20.00mL NaOH 与 20.00mL HAc 恰好反应完全，得到 0.050 00mol · L^{-1} 的 NaAc 溶液，溶液中[OH^-]可用下式计算

$$[OH^-]=\sqrt{K_b\cdot c}=\sqrt{5.6\times 10^{-10}\times 0.050\,00mol\cdot L^{-1}}=5.33\times 10^{-6}mol\cdot L^{-1}$$

$$pOH=5.27$$

$$pH=14-5.27=8.73$$

(4) 滴定至计量点后：NaOH 溶液过量，溶液的组成为 NaAc+NaOH，溶液的 pH 取决于过量的 NaOH 的物质的量和溶液的体积。当滴入 20.02mL NaOH 溶液(相对误差为+0.1%)时，溶液的[OH^-]为

$$[OH^-]=\frac{0.1000mol\cdot L^{-1}\times(20.02mL-20.00mL)}{20.02mL+20.00mL}=5.0\times 10^{-5}mol\cdot L^{-1}$$

$$pOH=4.3$$

$$pH=14-4.3=9.7$$

按上述方法计算出的溶液 pH，均列于表 13-3 中。以 NaOH 溶液的加入量为横坐标，对应溶液的 pH 为纵坐标作图，即得滴定曲线，如图 13-4 所示。

表 13-3　0.1000mol · L^{-1} NaOH 滴定 20.00mL 0.1000mol · L^{-1} HAc 溶液 pH 的变化

加入 NaOH/mL	中和百分数/%	剩余 HAc/mL	过量 NaOH/mL	pH
0.00	0.00	20.00		2.87
18.00	90.00	2.00		5.70
19.80	99.00	0.20		6.73
19.98	99.90	0.02		7.8
20.00	100.0	0.00		8.73
20.02	100.1		0.02	9.7
20.20	101.0		0.20	10.70
22.00	110.0		2.00	11.70
40.00	200.0		20.00	12.50

2. 滴定曲线的特点和指示剂的选择　比较图 13-4 和表 13-3，可以看出强碱滴定一元弱酸有以下特点：滴定以前，0.1000mol·L^{-1}HAc 溶液中的 pH=2.87，比 0.1000mol·L^{-1}HCl 溶液中的值约大 2 个 pH 单位。滴定开始至计量点前的曲线两端坡度较大，但其中部较平缓。滴定开始时，生成的 NaAc 抑制了 HAc 的解离，溶液中的[H^+]降低较迅速，于是出现坡度较大的曲线部分；随着滴定的进行，形成缓冲溶液，且溶液中 Ac^-与 HAc 的浓度比值越接近于 1，缓冲能力越强，使溶液 pH 的变化幅度越小，从而出现较平坦的曲线部分；继续滴定，溶液中 Ac^-与 HAc 的浓度相差越来越大，缓冲能力减小，使溶液 pH 的变化幅度变大，因而又出现坡度较大的曲线部分；接近计量点时，HAc 浓度已很低，这时滴加 NaOH 溶液将引起溶液 pH 较大的改变，因此出现坡度更大的曲线部分，即已临近滴定突跃；滴定达计量点时，HAc 与 NaOH 恰好反应完全生成 NaAc，而 Ac^-是弱碱，pH 在 8.73。计量点附近的 pH 突跃是 7.8～9.7，

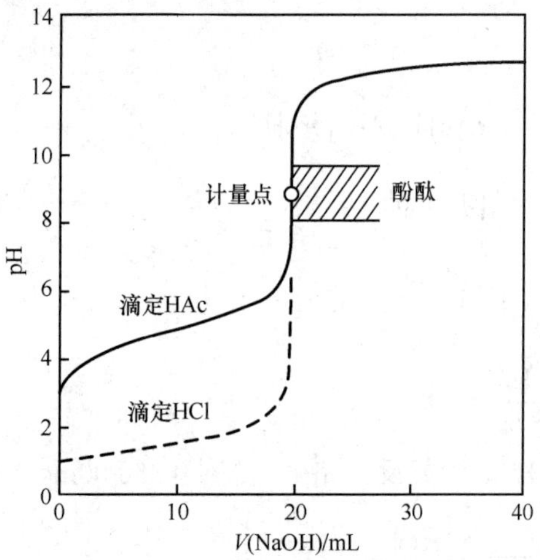

图 13-4 0.1000mol · L^{-1} NaOH 滴定 20.00mL 0.1000mol·L^{-1}HAc

这个滴定突跃范围比相同浓度的强碱滴定强酸的突跃范围小得多。

根据滴定突跃范围，应选择在碱性范围内变色的指示剂。在酸性范围内变色的指示剂，如甲基橙、甲基红等，都不能用作 NaOH 滴定的 HAc 指示剂，否则将引起很大的滴定误差。酚酞、百里酚酞和百里酚蓝等的变色范围恰好在突跃范围之内，所以是合适的指示剂。

3. 滴定突跃与弱酸强度的关系 图 13-5 是用 0.1000mol · L^{-1}NaOH 溶液滴定 0.1000mol·L^{-1} 各种不同强度弱酸的滴定曲线，可以看出，K_a 值愈大，突跃范围愈大；K_a 值愈小，突跃范围愈小。当弱酸的浓度为 0.1000mol · L^{-1}，$K_a \leqslant 10^{-7}$ 时，其滴定突跃已不明显，用一般的指示剂是无法确定滴定终点的。因此，弱酸能否用强碱直接进行滴定是有条件的。实验表明，当弱酸的 $c_aK_a \geqslant 10^{-8}$ 时，才能用强碱准确滴定弱酸。

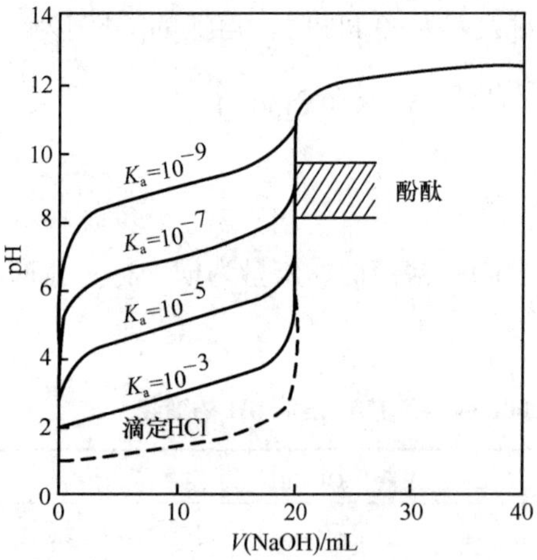

图 13-5 0.1000mol · L^{-1} NaOH 滴定 20.00mL 0.1000 mol · L^{-1} 各种不同强度弱酸

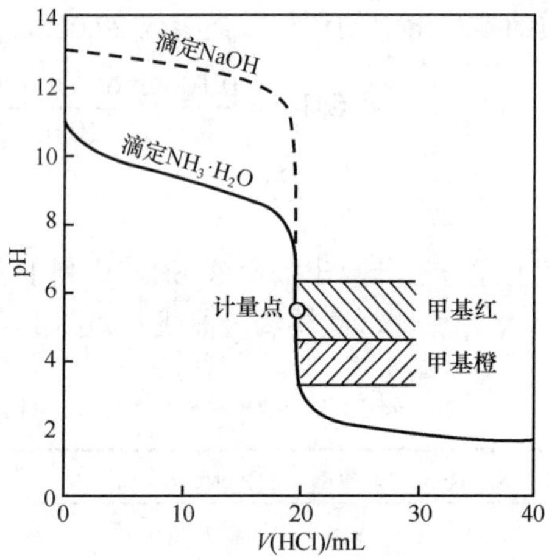

图 13-6 0.1000mol · L^{-1} HCl 滴定 20.00mL 0.1000mol · L^{-1} $NH_3 \cdot H_2O$

强酸滴定一元弱碱与强碱滴定一元弱酸的情况类似。如用 0.1000mol · L^{-1} HCl 滴定 20.00mL 的 0.1000mol · L^{-1} $NH_3 \cdot H_2O$ 溶液，滴定曲线如图 13-6 所示。可以看出，强酸滴定一元弱碱的滴定曲线的形状与强碱滴定一元弱酸的形状类似，位置对称相反；滴定突跃的 pH 范围为 4.3～6.3，在酸性范围内；计量点的 pH 为 5.28，溶液呈弱酸性。因此，应选择在酸性范围内变色的指示剂，如甲基橙、甲基红等。

强酸滴定弱碱的突跃范围的大小也与弱碱的强度及其浓度有关。所以用强酸直接滴定弱碱时，通常也以 $c_bK_b \geqslant 10^{-8}$ 作为能否用强酸直接准确滴定弱碱的依据。

弱酸与弱碱相互滴定，由于反应定量不严格或无明显的滴定突跃，一般没有实用意义。

(三) 多元酸和多元碱的滴定

1. 多元酸的滴定 常见的多元酸多为弱酸或中强酸，用强碱滴定时，其滴定是分步进行的。例如，用 0.1000mol · L^{-1} NaOH 溶液滴定 0.1000mol · L^{-1} H_3PO_4，其滴定分三步进行：

$$H_3PO_4 + NaOH = NaH_2PO_4 + H_2O$$
$$NaH_2PO_4 + NaOH = Na_2HPO_4 + H_2O$$
$$Na_2HPO_4 + NaOH = Na_3PO_4 + H_2O$$

在这一滴定过程中，溶液 pH 的计算比较复杂，通常可采用 pH 计直接测定并记录其滴定过程中 pH 的变化，从而绘制滴定曲线，如图 13-7 所示。

[V(NaOH)/V(H_3PO_4)]×100%

H_3PO_4 是三元酸，其滴定反应分三步进行，但在如图 13-7 中显示的滴定突跃只有两个而不是三个。对于多元酸的滴定，各步滴定反应是否有突跃，也就是能否用强碱直接进行滴定，应根据下列原则判断：

(1)根据 $c_aK_a \geqslant 10^{-8}$ 的原则，判断各步反应是否能进行准确滴定。

(2)根据多元酸相邻两级 K_a 的比值是否大于 10^4，判断能否进行分步滴定。

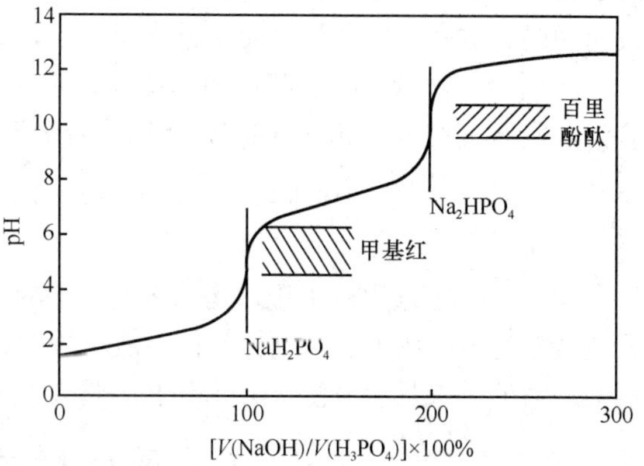

图 13-7　0.1000mol · L^{-1} NaOH 溶液滴定 0.1000mol · L^{-1} H_3PO_4

H_3PO_4 的 K_{a1}、K_{a2}、K_{a3} 分别为 7.52×10^{-3}、6.23×10^{-8}、2.20×10^{-13}，如果其浓度为 0.1mol · L^{-1}，其 c_aK_{a1}、c_aK_{a2}、c_aK_{a3} 分别大于、近于和远远小于 10^{-8}，并且 K_{a1}/K_{a2}、K_{a2}/K_{a3} 都大于 10^4，所以第一步和第二步的滴定反应都有较明显的突跃，可用 NaOH 溶液直接进行分步滴定，而第三步的滴定反应没有明显的突跃，无法用 NaOH 溶液直接进行滴定。

准确计算多元酸的滴定曲线涉及比较复杂的数学处理，这里不加介绍。在酸碱滴定分析的实际工作中，为了选择指示剂，一般只需计算计量点时 pH，然后据此选择合适的指示剂。如 H_3PO_4 的滴定过程中有两个突跃，即有两个计量点，其 pH 可近似计算如下。

达到第一计量点时，产物为 NaH_2PO_4，溶液的 pH 为

$$pH=\frac{1}{2}(pK_{a1}+pK_{a2})=\frac{1}{2}\times(2.16+7.21)=4.68$$

因此，这一步滴定可选择甲基红作指示剂，终点由红变黄。

达到第二计量点时，产物为 Na_2HPO_4，溶液的 pH 为

$$pH=\frac{1}{2}(pK_{a2}+pK_{a3})=\frac{1}{2}\times(7.21+12.32)=9.76$$

所以，这一步滴定可选择百里酚酞作指示剂，终点由无色变为浅蓝色。

第三计量点，由于 K_{a3} 太小，无法用 NaOH 溶液直接进行滴定。但可加入 $CaCl_2$ 以沉淀 PO_4^{3-}，即可将 H^+释放出来，这样第三个 H^+就可以准确滴定了。

2. 多元碱的滴定　多元碱一般是指多元酸与强碱作用所生成的盐，如 Na_2CO_3、$Na_2B_4O_7$ 等。例如用 HCl 溶液滴定 Na_2CO_3 时，滴定反应分步进行：

$$CO_3^{2-}+H^+ = HCO_3^-$$

$$HCO_3^-+H^+ = H_2CO_3$$

CO_3^{2-} 和 HCO_3^- 的离解常数分别为

$$K_{b1}=K_w/K_{a2}=1.00\times10^{-14}/(4.70\times10^{-11})=2.13\times10^{-4}$$

$$K_{b2}=K_w/K_{a1}=1.00\times10^{-14}/(4.50\times10^{-7})=2.22\times10^{-8}$$

多元碱能否用强酸直接准确滴定，判断的原则与多元酸的滴定类似，即

(1) 根据 $c_bK_b \geqslant 10^{-8}$ 的原则，判断各步反应是否能进行准确滴定。

(2) 根据多元酸相邻两级 K_b 的比值是否大于 10^4，判断能否进行分步滴定。

如上述滴定，两步反应的 c_bK_b 大于或近于 10^{-8}，并且 K_{b1}/K_{b2} 近于 10^4，所以，Na_2CO_3 可用 HCl 溶液直接进行分步滴定。

达到第一计量点时，产物为 $NaHCO_3$，溶液的 pH 近似值为

$$pH=\frac{1}{2}(pK_{a1}+pK_{a2})=\frac{1}{2}\times(6.35+10.33)=8.34$$

一般可选择酚酞作指示剂。但由于 K_{b1}/K_{b2} 近于 10^4，差别不大，加之 HCO_3^-的缓冲作用，突跃不太明显，

终点误差较大。为了准确判断第一终点，通常采用 $NaHCO_3$ 溶液作参比溶液，或使用混合指示剂。如果采用甲酚红与百里酚蓝混合指示剂指示终点，其变色范围为 pH=8.2～8.4，可减少误差。

达到第二计量点时，产物为 H_2CO_3，它在溶液中主要是以溶解状态的 CO_2 形式存在，常温下其饱和溶液的浓度约为 0.40 mol·L^{-1}，所以这时溶液的酸度为

$$[H^+]=\sqrt{K_{a1}\cdot c}=\sqrt{4.5\times10^{-7}\times0.04\text{mol}\cdot\text{L}^{-1}}=1.3\times10^{-4}\text{mol}\cdot\text{L}^{-1}$$

$$\text{pH}=3.9$$

这一步滴定选用甲基橙作指示剂是适宜的。但 CO_2 易形成过饱和溶液，滴定过程中生成的 H_2CO_3 只能慢慢地转变为 CO_2，这样就使溶液的酸度稍稍增大，终点提前出现。因此，滴定快到终点时，应剧烈摇动溶液，或加热煮沸使 CO_2 逸出，冷却后再继续滴定至终点。

三、酸碱标准溶液的配制与标定

(一) 酸标准溶液

用来配制酸标准溶液的强酸有盐酸和硫酸，以盐酸最为常用。浓盐酸易逸出 HCl 气体，所以不能直接配成准确浓度的溶液，而是先配成近似于所需浓度(一般为 0.1000mol · L^{-1})的溶液，然后用一级标准物质标定。

最常用于标定盐酸溶液的一级标准物质是无水碳酸钠(Na_2CO_3)或硼砂($Na_2B_4O_7\cdot10H_2O$)。碳酸钠容易制得纯品、价廉，但有较强的吸湿性，且能吸收 CO_2，所以用前必须在 270±10℃加热约 1 小时，稍冷后置于干燥器中冷至室温备用。硼砂的定量组成含有结晶水，当相对湿度小于 39%时易风化失去部分结晶水，因此须保存在相对湿度为 60%的恒湿器中。

例 13-2 称取分析纯 Na_2CO_3 1.0129g，配成一级标准物质溶液 200.0mL，用来标定近似浓度为 0.1mol · L^{-1} 的 HCl 溶液，测得一级标准物质溶液 20.00mL 恰好与 HCl 溶液 18.86mL 反应完全。求此 HCl 溶液的准确浓度。

解 滴定反应为

$$Na_2CO_3+2HCl=\!=\!=H_2CO_3+2NaCl$$

一级标准物质溶液 20.00mL 中 Na_2CO_3 的质量

$$m(Na_2CO_3)=1.0129\text{g}\times20.00\text{mL}/200.0\text{mL}=0.1023\text{g}$$

根据上述反应的计量关系，得

$$c(\text{HCl})=2\times0.1023\text{g}/(0.01886\text{L}\times106.0\text{g}\cdot\text{mol}^{-1})=0.1023\text{mol}\cdot\text{L}^{-1}$$

此 HCl 溶液的准确浓度为 0.1023mol · L^{-1}。

用来配制碱标准溶液的物质有 NaOH、KOH 和 $Ba(OH)_2$，其中 NaOH 较为常用。但它也有较强的吸湿性，且能吸收 CO_2，所以也只能先配成近似于所需浓度(一般为 0.1000mol · L^{-1})的溶液，然后用一级标准物质标定。

标定 NaOH 溶液常用结晶草酸($H_2C_2O_4\cdot2H_2O$)或邻苯二甲酸氢钾($KHC_8H_4O_4$)作一级标准物质。后者易制得纯品、稳定，摩尔质量较大，所以是标定 NaOH 溶液较好的一级标准物质，其反应式为

$$KHC_8H_4O_4+NaOH=\!=\!=KNaC_8H_4O_4+H_2O$$

在计量点时，溶液的 pH 约为 9.1，可选用酚酞作指示剂。

结晶草酸相当稳定，但摩尔质量较小。草酸是二元酸，K_{a1}、K_{a2} 分别为 5.90×10^{-2}、6.46×10^{-5}，但由于 K_{a1}、K_{a2} 比值小于 10^4，因此用它标定 NaOH 溶液时只有一个突跃，反应式为

$$H_2C_2O_4+2NaOH=\!=\!=Na_2C_2O_4+2H_2O$$

计量点时，溶液的 pH 约为 8.4，可选用酚酞指示剂指示滴定终点。

酸、碱标准溶液经分别标定后，可互相滴定比较，以判断标定的正确性。

(二) 应用实例

酸碱滴定法应用广泛。下面以乙酰水杨酸和混合碱的含量测定为例，说明酸碱滴定法的某些应用。

1. 乙酰水杨酸(阿司匹林)含量的测定　乙酰水杨酸是一种常用的解热镇痛药，其分子中含有羧基，可用 NaOH 标准溶液直接滴定，滴定反应方程式为

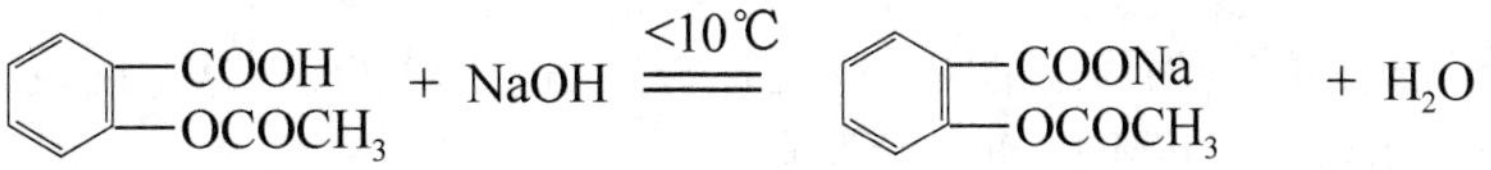

准确称量一定量的乙酰水杨酸试样，用纯净水溶解后，加 2 滴酚酞指示剂，用 NaOH 标准溶液进行滴定。当滴定至溶液由无色变成粉红色，并且 30 秒不褪色，即为终点。根据试样的质量、NaOH 标准溶液的浓度和所消耗的 NaOH 溶液的体积，就可计算乙酰水杨酸的含量。

因乙酰水杨酸分子中酯基($-OCOCH_3$)易发生水解，为防止乙酰水杨酸在滴定时发生水解而使测定结果偏高，滴定时要在乙醇溶液中进行，并且控制滴定温度在 10℃以下。

例 13-3　称取 0.3886g 乙酰水杨酸($C_9H_8O_4$)样品，加 20mL 乙醇溶解后，加 2 滴酚酞指示剂，在不超过 10℃的温度下，用 $0.1002mol \cdot L^{-1}$ NaOH 标准溶液进行滴定。滴至终点时消耗 20.06mL NaOH 溶液，试计算该样品中乙酰水杨酸的质量分数。

解　根据滴定反应的化学方程式，NaOH 与乙酰水杨酸的计量关系为

$$n(C_9H_8O_4)=n(NaOH)=c(NaOH)\cdot V(NaOH)$$

乙酰水杨酸的质量分数为

$$\omega(C_9H_8O_4)=\frac{c(NaOH)\cdot V(NaOH)\cdot M(C_9H_8O_4)}{m(样品)}=\frac{0.1002mol\cdot L^{-1}\times 20.26mL\times 186.1g\cdot mol^{-1}}{0.3886g\times 1000}=0.972$$

2. 混合碱的分析　混合碱通常是指 NaOH 与 Na_2CO_3 或 $NaHCO_3$ 与 Na_2CO_3 的混合物。通常采用双指示剂法测定其含量。下面以分析 NaOH 与 Na_2CO_3 的含量为例：

准确称取一定量的试样溶解后，加酚酞作指示剂，用 HCl 标准溶液进行滴定至红色刚消失，记录消耗 HCl 体积 V_1(mL)，此时 NaOH 全部被中和，Na_2CO_3 被中和成 $NaHCO_3$。然后加甲基橙指示剂滴定至橙红色，记录消耗 HCl 体积 V_2(mL)。显然 V_2 是滴定 $NaHCO_3$ 所消耗的 HCl 体积。

NaOH 和 Na_2CO_3 的质量分数分别为：

$$\omega(NaOH)=\frac{c(HCl)\cdot(V_1-V_2)\cdot M(NaOH)}{m(样品)}$$

$$\omega(Na_2CO_3)=\frac{c(HCl)\cdot V_2\cdot M(Na_2CO_3)}{m(样品)}$$

$NaHCO_3$ 和 Na_2CO_3 混合物的分析方法与 NaOH 与 Na_2CO_3 的分析方法类似，请同学们推导出其质量分数的表达式。

第四节　氧化还原滴定法

氧化还原滴定法(oxidation-reduction titration)是以氧化还原反应为基础的滴定分析方法。利用氧化还原滴定法不仅可以直接测定许多具有氧化性或还原性的物质，还可以间接测定一些本身没有氧化性或还原性但能与氧化剂或还原剂定量反应的物质。但并非所有氧化还原反应都可用作滴定分析，只有满足下列要求的氧化还原反应才能用于氧化还原滴定分析。

(1) 被滴定的物质必须处于适合滴定的氧化态或还原态。

(2) 氧化还原反应必须定量进行，并有足够大的反应平衡常数 K，一般认为 $K\geqslant 10^6$ 的氧化还原滴定反应可用于滴定分析。

(3) 氧化还原反应必须有较快的反应速率，特别是直接滴定更应如此。

(4) 氧化还原反应必须有合适的指示剂指示滴定终点。

通常根据所用的氧化剂标准溶液将氧化还原滴定法进行分类，如**高锰酸钾法**(potassium permanganate method)、**碘量法**(iodimetry)、重铬酸钾法、溴酸盐法、铈量法等，本节介绍高锰酸钾法和碘量法。

一、高锰酸钾法

(一) 概述

高锰酸钾法是指以高锰酸钾为滴定剂的氧化还原滴定法。$KMnO_4$ 是常用的氧化剂之一，它的氧化能力和还原产物会随着溶液的酸度不同而有所不同。

在酸性溶液中，MnO_4^- 是强氧化剂，本身被还原为 Mn^{2+}。其半反应为

$$MnO_4^- + 8H^+ + 5e \rightleftharpoons Mn^{2+} + 4H_2O \qquad \varphi^\ominus = 1.507V$$

在弱酸性、中性或弱碱性溶液中，MnO_4^-的氧化能力降低，本身被还原为褐色的 MnO_2。其半反应为

$$MnO_4^- + 2H_2O + 3e \rightleftharpoons MnO_2\downarrow + 4OH^- \qquad \varphi^\ominus = 0.595V$$

在强碱性溶液中，MnO_4^- 的氧化能力进一步降低，本身被还原为 MnO_4^{2-}。其半反应为

$$MnO_4^- + e \rightleftharpoons MnO_4^{2-} \qquad \varphi^\ominus = 0.558V$$

利用高锰酸钾标准溶液进行滴定时，一般在强酸溶液中进行，所用的强酸通常是硫酸，而不能选用硝酸和盐酸作为酸化试剂，原因是硝酸有氧化性，可能与被测物反应；盐酸有还原性，可能被高锰酸钾氧化。硫酸的适宜浓度为 $0.5 \sim 1mol \cdot L^{-1}$。

$KMnO_4$ 本身呈紫红色，只要 MnO_4^-的浓度达到 $2 \times 10^{-6} mol \cdot L^{-1}$ 就能显示其紫红色，其还原产物 Mn^{2+}几乎无色，因此用高锰酸钾标准溶液滴定无色或浅色溶液时，一般不需另加指示剂。

利用高锰酸钾作氧化剂可直接滴定还原性物质。如 H_2O_2、亚铁盐、草酸盐等；也可用返滴定法测定一些不能用高锰酸钾溶液直接滴定的氧化性物质，如测定 MnO_2 的含量时，可在硫酸溶液中加入一定量过量的草酸钠标准溶液，待 MnO_2 和 $C_2O_4^{2-}$作用完毕后，用 $KMnO_4$ 标准溶液滴定过量的 $C_2O_4^{2-}$，由 $Na_2C_2O_4$ 的总量减去剩余量，就可以算出与 MnO_2 作用所消耗掉的 $Na_2C_2O_4$ 的量，从而求出 MnO_2 的量。

此外，含有 Ba^{2+}、Ca^{2+}、Zn^{2+}等非氧化还原性物质的含量，可用间接法测定。如测定 Ca^{2+}时，可先将 Ca^{2+}沉淀为 CaC_2O_4，再用稀硫酸将沉淀溶解，然后用 $KMnO_4$ 标准溶液滴定溶液中的 $C_2O_4^{2-}$，即可间接求得 Ca^{2+}的含量。

(二) $KMnO_4$ 标准溶液的配制与标定

1. $KMnO_4$ 标准溶液的配制 $KMnO_4$ 试剂中常含有少量 MnO_2 杂质，而且蒸馏水中也常含微量有机杂质能还原 $KMnO_4$，故不能直接配制其标准溶液。通常是先配制成一近似浓度的 $KMnO_4$ 溶液，然后标定。为使 $KMnO_4$ 溶液浓度稳定，常将配好的溶液加热至沸，并保持微沸 1 小时，然后放置 2～3 天，并用烧结的砂心漏斗过滤，以除去 MnO_2。通常配制的 $KMnO_4$ 溶液浓度约 $0.02mol \cdot L^{-1}$。储存于棕色玻璃瓶中。

2. $KMnO_4$ 溶液的标定 标定 $KMnO_4$ 溶液常用的一级标准物质有 $Na_2C_2O_4$、$H_2C_2O_4 \cdot 2H_2O$ 及纯 Fe 等，其中以草酸钠最为常用，标定反应的方程式为

$$2MnO_4^- + 5C_2O_4^{2-} + 16H^+ = 2Mn^{2+} + 10CO_2\uparrow + 8H_2O$$

此反应在常温下起始速率较慢。为了加速其反应，可将 $Na_2C_2O_4$ 溶液预热到 70～80℃后再滴定。如果溶液的温度高于 90℃，草酸可能部分发生分解。但是，滴定反应开始后，溶液中会产生少量的 Mn^{2+}，Mn^{2+}能催化上述滴定反应(称为自催化反应)，使其反应速率大大加快。当滴定至溶液呈粉红色并在 30 秒内不褪色，即达到滴定终点。根据称取的 $Na_2C_2O_4$ 的质量和滴定所消耗的 $KMnO_4$ 溶液的体积，即可计算出 $KMnO_4$ 溶液的准确浓度。

$$c(KMnO_4) = \frac{2 \times m(Na_2C_2O_4)}{5 \times M(Na_2C_2O_4)V(KMnO_4)}$$

(三) 高锰酸钾法应用示例

1. H_2O_2 的测定 H_2O_2 可用 $KMnO_4$ 标准溶液在酸性溶液中直接滴定，反应方程式为

$$2MnO_4^- + 5H_2O_2 + 6H^+ = 2Mn^{2+} + 5O_2\uparrow + 8H_2O$$

此反应在常温下可在硫酸介质中顺利进行，滴定反应开始时反应速率较慢，当 Mn^{2+}生成后，Mn^{2+}

催化上述滴定反应，使其反应速率加快。当滴定至溶液呈粉红色并在30s内不褪色，即达到滴定终点。根据 $KMnO_4$ 标准溶液的准确浓度和滴定所消耗的 $KMnO_4$ 溶液的体积，即可计算出 H_2O_2 的准确浓度。

$$c(H_2O_2)=\frac{5\times c(KMnO_4)\cdot V(KMnO_4)}{2\times V(H_2O_2)}$$

2. 化学耗氧量的测定 化学耗氧量(chemical oxygen demand，COD)是水体受还原性物质(主要是有机物)污染程度的综合性指标。它是指在特定条件下，用一种强氧化剂定量地氧化水体中可还原性物质(有机物和无机物)时所消耗的氧化剂的量，以每升多少毫克表示($O_{2mg}\cdot L^{-1}$)。测定时，在水样中加入适量的硫酸及一定量的过量的 $KMnO_4$ 溶液，于沸水浴中加热，使其中的还原性物质氧化完全。剩余的 $KMnO_4$ 用一定量过量的 $Na_2C_2O_4$ 还原，再用 $KMnO_4$ 标准溶液返滴定。该法主要用于地表水、饮用水和轻度污染的生活污水的 COD 测定。

二、碘 量 法

(一) 概述

碘量法是以 I_2 的氧化性和 I^- 的还原性为基础的氧化还原滴定分析方法，其基本反应为

$$I_2 + 2e \rightleftharpoons 2I^- \quad \varphi^{\ominus}=0.5355V$$

$\varphi^{\ominus}$ 值中等大小，所以 I_2 是一种中等强度的氧化剂，它能与较强的还原剂作用；而 I^- 又是一种中等强度的还原剂，能与许多氧化剂作用。

碘量法可分为直接碘量法和间接碘量法。标准电极电位比 $\varphi^{\ominus}_{I_2/I^-}$ 低的还原性物质适用直接碘量法，即可直接用 I_2 标准溶液滴定。$S_2O_3^{2-}$、Sn^{2+} 等即可以此法滴定。直接碘量法只能在酸性或中性溶液中进行，因为在碱性溶液中，I_2 发生如下反应

$$3I_2+6OH^- = IO_3^- +5I^- +3H_2O$$

由于 I_2 所能氧化的物质不多，所以直接碘量法的应用比较有限。

标准电极电位比 $\varphi^{\ominus}_{I_2/I^-}$ 高的氧化性物质适用间接碘量法，即先使其与过量的 I^- 作用，使一部分 I^- 被定量地氧化成 I_2，然后用 $Na_2S_2O_3$ 标准溶液滴定所生成的 I_2，即可求出这些氧化性物质的物质的量。

间接碘量法以下列反应为基础

$$I_2+ 2S_2O_3^{2-} = S_4O_6^{2-} +2I^-$$

反应必须在弱酸性或中性溶液中进行。由于 I_2 有挥发性，所以间接碘量法最好在碘量瓶中进行，且滴定时不要剧烈摇动溶液。

碘量法中用淀粉作指示剂。在 I^- 的作用下，淀粉可与 I_2 作用形成蓝色配合物，其灵敏度很高。在间接碘量法中，淀粉指示剂应在临近终点(溶液呈黄色)时加入，因为 I_2 浓度较高时，可被淀粉牢固地吸附而难于与 $Na_2S_2O_3$ 立即作用，致使终点延迟。

(二) 标准溶液的配制和标定

1. 碘标准溶液的配制和标定 由于碘有挥发性和腐蚀性，不宜在分析天平上称量。 般用间接方法配制碘标准溶液，然后标定。固体 I_2 在水中的溶解度很小，可加入 KI，使其形成 I_3^- 配离子，不但增加了 I_2 的溶解度，而且降低了 I_2 的挥发性。配成的碘溶液，既可用 $Na_2S_2O_3$ 标准溶液标定，也可用一级标准物质标定。常用的一级标准物质为 As_2O_3。As_2O_3 难溶于水，易溶于 NaOH 溶液，生成易溶的 Na_3AsO_3。

$$As_2O_3+6OH^- = 2AsO_3^{3-} +3H_2O$$

$As_2O_3^{3-}$ 和 I_2 的反应为

$$AsO_3^{3-} +I_2+H_2O = AsO_4^{3-} +2I^-+2H^+$$

总反应式为

$$As_2O_3+2I_2+6OH^- = 2AsO_4^{3-} +4I^-+4H^++H_2O$$

反应达计量点时，有下列计量关系

$$c(I_2)=\frac{2m(As_2O_3)}{M(As_2O_3)\cdot V(I_2)}$$

2. 硫代硫酸钠标准溶液的配制和标定 硫代硫酸钠($Na_2S_2O_3\cdot 5H_2O$)为无色晶体.常含有少量的杂质(如 S、Na_2SO_3、Na_2CO_3 和 S^{2-}等)，同时易风化、潮解，不能直接配制标准溶液。$Na_2S_2O_3$ 水溶液不稳定，原因是水中的 CO_2、O_2 和细菌能分别分解和氧化 $Na_2S_2O_3$，因此需用新煮沸过的冷蒸馏水配制溶液，并加少量的 Na_2CO_3 作稳定剂，保持溶液 pH 在 9～10，放置 8～9 天后进行滴定。可用碘标准溶液或一级标准物质标定。常用的一级标准物质为 $K_2Cr_2O_7$。在酸性溶液中，一定量的 $K_2Cr_2O_7$ 与过量的 KI 作用生成一定量 I_2，再用 $Na_2S_2O_3$ 溶液滴定。反应为

$$K_2Cr_2O_7+6KI+14HCl=\!=\!=2CrCl_3+3I_2+8KCl+7H_2O$$

$$I_2+2Na_2S_2O_3=\!=\!=2NaI+Na_2S_4O_6$$

当反应达计量点时，存在下列计算关系

$$c(Na_2S_2O_3)=\frac{6m(K_2Cr_2O_7)}{M(K_2Cr_2O_7)\cdot V(Na_2S_2O_3)}$$

(三) 碘量法应用示例

1. 直接碘量法测定维生素 C 的含量 维生素 C($C_6H_8O_6$)即抗坏血酸(ascorbic acid)，有较强的还原性，能被 I_2 定量氧化成脱氢抗坏血酸($C_6H_6O_6$)

$$C_6H_8O_6+I_2=\!=\!=C_6H_6O_6+2HI$$

从上式看，碱性条件更有利于反应进行。但维生素 C 的还原性很强，在碱性溶液中易被空气中的氧氧化，所以在滴定时需加入一些 HAc，使溶液保持一定的酸度，以减少维生素 C 受 I_2 以外的氧化剂作用的影响。当反应达计量点时，存在下列计算关系

$$n(C_6H_8O_6)=n(I_2)$$

$$\omega(C_6H_8O_6)=\frac{c(I_2)\cdot V(I_2)\cdot M(C_6H_8O_6)}{m(\text{样品})}$$

2. 间接碘量法测定次氯酸钠含量 次氯酸钠为杀菌剂，在酸性溶液中能将 I^-氧化成 I_2，后者可用 $Na_2S_2O_3$ 标准溶液滴定，有关反应如下

$$NaClO+2HCl=\!=\!=Cl_2+NaCl+H_2O$$

$$Cl_2+2KI=\!=\!=I_2+2KCl$$

$$I_2+2Na_2S_2O_3=\!=\!=2NaI+Na_2S_4O_6$$

从反应方程式看，当反应达计量点时，存在下列计算关系

$$n(NaClO)=n(Cl_2)=n(I_2)=n(2Na_2S_2O_3)$$

$$m(NaClO)=\frac{c(Na_2S_2O_3)\cdot V(Na_2S_2O_3)\cdot M(NaClO)}{2}$$

第五节 配位滴定法

一、概 述

配位滴定法(complexometric titration)是指以配位反应为基础的滴定分析方法。用于配位滴定的配位剂可分为无机配位剂与有机配位剂，能用于滴定分析的无机配位剂很少，一般多为有机配位剂。有机配位剂大多是多齿配体，能与金属离子形成具有环状结构的螯合物。此时，称该配位剂为螯合剂。常用的螯合剂是**乙二胺四乙酸**(ethylenediaminetetraacetic acid)，简称 EDTA，用 H_4Y 表示其分子式。由于乙二胺四乙酸在水中的溶解度较小，通常使用的是它的二钠盐($Na_2H_2Y\cdot 2H_2O$)，一般也称为 EDTA。

以螯合反应为基础的滴定分析方法称为**螯合滴定**(chelatometric titration)，以 EDTA 为螯合剂的滴定分析方法又称 **EDTA 滴定法**。

EDTA 滴定反应的特点是：①EDTA 具有很强的配位性能，几乎能与所有的金属离子形成螯合物，形成的螯合物一般十分稳定；②不论金属原子的价数多少，它们与 EDTA 一般是以 1∶1 螯合，即 M+Y=MY(略去电荷)；③形成的螯合物易溶于水；④EDTA 与无色的金属离子配位时，则形成无色的螯合物，与有色的金属离子配位时，一般可形成颜色更深的螯合物。

乙二胺四乙酸(H_4Y)有 2 个氨基和 4 个羧基，为四元酸。氨基具有碱性，两个羧基上的 H 转移至 N 原子上，形成双极离子。在 pH<2 溶液中，可以接受两个质子形成 H_6Y^{2+}，这样 EDTA 就相当于六元酸。在水溶液中存在六级解离平衡。因此，EDTA 在水溶液中可以有 H_6Y^{2+}、H_5Y^{+}、H_4Y、H_3Y^{-}、H_2Y^{2-}、HY^{3-}、Y^{4-}七种存在形式。当溶液的 pH 不同时，各种存在形式的摩尔分数也不同，并且 EDTA 滴定中一般只有 Y^{4-}能与金属离子螯合。

二、滴定时干扰因素的控制

溶液中 MY 的稳定性除决定于 K_s(MY)的大小外，还与溶液的酸度有关。MY 也和其他配离子一样，溶液 pH 值愈低，Y^{4-}与 H^+结合成难解离的 HY^{3-}、H_2Y^{2-}、H_3Y^{-}，致使滴定过程中生成的 MY 发生解离。pH 增大时，虽生成弱酸的能力减弱，但金属离子与 OH^-结合成氢氧化物沉淀倾向增强，MY 也不稳定。所以 EDTA 滴定过程中选择合适的 pH 是十分重要的。在表 13-4 列出了一些金属离子被 EDTA 滴定的最低 pH。为了保持滴定过程中 pH 基本稳定，在滴定前必须加入合适的缓冲溶液。

表 13-4 一些金属离子能被 EDTA 滴定的最低 pH

金属离子	$\lg K_s$(MY)	最低 pH	金属离子	$\lg K_s$(MY)	最低 pH
Mg^{2+}	8.64	9.7	Zn^{2+}	16.4	3.9
Ca^{2+}	11.0	7.5	Pb^{2+}	18.3	3.2
Mn^{2+}	13.8	5.2	Ni^{2+}	18.56	3.0
Fe^{2+}	14.33	5.0	Cu^{2+}	18.7	2.9
Al^{3+}	16.11	4.2	Hg^{2+}	21.8	1.9
Co^{2+}	16.31	4.0	Sn^{2+}	22.1	1.7
Cd^{2+}	16.4	3.9	Fe^{3+}	24.23	1.0

溶液中若有可能与金属离子配位的其他配位剂(L)存在时，同样会影响 MY 的稳定性，这种由于其他配位剂存在使金属离子参加主反应能力降低的现象称为配位效应。ML_n 的 $K_s(ML_n)$愈大，配位效应愈强。如在 pH=5～6 时，用 EDTA 标准溶液滴定 Al^{3+}时，若溶液中如有 F^-，F^-可与 Al^{3+}形成 K_s 很大的$[AlF_6]^{3-}$，从而影响 AlY^-的形成，使结果偏低。但在 pH=10 时滴定 Zn^{2+}，NH_3-NH_4Cl 缓冲液中的 NH_3 并不影响滴定，因$[Zn(NH_3)_4]^{2+}$的 K_s 相对较小，终点时，Y^{4-}可从$[Zn(NH_3)_4]^{2+}$中把 Zn^{2+}夺取过来，形成稳定的 ZnY^{2-}。

三、金属离子指示剂

配位滴定终点可用金属离了指示剂指示，金属离子指示剂简称**金属指示剂**(metallochromic indicator)。金属指示剂是一类能与金属离子形成有色配合物的水溶性有机染料。它们必须具备下列条件：①与金属离子形成的配合物(MIn)的颜色与指示剂(In)的颜色应显著不同；②显色反应灵敏、迅速，有良好的变色可逆性。③显色配合物的稳定性要适当。它既要有足够的稳定性，又要应比 MY 的稳定性差。如果稳定性太低，就会提前出现终点，而且变色不敏锐；如果稳定性太高，就会使终点拖后，甚至有可能使 EDTA 不能夺出其中的金属离子，显色反应失去可逆性，无法显色滴定终点。④金属指示剂应比较稳定，便于储藏和使用。

现以常用的金属指示剂铬黑 T 为例，说明金属指示剂的变色原理和滴定终点的判断。

铬黑 T 为弱酸性偶氮染料，可用符号 Na_2HIn 表示。它在水溶液中存在下列解离平衡

$$H_2In^- \underset{pK_2=6.3}{\overset{-H^+}{\rightleftharpoons}} HIn^{2-} \underset{pK_3=11.6}{\overset{-H^+}{\rightleftharpoons}} In^{3-}$$

(紫红色)　　(蓝色)　　(橙色)

pH＜6.3　　pH=6.3～11.6　　pH＞11.6

在 pH＜6.3 和 pH＞11.6 时，指示剂本身的颜色与金属离子形成配合物 MY 的酒红色无明显区别，故终点无法判断；在 pH 为 6.3～11.6 时，铬黑 T 显蓝色，与形成配合物的酒红色有明显区别，则终点时颜色变化明显。因此，用铬黑 T 作指示剂时最适宜的 pH 为 9.0～10.5，一般用 NH_3-NH_4Cl 缓冲溶液控制溶液 pH 在 10.0 左右进行滴定。铬黑 T 可用作滴定 Mg^{2+}、Zn^{2+}、Pb^{2+}、Cd^{2+}、Hg^{2+}等离子时的指示剂。以 EDTA 滴定 Mg^{2+}为例，其变色情况为

滴定前：　$Mg^{2+}+HIn^{2-} \rightleftharpoons H^++MgIn^-$(酒红色)

滴定过程中：　$Mg^{2+}+HY^{3-} \rightleftharpoons MgY^{2-}+H^+$

终点时：　$MgIn^-+HY^{3-} \rightleftharpoons MgY^{2-}+HIn^{2-}$

(酒红色)　　(蓝色)

金属指示剂的种类较多，除铬黑 T 外，还有二甲酚橙、钙指示剂、酸性铬蓝 K、PAN 等，在此不一一叙述。

四、标准溶液的配制与标定

(一) EDTA 标准溶液的配制与标定

一般采用间接法配制 EDTA 标准溶液，先用 EDTA 二钠盐配成近似浓度的溶液，然后用分析纯的 Zn、$ZnSO_4$、$CaCO_3$、$MgCO_3$ 等一级标准物质配成标准溶液，以铬黑 T 为指示剂，用 NH_3-NH_4Cl 缓冲液调节 pH=10 左右进行标定，EDTA 标准溶液常用浓度为 0.01～0.05mol · L^{-1}。

(二) Zn 标准溶液的配制与标定

Zn 标准溶液可采取直接法配制　准确称取一定量分析纯 Zn 粒，用 HCl 溶解后直接配制；也可用分析纯 $ZnSO_4$ 直接配制。或者用间接法配制，先配成近似浓度的溶液，然后用 EDTA 标准溶液标定。

五、配位滴定法的应用

用 EDTA 标准溶液可以直接滴定许多种金属离子，在医药分析中，广泛应用于 Ca^{2+}、Mg^{2+}、Al^{3+}和 Bi^{3+}等无机药物含量的测定。含 Ca^{2+}的药物比较多，如葡萄糖酸钙、乳酸钙和氨基酸钙等。药典多采用 EDTA 滴定法测量其含量。测量葡萄糖酸钙时，准确称取一定量葡萄糖酸钙试样，加含 MgY 的 NH_3-NH_4Cl 缓冲液调节 pH 至 10 左右，以铬黑 T 为指示剂，用 EDTA 标准溶液进行滴定，葡萄糖酸钙的质量分数计算如下

$$\omega(C_{12}H_{22}O_{14}Ca \cdot H_2O)=\frac{c(\text{EDTA}) \cdot V(\text{EDTA}) \cdot M(C_{12}H_{22}O_{14}Ca \cdot H_2O)}{m(\text{样品})}$$

第六节　沉淀滴定法

沉淀滴定(precipitation titration)是指以沉淀反应为基础的滴定分析方法，但目前应用于沉淀滴定分析的反应一般是测定卤素离子 Cl^-、Br^-、I^-及 SCN^-等类卤素离子的银盐沉淀反应，故又称为**银量法**。除了直接测定这些离子含量外，还可间接测定经过预处理能够释放出上述离子的有机物的含量以及测定 Ag^+的含量。例如人体血清中 Cl^-的测定、饮用水中 Cl^-的监测以及一些药物中卤素的测定。常用的银量法又根据所用指示剂的不同，分为 Mohr 法、Volhard 法和 Fajans 法。

一、Mohr 法

用 K_2CrO_4 作指示剂的银量法称为 Mohr 法。莫尔法通常以 $AgNO_3$ 为标准溶液，在中性或弱酸性

(pH=6.5～10.5)条件下测定 Cl^-和 Br^-。

例如，在含有 Cl^-的中性溶液中，以 K_2CrO_4 作指示剂，用 $AgNO_3$ 为标准溶液滴定，由于 AgCl 的溶解度比 Ag_2CrO_4 的溶解度小，根据分步沉淀原理，溶液中首先析出 AgCl 沉淀，当 AgCl 定量沉淀后，过量一滴 $AgNO_3$ 溶液与 CrO_4^{2-}生成砖红色沉淀，指示到达滴定终点。滴定反应和指示剂反应分别为

$$\text{滴定反应：} \quad Ag^+ + Cl^- \Longrightarrow AgCl\downarrow(\text{白})$$

$$\text{指示剂反应：} 2Ag^+ + CrO_4^{2-} \Longrightarrow Ag_2CrO_4\downarrow(\text{砖红色})$$

需注意的是：①Mohr 法应在中性或弱碱性条件下进行。一般控制在 pH=6.5～10.5，酸性过强或碱性过强分别会对 CrO_4^{2-}和 Ag^+的浓度造成影响而产生误差。如果试液中有铵盐存在，要求溶液的酸度范围更窄，pH=6.5～7.2，以防形成 $Ag(NH_3)_2^+$，使 AgCl 及 Ag_2CrO_4 的溶解度增大，影响滴定。②应设法除去或掩蔽样品中能与 Ag^+形成沉淀的阴离子和能与 CrO_4^{2-}生成沉淀的阳离子。③Mohr 法适于测定 Cl^-和 Br^-，不适于测定 I^-及 SCN^-，这是因为 AgI 及 AgSCN 具有强烈的吸附作用，使 I^-和 SCN^-无法继续与 Ag^+结合，使终点提前且不明显，故 Mohr 法通常不能对 I^-和 SCN^-进行定量测定。

$AgNO_3$ 标准溶液可用一级标准物质和不含卤素离子的蒸馏水直接配制，也可用间接法配制，然后用一级标准物质 NaCl 标定。$AgNO_3$ 标准溶液应保存在棕色试剂瓶中避光保存。

二、Volhard 法

用铁铵矾作指示剂的银量法称为 Volhard 法。与莫尔法不同，Volhard 法适用于在强酸性条件下的测定，通常在 0.1～0.3mol · L^{-1} 的 HNO_3 介质中进行。以铁铵矾[$NH_4Fe(SO_4)_2$]为指示剂，分为直接滴定法和返滴定法。

1. 直接滴定法用于测定 Ag^+ 在 HNO_3 介质中用 KSCN 或 NH_4SCN 标准溶液滴定 Ag^+，当 AgSCN 定量沉淀完全后，过量的 SCN^-与指示剂中的 Fe^{3+}形成红色配合物，指示到达滴定终点。

2. 返滴定法用于测定卤素离子 在 HNO_3 酸化的含卤素离子的试样中加入已知过量的 $AgNO_3$ 标准溶液，以铁铵矾为指示剂，用 NH_4SCN 标准溶液返滴定过量的 Ag^+，生成 AgSCN 沉淀，当 Ag^+与 SCN^-反应完全以后，过量的 NH_4SCN 溶液与 Fe^{3+}形成红色配合物，指示终点已到。

由于 AgCl 的溶解度比 AgSCN 的溶解度大，因此过量的 SCN^-将与 AgCl 发生反应，使 AgCl 转化为溶解度更小的 AgSCN。所以，在用返滴定法测定 Cl^-时，应采取返滴定前滤除沉淀或加入硝基苯等有机溶剂隔离沉淀的方法，防止 AgCl 转化为 AgSCN。

测定 I^-离子时，应先加入过量的 $AgNO_3$ 标准溶液，使 AgI 沉淀完全后再加入铁铵矾指示剂，以避免 Fe^{3+}将 I^-氧化为 I_2。

Volhard 法的最大优点是可以在酸性溶液中进行滴定，许多弱酸根离子如 PO_4^{3-}、AsO_4^{3-}、CrO_4^{3-}等都不干扰测定，因而方法的选择性较高。

NH_4SCN 在通常条件下难以达到一级标准物质的要求.故不能直接配制成标准溶液，一般用 $AgNO_3$ 标准溶液标定。

三、Fajans 法

用吸附指示剂指示滴定终点的银量法称为 Fajans 法。常见的吸附指示剂是一类有色的有机化合物，在溶液中指示剂应以阴离子形式 In^-存在，在化学计量点前，溶液中卤素阴离子过量而使沉淀因选择性吸附构晶离子即卤素阴离子而带负电荷。当化学计量点到达乃至 Ag^+稍过量时，沉淀表面的吸附的构晶离子转变为 Ag^+离子，此时沉淀表面吸附离子的电性改变，指示剂阴离子 In^-在沉淀表面吸附，可能由于形成某种化合物而导致指示剂分子结构的改变，因而引起颜色的变化，指示终点到达。

为使指示剂呈离子状态，测定时应根据指示剂的不同控制适当的酸度。表 13-5 列出了一些常用的吸附指示剂及测定条件。除酸度条件外，还应注意吸附指示剂离子的电荷应与滴定剂离子的电荷相反。

表 13-5 常用的吸附指示剂及测定条件

指示剂	被测离子	滴定剂	测定条件(pH)
荧光黄	Cl^-、Br^-、I^-	$AgNO_3$	7～10
二氯荧光黄	Cl^-、Br^-、I^-	$AgNO_3$	4～10
曙红	Cl^-、Br^-、SCN^-	$AgNO_3$	2～10
溴甲酚氯	SCN^-	$AgNO_3$	4～5
甲基紫	Ag^+	$NaCl$	酸性介质
罗丹明 6G	Ag^+	$NaBr$	酸性介质
钍试剂	SO_4^{2-}	$BaCl_2$	1.5～3.5
溴酚蓝	Hg_2^{2+}	$NaCl$、$NaBr$	酸性介质

采用吸附指示剂还应注意以下几个因素：

(1) 由于颜色变化发生在沉淀表面，因此应尽可能使沉淀的比表面大一些，即沉淀的颗粒要小一些。因此，可加入糊精作为保护胶体，阻止卤化银凝聚，以保持较大的表面积。

(2) 溶液的浓度不能太低，因为浓度太低时，沉淀很少，观察终点比较困难。

(3) 滴定过程中应尽量避光，以免卤化银在强光下分解为银，所产生的黑色影响观察。

(4) 新生成沉淀对指示剂的吸附能力应略低于对被测离子的吸附，否则指示剂离子可在化学计量点前进入吸附层使终点提前。但沉淀对指示剂的吸附能力也不能太弱，否则会造成终点拖后。常用指示剂和卤素离子的吸附能力为

$$I^- > \text{二甲基二碘荧光黄} > Br^- > \text{曙红} > Cl^- > \text{荧光黄}$$

Summary

Titration is a quantitative measurement of an analyte in solution by completely reacting with a reagent. The point at which all of the analyte is consumed is called the endpoint and is determined by some type of indicator that is also present in the solution. For acid-base titrations，indicators are available that color changes when the pH changes. When all of the analyte is neutralized，further addition of the titrant causes the pH of the solution to change and causing the color of the indicator to change. The analyte concentration is calculated from the reaction stoichiometry and the amount of reagent that was required to react with all of the analyte. By using of the reaction，titration is classified as acid-base titration，redox titration，complexometric titration，precipitation titration and so on.

In acid-base titration，acids and bases react until one of the reactants is consumed completely. A solution of base of known concentration can therefore be used to titrate an acid solution of unknown concentration. Likewise，an acid solution of known concentration can be used to titrate a base solution of unknown concentration. Acid-base titrations consist of strong acid titration and weak acid titration. There are titration curves in the process of titration. Titration curves show how the pH of an acid or base changes as it is neutralized. The curve is usually obtained by calculation or by placing a glass electrode into the titration flask and recording the pH as the titration standard solution is added. The rate of change of pH during titration，particularly close to the equivalence point，is of prime importance on the accuracy of the titration. There，in order to choose which indicator is best for the acid-base process of interest，it is important to consider the pH range over which titration curves. The end point might differ slightly from the equivalence point，and the difference between the equivalence point and the end point is called the titration error. The titration error will usually be negligible if a suitable indicator is available for use. In the case of titration between strong base and strong acid，the result would in a sharp colour change for any indicator in the pH region of about 4～10. In contrast，in the case of a week acid and strong base，the curve is much shallower，covering a pH range of about just 2. And in order to get a sharp end point for this titration，an indicator working in the pH range of about 8～10 must be selected.

In redox titration，oxidant and reductant react that colour change is displayed generally by reactant itself.

For example, MnO_4^- titrations the color change between purple and colorless. Dilute sulphuric acid is always added because MnO_4^- is a better oxidizing agent in acid condition and the end point occurs when the color changes from purple to colorless or from colorless to a faint pink. Similarily, Iodine which is brown in solution is titrated against thiosulfate solution. Here the end point occurs when the solution goes from pale yellow to colorless. This change can be made more obvious by adding some starch solution once the iodine has reached a straw color. The starch forms a blue compound with the iodine which disappears as iodine is used up.

In complexometric titration, complexes form in a fixed stoichiometry so a standard solution of a ligand can be used to titrate a metal ion in solution. Similarly, a standard solution of a metal ion can been served as the titrant for the species acting as a ligand. Ethylenediaminetetraacetic acid(EDTA) is a common chelate because it makes 6 bonds with metal ions to form 1：1 complexes with large formation constants. A metal ion indicator is a compound whose color changes when it binds to a metal ion.As EDTA is added, it reacts first with the free, colorless metal ion, and then with the small amount of red MIn complex.The change from the red of the MIn complex to the blue of unbound indicator indicates the end point of the titration.Ca^{2+} and Mg^{2+} can be titrated using EDTA as the titrant and indicator because the EDTA binds Ca^{2+} and Mg^{2+} more strongly than the indicator. At the end point, the EDTA will bind all of the metal, leaving the indicator with no metal ions. A solution containing indicator will turn from red to blue.

In a precipitation titration, the stoichiometric reaction is a reaction which produces in solution a slightly soluble salt that precipitates out. To determine the concentration of chloride ion in a particular solution, one could titrate this solution with a solution of a silver salt, such as silver nitrate, whose concentration is known.The precipitation titration is classically including Mohr method, Volhard method and Fajans method.

习　题

1. 什么叫作滴定分析？根据滴定反应的类型，它的主要方法有哪些？

2. 什么叫作标准溶液？如何配制标准溶液？

3. 什么叫作基准物质？基准物质应具备哪些条件？

4. 能用于滴定分析的化学反应，必须满足哪些条件？

5. 何谓酸碱滴定的 pH 突跃范围？影响强酸(碱)和一元弱酸(碱)滴定突跃范围的因素有哪些？

6. 化学计量点和滴定终点有何不同？在各类滴定中，化学计量点，滴定终点和中性之间关系如何？

7. 为什么可以用氢氧化钠直接准确滴定乙酸而不能直接准确滴定硼酸？为什么可以用盐酸直接准确滴定硼砂而不能直接准确滴定乙酸钠？

8. EDTA 与金属离子形成的配合物有哪些特点？

9. 某一弱酸型指示剂 $k_{In-1}=1.3\times10^{-10}$，此指示剂的变色是多少？

[8.11-10.11]

10. 将下列数字修约到小数点后第三位：

(1) 6.141 56　(2) 3.7166　(3) 1.501 50　(4) 4.214 50

(5) 2.3215　(6) 1.112 501　(7) 7.293 499　(8) 0.5125

[(1) 6.142；(2) 3.717；(3) 1.502；(4) 4.214；(5) 2.322；(6) 1.113；(7) 7.293；(8) 0.512]

11. 根据有效数字的计算规则，计算下列结果：

(1) $6.563\div1.1-1.25=$

(2) $1.0\times10^{-2}\times1.335+2.05=$

(3) $pK_a=10.00$，$K_a=$

(4) $0.325\times2.124\div2.2\times12.38=$

[(1) 4.8；(2) 2.06；(3) 1.0×10^{-10}；(4) 3.7]

12. 某化验员用滴定分析法测量某药物中主成分的质量分数，称取 0.3426g 此药物，最后计算其主成分的质量分数为 0.9718，问此结果是否合理？应如何表示？

[不合理；0.972]

13. 一般分析天平的绝对误差为±0.0001g，试用计算说明：为保证称量的相对误差低于 0.1%，为什么用减量法称取试样时，至少应称试样 0.2g。

14. 计算用 0.010 00mol·L^{-1}HCl 溶液滴定 20.00mL 0.010 00mol·L^{-1}NaOH 溶液时的 pH 突跃范围。

[pH=8.7～5.3]

15. 下列酸碱能否用强碱或强酸溶液直接准确滴定？

(1) 0.10mol · L^{-1} HCN　　(2) 0.10mol · L^{-1} HF

(3) 0.10mol · L^{-1} NaAc　　(4) 0.10mol · L^{-1} NH_4Cl

16. 某试样中含有 Na_2CO_3、$NaHCO_3$ 和不与酸反应的杂质，称取该样品 0.7126g 溶于水，用 0.2018mol · L^{-1} 的 HCl 溶液滴定至酚酞的红色褪去，计用去 HCl 溶液的体积 V_1 为 21.23mL。加入甲基橙指示剂后，继续用 HCl 标准溶液滴定至由黄色变为橙色，又用去 HCl 溶液的体积 V_2 为 28.34mL。计算样品中两种主要成分的质量分数。

[$\omega(Na_2CO_3) = 0.6373$； $\omega(NaHCO_3) = 0.1692$]

17. 称取 0.5689 基准物质邻苯二甲酸氢钾($KHC_8H_4O_4$)，标定 0.1mol·L^{-1} 的 NaOH 溶液，消耗 24.23mL NaOH 溶液。计算 NaOH 标准溶液的准确浓度。

[0.1150mol · L^{-1}]

18. 精密称取维生素 C($C_6H_8O_6$)样品 0.2896g。加新煮沸并冷却后的纯净水 100mL 及稀醋酸 10mL。加入淀粉指示剂，用 0.051 23mol · L^{-1} 的 I_2 标准溶液滴定，达到滴定终点时用去 18.27mL。计算维生素 C 样品的质量分数。

[0.5546]

19. 准确称取 1.3491g $H_2C_2O_4 \cdot 2H_2O$，溶解后转移至 200mL 容量瓶中定容。移取 20.00mL 于锥形瓶中，用 $KMnO_4$ 溶液进行滴定，用去 20.08mL $KMnO_4$ 溶液。计算 $KMnO_4$ 溶液的准确浓度。

[0.021 32mol · L^{-1}]

20. 测定血液中 Ca^{2+}的浓度时，常将其沉淀为 CaC_2O_4，然后将沉淀溶解于 H_2SO_4 溶液中，再用 $KMnO_4$ 标准溶液进行滴定。取 10.00mL 血液试样按上述方法处理后，用 0.001 000mol · L^{-1} $KMnO_4$ 溶液滴定，用去 10.02mL。计算此血液试样中 Ca^{2+}的浓度。

[0.002 505mol · L^{-1}]

(刘正猛)

第十四章

可见-紫外分光光度法

分光光度法(spectrophotometry)是基于溶液中物质分子或离子的吸收光谱和光吸收定律，借助分光光度计对物质进行定性、定量分析的一种分析方法。根据所用光源波长的不同，光源波长在 380～780nm 为可见分光光度法；10～380nm 为**紫外分光光度法**(常用波长为 200～380nm)。

紫外-可见分光光度法是通过测定物质对特定波长光的吸收，求出物质的含量或对物质进行定性分析。其优点是选择性好，灵敏度高，仪器设备简单，操作便捷，应用广泛，在化工、环保、医药、卫生、生物等领域中常用来分析物质的组成和结构、测定化合物的含量及研究生化过程等。

第一节　物质的吸收光谱

一、物质对光的选择性吸收

光是一种电磁波，其能量决定于光的波长(λ)或频率(v)，波长越短，频率越高，光的能量越大。当光与物质相互作用时，其能量只能以量子化形式被物质吸收或发射。而物质的分子、基团和离子等具有一系列不连续的特征能级，只有在照射光的能量与被照射物质粒子的基态和激发态的能级差(ΔE)相当时才能被吸收。由于不同的物质微粒组成和结构不同，具有不同的特征能级，能级差也不同，因此物质对光的吸收具有选择性。

单一波长的光称为单色光，复色光是由不同波长的光组合而成。常见的白光如日光、白炽灯光等，是由红、橙、黄、绿、青、蓝、紫等颜色的光按一定的强度比例混合组成的复色光。如果把两种颜色的光按一定强度比例混合能得到白光，则称这两种色光为互补色光。每种颜色的光都具有一定的波长范围，见表 14-1、图 14-1。

表 14-1　各种光的近似波长范围

颜色	红	橙	黄	绿	青	蓝	紫
λ/nm	650～750	600～650	580～600	500～580	490～500	480～450	450～400

在图 14-1 中，直线上的两种光色为互补色，如绿光与紫光互补，青光与红光互补等。各种色光的波长范围不同，但它们之间并无明显界限，例如蓝光与绿光之间有不同色调的蓝绿光。

由于物质对光的选择性吸收，因此在白光照射下溶液若选择吸收了白光中的某种色光，其补色光就透过溶液而使溶液呈现出透过光的颜色，即溶液的颜色是所吸收光的补色光的颜色。例如，高锰酸钾水溶液的颜色，由于 MnO_4^-离子选择性吸收了白光中的绿色光而让其补色光透过，溶液呈现紫红色。当溶液的浓度改变时，溶液的颜色的深浅也随之改变，溶液越浓，颜色越深；反之，颜色则越浅。这说明溶液颜色深浅与溶液浓度有关，或者说溶液吸收光的程度与溶液浓度有关。

二、物质的吸收光谱

将不同波长的单色光依次通过某一固定浓度的有色溶液时，分别测得不同波长下该溶液对光的吸收程度，即**吸光度**(absorbance)A，然后以波长 λ 为横坐标，吸光度 A 为纵坐标作图可得一条曲线，称为**吸收曲线**(absorbance curve)或**吸收光谱**(absorbance spectrum)。不同浓度的 $KMnO_4$ 溶液吸收光谱如图 14-2 所示。吸收光谱中，吸光度最大处对应的波长称为最大吸收波长，常用 λ_{max} 表示。图中几条曲线分别代表不同浓度的 $KMnO_4$ 溶液的吸收曲线，他们的吸光度虽然不同，但曲线的形状基本相同，最大吸收波长均为 525nm。溶液越浓，吸光度越大，两者成正比关系。若采用最大吸收波长测定吸光度，则灵敏度最高(响应值随浓度的变化幅度最大)，所以一般定量测定时选择 λ_{max} 作为入射波长。吸收光谱体现了物质的特性，是进行定性、定量分析的基础。

图 14-1　可见光区互补色光示意图

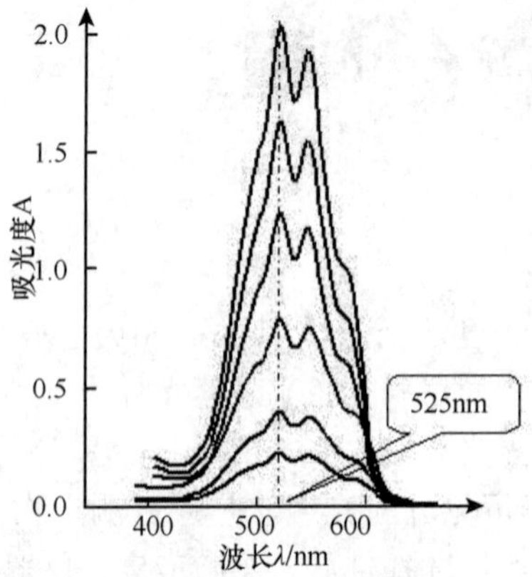

图 14-2　高锰酸钾水溶液吸收光

第二节　分光光度法基本原理

一、透光率和吸光度

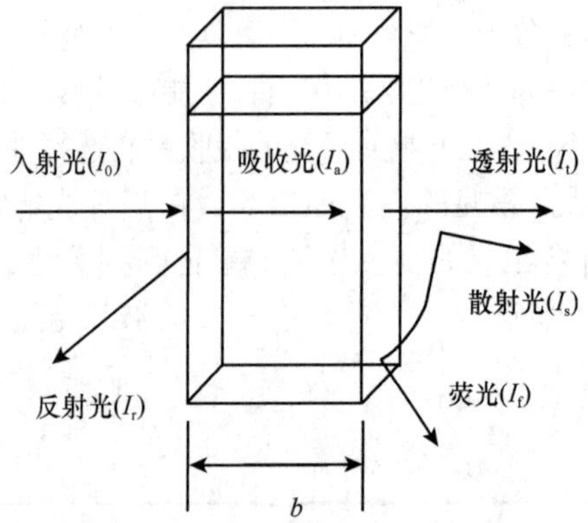

图 14-3　光与吸收池和介质的相互作用

盛装待测溶液和参比溶液的容器称为吸收池或比色皿。当一束强度为 I_0 的平行单色光垂直照射到浓度为 c、液层厚度为 b 的某一均匀的溶液时，光的一部分能量被吸收(I_a)，一部分被吸收池表面反射(I_r)，一部分透过溶液(I_t)，如图 14-3 所示。若溶液混浊或含有辐射荧光物质，则透射光中还应包括散射光(I_s)和荧光(I_f)。如果样品为透明溶液，不发射荧光，又由于分光光度法中每次实验是将被测溶液和参比溶液分别放置在两个相同材料和厚度的吸收池中，因此 I_r、I_s、I_f 均可被忽略或相互抵消，则

$$I_0 = I_a + I_t \tag{14.1}$$

式(14.1)表明，I_0 一定时，I_a 越大则 I_t 就越小，相反，I_a 越小则 I_t 就越大。因此，测量 I_t 的大小可以表示溶液对光的吸收能力。但实际为了求得溶液浓度与吸收光强度之间的简单函数关系，定义了透光率 T 和吸光度 A。

透射光强度 I_t 与入射光强度 I_0 之比称为**透射比**(transmittance)，又称**透光率**(或百分透光率 T%)，用符号 T 表示，即

$$T = \frac{I_t}{I_0} \tag{14.2}$$

溶液的透光率越大，说明溶液对光的吸收程度越小；反之，透光率越小，说明溶液对光的吸收程度越大。

透光率的负对数称为**吸光度**(absorbance)，用符号 A 表示。A 越大，溶液对光的吸收就越多；A 越小，溶液对光的吸收就越小。

$$A = -\lg T = \lg\frac{I_0}{I_t} \tag{14.3}$$

从式(14.2)和式(14.3)可知，T 愈大则 A 愈小，溶液对光的吸收愈少，反之 T 愈小则 A 愈大，溶液对光的吸收愈多。当 $T\%=100\%$时，$A=0$，光完全透过，溶液对光完全不吸收，而 $T\%=0$ 时，$A=\infty$，光完全不透过，溶液对光完全吸收。

二、Lambert-Beer 定律

溶液对光的吸收程度除与溶液本性有关外，还与入射光的波长、溶液的组成标度，液层厚度及温度

等因素有关。

德国科学家 Lambert 和 Beer 分别于 1760 年和 1852 年研究了吸光度与液层厚度和溶液浓度之间的定量关系，综合他们的研究成果可以得出：

在一定温度下，当一束平行单色光通过某一有色溶液时，吸光度与液层厚度 b 和溶液浓度 c 成正比，称为 **Lambert-Beer 定律**(Lambert-Bee law)，即

$$A=kbc \tag{14.4}$$

式中，k 为吸光系数，是溶液中吸光物质在一定波长下的特征常数，它与被测物质的性质、入射光的波长、溶剂、溶液浓度及温度有关。k 数值上等于单位浓度和单位液层厚度时溶液的吸光度，k 值越大，溶液对入射光越容易吸收，测定灵敏度越高。根据所选用的溶液浓度单位和液层厚度不同，吸光系数通常有以下三种表示方法。

1. 摩尔吸光系数 当溶液的组成标度用浓度 $c(\text{mol}\cdot\text{L}^{-1})$表示、液层厚度单位为 cm 时，则 k 用 ε 表示。此时 Lambert-Beer 定律可写为

$$A=\varepsilon bc \tag{14.5}$$

式中，c 以物质的量浓度表示$(\text{mol}\cdot\text{L}^{-1})$，$\varepsilon$ 为**摩尔吸光系数**(molar absorptivity)，单位为 $\text{L}\cdot\text{mol}^{-1}\cdot\text{cm}^{-1}$。$\varepsilon$ 数值上等于一定温度下溶液浓度为 $1\ \text{mol}\cdot\text{L}^{-1}$ 和液层厚度为 1cm 时溶液的吸光度。

2. 质量吸光系数 若溶液的组成标度用质量浓度$\rho(\text{g}\cdot\text{L}^{-1})$表示，则 Lambert-Beer 定律可表示为

$$A = ab\rho \tag{14.6}$$

式中的 a 为**质量吸光系数**(mass absorptivity)，单位是 $\text{L}\cdot\text{g}^{-1}\cdot\text{cm}^{-1}$。设被测物质的摩尔质量为 M_B，则同一物质的质量吸光系数 a 与摩尔吸光系数 ε 之间可通过下式相互换算：

$$\varepsilon= aM_\text{B} \tag{14.7}$$

ε(或 a)是通过标准物质的稀溶液测得的，其数值越大，表明溶液对入射光愈容易吸收，测定的灵敏度越高。例如，用二乙胺二硫化甲酸钠(铜试剂)分光光度法测定铜时，波长为 436nm，ε 为 12800，而用双硫腙分光光度法测定时，波长为 495nm，ε 为 158000，灵敏度后者较前者高得多。一般认为 ε 的值大于 10^3 即可进行分光光度法测定。

3. 比吸光系数 在化合物组成不明的情况下，物质的相对分子质量无从知道，物质的量浓度无法确定，也就不便使用摩尔吸光系数，为此医药学实际中有时也用**比吸光系数**(specific absorptivity)。比吸光系数是指 100mL 液中含被测物质 1g，液层厚度 b 为 1cm 时的吸光度值，用 $E_{1\text{cm}}^{1\%}$ 表示，它与 a 的关系为：

$$a = 0.1E_{1\text{cm}}^{1\%} \tag{14.8}$$

许多物质的摩尔吸光系数均可在文献中查出。

应用 Lambert-Beer 定律时应注意以下几点：

(1) Lambert-Beer 定律仅适用于单色光和稀溶液。若入射光单色性差，溶液浓度太高，都会偏离 Lambert-Beer 定律，降低测定结果精度和准确度。在可见光区测定时，被测溶液必须具有颜色。

(2) 摩尔吸光系数通常是指最大吸收波长处的 ε_max，并可由纯物质的稀溶液测得。在分光光度法分析中，光度分析的灵敏度也常用 ε 来表征。ε 数值愈大则吸光物质对入射光的吸收愈强，其测定的灵敏度愈高。光度分析的灵敏度除用 ε 值表征之外，还常用 San-dell 灵敏度 S 来表征。桑德尔灵敏度本来是人眼对有色质点在单位截面积液柱内能够检出的物质最低量，以$\mu\text{g}\cdot\text{cm}^{-2}$ 为单位。将此概念推广到各种光度仪器，则规定当仪器所能测出最小吸光度 A=0.001 时，单位截面积光程内所检测出来的吸光物质的最低量，单位是$\mu\text{g}\cdot\text{cm}^{-2}$。$S$ 和 ε 关系为 $S=\dfrac{M}{\varepsilon}$。

(3) 实际工作中所用吸收池厚度通常是恒定一致的，其定量关系遵守 Beer 定律，即在一定波长下吸光度与溶液浓度成正比。

$$A=kbc=k'c \tag{14.9}$$

(4) 当溶液中存在多种吸光物质(i=1，2，…，n)时，只要同一波长下各共存物质互不影响，即不因共存物的存在而改变各物质本身的吸光系数，则多组分溶液的吸光度符合线性加和性原理。这时，在第

j 个波长λ_j下所测多组分溶液的总吸光度 A_j 等于该波长下溶液中各组分的吸光度 A_{ij} 之和，即

$$A_j = \sum_{i=1}^{n} A_{ij} = b\sum_{i=1}^{n} \varepsilon_{ij} c_i \quad (j=1, 2, \cdots, m) \tag{14.10}$$

吸光度的这种线性加和性原理，是分光光度法实现混合物中多组分同时测定的基础。

例 14-1 某溶液中含 Fe^{2+}浓度为 $1.8\times10^{-5}mol \cdot L^{-1}$，邻二氮菲与其显色后，用分光光度法测定，吸收池厚度为 2.0cm，在波长 508nm 处测得 A= 0.38，试计算摩尔吸光系数。

解 根据 Lambert-Beer 定律 $A=\varepsilon bc$，则

$$\varepsilon = \frac{A}{bc} = \frac{0.38}{2.0\text{cm}\times1.8\times10^{-5}\text{mol}\cdot\text{L}^{-1}} = 1.1\times10^{4}\ \text{L}\cdot\text{mol}^{-1}\cdot\text{cm}^{-1}$$

例 14-2 某化合物摩尔质量为 $251g \cdot mol^{-1}$，用乙醇溶剂配成浓度 $0.150mmol \cdot L^{-1}$ 的溶液，在 480nm 波长处用 2.00cm 吸收池测得透光率为 39.8%，求该化合物的ε和 a。

解 根据 Lambert-Beer 定律 $A=\varepsilon bc$，则

$$\varepsilon_{480\text{nm}} = \frac{A}{bc} = \frac{-\lg T}{bc} = \frac{-\lg 0.398}{2.00\text{cm}\times1.50\times10^{-4}\text{mol}\cdot\text{L}^{-1}} = 1.33\times10^{3}\text{L}\cdot\text{mol}^{-1}\cdot\text{cm}^{-1}$$

$$a_{480\text{nm}} = \frac{\varepsilon_{480\text{nm}}}{M} = \frac{1.33\times10^{3}\text{L}\cdot\text{mol}^{-1}\cdot\text{cm}^{-1}}{251\text{g}\cdot\text{mol}^{-1}} = 5.30\text{L}\cdot\text{g}^{-1}\cdot\text{cm}^{-1}$$

第三节 可见分光光度计

分光光度计是通过测量溶液对光的吸光度或透光率来对物质进行定性定量分析的仪器。目前国内外所使用的分光光度计的型号很多，但就其基本结构来说，都是由辐射光源、单色器、吸收池、光敏检测器和讯号处理与显示器五部分组成，如图 14-4 所示。

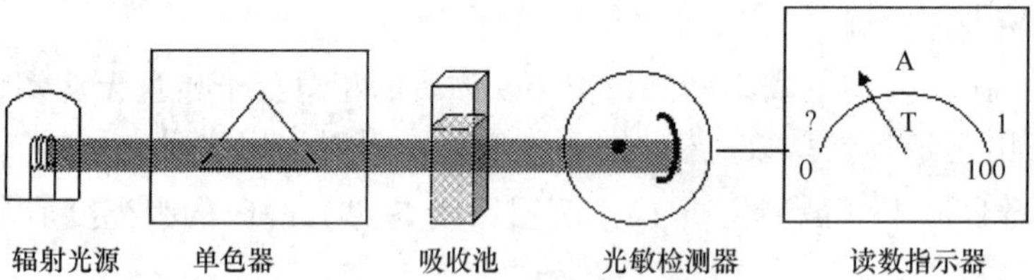

图 14-4 分光光度计组成示意图

可见分光光度计以可见光为光源，按照光路系统大致可分为单光束、双光束、单波长、双波长以及各种组合方式。国产单光束波长的 721 型和 722 型可见分光光度计具有体积小、性能稳定、价格便宜、操作简单等特点，使用广泛。

1. 辐射光源(light source) 是提供入射光的装置，应有足够辐射强度和稳定性，发光面积应较小，需用聚光镜将光集中于单色光器的进光狭缝。可见分光光度计采用固体炽热发光的钨灯(白炽灯)做光源，可发射的波长范围 320～2500nm，发射光能的波长覆盖较宽，通常取其波长大于 350nm 的光为可见区光源。

2. 单色器(monochromator)。单色器是将光源发出的连续光谱分解为单色光的装置。单色器由入口狭缝、出口狭缝，准直镜及色散元件、聚焦元件等组成，其核心是色散元件，它的作用是将复色光分解为单色光，常用的单色器是棱镜或光栅。光栅作为色散元件在性能上比棱镜要优越，如光栅的分辨本领比棱镜高，可使用的波长范围宽，色散近于线性。目前使用的分光光度计上多用光栅。

3. 吸收池(sample cell) 吸收池又称比色皿，由无色透明、厚薄均匀、能耐腐蚀的光学玻璃制成，用于盛放被测定的液体。吸收池的两个透光面必须平行且保持洁净，切勿用手接触或用粗糙滤纸揩擦。常用的吸收池有 0.5cm、1cm 和 2cm 等不同规格，可根据需要选用。

4. 光敏检测器(photosensitive detector) 分光光度计中的光敏检测器常用光电管（图 14-5），当光

照射到阴极时，表面金属发射电子，流向电位较高的阳极而产生光电流。光愈强，阴极表面发射的电子愈多，产生的光电流也愈大。光电管因敏感的光谱范围不同而分为蓝敏和红敏光电管两种。前者可用波长范围为 210～625nm，后者可用波长范围为 625～1000nm。

常用的光敏检测器还有光电倍增管，光电倍增管比普通光电管更灵敏，对光谱的精细结构有较好的分辨能力。

分光光度计光敏检测器要求在测定的光谱范围内具有高的灵敏度，对辐射强度呈线性响应，响应快，高稳定和低“噪音”水平。

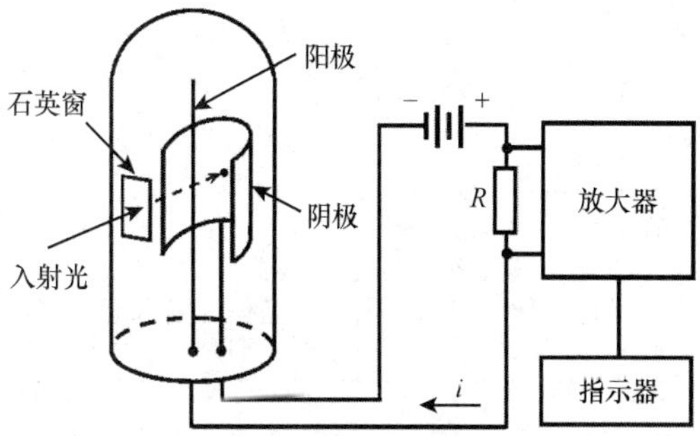

图 14-5　光电管工作原理

5. 讯号处理与指示器(indicator)　指示器的作用是以适当方式显示或记录输出的测量信息。光电管输出的电讯号很弱，需经过放大才能以某种方式将测量结果显示出来。在指示器上可直接读取吸光度和透光率等数据，很多型号的分光光度计都配置计算机或微机处理器，一方面可对分光光度计进行操作控制，另一方面可进行数据处理。

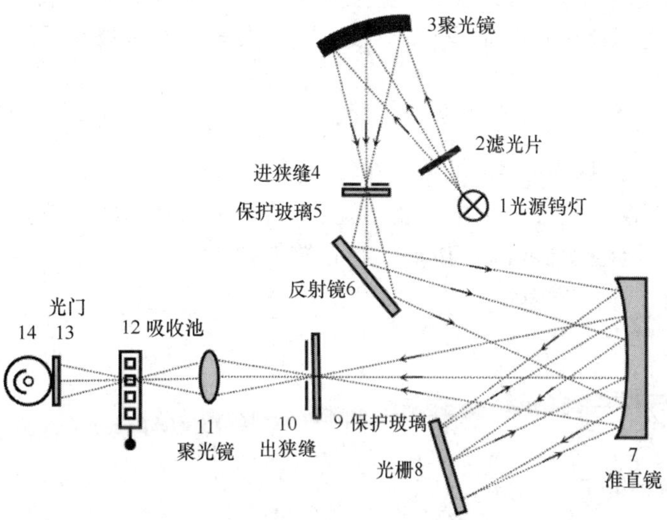

图 14-6　722 型分光光度计光学系统图

722 型分光光度计的工作原理和 721 型的基本相似，但采用了单色性更好的光栅进行分光，且采用数字显示，其操作更加简便，数据稳定性和重现性更好。图 14-6 示为 722 型分光光度计光学系统的工作原理。光源(1)发出的连续光经滤光片(2)选择和聚光透镜(3)汇聚后，投向单色光器的进光狭缝(4)；此狭缝处于聚光镜和准直镜(7)的焦平面上，因此进入单色光器的复色光通过平面反射镜(6)反射到准直镜，变成平行光射向光栅(8)；光栅色散得到系列连续单色光谱，并由光栅反射回准直镜，准直镜再将其汇聚于单色光器的出光狭缝(10)。然后，通过聚光镜(11)射入吸收池(12)中的待测溶液，透过光再经光门(13)射向光电管(14)的阴极凹面。最后，光电管产生的测量电信号经放大器放大后在指示器上直接以数字方式显示出来。

二、测 定 方 法

分光光度法常用于定量测定，根据 Lambert-Beer 定律，在一定波长条件下，溶液的吸光度与溶液浓度成正比，因此通过分光光度计测出吸光度，用标准曲线法、标准对照法、差示分光光度法、比吸光系数比较法和双波长法求出被测物质含量。

(一) 标准曲线法(standard curve method)

又称**校正曲线法**(calibration curve method)，是分光光度法中最为常用的方法。其方法是取标准品配成一系列已知浓度的标准溶液，在选定波长处(通常为λ_{max})，用同样厚度的吸收池分别测定其吸光度，以吸光度为纵坐标，标准溶液浓度为横坐标作图，得一条过原点的直线——**标准曲线**(standard curve)。如图 14-7 所示为高锰酸钾溶液的标准曲线。在相同条件下测定试样溶液的吸光度 A_x，根据 A_x 即可在标准曲线上得到试样溶液浓度 c_x。

该方法对于经常性、批量测定十分方便。另外由于被检测的样品浓度实际上是与多个标准溶液的浓度相比较而得出的结果，所以更准确和可信。采用此法时，应注意使标准溶液与被测溶液在相同条件下进行测量，且溶液的浓度应在标准曲线的线性范围内。

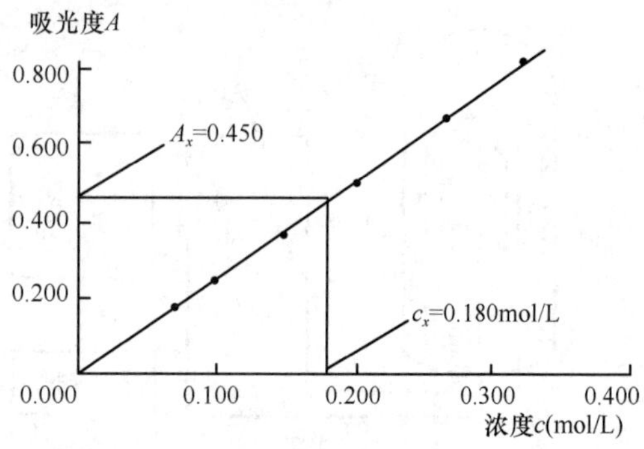

图 14-7　$KMnO_4$ 的标准曲线

在测定溶液吸光度时，为了消除溶剂或其他物质对入射光的吸收，以及光在溶液中的散射和吸收池界面对光的反射等与被测物吸收无关因素的影响，必须采用**空白溶液**(blank solution)作对照。在可见光区常用的空白溶液有下列三种：

(1)溶剂空白：当显色剂以及其他试剂均无色，被测试样中又无其他有色离子时，可用溶剂作空白溶液。

(2)试剂空白：当显色剂本身有颜色，试样溶液在测定条件下无吸收或吸收很小时，可用试剂空白进行校正，也就是与按显色反应相同的条件加入各种试剂和溶剂(不加被测试样溶液)后所得溶液，相当于标准曲线法中浓度为“0”的标准溶液。

(3)试样空白：当试样中其他组分有颜色，而显色剂无色，且不与试样中被测组分以外的其他成分显色时，可用试样溶液作空白溶液。也就是不加显色剂但按与显色反应相同条件进行操作的试样溶液。

标准曲线是根据一系列数据做出的，其结果更为准确可靠，但应注意在相同条件下测量，溶液浓度应符合 Beer 定律的线性范围。另外，由于仪器之间存在着性能差异，因此在更换仪器或经维修和重新校正波长后，必须重建标准曲线。

(二) 标准对照法

标准对照法又称标准品对比法，其方法是如果被测样品溶液的浓度在线性范围内，则可先配制一个与被测溶液浓度相近的标准溶液(其浓度用 c_s 表示)，在 λ_{max} 处测出其吸光度 A_s。在相同条件下测出被测样品溶液的吸光度 A_x，则被测样品溶液的浓度 c_x 便可按 Lambert-Beer 定律计算得到

$$A_s=kc_s \qquad A_x=kc_x$$

两式相除，得

$$\frac{A_s}{A_x}=\frac{c_s}{c_x}$$

则

$$c_x=c_s\times\frac{A_s}{A_x} \tag{14.11}$$

标准对照法要求 A-c 线性良好，且被测样品溶液与标准溶液浓度尽可能相近，以减小测定误差。

(三) 差示分光光度法

分光光度法中，样品中被测组分浓度过大或浓度过小(吸光度过高或过低)时，测量误差均较大。为克服这种缺点而改用浓度比样品稍低或稍高的标准溶液代替空白试剂来调节仪器的 100%透光率(对浓溶液)或 0%透光率(对稀溶液)以提高分光光度法精密度、准确度和灵敏度的方法，称为**差示分光光度法**(differential spectrophotometry)。差示分光光度法和一般的光度法不同之处主要在于，差示分光光度法不是以空白溶液(不含待测组分的溶液)作为参比溶液，而是采用比待测溶液浓度稍低的标准溶液作参比溶液，然后测量待测溶液的吸光度，再从测得的吸光度求出它的浓度。这样便大大提高测定结果的准确度。

设用作参比的标准溶液浓度为 c_s，待测溶液浓度为 c_x，且 $c_x>c_s$，根据 Lambert-Beer 定律得到

$$A_x=\varepsilon c_x b \qquad A_s=\varepsilon c_s b$$

两式相减：

$$A_{相对}=A_x-A_s=\varepsilon b(c_x-c_s)=\varepsilon b\Delta c \tag{14.12}$$

实际操作是：用已知浓度的标准溶液作参比，调节其吸光度为零(透光率 100%)，然后测量待测溶液的吸光度。这时测得的吸光度实际是这两种溶液吸光度的差值(相对吸光度)。从式(14.12)可知，所测得的吸光度差值与这两种溶液的浓度差成正比。这样便可以把空白溶液为参比的稀溶液标准曲线作为 ΔA 对应于 Δc 的工作曲线，根据测得的 ΔA 找出相应的 Δc 值，从 $c_x=c_s+\Delta c$，便可求出待测溶液之浓度。

差示法实质上是充分利用仪器灵敏度，通过扩展读数标尺来提高测定结果准确度的，原理见图 14-8。设非差示法测得某标准溶液 $T_s\%=10\%(A=1.0)$，试样溶液 $T_x\%=7\%(A=1.55)$，吸光度均大于 1.0，读数误

差很大。若采用差示法，将该标准溶液作为参比，调节透光率到100%(A=0)，则试样溶液透光率也相应被扩展为70%(A=0.155)，相当于把标尺放大了10倍，从而有效地提高了测量精密度和准确度，拓展了分光光度法的应用范围。另一方面，差示法中即使Δc很小，若测量误差为dc，固然$\frac{\mathrm{d}c}{\Delta c}$会相当大，但最后测定结果的相对误差是$\frac{\mathrm{d}c}{\Delta c+c_s}$，由于$c_s$很大而且是准确的，所以测定结果准确度仍然很高。

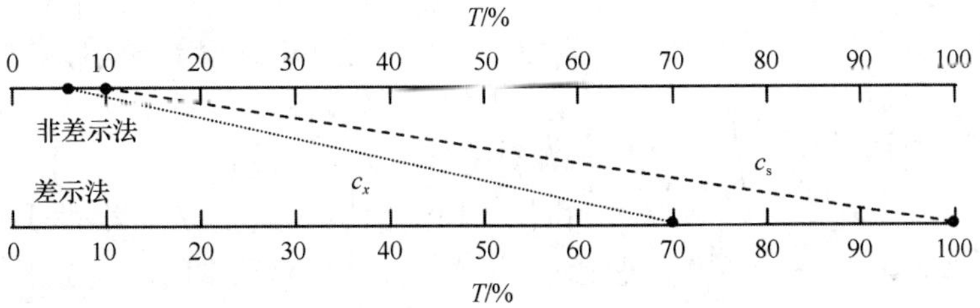

图 14-8 差示分光光度法标尺扩展原理示意图

(四) 比吸光系数比较法

比吸光系数比较法是利用标准$E_{1\mathrm{cm}}^{1\%}$值来进行定量的，中国药典(2005年版)规定部分药物采用此法测定。方法是将试样的比吸光系数与标准物质的比吸光系数(可从手册查得)进行比较，计算出样品含量(质量分数或体积分数)。例如，标准呋喃妥因$E_{1\mathrm{cm},367\mathrm{nm}}^{1\%}$=766，相同条件下测得呋喃妥因试样$E_{1\mathrm{cm},367\mathrm{nm}}^{1\%}$=739，故该试样中呋喃妥因的质量分数为$\frac{739}{766}$=0.945。

(五) 双波长法

两种组分共存且吸收光谱相互重叠时，利用**双波长法**(double wavelength method)。光源发出的光分成两束，分别经两个可以自由转动的光栅单色器，得到两束具有不同波长在λ_1和λ_2的单色光。借切光器，使两束光以一定的时间间隔交替照射到装有试液的吸收池，由检测器显示出试液在波长λ_1和λ_2的吸光度差值ΔA则

$$\Delta A=(\varepsilon_{\lambda_1}-\varepsilon_{\lambda_2})bc \tag{14.13}$$

由式(14.13)可知，ΔA与被测定物质的浓度成正比，这个方法称双波长分光光度法。双波长分光光度法的关键是正确选择两波长，要求被测组分在两波长处的吸光度足够大，而干扰组分和背景在两波长应有相同的吸光度(ΔA=0)。为满足上述要求，一般是将λ_2选在待测组分的最大吸收波长，λ_1是选在干扰组分等吸收波长。

常用的双光束分光光度计有国产WUZ2800S，日本岛津UV-300、UV-365A。

这类仪器的特点是不用参比液，只用一个待测溶液，因此可以消除背景的干扰，包括待测溶液与参比溶液组成的不同及吸收液厚度的差异的影响，提高了测定的准确度。它特别适合混合物和浑浊样品的定量分析。

第四节 分光光度法的误差和分析条件的选择

一、分光光度法的误差

分光光度法产生误差的主要原因是溶液的吸光度偏离Lambert-Beer定律，致使A-c曲线不能保持线性关系，出现弯曲。导致偏离Lambert-Beer定律的主要因素有化学方面、光学方面的影响以及仪器测量误差。

化学方面的影响主要变现在溶液中吸光物质不稳定，被测物质由于溶度改变而发生解离、缔合和溶剂化等现象，都可以导致溶液吸光度改变。

光学方面的因素较多，如非单色光、杂散光、散射光、反射光、非平行光等，这些因素都会导致偏离 Lambert-Beer 定律，产生误差。

另外，仪器测量误差也是一个不可忽略的方面。由于光电管或光电池灵敏性差、光电流测量不准、光源不稳定及读数不准等原因，使测得的透光度 T 与真实值相差ΔT，从而引起浓度误差Δc。由 Lambert-Beer 定律可推导出浓度的相对误差 RE 与溶液透光度关系为

$$RE=\frac{\Delta c}{c}=\frac{0.434\Delta T}{T\lg T} \tag{14.14}$$

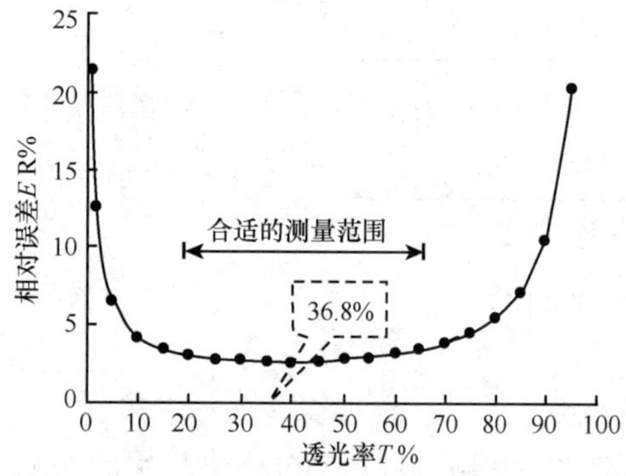

图 14-9 相对误差与透光率的关系

欲使测定结果的相对误差最小，T 应为 36.8%，即当 A=0.434 时，吸光度测量误差最小。图 14-9 中曲线最低点表示测量相对误差最小。

由图 14-9 可见，溶液透光率很大或很小时，所产生的浓度相对误差都较大，只有在中间一段 T 为 20%～65%(即 A 为：0.2～0.7)时，所产生的浓度相对误差较小，溶液透光率为 36.8%(A = 0.434)时所产生的浓度相对误差最小。在实际工作中，对于一般的仪器常通过调节溶液浓度或选择液层厚度适宜的吸收池，将溶液的透光率控制在 20%～65%之间，即吸光度在 0.2～0.7 之间。

二、分析条件的选择

(一) 显示剂和显示反应条件的选择

进行分光光度分析，通常需要先选择适当的试剂与被测组分反应，生成有色化合物或颜色更深的化合物，然后再进行测定。将被测组分转变为有色化合物的反应称为**显色反应**(chromogenic reaction)，与被测组分形成有色化合物的试剂称为**显色剂**(chromogenic reagent)。显色反应的主要类型，有配位反应和氧化还原反应等，较多的还是利用配位反应进行显色，显色剂也大多为有机配位剂，特别是螯合剂，它们可与被测组分，特别是金属离子生成稳定的配合物，具有特征颜色。

选择显色反应和显色剂，一般应满足：①灵敏度高；②选择性好；③生成的有色配合物稳定性好；④有色配合物的组成恒定；⑤有色配合物与显色剂之间的颜色差别大。

1. 显色剂 常用的显色剂有硫氰酸盐、磺基水杨酸、邻二氮菲、丁二酮肟和二苯硫腙等多种。无机显色剂生成的配合物稳定性差，测定灵敏度不高，选择性差，应用不多。大多数有机显色剂与金属离子可生成极其稳定的配合物，具有特征颜色，选择性好，测量灵敏度高，应用广泛。

2. 显示反应条件 分光光度法是测定显色反应达到平衡后溶液的吸光度，因此要得到准确的结果，必须从研究显色反应的平衡入手，了解影响显色反应的因素，控制适当的条件，使显色反应进行的完全和稳定。具体而言，人们常常从显色剂的用量、溶液的酸度、显色时间和显色温度等方面考虑，优选显色反应的条件。

(1) 显示剂的用量：为使反应进行完全，显色剂应过量，但用量过多可能发生副反应或改变化合物组成，使溶液颜色发生变化。通常稳定性较高的配合物，显色剂稍微过量即可，而某些不稳定或形成逐级配合物的反应，应严格控制显色剂用量。在其他条件不变的情况下，通过改变显色剂用量，测定吸光度，绘制吸光度-显色剂用量曲线，可确定合适的显色剂用量。图 14-10(a)所示曲线是最常见的情况，图中 a～b 段吸光度趋于稳定，可在此范围选择适宜的显色剂用量。对于图 14-10(b)所示曲线，吸光度稳定的 a～b 段较窄，图 14-10(c)选择显色剂的用量较困难。

(2) 溶液的酸度：酸度是显色反应的重要条件，当酸度不同时，同种金属离子与同种显色剂反应，可以生成不同配位数的不同颜色的配合物；溶液酸度过高会降低配合物的稳定性，特别是对弱酸型有机显色剂和金属离子形成的配合物的影响较大；当溶液酸度增大时显色剂的有效浓度要减少，显色能力被减弱。有色物的稳定性也随之降低。因此显色时，必须将酸度控制在某一适当的范围内。

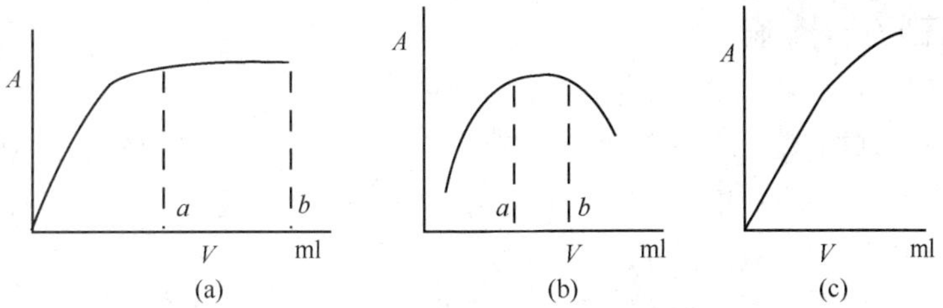

图 14-10　显色剂用量选择示意图

显色剂多为有机弱酸(以 HL 表示)，酸度改变常常会影响显色剂的平衡浓度，进而影响显色反应的程度。

$$HL \rightleftharpoons H^+ + L^-$$

$$M^{n+} + nL^- \rightleftharpoons ML_n(\text{有色物})$$

式中 M^{n+}为被测物离子。酸度愈低，有色物浓度愈大，有利于显色反应进行，但有时酸度过低会形成金属氢氧化物沉淀。因此，通常在溶液中加入合适的缓冲体系确保溶液有适宜的酸碱度。

(3) 显色时间：在显色反应中应该从两个方面来考虑时间的影响。一是显色反应完成所需要的时间，称为“显色(或发色)时间”；二是显色后有色物质色泽保持稳定的时间，称为“稳定时间”。应该在充分显色以后，在稳定时间以内进行吸光度测定。对于不同显色反应，必须通过实验，做出一定温度(一般是室温)下的吸光度(A)–时间(t)关系曲线，选择适宜的显色时间与稳定时间。

(4) 显色反应温度：不同的显色反应对温度的要求不同。大多数显色反应是在常温下进行的，但有些反应必须在较高温度下才能进行或进行得比较快。例如 Fe^{3+}和邻二氮菲的显色反应常温下就可完成，而硅钼蓝法测微量硅时，应先加热，使之生成硅钼黄，然后将硅钼黄还原为硅钼蓝，再进行光度法测定；也有的有色物质加热时容易分解，例如 $Fe(SCN)_3$，加热时褪色很快。因此对不同的反应应选择其适宜显色温度。由于温度对光的吸收及颜色的深浅都有影响，因此在绘制标准曲线和进行样品测定时应该使温度保持一致。

此外，有机物溶剂还可以提高显色反应的速度，影响有色配合物的溶解度和组成等。

(二) 吸光度测量条件的选择

1. 入射光波长的选择　一般情况下，入射光波长对于分析的准确度、灵敏度和选择性影响很大。溶液中若无干扰物质存在时，应选择最大吸收波长(λ_{max})为入射光波长，此时溶液的吸光系数最大，测定的灵敏度最高。图 14-11 表明，选用 λ_{max} 波段的单色光，吸光度随波长变化小且与浓度线性关系好，而选用其他波长 λi 波段的单色光，则因单色光不纯和吸光系数变化较大所引起的对 Lambert-Beer 定律的偏离较大，测定误差偏大。

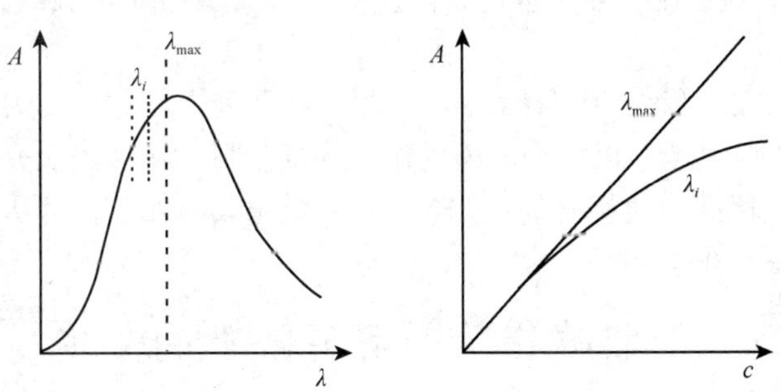

图 14-11　入射光的选择对 Beer 定律的影响

2. 控制适当的吸光度范围　通过调节待测溶液的浓度或选用适当厚度的吸收池等方法使透光率处于 10%～70%(吸光度为 0.7～0.2)，可以减小测量的相对误差。

3. 选择合适的空白溶液　在测定试样溶液吸光度之前，需用空白溶液(又称参比溶液)作对照，调节 A=0(T=100%)，以消除溶液中其他成分以及吸收池和溶剂对光的反射和吸收带来的误差。

(三) 共存干扰离子的掩蔽

分光光度法中共存离子的干扰主要有以下几种情况：

(1) 共存离子本身具有颜色。如 Fe^{3+}、Ni^{2+}、Co^{2+}、Cu^{2+}、Cr^{3+}等的存在影响被测离子的测定。

(2) 共存离子与显色剂或被测组分反应，生成更稳定的配合物或发生氧化还原反应，使显色剂或被测组分的浓度降低，妨碍显色反应的完成，导致测量结果偏低。

(3) 共存离子与显色剂反应生成有色化合物或沉淀，致使测量结果偏高。若共存离子与显色剂反应后生成无色化合物，但由于消耗了大量的显色剂，致使显色剂与被测离子的显色反应不完全。

测定时，消除干扰的方法通常是加入合适的掩蔽剂使其与干扰离子发生配合反应，生成稳定的无色配合物。同时还可以控制溶液酸度使显色剂仅与被测物质反应；利用氧化还原反应改变干扰离子价态；预先通过离子交换、沉淀分离或溶剂萃取等方法分离干扰离子。

第五节　可见分光光度法的应用

可见分光光度法应用范围广，不仅用于无机离子和有机物微量组分测定，还可用于测定酸碱解离常数、配合物组成和稳定常数等。

一、血液中微量铁含量的测定

铁是人体内必需的微量元素，它能改善人体的血液循环，防止人体贫血，并参与机体的血红蛋白、肌体蛋白、血红素酶类辅助因子的构成。目前，铁含量的测定方法有很多种。国内外用于微量铁含量测定的方法主要有可见分光光度法、原子吸收光谱法X线荧光光谱仪熔融法等。可见分光光度法设备简单、操作快捷、灵敏高、结果直观的优点深受欢迎。在可见分光光度法中，测定铁用的显示剂是邻二氮菲。在 pH=2～9 范围内(一般控制在 5～6 之间)，Fe^{2+}与邻二氮菲反应生成稳定的橘红色配合物$[Fe(phen)_3]^{2+}$，其 $\lg K_{稳}$=21.3(20℃)，在 510nm 处，其摩尔吸光系数为 $1.1\times10^4\ L\cdot mol^{-1}\cdot cm^{-1}$。反应式如下：

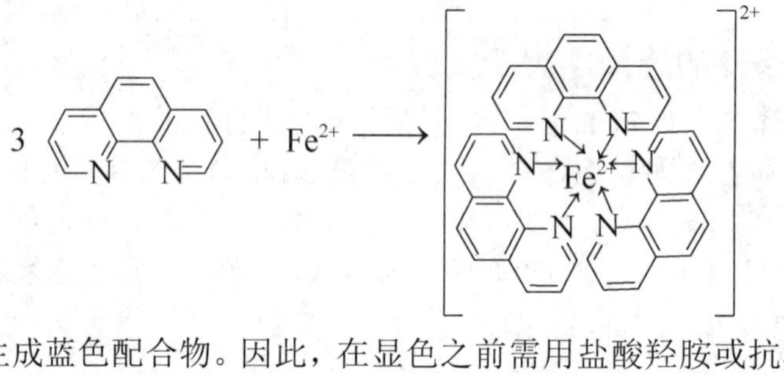

Fe^{3+}也和邻二氮菲生成蓝色配合物。因此，在显色之前需用盐酸羟胺或抗坏血酸将全部 Fe^{3+}还原为 Fe^{2+}。

在测定时采用标准曲线法(又称工作曲线法)，即配制一系列浓度由小到大的标准溶液，在确定条件下依次测量各标准溶液的吸光度 A，以标准溶液的浓度为横坐标，相应的吸光度为纵坐标，绘制标准曲线，将未知试样按照与绘制标准曲线相同的操作条件，测定出其吸光度，再从标准曲线上查出吸光度对应的浓度值就可以计算出试样的含量。

二、酸碱指示剂解离常数的测定

酸碱指示剂大多是有机弱酸或弱碱，其解离常数的测定方法有电势滴定法、毛细管电泳法、电动势法和分光光度法。用分光光度法测定有机酸碱指示剂的解离常数时，对工作波长的选择有严格要求。若待测物质的共轭酸式色与碱式色颜色不同，且吸收光谱不重叠，就能应用可见分光光度法来测定解离常数。

例如，双色指示剂甲基橙在 pH＜3.1 时主要以酸式 HIn 存在，pH＞4.4 时主要以碱式 In^-存在，pH=3.1～4.4 时则以酸式和碱式混合形式存在。酸式结构为醌式，在λ_{max1}=520nm 处显红色；碱式为偶氮结构，在λ_{max2}=430nm 处显黄色，甲基橙在溶液中存在以下平衡：

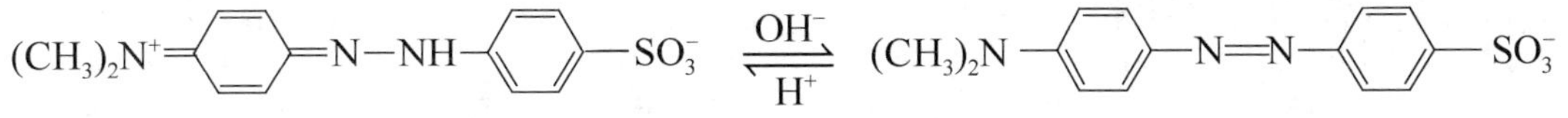

酸式(**红色**,λ_1=520nm)　　　　**碱式**(**黄色**,λ_2=430nm)

根据平衡原理，$HIn \rightleftharpoons In^- + H^+$，有

$$K_a = \frac{[In^-][H^+]}{[HIn]}$$

$$pK_a = pH\text{-}\lg\frac{[In^-]}{[HIn]} \tag{14.15}$$

只要测出溶液的 pH 和浓度比($[In^-]/[HIn]$)即可。平衡体系的 pH 可由酸度计直接测出来。而 HIn 和 In^-在可见区均有较强的吸收峰故而 $In^-/[HIn]$可通过分光光度法来求得。测定分两步：①配制一系列总浓度相等而 pH 已知但不相同(用缓冲溶液控制)的溶液，在λ_1 和λ_2 处分别测得 HIn 与 In^-共存时的吸光度 A_{λ_1} 和 A_{λ_2}。②高酸度下，弱酸几乎只以酸式形式存在，而低酸度下则几乎只以碱式形式存在，因此在波长λ_1 和λ_2 下测定时，强酸性溶液可测得摩尔吸光系数 $\varepsilon_{HIn,\lambda_1}$ 和 $\varepsilon_{HIn,\lambda_2}$，强碱性溶液可测得 $\varepsilon_{In^-,\lambda_1}$ 和 $\varepsilon_{In^-,\lambda_2}$，若吸收池厚度 b=1，则有

$$\begin{cases} A_{\lambda_1} = \varepsilon_{HIn,\lambda_1}[HIn] + \varepsilon_{In^-,\lambda_1}[In^-] \\ A_{\lambda_2} = \varepsilon_{HIn,\lambda_2}[HIn] + \varepsilon_{In^-,\lambda_2}[In^-] \end{cases}$$

联立求解可解出[HIn]及$[In^-]$，将其代入式(14.15)即可求得解离常数 K_a。

三、配合物组成的测定

分光光度法是研究配合物组成和测定配合物稳定常数的一种十分有效的方法。设金属离子 M 与配体 L(显色剂)的配合反应为

$$mM + nL \rightleftharpoons M_mL_n$$

式中，n 为配合物的配位数，可用摩尔比法或等摩尔连续变化法测定。

1. 摩尔比法　配制一系列溶液，维持各溶液的金属离子浓度、酸度、离子强度、温度不变，只改变配位体的浓度，在配合物的最大吸收波长处测定各溶液的吸光度 A，以吸光度 A 对摩尔比 R($R = c_L/c_M$)，c_L为配位体浓度，c_M为金属离子浓度)作图得到图 14-12 所示的曲线。由图可见，当 $R<n$ 时，配位体 L 全部转变为 ML_n，吸光度 A 随 c_L 增大而增高，并与 R 呈线性关系。当 $R>n$ 时，金属离子 M 全部转变为 ML_n，继续增加 L，吸光度不再增高。将曲线的线性部分延长，相交于一点，该点所对应的 R 即为配合物的配位数 n。

摩尔比法要求在选定的波长下，除配合物外，配位体无明显的吸收，而且只能生成一种配合物。摩尔比法虽然简单、快速，但仅适用于离解度小的配合物。如果曲线的转折点很不明显，就难以确定配合物的组成。

2. 等摩尔连续变化法　配制一系列溶液，在实验条件相同的情况下，保持溶液的总浓度不变，即(c_M+c_L)=c'(常数)，只改变溶液中 c_M 和 c_L 的比值。在选定的波长下，测定溶液的吸光度 A，将 A 对 $c_M/(c_M + c_L)$作图，如图 14-13 所示。当体系中只生成一种配合物时，曲线有一最高点，对应于该点的 c_L/c_M 即为该配合物的配位数 n。如果配合物的稳定性好，曲线的最高点很明显。如果配合物部分离解，曲线的最高点附近比较圆滑，可将曲线的线性部分延长，找出其交点。图中 B' 点相当于配合物完全不离解时应有的吸光度，用 A' 表示。由于配合物部分离解，其离解度α 为

$$\alpha = \frac{A' - A}{A'} \tag{14.16}$$

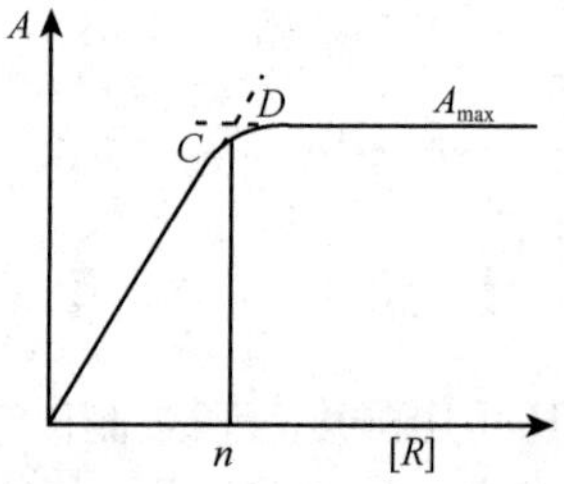

图 14-12 摩尔比法图示

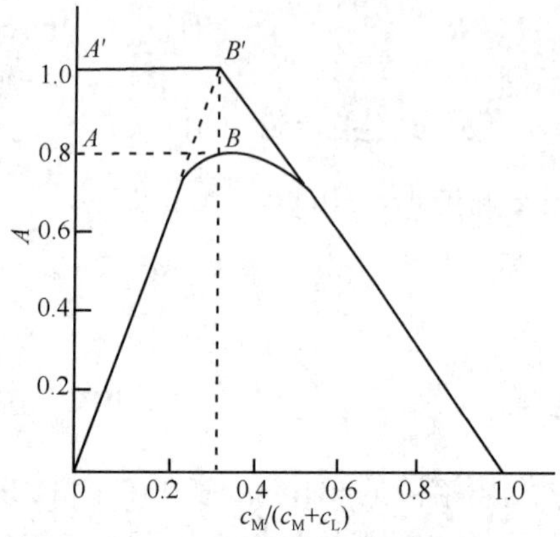

图 14-13 等摩尔连续变化法图示

由α可以计算计算物的稳定常数K_s：

$$K_s=\frac{1-\alpha}{[ML_n]\alpha^2} \tag{14.17}$$

第六节 紫外分光光度法简介

前面介绍的可见分光光度法测定波长范围为380～780nm，测定对象为有色溶液或能与显色剂作用而生成有色物质的溶液。有许多物质对可见光无选择吸收性质，对紫外光却有特征吸收。利用物质的分子选择吸收一定能量的紫外光，发生电子能级的跃迁而形成特征的分子光谱来进行定性和定量分析的方法，称为紫外分光光度法。紫外分光光度法测定使用的仪器，一般也能用于可见分光光度法，其精度比单纯可见分光光度计高，不仅可作定量测定、定性分析、纯度鉴定、某些物理化学常数的测定，还可与其他分析方法配合，用以推断有机化合物的分子结构。

一、紫外分光光度计

紫外分光光度计主要分为单光束、双光束两种类型。常见的国产751-G型、752-G型及WFD-8型均为单光束，它们的光源有两种：在可见光区用钨丝灯泡，其波长范围为320～1000nm；在紫外光区用氢灯，其波长范围为200～320nm。单色器为石英棱镜或光栅。本节重点介绍国产的752-G型紫外光栅分光光度计。

752型紫外光栅分光光度计是一种较精密、可靠的分析仪器。图14-14为752型紫外光栅分光光度计的光学系统示意图。其工作波段为220～1000nm。光源(2)氢灯发出的光经凹面镜(3)及平面反射镜(4)反射，转折90度后通过狭缝(5)到达球面准直镜(6)，狭缝为可调节型，调节范围为0～20nm。入射光束经(6)反射后以平行光射入光栅(7)，经光栅色散后的单色光反回准直镜(6)，经聚焦后射到出光狭缝(5)的

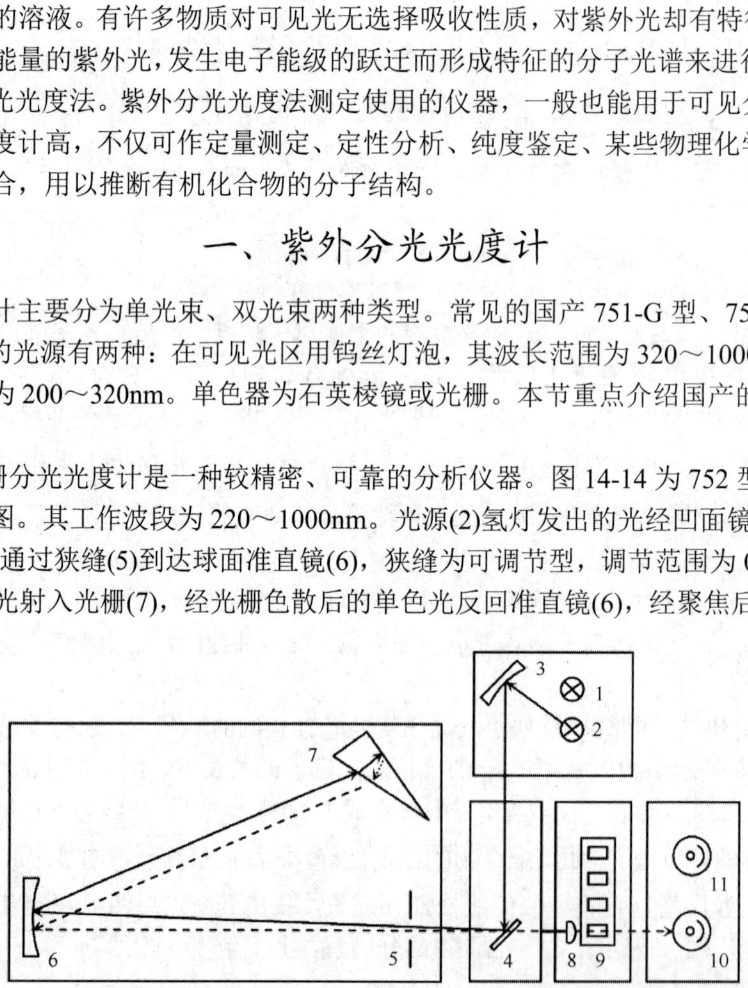

图 14-14 752G 型紫外光栅分光光度计光学系统示意图

1-钨灯；2-氢灯；3-凹面镜；4-平面镜；5-狭缝；6-准直镜；7-光栅；8-聚光镜；9-吸收池；10-紫敏光电管；11 -紫敏光电管

焦平面上，为了消除杂散光对测定结果的影响，在出光狭缝后面装有滤光片，单色光束经过滤光片后进入吸收池(9)，经样品溶液吸收后，透射光射到光电管(10)蓝敏光电管(200～625nm)或(11)红敏光电管(625～1000nm)阴极面上产生光电流，光电流经过放大后，用电位计测定其吸光度或透光率显示在光屏上，直接读出。

紫外光不能透过玻璃，所以在紫外分光光度计中透镜、光窗、氢灯、光电管等均用紫外光易透过的石英玻璃制造。

二、紫外分光光度法的应用

紫外分光光度法可对无机化合物和有机化合物进行定性鉴定或定量测定，纯度鉴定，某些物理化学常数的测定。还可以用紫外吸收光谱预测和判断有机化合物的结构、判别有机化合物的各种异构体、测定有机化合物的相对分子量等。

(一) 定性分析

利用紫外分光光度法对有机化合物进行定性鉴定的主要依据是这些化合物的吸收光谱特征，如吸收光谱形状，吸收峰数目以及各吸收峰的波长位置、强度和相应的吸光系数等。定性鉴定有机化合物的主要参数是最大吸收波长λ_{max}和相应的$\varepsilon_{\lambda_{max}}$ (或$a_{\lambda_{max}}$、$E_{1cm,\lambda_{max}}^{1\%}$)。

一些药物分子本身带有吸收紫外或可见光的基团，在选择合适的溶剂之后做吸收光谱，在吸收峰λ_{max}处溶剂及其他干扰组分的吸收很小，这时则可直接利用λ_{max}进行测定该药物。例如：布洛芬的测定，可在乙醇溶液中，于291nm处直接进行测定。安乃近在无水乙醇中于266nm处有强的吸收，可用于其制剂的测定；烟酸在NaOH中于262nm处有强的吸收，可用于其降脂口服液的测定等。

(二) 定量测定

在近紫外区，光的吸收遵循Lambert-Beer定律，其测定方法同可见分光光度法。常用比较法进行定量测定或根据吸光系数(或摩尔吸光系数)进行测定，例如血清中铜的测定。

铜是人体的必需微量元素之一。血清中铜大多以与蛋白质结合的形式存在。分析时，先加盐酸于血清中，使与蛋白结合的铜游离出，用三氯乙酸沉淀分离蛋白质后，加入显色剂二乙氨基二硫代甲酸钠，生成黄色配合物，该黄色配合物在420nm处有最大吸收峰，可在此波长下进行测定。但在测定条件下，血清中的铁也会显色干扰铜的测定，所以常加入焦硫酸钠和柠檬酸钠排除干扰。

例 14-3 已知维生素B_{12}的a_{361nm}=20.7 L·g^{-1}·cm^{-1}，精密称取样品30.0mg，加水溶解后稀释至1000mL，在波长361nm处用1.00cm吸收池测得样品吸光度为0.618，计算样品溶液中维生素B_{12}的质量分数。

解 根据Lambert-Beer定律

$$A = a_{361nm,\text{样}}bc$$

所以

$$a_{361nm,\text{样}} = \frac{A}{bc} = \frac{0.618}{1.00cm \times \dfrac{30.0mg}{1000mL}} = 20.6L \cdot g^{-1} \cdot cm^{-1}$$

已知维生素B_{12}的$a_{361nm,\text{标}}$=20.7L·g^{-1}·cm^{-1}，则样品溶液的质量分数为

$$\omega_{VB_{12}} = \frac{a_{361nm,\text{样}}}{a_{361nm,\text{标}}} = \frac{20.6L \cdot g^{-1} \cdot cm^{-1}}{20.7L \cdot g^{-1} \cdot cm^{-1}} = 0.995$$

(三) 有机化合物相对分子质量的测定

某种物质的可见与紫外吸收光谱是该物质内部特征结构的反映。所谓物质的内部特征结构，主要是指该物质分子中所含有的发色团。对于具有相同发色团的不同物质，如果都取相同的质量，则相对分子质量愈大者，发色团所占的比例愈小，吸收强度愈小；反之，相对分子质量愈小者，发色团所占比例愈大，吸收强度愈大。因此可以根据这个原理来测定有机化合物的相对分子质量。

如果某有机化合物在某一波长范围内不呈现吸收，则可加入一种具有发色团的实际与该有机化合物形成一种衍生物。这种衍生物在该波长范围内会呈现一个高强度的特征吸收谱带。实验证

表 14-2 苦味酸及其三种衍生物的ε_{380nm}

化合物	$\varepsilon_{380nm}(L \cdot mol^{-1} \cdot cm^{-1})$
苦味酸	13 450
乙醇胺苦味酸衍生物	13 390
六吡啶苦味酸衍生物	13 510
N-乙基苯胺苦味酸衍生物	13 450

明，同类衍生物的摩尔吸收系数ε相差甚微，即上述所形成的衍生物ε的与该物质的ε相近。表 14-2 列出了苦味酸及其 3 中衍生物在 380nm 波长处的ε。

从表 14-2 可见，4 种化合物的ε_{380nm}相差不大，相对偏差不超过 1%。这 4 种化合物的ε_{380nm}相差不大的原因是因为在 380nm 处的吸收都是由相同的发色团—间三硝苯基所引起的。这样，如果要测定另一种胺的苦味酸盐的相对分子质量，只要满足以下两个条件，即它只含有一个氨基，并且它本身在 380nm 处不呈现明显的吸收，就可以利用紫外吸收光谱法测定。测定方法如下：称一定质量的该胺苦味酸盐固体样品，溶于一定体积的乙醇中，然后测量给溶液在 380nm 出的吸光度 A。根据光的吸收定律：$A=abc$，将测得的吸光度 A 代入可求得吸光系数 $a(L \cdot g^{-1} \cdot cm^{-1})$，已知$\varepsilon_{380nm}=13\ 400\ L \cdot mol^{-1} \cdot cm^{-1}$ 再根据$\varepsilon=aM_r$计算求得相对分子质量。

(四) 紫外吸收光谱在生物大分子中的应用

1. 蛋白质含量的测定 蛋白质的紫外吸收光谱中，一般 210nm 处的峰是肽键的强吸收峰，280nm 处的峰是酪氨酸、色氨酸以及苯丙氨酸残基中共轭双键的吸收峰。因此在紫外光区 280nm 处具有最大吸收，可利用该波长的吸光度与蛋白质浓度成正比的关系测定其含量。

2. 核酸的测定 核酸是生物体的一种主要成分，它在紫外光区 260nm 左右有强的吸收峰，可用于测定核酸的含量。不同的碱基其吸收峰的位置和强度各不相同，因此，根据它的紫外吸收光谱的特征可以区别所含碱基的类别。

3. 酶的研究 在生物化学中，应用紫外吸收光谱来研究各种酶(如红细胞碳酸酐、乙酰胆酯酶、3-磷酸甘油醛酶)的结构、作用机理以及酶活性的测定等。

知识拓展

紫外-可见分光光度法在药物分析中的应用及进展

紫外-可见分光光度法是通过测定物质在紫外-可见光区(200 ~ 760nm)产生紫外-可见吸收光谱，根据吸收光谱的特性，对该物质进行定性和定量分析的方法。分子结构中含有芳香环或共轭双键等共轭体系的有机药物，在紫外光区(200 ~ 400nm)有特征吸收，可用紫外分光光度法进行药物分析；一些外观有颜色或加入某试剂能显色的药物在可见光区(400 ~ 760nm)有特征吸收，可用可见分光光度法进行药物分析，紫外-可见分光光度法在《中国药典》中主要应用于药物的鉴别、杂质检查、含量测定、含量均匀度和溶出度的检查等方面。

药物分析对于药物质量的检验与控制、生物体液中有关药物含量的测定以及药代动力学的研究均起着重要的作用。由于许多药物结构中具有吸收紫外或可见光的基团，或这些基团能与某些试剂、离子等发生颜色反应，从而很容易被检测，因此分光光度法在药物分析中得到了普遍应用。与其他方法相比，这种方法操作简便、灵敏度高、选择性好、干扰少或干扰易于消除。特别是近几年来，由于一些新技术新方法的应用，使得分光光度法在药物分析中得到了更广泛应用。

药物分析中，紫外分光光度法除了应用于药物含量测定之外还对药物杂质的进行分析，《中国药典》少数一般杂质的限量采用了紫外-可见分光光度法进行检查。如药物溶液的颜色，“溶液颜色”的检查是控制药物在生产过程或贮存过程中产生的有色杂质。紫外-可见分光光度法是通过测定溶液的吸光度检查药物中有色杂质的限量。如维生素 C 易受外界条件影响而变色，规定取本品 3.0g，加水 15mL，振摇使溶解，溶液经 4 号垂熔玻璃漏斗滤过，滤液于 420nm 波长处测定吸光度，不得超过 0.03。此外，紫外-可见分光光度法检查药物中特殊杂质限量，通常是采用检查杂质吸光度的方法，选择在药品无吸收而杂质有吸收的波长处测定吸光度，规定测得的吸光度不得超过某一限值，通过控制杂质吸光度的大小，控制杂质的限量。如肾上腺素中检查肾上腺酮，肾上腺酮在 310nm 处有吸收，而肾上腺素在此波长处无吸收，《中国药典》中规定，取本品加盐酸制成每 1mL 中含 2.0mg 的溶液，在 310nm 波长处测定，吸光度不得超过 0.05，即控制酮体的限量为 0.06%。再如，盐酸苯海索中检查哌啶苯丙酮、葡萄糖氯化钠注射液中检查 5-羟甲基糠醛等特殊杂质《中国药典》中皆是采用紫外-可见分光光度法进行杂质检查。

鉴于紫外-可见分光光度法的灵敏度高、选择性好、干扰易于排除等优点，很多分离技术与其联合用于药物的分析。如层析分离技术和紫外可见分光光度法的结合使用测定新疆鼠尾草中 6，7-去氢罗列酮的含量，于 330nm 处采用紫外分光光度法测定其含量为 0.37%。紫外-可见分光光度计还与电泳微柱在线联用可以扩展紫外-可见分光光度法在光谱重叠组分分别测定中的分析功能。

从紫外-可见分光光度法在药物分析中的发展趋势来看，随着现代分析仪器的发展和电子计算机的应用，会不断涌现出一些新技术，如感冒通片中含双氯灭痛、人工牛黄、扑尔敏及辅料等，用一阶导数分光光度法测定扑尔敏的含量，不仅可消除其它成分的干扰，而且回收率高，操作简单；采用双波长分光光度法，不经分离直接测定萘唑啉滴鼻剂中盐酸萘甲唑啉的含量，消除了羟苯乙酯的干扰；三波长吸光度比值法，不经分离直接测定氢氯噻嗪和赖诺普利的含量等。其发展方向是采用专属性较强的分析方法，不经过分离直接对药物成分或含量进行测定。

Summary

Optical absorption spectrophotometry is an often used analytical method based on light absorption properties of a substance and the Lambert-Beer Law，$A=kbc$. This method is used to identifying of and/or quantitative analysis of a substance.

When a light beam is let pass through a solution and a photon encounters an analyte molecule being studied，there is a chance the analyte will absorb the photons. The energy hv of photons absorbed by the analyte be equal to energy difference between a ground and an excited state in a substance. This energy gap varies in discrete substances depending on their varied eletronic structures. Thus a specific substance absorbs light at a wavelength. This property of a substance is referred to its light selectivity. White light is a mixture of all of the wavelengths in the visible range(380～780nm). A prism or a diffraction grating separates white light into its various colors. If some of the light is absorbed by a substance，the reflected or transmitted light has the complementary color of the absorbed light，so that the substance displays this color.

There are mainly two kinds of absorption spectrometers. Visible absorption spectrometer utilizes visible light source such as a tungsten lamp，while ultraviolet absorption spectrometer uses light source at wavelength 200～380nm commonly from a hydrogen lamp. A spectrophotometer uses an arrangement of prisms，mirrors，and slits to select light of a desired wavelength and to direct it toward a sample compartment and a detector. A monochromatic light is generated by a continuous adjustable prism to provide the required wavelength at which the measurement is carried out. The detector electronically measures the intensity of the light striking it. A sample is placed in the light path，and the instrument compares the intensity of the light going through the sample(I) to the intensity observed without the sample(I_0). The effect is measured either as transmittance(T, the percentage of light that goes through the sample) or as the absorbance(A，representing the amount of light absorbed by the sample).

There are many ways to determine concentration of a solution quantitatively. Standard curve，standard comparison, extinction coefficient comparison and differential absorption methods are commonly encountered.

To increase sensitivity and precision of a measurement，it is important to take account the following aspects:

1. Select a proper wavelength(usually at λ_{max}).
2. In absorption range A=0.2～0.7.
3. Select a proper indicator or dye.
4. Using proper conditions for coloring.

习　　题

1. 有关概念及名词解释

(1) 吸收光谱

(2) Lambert-Beer 定律

(3) 透光率

(4) 吸光度

(5) 摩尔吸光系数

2. 有色溶液的透光率随着溶液浓度的增大而减小，所以透光率与溶液的浓度成反比关系；有色溶液的吸光度随着溶液浓度的增大而增大，所以吸光度与溶液的浓度成正比关系，这种说法正确吗？

(不正确)

3. 安络血的相对摩尔质量为 236，将其配成 100mL 含安络血 0.4300mg 的溶液，盛于 1cm 吸收池中，在 λ_{max}＝55nm 处测得 A 值为 0.483，试求安络血的 $E_{1cm}^{1\%}$ 和 ε 值。

($123mL \cdot g^{-1} \cdot cm^{-1}$，$2.65 \times 10^4 L \cdot mol^{-1} \cdot cm^{-1}$)

4. 测定血清中的磷酸盐含量时，取血清试样 5.00mL 于 100mL 量瓶中，加显色剂显色后，稀释至刻度。吸取该试液 25.00mL，测得吸光度为 0.582；另取该试液 25.00mL，加 1.00mL 0.0500mg 磷酸盐，测得吸光度为 0.693。计算每毫升血清中含磷酸盐的质量。

(0.167mg)

5. 称取维生素 C 0.0500 g 溶于 100mL 的 $5mol \cdot L^{-1}$ 酸溶液中，准确量取此溶液 2.00mL 稀释至 100mL，取此溶液于 1cm 吸收池中，在 λ_{max}＝245nm 处测得 A 值为 0.498。求样品中维生素 C 的百分质量分数。($E_{1cm}^{1\%} = 560\ mL \cdot g^{-1} \cdot cm^{-1}$)

(88.9%)

6. 精密称取 $V_{B_{12}}$ 对照品 20.0mg，加水准确稀释至 1000mL，将此溶液置厚度为 1cm 的吸收池中，在 λ＝361nm 处测得 A＝0.414。另取两个试样，一为 $V_{B_{12}}$ 的原料药，精密称取 20.0mg，加水准确稀释至 1000mL，同样条件下测得 A＝0.390，另一为 $V_{B_{12}}$ 注射液，精密吸取 1.00mL，稀释至 10.00mL，同样条件下测得 A＝0.510。试分别计算 $V_{B_{12}}$ 原料药的百分质量分数和注射液的浓度。

(94.2%，$0.246mg \cdot mL^{-1}$)

7. 测定废水中的酚，利用加入过量的有色的显色剂形成有色配合物，并在 575nm 处测量吸光度。若溶液中有色配合物的浓度为 $1.0 \times 10^{-5}\ mol \cdot L^{-1}$，游离试剂的浓度为 $1.0 \times 10^{-4}\ mol \cdot L^{-1}$ 测得吸光度为 0.657：在同一波长下，仅含 $1.0 \times 10^{-4}\ mol \cdot L^{-1}$ 游离试剂的溶液，其吸光度只有 0.018，所有测量都在 2.0cm 吸收池和以水作空白下进行，计算在 575nm 时，(1) 游离试剂的摩尔吸光系数；(2) 有色配合物摩尔吸光系数。

($90\ L \cdot mol^{-1} \cdot cm^{-1}$，$3.20 \times 10^4\ L \cdot mol^{-1} \cdot cm^{-1}$)

8. 某有色溶液在 2.0cm 厚的吸收池中测得透光度为 1.0%，仪器的透光度读数 T 有±0.5%的绝对误差。试问：(1)测定结果的相对误差是多少？(2)欲使测量的相对误差为最小，溶液的浓度应稀释多少倍？(3)若浓度不变，问应用多厚的吸收池较合适？(4)浓度或吸收池厚度改变后，测量结果误差是多少？

(±10.8%，稀释 5 倍，0.5cm，±1.4%)

9. 某一元弱酸的酸式体在 475nm 处有吸收，$\varepsilon = 3.4 \times 10^4\ L \cdot mol^{-1} \cdot cm^{-1}$，而它的共轭碱在此波长下无吸收，在 pH =3.90 的缓冲溶液中，浓度为 $2.72 \times 10^{-5}\ mol \cdot L^{-1}$ 的该弱酸溶液在 475nm 处的吸光度为 0.261(用 1cm 比色杯)。计算此弱酸的 K_a 值。

($K_a = 3.16 \times 10^{-4}$)

10. 配合物 NiB_2^{2+} 在 395nm 下有最大吸收(此条件时，Ni 及 B 无吸收)，当配位剂浓度比 Ni^{2+} 过量 5 倍时，Ni^{2+} 完全形成配合物。根据下列数据，求 $Ni^{2+}+2B = NiB_2^{2+}$ 的稳定常数 K_s。

溶液组成及浓度($mol \cdot L^{-1}$)	吸光度(λ=395nm)
$Ni^{2+}(2.50 \times 10^{-4})$，$B(2.20 \times 10^{-1})$	0.765
$Ni^{2+}(2.50 \times 10^{-4})$，$B(1.00 \times 10^{-3})$	0.360

($K_s = 4.72 \times 10^5$)

(李银涛)

主要参考读物

北京师范大学无机化学教研室，2002. 无机化学. 4版. 北京：高等教育出版社
崔爱莉，沈光球，寇会忠，等，2008. 现代化学基础. 2版. 北京：清华大学出版社
高执棣，1991. 渗透平衡的三种效应及渗透温度概念. 大学化学，6(4)：17-19
侯新朴，2008. 物理化学. 6版. 北京:人民卫生出版社
华彤文，王颖霞，卞江，等，2013. 普通化学原理. 4版. 北京：北京大学出版社
慕慧，2013. 基础化学. 3版. 北京：科学出版社
曲保中，朱炳林，周伟红，2007. 新大学化学. 2版. 北京：科学出版社
孙为银，2004. 21世纪化学丛书——配位化学. 北京：化学工业出版社
魏祖期，刘德育，2013. 基础化学. 8版. 北京：人民卫生出版社
魏祖期，2004. 基础化学. 6版. 北京：人民卫生出版社
席晓岚，2007. 基础化学. 北京:科学出版社
席晓岚，2011. 基础化学. 2版. 北京：科学出版社
谢吉民，于丽，2015. 无机化学. 3版. 北京：人民卫生出版社
谢吉民，2009. 基础化学. 2版. 北京：科学出版社
谢吉民，2015. 基础化学. 3版. 北京：科学出版社
徐春祥，2013. 基础化学. 3版. 北京：高等教育出版社
许善锦，2006. 无机化学. 4版. 北京：人民卫生出版社
杨频，高飞，2002. 生物无机化学原理. 北京：科学出版社
张天蓝，2011. 无机化学. 6版. 北京：人民卫生出版社
浙江大学普通化学教研组，2011. 普通化学. 6版. 北京：高等教育出版社
(美)Nash LK. 1982. 稀溶液依数性定律. 谢阳译. 化学通报，(10)：49-52

附　　录

附录Ⅰ　国际单位制(SI)

附表Ⅰ-1　SI 基本单位

量的名称	单位名称	单位符号
长度	米	m
质量	千克(公斤)	kg
时间	秒	s
电流	安[培]	A
热力学温度	开[尔文]	K
物质的量	摩[尔]	mol
发光强度	坎[德拉]	cd

附表Ⅰ-2　包括 SI 辅助单位在内的具有专门名称的 SI 导出单位

量的名称	SI 导出单位		
	名称	符号	用 SI 基本单位和 SI 导出单位表示
[平面]角	弧度	rad	1 rad=1m/m=1
立体角	球面度	sr	1 sr=1 m^2/m^2=1
频率	赫[兹]	Hz	1 Hz=1 s^{-1}
力，重力	牛[顿]	N	1 N=1 kg · m/s^2
压力，压强，应力	帕[斯卡]	Pa	1 Pa=1 N/m^2
能[量]，功，热量	焦[耳]	J	1 J=1 N · m
功率，辐[射能]通量	瓦[特]	W	1 W=1 J/s
电荷[量]	库[仑]	C	1 C=1 A · s
电压，电动势，电位	伏[特]	V	1 V=1 W/A
电容	法[拉]	F	1 F=1 C/V
电阻	欧[姆]	Ω	1 Ω=1 V/A
电导	西[门子]	S	1 S=1 Ω^{-1}
磁通[量]	韦[伯]	Wb	1 Wb=1　V · S
磁通[量]密度	特[斯拉]	T	1 T=1 Wb/m^2
电感	亨[利]	H	1 H=1 Wb/A
摄氏温度	摄氏度	℃	1 ℃=1 K
光通量	流[明]	lm	1 lm=1 cd·sr
[光]照度	勒[克斯]	lx	1 lx=1 lm/m^2
[放射性]活度	贝可[勒尔]	Bq	1 Bq=1 s^{-1}
吸收剂量 比授[予]能 比释功能	戈[瑞]	Gy	1Gy=1 J/kg
剂量当量	希[沃特]	Sv	1Sv=1 J/kg

附表Ⅰ-3 SI 词头

因数	词头名称		符号
	英文	中文	
10^{24}	yotta	尧[它]	Y
10^{21}	zetta	泽[它]	Z
10^{18}	exa	艾[克萨]	E
10^{15}	peta	拍[它]	P
10^{12}	tera	太[拉]	T
10^{9}	giga	吉[咖]	G
10^{6}	mega	兆	M
10^{3}	kilo	千	k
10^{2}	hecto	百	h
10^{1}	deca	十	da
10^{-1}	deci	分	d
10^{-2}	centi	厘	c
10^{-3}	milli	毫	m
10^{-6}	micro	微	μ
10^{-9}	nano	纳[诺]	n
10^{-12}	pico	皮[可]	p
10^{-15}	femto	飞[姆托]	f
10^{-18}	atto	阿[托]	a
10^{-21}	zepto	仄[普托]	z
10^{-24}	yocto	[科托]	y

附表Ⅰ-4 可与国际单位制单位并用的我国法定计量单位

量的名称	单位名称	单位符号	与 SI 单位的关系
时间	分	min	1 min=60s
	[小]时	h	1 h=60 min=3 600s
	日，(天)	d	1 d=24h=86 400s
[平面]角	度	°	1°=(π/180)rad
	[角]分	′	1′=(1/60)°=(π/10 800)rad
	[角]秒	″	1″=(1/60)′=(π/648 000)rad
体积	升	l，L	1 l=1dm^3
质量	吨 原子质量单位	t u	1t=10^{3}kg 1u≈1.660 540×10^{-27}kg
旋转速度	转每分	r/min	1 r/min=(1/60)s
长度	海里	n mile	1n mile=1 852 m (只用于航程)
速度	节	kn	1kn=1n mile/h=(1 852/3 600)m/s(只用于航行)
能	电子伏	eV	1eV≈1.602 177×10^{-19}J
级差	分贝	dB	
线密度	特[克斯]	tex	1 tex=10^{-6}kg/m
面积	公顷	hm^2	1 hm^2=10^{4}m^2

附录II 常用的物理常数

量的名称	符号	数值	单位
电磁波在真空中的速度	c，c_0	299 792 458	$m\cdot s^{-1}$
真空导磁率	μ_0	$4\pi\times10^{-7}$ $1.256\ 637\times10^{-6}$	$H\cdot m^{-1}$
真空介电常数 $\varepsilon_0=1/\mu_0c_0^2$	ε_0	$10^7/(4\pi\times299\ 792\ 458^2)$ $8.854\ 188\times10^{-12}$	$F\cdot m^{-1}$
引力常量 $F=Gm_1m_2/r^2$	G	$(6.672\ 59\pm0.000\ 85)\times10^{-11}$	$N\cdot m^2\cdot kg^{-2}$
普朗克常量	h	$(6.626\ 075\ 5\pm0.000\ 004\ 0)\times10^{-34}$	$J\cdot s$
$\hbar=h/2\pi$	$\hbar$	$(1.054\ 572\ 66\pm0.000\ 000\ 63)\times10^{-34}$	$J\cdot s$
元电荷	e	$(1.602\ 177\ 33\pm0.000\ 000\ 49)\times10^{-19}$	C
电子[静]质量	m_e	$(9.109\ 389\ 7\pm0.000\ 005\ 4)\times10^{-31}$ $(5.485\ 799\ 03\pm0.000\ 000\ 13)\times10^{-4}$	kg u
质子[静]质量	m_p	$(1.672\ 623\ 1\pm0.000\ 001\ 0)\times10^{-27}$ $(1.007\ 276\ 470\pm0.000\ 000\ 012)$	kg u
精细结构常数 $\alpha=\dfrac{e^2}{4\pi\varepsilon_0hc}$	α	$(7.297\ 353\ 08\pm0.000\ 000\ 33)\times10^{-3}$	1
里德伯常量 $R_\infty=\dfrac{e^2}{8\pi\varepsilon_0a_0hc}$	R_∞	$(1.097\ 373\ 153\ 4\pm0.000\ 000\ 001\ 3)\times10^7$	m^{-1}
阿伏伽德罗常数 $L=N/n$	L，N_A	$(6.022\ 136\ 7\pm0.000\ 003\ 6)\times10^{23}$	mol^{-1}
法拉第常数 $F=Le$	F	$(6.648\ 530\ 9\pm0.000\ 002\ 9)\times10^4$	$C\cdot mol^{-1}$
摩尔气体常数 $pV_m=RT$	R	$(8.314\ 510\pm0.000\ 070)$	$J\cdot mol^{-1}\cdot K^{-1}$
玻耳兹曼常数 $k=R/T$	k	$(1.380\ 658\pm0.000\ 012)\times10^{-23}$	$J\cdot K^{-1}$
斯忒藩—玻耳兹曼常量 $\sigma=\dfrac{2\pi^5k^4}{15h^3c^2}$	σ	$(5.670\ 51\pm0.000\ 19)\times10^{-8}$	$W\cdot m^{-2}\cdot K^{-4}$
质子质量常量	m_u	$(1.660\ 540\ 2\pm0.000\ 001\ 0)\times10^{-27}$	kg

附录III 平衡常数

附表Ⅲ-1 水的离子积常数

温度(℃)	pK_W	温度(℃)	pK_W	温度(℃)	pK_W
0	14.938	35	13.685	75	12.711
5	14.727	40	13.542	80	12.613
10	14.528	45	13.405	85	12.520
15	14.340	50	13.275	90	12.431
18	14.233	55	13.152	95	12.345
20	14.167	60	13.034	100	12.264
25	13.995	65	12.921	125	11.911
30	13.836	70	12.814	150	11.637

附表Ⅲ-2 弱电解质在水中的解离常数

化合物	化学式	温度(℃)	分步	K_a^*(或 K_b)	pK_a(或 pK_b)
砷酸	H_3AsO_4	25	1	5.5×10^{-3}	2.26
			2	1.7×10^{-7}	6.76
			3	5.1×10^{-12}	11.29
亚砷酸	H_2AsO_3	25	—	5.1×10^{-10}	9.29
硼酸	HBO_3	20	1	5.4×10^{-10}	9.27

续表

化合物	化学式	温度(℃)	分步	K_a^*(或 K_b)	pK_a(或 pK_b)
			2		>14
碳酸	H_2CO_3	25	1	4.5×10^{-7}	6.35
			2	4.7×10^{-11}	10.33
铬酸	H_2CrO_4	25	1	1.8×10^{-1}	0.74
			2	3.2×10^{-7}	6.49
氢氟酸	HF	25	—	6.3×10^{-4}	3.20
氢氰酸	HCN	25	—	6.2×10^{-10}	9.21
氢硫酸	H_2S	25	1	8.9×10^{-8}	7.05
			2	1.2×10^{-13}	12.90
过氧化氢	H_2O_2	25	—	2.4×10^{-12}	11.62
次溴酸	HBrO	25	—	2.0×10^{-9}	8.55
次氯酸	HClO	25	—	3.9×10^{-8}	7.40
次碘酸	HIO	25	—	3×10^{-11}	10.5
碘酸	HIO_3	25	—	1.6×10^{-1}	0.78
亚硝酸	HNO_2	25	—	5.6×10^{-4}	3.25
高碘酸	HIO_4	25	—	2.3×10^{-2}	1.64
磷酸	H_3PO_4	25	1	6.9×10^{-3}	2.16
		25	2	6.1×10^{-8}	7.21
		25	3	4.8×10^{-13}	12.32
正硅酸	H_4SiO_4	30	1	1.2×10^{-10}	9.9
			2	1.6×10^{-12}	11.8
			3	1×10^{-12}	12
			4	1×10^{-12}	12
硫酸	H_2SO_4	25	2	1.0×10^{-2}	1.99
亚硫酸	H_2SO_3	25	1	1.4×10^{-2}	1.85
			2	6×10^{-7}	7.2
氨水	NH_3	25	—	1.8×10^{-5}	4.75
氢氧化钙	Ca^{2+}	25	2	4×10^{-2}	1.4
氢氧化铝	Al^{3+}	25	—	1×10^{-9}	9.0
氢氧化银	Ag^{+}	25	—	1.0×10^{-2}	2.00
氢氧化锌	Zn^{2+}	25	—	7.9×10^{-7}	6.10
甲酸	HCOOH	25	1	1.8×10^{-4}	3.75
乙(醋)酸	CH_3COOH	25	1	1.75×10^{-5}	4.756
丙酸	C_2H_5COOH	25	1	1.3×10^{-5}	4.87
一氯乙酸	$CH_2ClCOOH$	25	1	1.4×10^{-3}	2.85
草酸	$C_2H_2O_4$	25	1	5.6×10^{-2}	1.25
			2	1.5×10^{-4}	3.81
柠檬酸	$C_6H_8O_7$	25	1	7.4×10^{-4}	3.13
			2	1.7×10^{-5}	4.76
			3	4.0×10^{-7}	6.40
巴比土酸	$C_4H_4N_2O_3$	25	1	9.8×10^{-5}	4.01
甲胺盐酸盐	$CH_3NH_2\cdot HCl$	25	1	2.2×10^{-11}	10.66
二甲胺盐酸盐	$(CH_3)_2NH\cdot HCl$	25	1	1.9×10^{-11}	10.73
乳酸	$C_6H_3O_3$	25	1	1.4×10^{-4}	3.86
乙胺盐酸盐	$C_2H_5NH_2\cdot HCl$	20	1	2.2×10^{-11}	10.66

续表

化合物	化学式	温度(℃)	分步	K_a^*(或 K_b)	pK_a(或 pK_b)
苯甲酸	C_6H_5COOH	25	1	6.25×10^{-5}	4.204
苯酚	C_6H_5OH	25	1	1.0×10^{-10}	9.99
邻苯二甲酸	$C_8H_6O_4$	25	1	1.14×10^{-3}	2.943
			2	3.70×10^{-6}	5.432
Tris-HCl		37	1	1.4×10^{-8}	7.85
氨基乙酸盐酸盐	$H_2NCH_2COOH\cdot2HCl$	25	1	4.5×10^{-3}	2.35
			2	1.6×10^{-10}	9.78

附表Ⅲ-3　一些难溶化合物的溶度积(298.15K)

化合物	K_{sp}	化合物	K_{sp}	化合物	K_{sp}
AgAc	1.94×10^{-3}	$CdCO_3$	1.0×10^{-12}	$LiCO_3$	8.15×10^{-4}
AgBr	5.35×10^{-13}	CdF_2	6.44×10^{-3}	$MgCO_3$	6.82×10^{-6}
$AgBrO_3$	5.38×10^{-5}	$Cd(IO_3)_2$	2.5×10^{-8}	MgF_2	5.16×10^{-11}
AgCN	5.97×10^{-17}	$Cd(OH)_2$	7.2×10^{-15}	$Mg(OH)_2$	5.61×10^{-12}
AgCl	1.77×10^{-10}	CdS	8.0×10^{-27}	$Mg_3(PO_4)_2$	1.04×10^{-24}
AgI	8.52×10^{-17}	$Cd_3(PO_4)_2$	2.53×10^{-33}	$MnCO_3$	2.24×10^{-11}
$AgIO_3$	3.17×10^{-8}	$Co_3(PO_4)_2$	2.05×10^{-35}	$Mn(IO_3)_2$	4.37×10^{-7}
AgSCN	1.03×10^{-12}	CuBr	6.27×10^{-9}	$Mn(OH)_2$	2.06×10^{-13}
Ag_2CO_3	8.46×10^{-12}	CuC_2O_4	4.43×10^{-10}	MnS	2.5×10^{-13}
$Ag_2C_2O_4$	5.40×10^{-12}	CuCl	1.72×10^{-7}	$NiCO_3$	1.42×10^{-7}
Ag_2CrO_4	1.12×10^{-12}	CuI	1.27×10^{-12}	$Ni(IO_3)_2$	4.71×10^{-5}
Ag_2S	6.3×10^{-50}	CuS	6.3×10^{-36}	$Ni(OH)_2$	5.48×10^{-16}
Ag_2SO_3	1.50×10^{-14}	CuSCN	1.77×10^{-13}	α-NiS	3.2×10^{-19}
Ag_2SO_4	1.20×10^{-5}	Cu_2S	2.5×10^{-48}	$Ni_3(PO_4)_2$	4.74×10^{-32}
Ag_3AsO_4	1.03×10^{-22}	$Cu_3(PO_4)_2$	1.40×10^{-37}	$PbCO_3$	7.40×10^{-14}
Ag_3PO_4	8.89×10^{-17}	$FeCO_3$	3.13×10^{-11}	$PbCl_2$	1.70×10^{-5}
$Al(OH)_3$	1.1×10^{-33}	FeF_2	2.36×10^{-6}	PbF_2	3.3×10^{-8}
$AlPO_4$	9.84×10^{-21}	$Fe(OH)_2$	4.87×10^{-17}	PbI_2	9.8×10^{-9}
$BaCO_3$	2.58×10^{-9}	$Fe(OH)_3$	2.79×10^{-39}	$PbSO_4$	2.53×10^{-8}
$BaCrO_4$	1.17×10^{-10}	FeS	6.3×10^{-18}	PbS	8×10^{-28}
BaF_2	1.84×10^{-7}	HgI_2	2.9×10^{-29}	$Pb(OH)_2$	1.43×10^{-20}
$Ba(IO_3)_2$	4.01×10^{-9}	HgS	4×10^{-53}	$Sn(OH)_2$	5.45×10^{-27}
$BaSO_4$	1.08×10^{-10}	Hg_2Br_2	6.40×10^{-23}	SnS	1.0×10^{-25}
$BiAsO_4$	4.43×10^{-10}	Hg_2CO_3	3.6×10^{-17}	$SrCO_3$	5.60×10^{-10}
CaC_2O_4	2.32×10^{-9}	$Hg_2C_2O_4$	1.75×10^{-13}	SrF_2	4.33×10^{-9}
$CaCO_3$	3.36×10^{-9}	Hg_2Cl_2	1.43×10^{-18}	$Sr(IO_3)_2$	1.14×10^{-7}
CaF_2	3.45×10^{-11}	Hg_2F_2	3.10×10^{-6}	$SrSO_4$	3.44×10^{-7}
$Ca(IO_3)_2$	6.47×10^{-6}	Hg_2I_2	5.2×10^{-29}	$ZnCO_3$	1.46×10^{-10}
$Ca(OH)_2$	5.02×10^{-6}	Hg_2SO_4	6.5×10^{-7}	ZnF_2	3.04×10^{-2}
$CaSO_4$	4.93×10^{-5}	$KClO_4$	1.05×10^{-2}	$Zn(OH)_2$	3×10^{-17}
$Ca_3(PO_4)_2$	2.07×10^{-33}	$K_2[PtCl_6]$	7.48×10^{-6}	α-ZnS	1.6×10^{-24}

附表Ⅲ-4 金属配合物的稳定常数

配体及金属离子	$\lg\beta_1$	$\lg\beta_2$	$\lg\beta_3$	$\lg\beta_4$	$\lg\beta_5$	$\lg\beta_6$
氨(NH_3)						
Co^{2+}	2.11	3.74	4.79	5.55	5.73	5.11
Co^{3+}	6.7	14.0	20.1	25.7	30.8	35.2
Cu^{2+}	4.31	7.98	11.02	13.32	12.86	
Hg^{2+}	8.8	17.5	18.5	19.28		
Ni^{2+}	2.80	5.04	6.77	7.96	8.71	8.74
Ag^{+}	3.24	7.05				
Zn^{2+}	2.37	4.81	7.31	9.46		
Cd^{2+}	2.65	4.75	6.19	7.12	6.80	5.14
氯离子(Cl^-)						
Sb^{3+}	2.26	3.49	4.18	4.72		
Bi^{3+}	2.44	4.7	5.0	5.6		
Cu^{+}		5.5	5.7			
Pt^{2+}		11.5	14.5	16.0		
Hg^{2+}	6.74	13.22	14.07	15.07		
Au^{3+}		9.8				
Ag^{+}	3.04	5.04				
氰离子(CN^-)						
Au^{+}		38.3				
Cd^{2+}	5.48	10.60	15.23	18.78		
Cu^{+}		24.0	28.59	30.30		
Fe^{2+}						35
Fe^{3+}						42
Hg^{2+}				41.4		
Ni^{2+}				31.3		
Ag^{+}		21.1	21.7	20.6		
Zn^{2+}				16.7		
氟离子(F^-)						
Al^{3+}	6.10	11.15	15.00	17.75	19.37	19.84
Fe^{3+}	5.28	9.30	12.06			
碘离子(I^-)						
Bi^{3+}	3.63			14.95	16.80	18.80
Hg^{2+}	12.87	23.82	27.60	29.83		
Ag^{+}	6.58	11.74	13.68			
硫氰酸根(SCN^-)						
Fe^{3+}	2.95	3.36				
Hg^{2+}		17.47		21.23		
Au^{+}		23		42		
Ag^{+}		7.57	9.08	10.08		
硫代硫酸根($S_2O_3^{2-}$)						
Ag^{+}	8.82	13.46				
Hg^{2+}		29.44	31.90	33.24		

续表

配体及金属离子	$\lg\beta_1$	$\lg\beta_2$	$\lg\beta_3$	$\lg\beta_4$	$\lg\beta_5$	$\lg\beta_6$
Cu^+	10.27	12.22	13.84			
醋酸根(CH_3COO^-)						
Fe^{3+}	3.2					
Hg^{2+}		8.43				
Pb^{2+}	2.52	4.0	6.4	8.5		
枸橼酸根(按 L^{3-}配体)						
Al^{3+}	20.0					
Co^{2+}	12.5					
Cd^{2+}	11.3					
Cu^{2+}	14.2					
Fe^{2+}	15.5					
Fe^{3+}	25.0					
Ni^{2+}	14.3					
Zn^{2+}	11.4					
乙二胺($H_2NCH_2CH_2NH_2$)						
Co^{2+}	5.91	10.64	13.94			
Cu^{2+}	10.67	20.00	21.0			
Zn^{2+}	5.77	10.83	14.11			
Ni^{2+}	7.52	13.84	18.33			
草酸根($C_2O_4^{2-}$)						
Cu^{2+}	6.16	8.5				
Fe^{2+}	2.9	4.52	5.22			
Fe^{3+}	9.4	16.2	20.2			
Hg^{2+}		6.98				
Zn^{2+}	4.89	7.60	8.15			
Ni^{2+}	5.3	7.64	~8.5			

附录Ⅳ　一些物质的基本热力学数据

附表Ⅳ-1　298.15K 的标准摩尔生成焓、标准摩尔生成自由能和标准摩尔熵的数据

物质	$\Delta_f H_m^\ominus$ / (kJ·mol^{-1})	$\Delta_f G_m^\ominus$ / (kJ·mol^{-1})	$S_m^\ominus$ / (J·K^{-1}·mol^{-1})
Ag(s)	0	0	42.6
Ag^+(aq)	105.6	77.1	72.7
$AgNO_3$(s)	−124.4	−33.4	140.9
AgCl(s)	−127.0	−109.8	96.3
AgBr(s)	−100.4	−96.9	107.1
AgI(s)	−61.8	−66.2	115.5
Ba(s)	0	0	62.5
Ba^{2+}(aq)	−537.6	−560.8	9.6
$BaCl_2$(s)	−855.0	-806.7	123.7
$BaSO_4$(s)	−1473.2	−1362.2	132.2
Br_2(g)	30.9	3.1	245.5

续表

物质	$\Delta_f H_m^\ominus$ / (kJ·mol^{-1})	$\Delta_f G_m^\ominus$ / (kJ·mol^{-1})	$S_m^\ominus$ / (J·K^{-1}·mol^{-1})
$Br_2(l)$	0	0	152.2
C(dia)	1.9	2.9	2.4
C(gra)	0	0	5.7
CO(g)	−110.5	−137.2	197.7
$CO_2(g)$	−393.5	−394.4	213.8
Ca(s)	0	0	41.6
$Ca^{2+}(aq)$	−542.8	−553.6	−53.1
$CaCl_2(s)$	−795.4	−748.8	108.4
$CaCO_3$(calcite)	−1207.6	−1129.1	91.7
$CaCO_3$(aragonile)	−1207.8	−1128.2	88.0
CaO(s)	−634.9	−603.3	38.1
$Ca(OH)_2(s)$	−985.2	−897.5	83.4
$Cl_2(g)$	0	0	223.1
$Cl^-(aq)$	−167.2	−131.2	56.5
Cu(s)	0	0	33.2
$Cu^{2+}(aq)$	64.8	65.5	−99.6
$F_2(g)$	0	0	202.8
$F^-(aq)$	−332.6	−278.8	−13.8
Fe(s)	0	0	27.3
$Fe^{2+}(aq)$	−89.1	−78.9	−137.7
$Fe^{3+}(aq)$	−48.5	-4.7	−315.9
FeO(s)	−272.0	−251	61
$Fe_3O_4(s)$	−1118.4	−1015.4	146.4
$Fe_2O_3(s)$	−824.2	−742.2	87.4
$H_2(g)$	0	0	130.7
$H^+(aq)$	0	0	0
HCl(g)	−92.3	−95.3	186.9
HF(g)	−273.3	−275.4	173.8
HBr(g)	−36.3	−53.4	198.70
HI(g)	26.5	1.7	206.6
$H_2O(g)$	−241.8	−228.6	188.8
$H_2O(l)$	−285.8	−237.1	70.0
$H_2S(g)$	−20.6	33.4	205.8
$I_2(g)$	62.4	19.3	260.7
$I_2(s)$	0	0	116.1
$I^-(aq)$	−55.2	−51.6	111.3
K(s)	0	0	64.7
$K^+(aq)$	−252.4	−283.3	102.5
KI(s)	−327.9	−324.9	106.3
KCl(s)	−436.5	−408.5	82.6
Mg(s)	0	0	32.7
$Mg^{2+}(aq)$	−466.9	−454.8	−138.1

续表

物质	$\Delta_f H_m^\ominus$ / (kJ·mol^{-1})	$\Delta_f G_m^\ominus$ / (kJ·mol^{-1})	$S_m^\ominus$ / (J·K^{-1}·mol^{-1})
$MgO(s)$	−601.6	−569.3	27.0
$MnO_2(s)$	−520.0	−465.1	53.1
$Mn^{2+}(aq)$	−220.8	−228.1	−73.6
$N_2(g)$	0	0	191.6
$NH_3(g)$	−45.9	−16.4	192.8
$NH_4Cl(s)$	−314.4	−202.9	94.6
$NO(g)$	91.3	87.6	210.8
$NO_2(g)$	33.2	51.3	240.1
$Na(s)$	0	0	51.3
$Na^+(aq)$	−240.1	−261.9	59.0
$NaCl(s)$	−411.2	−384.1	72.1
$O_2(g)$	0	0	205.2
$OH^-(aq)$	−230.0	−157.2	−10.8
$SO_2(g)$	−296.8	−300.1	248.2
$SO_3(g)$	−395.7	−371.1	256.8
$Zn(s)$	0	0	41.6
$Zn^{2+}(aq)$	−153.9	−147.1	−112.1
$ZnO(s)$	−350.5	−320.5	43.7
$CH_4(g)$	−74.6	−50.5	186.3
$C_2H_2(g)$	227.4	209.9	200.9
$C_2H_4(g)$	52.4	68.4	219.3
C_2H_6(g，benzene)	−84.0	−32.0	229.2
C_6H_6(g，benzene)	82.9	129.7	269.2
$C_6H_6(l)$	49.1	124.5	173.4
$CH_3OH(g)$	−201.0	−162.3	239.9
$CH_3OH(l)$	−239.2	−166.6	126.8
$HCHO(g)$	−108.6	−102.5	218.8
$HCOOH(l)$	−425.0	−361.4	129.0
$C_2H_5OH(g)$	−234.8	−167.9	281.6
$C_2H_5OH(l)$	−277.6	−174.8	160.7
$CH_3CHO(l)$	−192.2	−127.6	160.2
$CH_3COOH(l)$	−484.3	−389.9	159.8
$H_2NCONH_2(s)$	−333.1	−197.33	104.60
$C_6H_{12}O_6(s)$(葡萄糖)	−1273.3	−910.6	212.1
$C_{12}H_{22}O_{11}(s)$(蔗糖)	−2226.1	−1544.6	360.2

附表Ⅳ-2　一些有机化合物的标准摩尔燃烧热

化合物	$\Delta_c H_m^\ominus$ / (kJ·mol^{-1})	化合物	$\Delta_c H_m^\ominus$ / (kJ·mol^{-1})
$CH_4(g)$	−890.8	$HCHO(g)$	−570.7
$C_2H_2(g)$	−1301.1	$CH_3CHO(l)$	−1166.9
$C_2H_4(g)$	−1411.2	$CH_3COCH_3(l)$	−1789.9
$C_2H_6(g)$	−1560.7	$HCOOH(l)$	−254.6

续表

化合物	$\Delta_c H_m^{\ominus}$ / (kJ·mol^{-1})	化合物	$\Delta_c H_m^{\ominus}$ / (kJ·mol^{-1})
C_3H_8(g)	−2219.2	CH_3COOH(l)	−874.2
C_5H_{12}(l)	−3509.0	$C_{17}H_{35}COOH$ 硬脂酸(s)	−11281
C_6H_6(l)	−3267.6	$C_6H_{12}O_6$ 葡萄糖(s)	−2803.0
CH_3OH	−726.1	$C_{12}H_{22}O_{11}$ 蔗糖(s)	−5640.9
C_2H_5OH	−1366.8	$CO(NH_2)_2$ 尿素(s)	−632.7

附录Ⅴ 一些还原半反应的标准电极电位 $\varphi^{\ominus}$

(298.15K)

半反应	$\varphi^{\ominus}$ / V	半反应	$\varphi^{\ominus}$ / V
$Sr^+ + e^- \rightleftharpoons Sr$	−4.10	$Sn^{4+}+2e^- \rightleftharpoons Sn^{2+}$	0.151
$Li^++e^- \rightleftharpoons Li$	−3.040 1	$Cu^{2+}+e^- \rightleftharpoons Cu^+$	0.153
$Ca(OH)_2 + 2e^- \rightleftharpoons Ca + 2OH^-$	−3.02	$Fe_2O_3+4H^++2e^- \rightleftharpoons 2FeOH^+ + H_2O$	0.16
$K^++e^- \rightleftharpoons K$	−2.931	$SO_4^{2-}+4H^++2e^- \rightleftharpoons H_2SO_3+H_2O$	0.172
$Ba^{2+}+2e^- \rightleftharpoons Ba$	−2.912	$AgCl+e^- \rightleftharpoons Ag+Cl^-$	0.222 33
$Ca^{2+}+2e^- \rightleftharpoons Ca$	−2.868	$As_2O_3 + 6H^+ + 6e^- \rightleftharpoons 2As + 3H_2O$	0.234
$Na^++e^- \rightleftharpoons Na$	−2.71	$HAsO_2 + 3H^+ + 3e^- \rightleftharpoons As + 2H_2O$	0.248
$Mg^{2+}+2e^- \rightleftharpoons Mg$	−2.372	$Hg_2Cl_2+2e^- \rightleftharpoons 2Hg+2Cl^-$	0.268 08
$Mg(OH)_2 + 2e^- \rightleftharpoons Mg + 2OH^-$	−2.690	$Cu^{2+}+2e^- \rightleftharpoons Cu$	0.341 9
$Al(OH)_3 + 3e^- \rightleftharpoons Al + 3OH^-$	−2.31	$Ag_2O + H_2O+2e^- \rightleftharpoons 2Ag + 2OH^-$	0.342
$Be^{2+} + 2e^- \rightleftharpoons Be$	−1.847	$[Fe(CN)_6]^{3-} + e^- \rightleftharpoons [Fe(CN)_6]^{4-}$	0.358
$Al^{3+}+3e^- \rightleftharpoons Al$	−1.662	$[Ag(NH_3)_2]^+ + e^- \rightleftharpoons Ag + 2NH_3$	0.373
$Mn(OH)_2 + 2e^- \rightleftharpoons Mn + 2OH^-$	−1.56	$O_2+2H_2O+4e^- \rightleftharpoons 4OH^-$	0.401
$ZnO + H_2O + 2e^- \rightleftharpoons Zn + 2OH^-$	−1.260	$H_2SO_3 + 4H^+ + 4e^- \rightleftharpoons S + 3H_2O$	0.449
$H_2BO_3^-+5H_2O+8e^- \rightleftharpoons BH_4^-+8OH^-$	−1.24	$IO^- + H_2O + 2e^- \rightleftharpoons I^- + 2OH^-$	0.485
$Mn^{2+}+2e^- \rightleftharpoons Mn$	−1.185	$Cu^+ + e^- \rightleftharpoons Cu$	0.521
$2SO_3^{2-}+2H_2O+2e^- \rightleftharpoons S_2O_4^{2-}+4OH^-$	−1.12	$I_2+2e^- \rightleftharpoons 2I^-$	0.535 5
$PO_4^{3-}+2H_2O+2e \rightleftharpoons HPO_3^{2-}+3OH^-$	−1.05	$I_3^- + 2e^- \rightleftharpoons 3I^-$	0.536
$SO_4^{2-} + H_2O + 2e^- \rightleftharpoons SO_3^{2-} + 2OH^-$	−0.93	$AgBrO_3 + e^- \rightleftharpoons Ag + BrO_3^-$	0.546
$2H_2O+2e^- \rightleftharpoons H_2+2OH^-$	−0.827 7	$MnO_4^-+e^- \rightleftharpoons MnO_4^{2-}$	0.558
$Zn^{2+}+2e^- \rightleftharpoons Zn$	−0.761 8	$AsO_4^{3-}+2H^++2e^- \rightleftharpoons AsO_3^{2-}+H_2O$	0.559
$Cr^{3+}+3e^- \rightleftharpoons Cr$	−0.744	$H_3AsO_4+2H^++2e^- \rightleftharpoons HAsO_2+2H_2O$	0.560
$AsO_4^{3-}+2H_2O+2e^- \rightleftharpoons AsO_2^-+4OH^-$	−0.71	$MnO_4^-+2H_2O+3e^- \rightleftharpoons MnO_2+4OH^-$	0.595
$AsO_2^- + 2H_2O + 3e^- \rightleftharpoons As + 4OH^-$	−0.68	$Hg_2SO_4 + 2e^- \rightleftharpoons 2Hg + SO_4^{2-}$	0.6125
$SbO_2^- + 2H_2O + 3e^- \rightleftharpoons Sb + 4OH^-$	−0.66	$O_2+2H^++2e^- \rightleftharpoons H_2O_2$	0.695
$SbO_3^-+H_2O + 2e^- \rightleftharpoons SbO_2^- + 2OH^-$	−0.59	$[PtCl_4]^{2-} + 2e^- \rightleftharpoons Pt + 4Cl^-$	0.755
$Fe(OH)_3 + e^- \rightleftharpoons Fe(OH)_2 + OH^-$	−0.56	$BrO^- + H_2O + 2e^- \rightleftharpoons Br^- + 2OH^-$	0.761
$2CO_2 + 2H^+ + 2e^- \rightleftharpoons H_2C_2O_4$	−0.49	$Fe^{3+}+e^- \rightleftharpoons Fe^{2+}$	0.771
$B(OH)_3 + 7H^++8e^- \rightleftharpoons BH_4^- + 3H_2O$	−0.481	$Hg_2^{2+} + 2e^- \rightleftharpoons 2Hg$	0.7973
$S+2e^- \rightleftharpoons S^{2-}$	−0.476 27	$Ag^++e^- \rightleftharpoons Ag$	0.799 6
$Fe^{2+}+2e \rightleftharpoons Fe$	−0.447	$ClO^- + H_2O + 2e^- \rightleftharpoons Cl^- + 2OH^-$	0.81
$Cr^{3+}+e^- \rightleftharpoons Cr^{2+}$	−0.407	$Hg^{2+}+2e^- \rightleftharpoons Hg$	0.851
$Cd^{2+}+2e^- \rightleftharpoons Cd$	−0.403 0	$2Hg^{2+}+2e^- \rightleftharpoons Hg_2^{2+}$	0.920
$PbSO_4 + 2e^- \rightleftharpoons Pb + SO_4^{2-}$	−0.3588	$NO_3^- + 3H^+ + 2e^- \rightleftharpoons HNO_2 + H_2O$	0.934
$Tl^++e^- \rightleftharpoons Tl$	−0.336	$Pd^{2+} + 2e^- \rightleftharpoons Pd$	0.951
$[Ag(CN)_2]^- + e^- \rightleftharpoons Ag + 2CN^-$	−0.31	$Br_2(l)+2e^- \rightleftharpoons 2Br^-$	1.066

续表

半反应	$\varphi^{\ominus}$ / V	半反应	$\varphi^{\ominus}$ / V
$Co^{2+}+2e^- \rightleftharpoons Co$	−0.28	$Br_2(aq)+2\,e^- \rightleftharpoons 2\,Br^-$	1.0873
$H_3PO_4+2\,H^++2\,e^- \rightleftharpoons H_3PO_3+H_2O$	−0.276	$2IO_3^-+12H^++10e^- \rightleftharpoons I_2+6H_2O$	1.195
$PbCl_2+2\,e^- \rightleftharpoons Pb+2\,Cl^-$	−0.2675	$ClO_3^-+3H^++2\,e^- \rightleftharpoons HClO_2+H_2O$	1.214
$Ni^{2+}+2e^- \rightleftharpoons Ni$	−0.257	$MnO_2+4H^++2e^- \rightleftharpoons Mn^{2+}+2H_2O$	1.224
$V^{3+}+e^- \rightleftharpoons V^{2+}$	−0.255	$O_2+4H^++4e^- \rightleftharpoons 2H_2O$	1.229
$CdSO_4+2\,e^- \rightleftharpoons Cd+SO_4^{2-}$	−0.246	$Cr_2O_7^{2-}+14H^++6e^- \rightleftharpoons 2Cr^{3+}+7H_2O$	1.232
$Cu(OH)_2+2\,e^- \rightleftharpoons Cu+2\,OH^-$	−0.222	$Tl^{3+}+2e^- \rightleftharpoons Tl^+$	1.252
$CO_2+2\,H^++2\,e^- \rightleftharpoons HCOOH$	−0.199	$2\,HNO_2+4\,H^++4e^- \rightleftharpoons N_2O+3\,H_2O$	1.297
$AgI+e^- \rightleftharpoons Ag+I^-$	−0.152 24	$HBrO+H^++2\,e^- \rightleftharpoons Br^-+H_2O$	1.331
$O_2+2\,H_2O+2\,e^- \rightleftharpoons H_2O_2+2\,OH^-$	−0.146	$HCrO_4^-+7H^++3e^- \rightleftharpoons Cr^{3+}+4\,H_2O$	1.350
$Sn^{2+}+2e^- \rightleftharpoons Sn$	−0.137 5	$Cl_2(g)+2e^- \rightleftharpoons 2Cl^-$	1.358 27
$CrO_4^{2-}+4H_2O+3e^- \rightleftharpoons Cr(OH)_3+5\,OH^-$	−0.13	$ClO_4^-+8\,H^++8\,e^- \rightleftharpoons Cl^-+4\,H_2O$	1.389
$Pb^{2+}+2e^- \rightleftharpoons Pb$	−0.126 2	$HClO+H^++2\,e^- \rightleftharpoons Cl^-+H_2O$	1.482
$O_2+H_2O+2\,e^- \rightleftharpoons HO_2^-+OH^-$	−0.076	$MnO_4^-+8H^++5e^- \rightleftharpoons Mn^{2+}+4H_2O$	1.507
$Fe^{3+}+3e^- \rightleftharpoons Fe$	−0.037	$MnO_4^-+4H^++3e^- \rightleftharpoons MnO_2+2H_2O$	1.679
$Ag_2S+2H^++2e^- \rightleftharpoons 2Ag+H_2S$	−0.036 6	$Au^++e^- \rightleftharpoons Au$	1.692
$2H^++2e^- \rightleftharpoons H_2$	0.000 00	$Ce^{4+}+e^- \rightleftharpoons Ce^{3+}$	1.72
$Pd(OH)_2+2\,e^- \rightleftharpoons Pd+2\,OH^-$	0.07	$H_2O_2+2H^++2e^- \rightleftharpoons 2H_2O$	1.776
$AgBr+e^- \rightleftharpoons Ag+Br^-$	0.071 33	$Co^{3+}+e^- \rightleftharpoons Co^{2+}$	1.92
$S_4O_6^{2-}+2e^- \rightleftharpoons 2S_2O_3^{2-}$	0.08	$S_2O_8^{2-}+2e^- \rightleftharpoons 2SO_4^{2-}$	2.010
$[Co(NH_3)_6]^{3+}+e^- \rightleftharpoons [Co(NH_3)_6]^{2+}$	0.108	$F_2+2e^- \rightleftharpoons 2F^-$	2.866
$S+2H^++2\,e^- \rightleftharpoons H_2S(aq)$	0.142		

附录Ⅵ 希腊字母表

大写	小写	名称	读音	大写	小写	名称	读音
Α	α	alpha	['ælfə]	Ν	ν	nu	[nju：]
Β	β	beta	['bi：tə；'beitə]	Ξ	ξ	xi	[ksai；zai；gzai]
Γ	γ	gamma	['gæmə]	Ο	ο	omicron	[ou'maikrən]
Δ	δ	delta	['deltə]	Π	π	pi	[pai]
Ε	ε	epsilon	[ep'sailnən；'epsilnən]	Ρ	ρ	rho	[rou]
Ζ	ζ	zeta	['zi：tə]	Σ	σ，s	sigma	['sigmə]
Η	η	eta	['i：tə；'eitə]	Τ	τ	tau	[tɔ：]
Θ	θ	theta	['θi：tə]	Υ	υ	upsilon	[ju：p'sailən；'u：psilən]
Ι	ι	iota	[ai'outə]	Φ	φ，φ	phi	[fai]
Κ	κ	kappa	['kæpə]	Χ	χ	chi	[kai]
Λ	λ	lambda	['læmdə]	Ψ	ψ	psi	[psai]
Μ	μ	mu	[mju：]	Ω	ω	omega	['oumigə]

中英文名词对照索引